常用玉米自交系 SSR 指纹图谱

北京市农林科学院玉米研究中心　组织编写
王凤格　赵久然　杨　扬　易红梅　王元东　编著

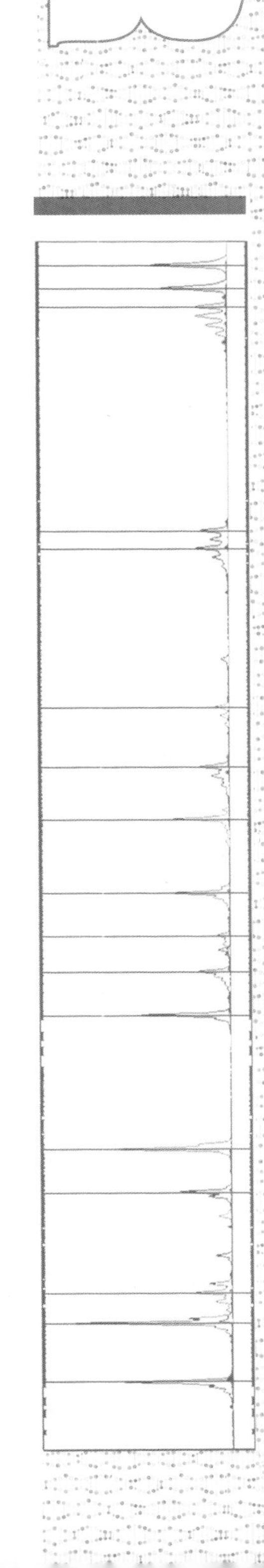

中国农业科学技术出版社

图书在版编目（CIP）数据

常用玉米自交系SSR指纹图谱／王凤格等编著．—北京：中国农业科学技术出版社，2020.9

ISBN 978-7-5116-3997-4

Ⅰ.①常…　Ⅱ.①王…　Ⅲ.①玉米-品种-基因组-鉴定-图谱　Ⅳ.①S513.035.1-64

中国版本图书馆CIP数据核字（2018）第288759号

责任编辑　姚　欢
责任校对　李向荣

出 版 者　中国农业科学技术出版社
北京市中关村南大街12号　邮编：100081
电　　话　（010）82106636（编辑室）（010）82109702（发行部）
（010）82109709（读者服务部）
传　　真　（010）82106631
网　　址　http://www.castp.cn
经 销 者　各地新华书店
印 刷 者　北京东方宝隆印刷有限公司
开　　本　889 mm×1 194 mm　1/16
印　　张　15.75
字　　数　250千字
版　　次　2020年9月第1版　2020年9月第1次印刷
定　　价　100.00元

版权所有·翻印必究

《常用玉米自交系 SSR 指纹图谱》

编著委员会

主 编 著： 王凤格　赵久然　杨　扬　易红梅　王元东

副主编著： 王　璐　王　蕊　葛建镕　江　彬　班秀丽　任　洁

编著人员： 田红丽　刘亚维　许理文　刘文彬　于博洋　张江斌　高玉倩

前　言

在国家、农业农村部及北京市的各级项目资助下，在国家、各省（区、直辖市）品种管理部门、农业农村部品种权保护部门及国内主要科研单位的大力支持下，北京市农林科学院玉米研究中心自1993年起，通过多年不懈努力，在利用SSR标记技术进行玉米品种纯度和真实性鉴定方面取得了显著成效。主要表现在以下几个方面：一是为了更好地适应大规模样品的批量检测，将SSR技术的检测体系从普通PAGE银染检测升级到毛细管电泳五色荧光检测系统，实现不同实验室SSR检测数据的信息共享；二是在毛细管电泳检测平台不断成熟的基础上，实现从单重PCR向十重PCR的技术升级，大幅度节约了实验成本，并显著提高了检测效率；三是构建了国内第一个玉米标准DNA指纹库，累计入库品种50 000多份；四是自2010年起成功探索了新型标记技术——SNP标记在玉米品种鉴定中的应用，自主研发了适于玉米品种鉴定的SNP芯片专利产品MaizeSNP3072、MaizeSNP384、MCIDP50K和Maize6H-60K等，并在品种鉴定中得到初步应用。

目前，北京市农林科学院玉米研究中心已成为北京市高级人民法院品种权司法鉴定的指定单位、农业农村部国家区试玉米品种一致性及真实性DNA检测的技术牵头单位、全国各省（区、直辖市）区试玉米品种DNA检测的委托鉴定单位、农业农村部植物品种权保护玉米品种标准DNA指纹库构建的委托鉴定单位、农业农村部种子执法年指定品种真实性鉴定单位、农业农村部种子市场监督抽查指定品种真实性鉴定单位、UPOV（国际植物新品种保护联盟）BMT技术工作组成员。2010年成立的北京玉米种子检测中心，于2011年通过农业部（现农业农村部）考核认证，成为首个具有部级玉米品种真实性检测资质的专业机构，先后为全国各地数百家玉米种子科研、生产、经营、管理及执法部门进行品种真实性和纯度鉴定80 000多批次，完成玉米侵权案件法院委托鉴定1 000多批次。

《常用玉米自交系SSR指纹图谱》收录了北京市农林科学院玉米研究中心收集的230个常用玉米自交系，每个自交系均提供了40个SSR核心引物位点的指纹图谱，对这些自交系的真实性鉴定、纯度鉴定和类群划分工作的开展具有重要参考价值。

本书在编辑过程中，得到了农业农村部种子管理局、全国农业技术推广服务中心、农业农村部科技发展中心等合作单位的大力支持，在此表示诚挚的感谢！

本书可作为玉米种子质量检测、品种管理、品种权保护、侵权案司法鉴定、品种选育、农业科研教学等从业人员的参考书籍。由于时间仓促，书中难免有不足之处，敬请专家和读者批评指正。

编著委员会

2020年9月4日

目　　录

第一部分 SSR 指纹图谱

黄早四

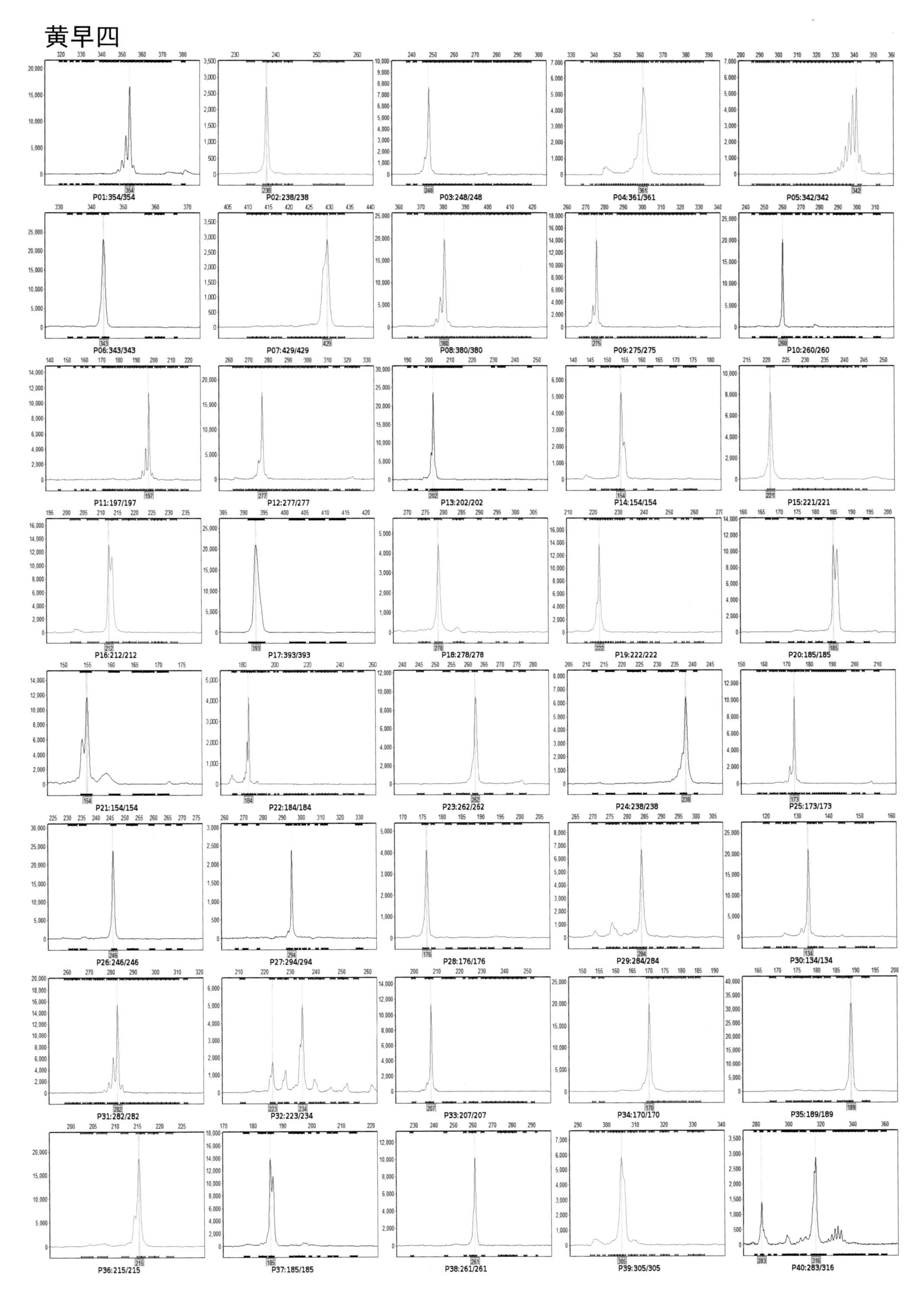
P01:354/354
P02:238/238
P03:248/248
P04:361/361
P05:342/342
P06:343/343
P07:429/429
P08:380/380
P09:275/275
P10:260/260
P11:197/197
P12:277/277
P13:202/202
P14:154/154
P15:221/221
P16:212/212
P17:393/393
P18:278/278
P19:222/222
P20:185/185
P21:154/154
P22:184/184
P23:262/262
P24:238/238
P25:173/173
P26:246/246
P27:294/294
P28:176/176
P29:284/284
P30:134/134
P31:282/282
P32:223/234
P33:207/207
P34:170/170
P35:189/189
P36:215/215
P37:185/185
P38:261/261
P39:305/305
P40:283/316

黄野四

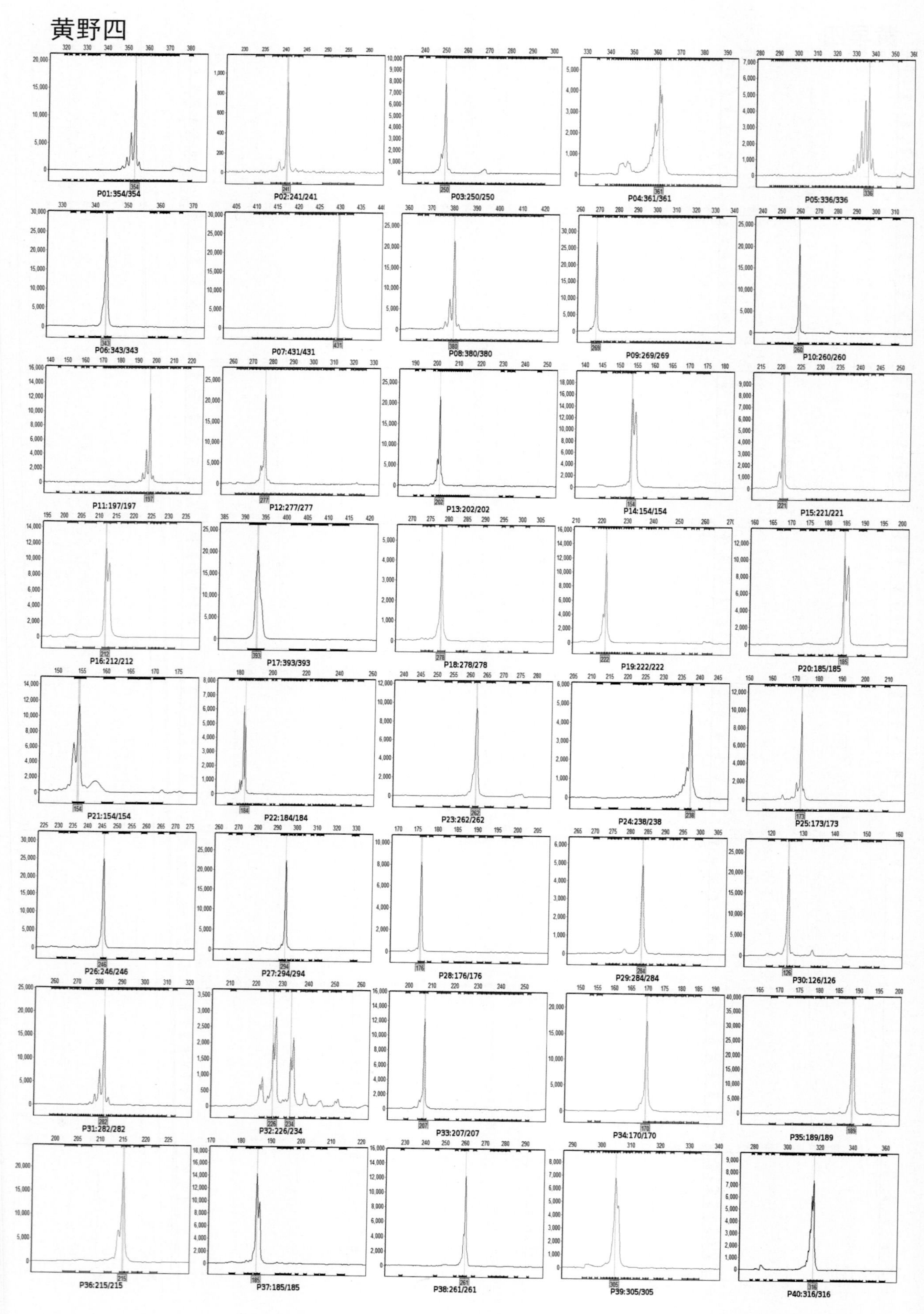
P01:354/354
P02:241/241
P03:250/250
P04:361/361
P05:336/336
P06:343/343
P07:431/431
P08:380/380
P09:269/269
P10:260/260
P11:197/197
P12:277/277
P13:202/202
P14:154/154
P15:221/221
P16:212/212
P17:393/393
P18:278/278
P19:222/222
P20:185/185
P21:154/154
P22:184/184
P23:262/262
P24:238/238
P25:173/173
P26:246/246
P27:294/294
P28:176/176
P29:284/284
P30:126/126
P31:282/282
P32:226/234
P33:207/207
P34:170/170
P35:189/189
P36:215/215
P37:185/185
P38:261/261
P39:305/305
P40:316/316

昌7-2

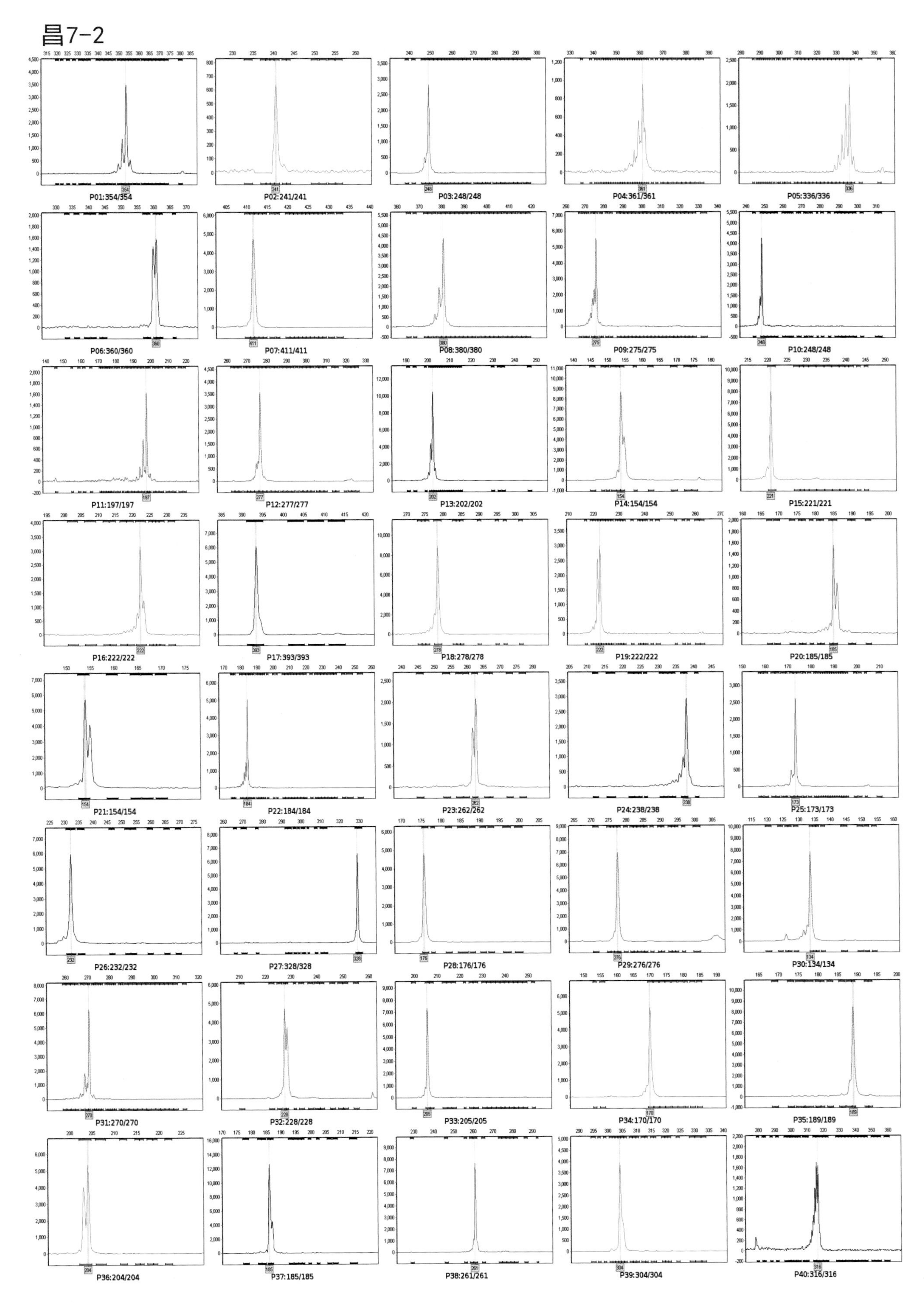
P01:354/354
P02:241/241
P03:248/248
P04:361/361
P05:336/336
P06:360/360
P07:411/411
P08:380/380
P09:275/275
P10:248/248
P11:197/197
P12:277/277
P13:202/202
P14:154/154
P15:221/221
P16:222/222
P17:393/393
P18:278/278
P19:222/222
P20:185/185
P21:154/154
P22:184/184
P23:262/262
P24:238/238
P25:173/173
P26:232/232
P27:328/328
P28:176/176
P29:276/276
P30:134/134
P31:270/270
P32:228/228
P33:205/205
P34:170/170
P35:189/189
P36:204/204
P37:185/185
P38:261/261
P39:304/304
P40:316/316

京24

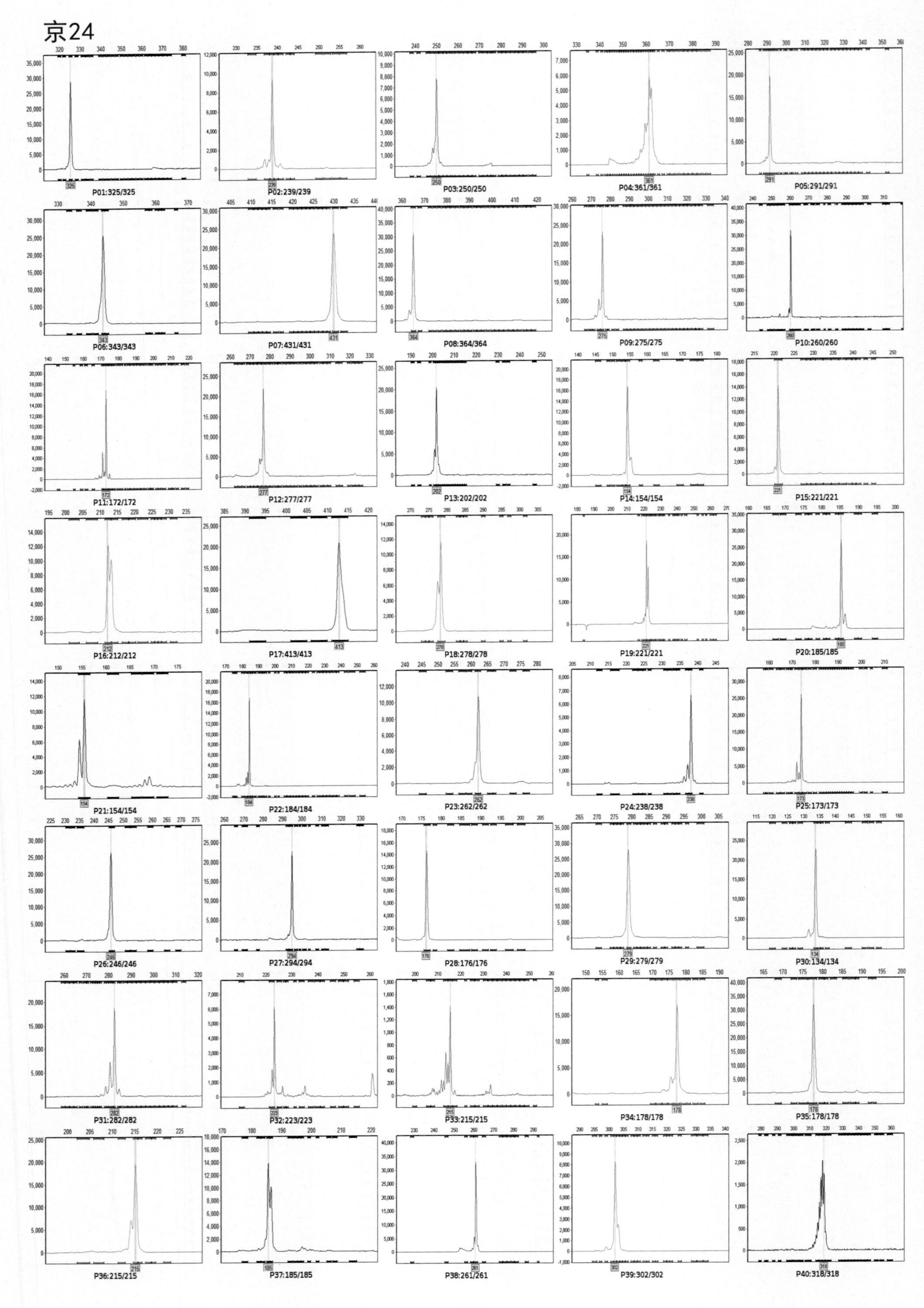
P01:325/325
P02:239/239
P03:250/250
P04:361/361
P05:291/291
P06:343/343
P07:431/431
P08:364/364
P09:275/275
P10:260/260
P11:172/172
P12:277/277
P13:202/202
P14:154/154
P15:221/221
P16:212/212
P17:413/413
P18:278/278
P19:221/221
P20:185/185
P21:154/154
P22:184/184
P23:262/262
P24:238/238
P25:173/173
P26:246/246
P27:294/294
P28:176/176
P29:279/279
P30:134/134
P31:282/282
P32:223/223
P33:215/215
P34:178/178
P35:178/178
P36:215/215
P37:185/185
P38:261/261
P39:302/302
P40:318/318

京5237

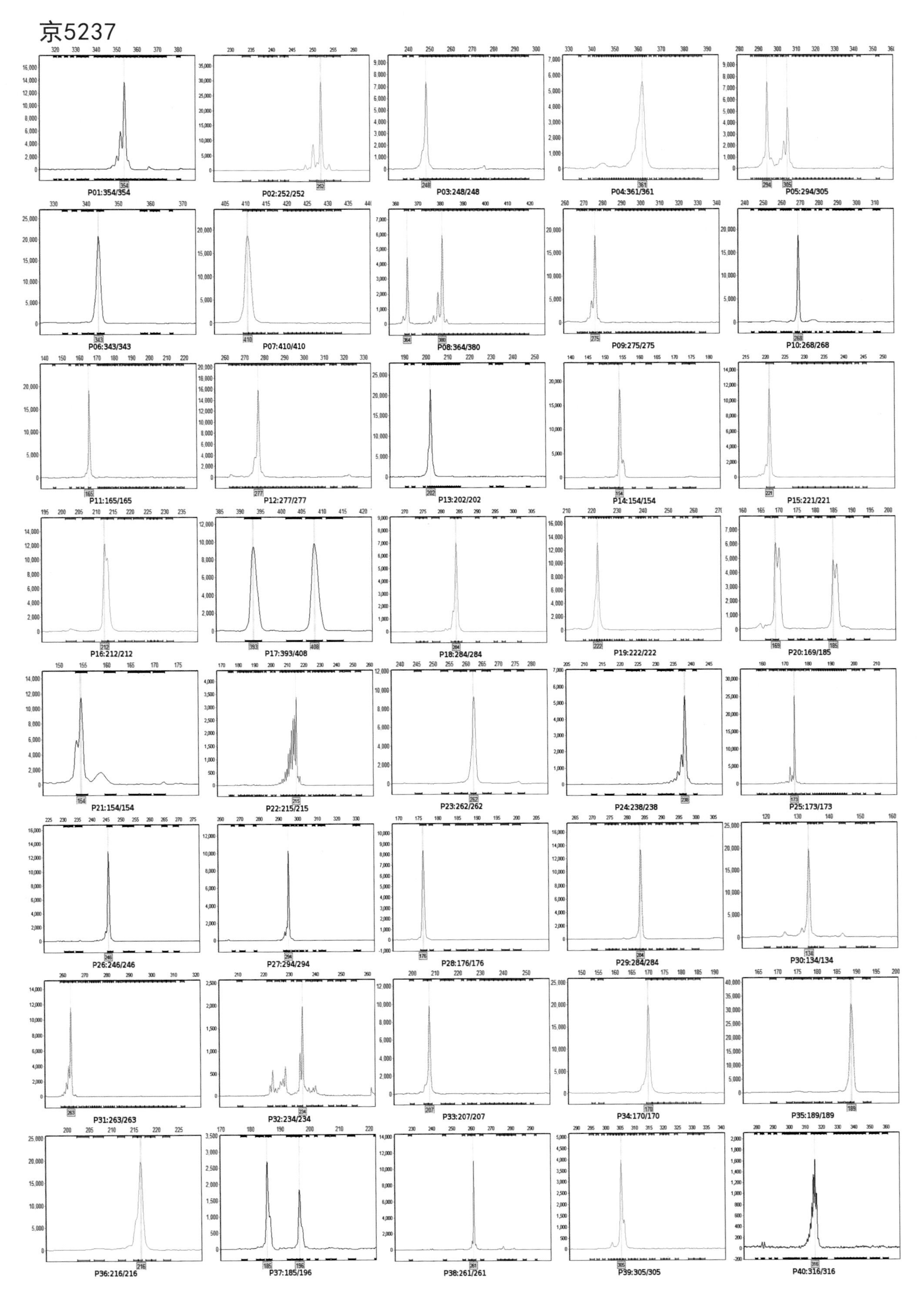

P01:354/354
P02:252/252
P03:248/248
P04:361/361
P05:294/305
P06:343/343
P07:410/410
P08:364/380
P09:275/275
P10:268/268
P11:165/165
P12:277/277
P13:202/202
P14:154/154
P15:221/221
P16:212/212
P17:393/408
P18:284/284
P19:222/222
P20:169/185
P21:154/154
P22:215/215
P23:262/262
P24:238/238
P25:173/173
P26:246/246
P27:294/294
P28:176/176
P29:284/284
P30:134/134
P31:263/263
P32:234/234
P33:207/207
P34:170/170
P35:189/189
P36:216/216
P37:185/196
P38:261/261
P39:305/305
P40:316/316

京404

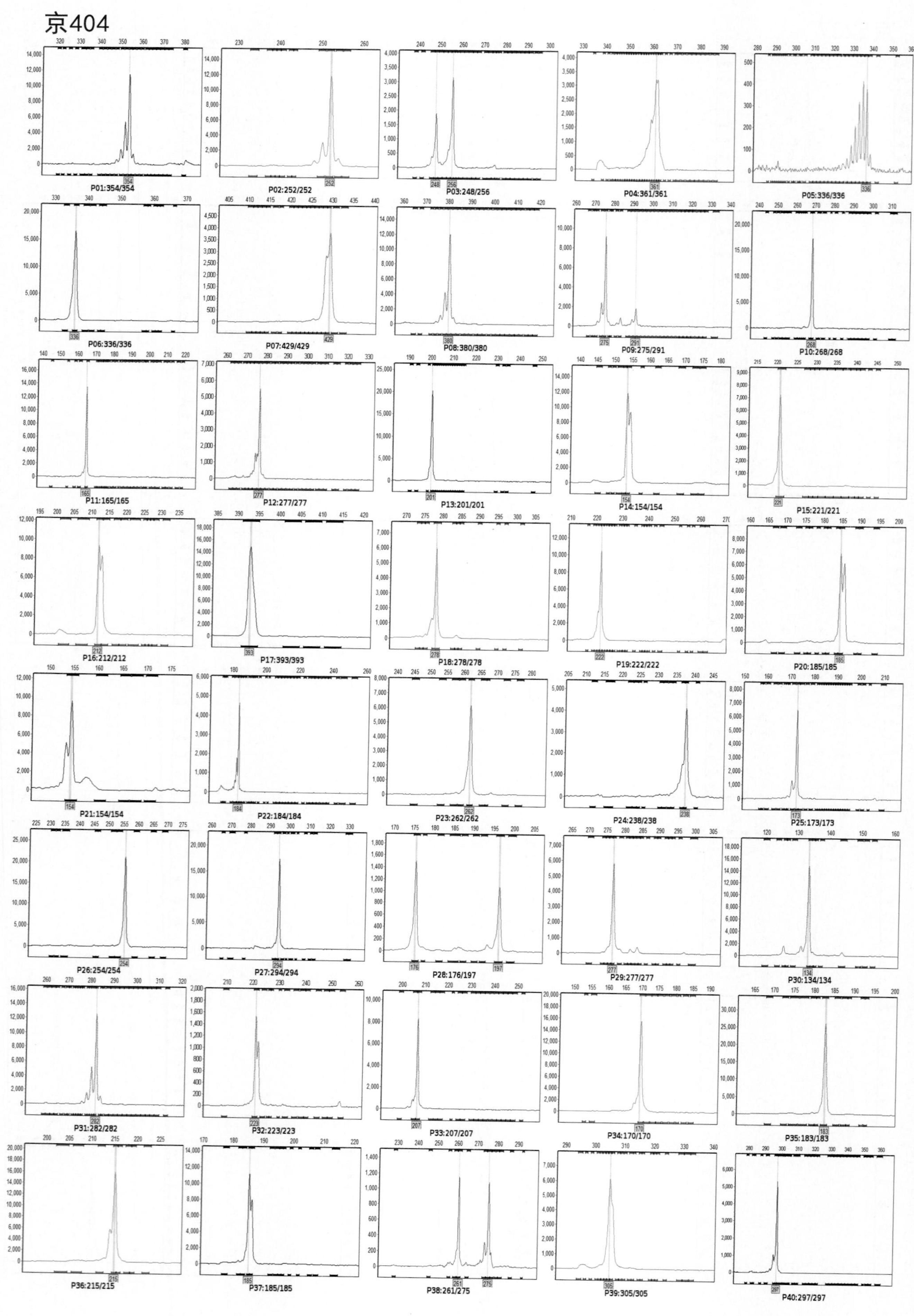

P01:354/354
P02:252/252
P03:248/256
P04:361/361
P05:336/336
P06:336/336
P07:429/429
P08:380/380
P09:275/291
P10:268/268
P11:165/165
P12:277/277
P13:201/201
P14:154/154
P15:221/221
P16:212/212
P17:393/393
P18:278/278
P19:222/222
P20:185/185
P21:154/154
P22:184/184
P23:262/262
P24:238/238
P25:173/173
P26:254/254
P27:294/294
P28:176/197
P29:277/277
P30:134/134
P31:282/282
P32:223/223
P33:207/207
P34:170/170
P35:183/183
P36:215/215
P37:185/185
P38:261/275
P39:305/305
P40:297/297

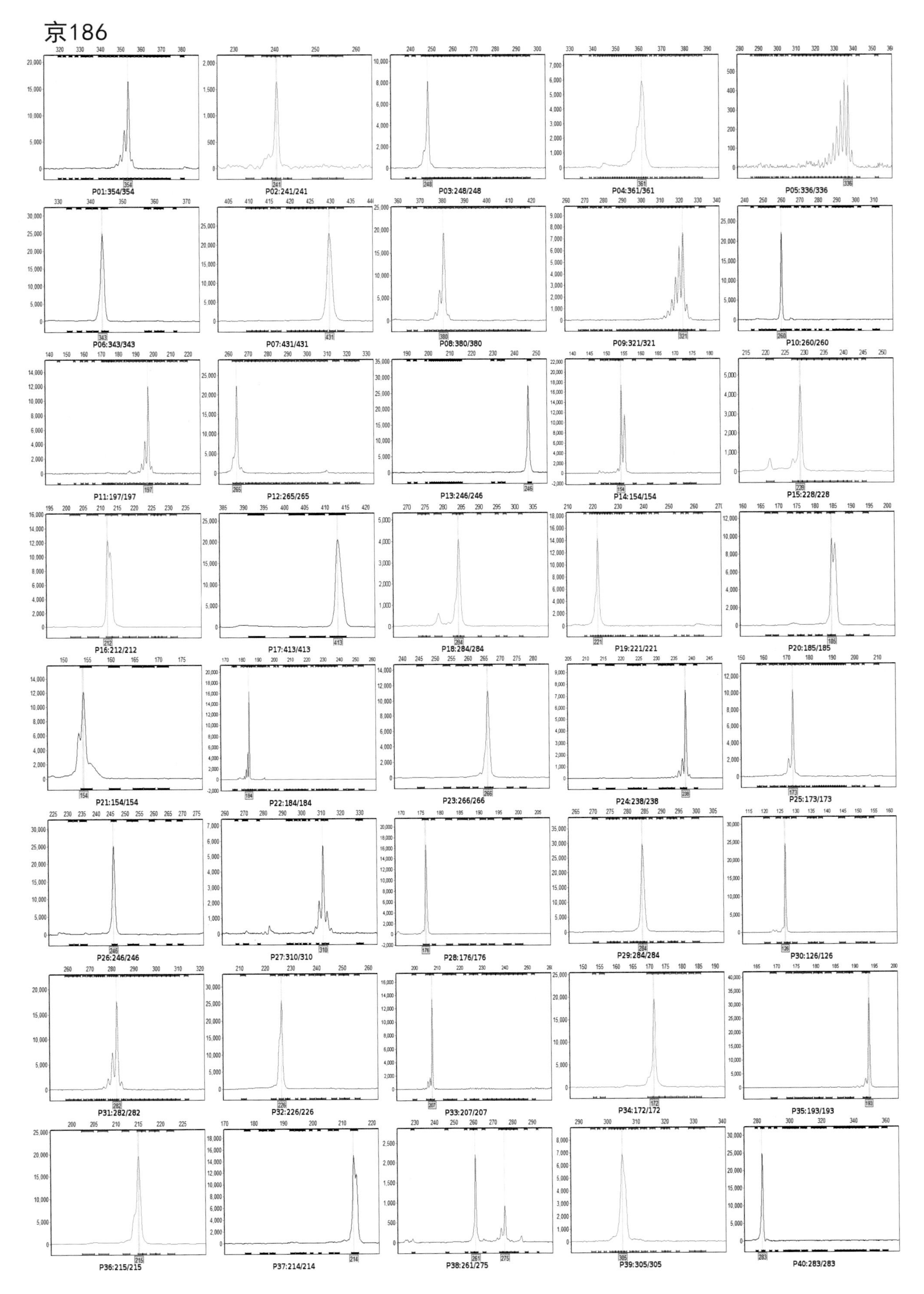
京186
P01:354/354
P02:241/241
P03:248/248
P04:361/361
P05:336/336
P06:343/343
P07:431/431
P08:380/380
P09:321/321
P10:260/260
P11:197/197
P12:265/265
P13:246/246
P14:154/154
P15:228/228
P16:212/212
P17:413/413
P18:284/284
P19:221/221
P20:185/185
P21:154/154
P22:184/184
P23:266/266
P24:238/238
P25:173/173
P26:246/246
P27:310/310
P28:176/176
P29:284/284
P30:126/126
P31:282/282
P32:226/226
P33:207/207
P34:172/172
P35:193/193
P36:215/215
P37:214/214
P38:261/275
P39:305/305
P40:283/283

京594

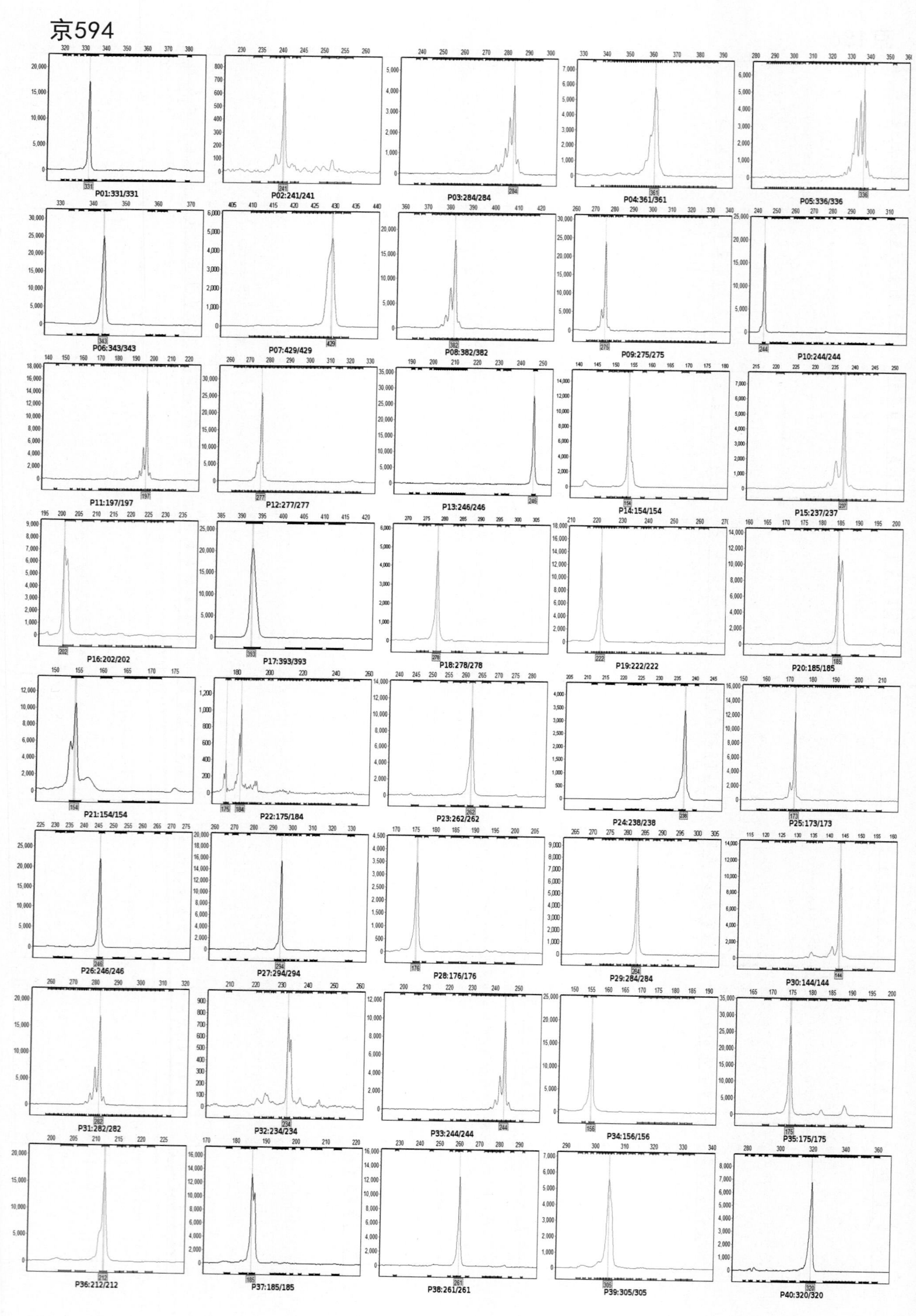
P01:331/331
P02:241/241
P03:284/284
P04:361/361
P05:336/336
P06:343/343
P07:429/429
P08:382/382
P09:275/275
P10:244/244
P11:197/197
P12:277/277
P13:246/246
P14:154/154
P15:237/237
P16:202/202
P17:393/393
P18:278/278
P19:222/222
P20:185/185
P21:154/154
P22:175/184
P23:262/262
P24:238/238
P25:173/173
P26:246/246
P27:294/294
P28:176/176
P29:284/284
P30:144/144
P31:282/282
P32:234/234
P33:244/244
P34:156/156
P35:175/175
P36:212/212
P37:185/185
P38:261/261
P39:305/305
P40:320/320

吉853

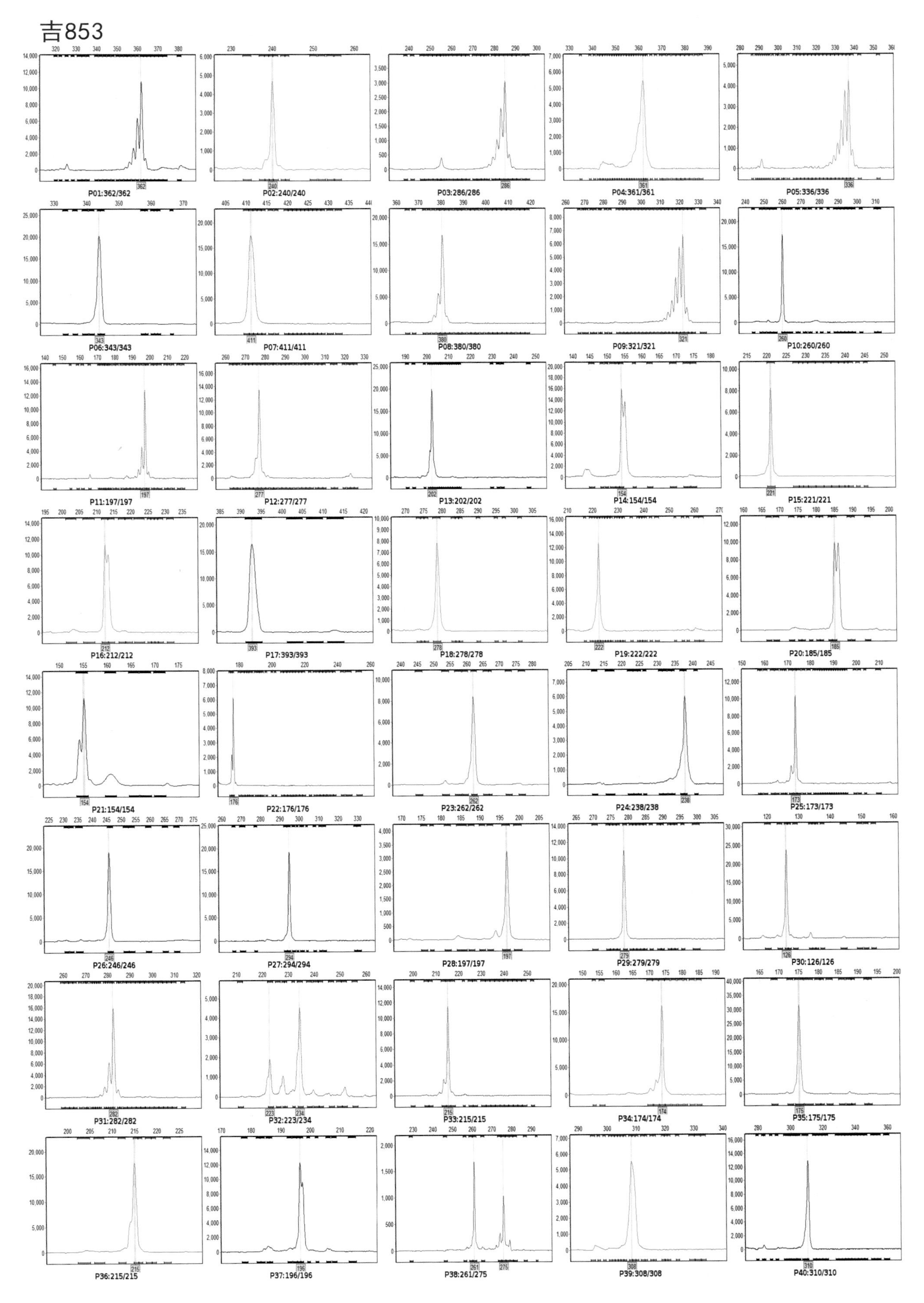
P01:362/362
P02:240/240
P03:286/286
P04:361/361
P05:336/336
P06:343/343
P07:411/411
P08:380/380
P09:321/321
P10:260/260
P11:197/197
P12:277/277
P13:202/202
P14:154/154
P15:221/221
P16:212/212
P17:393/393
P18:278/278
P19:222/222
P20:185/185
P21:154/154
P22:176/176
P23:262/262
P24:238/238
P25:173/173
P26:246/246
P27:294/294
P28:197/197
P29:279/279
P30:126/126
P31:282/282
P32:223/234
P33:215/215
P34:174/174
P35:175/175
P36:215/215
P37:196/196
P38:261/275
P39:308/308
P40:310/310

H21

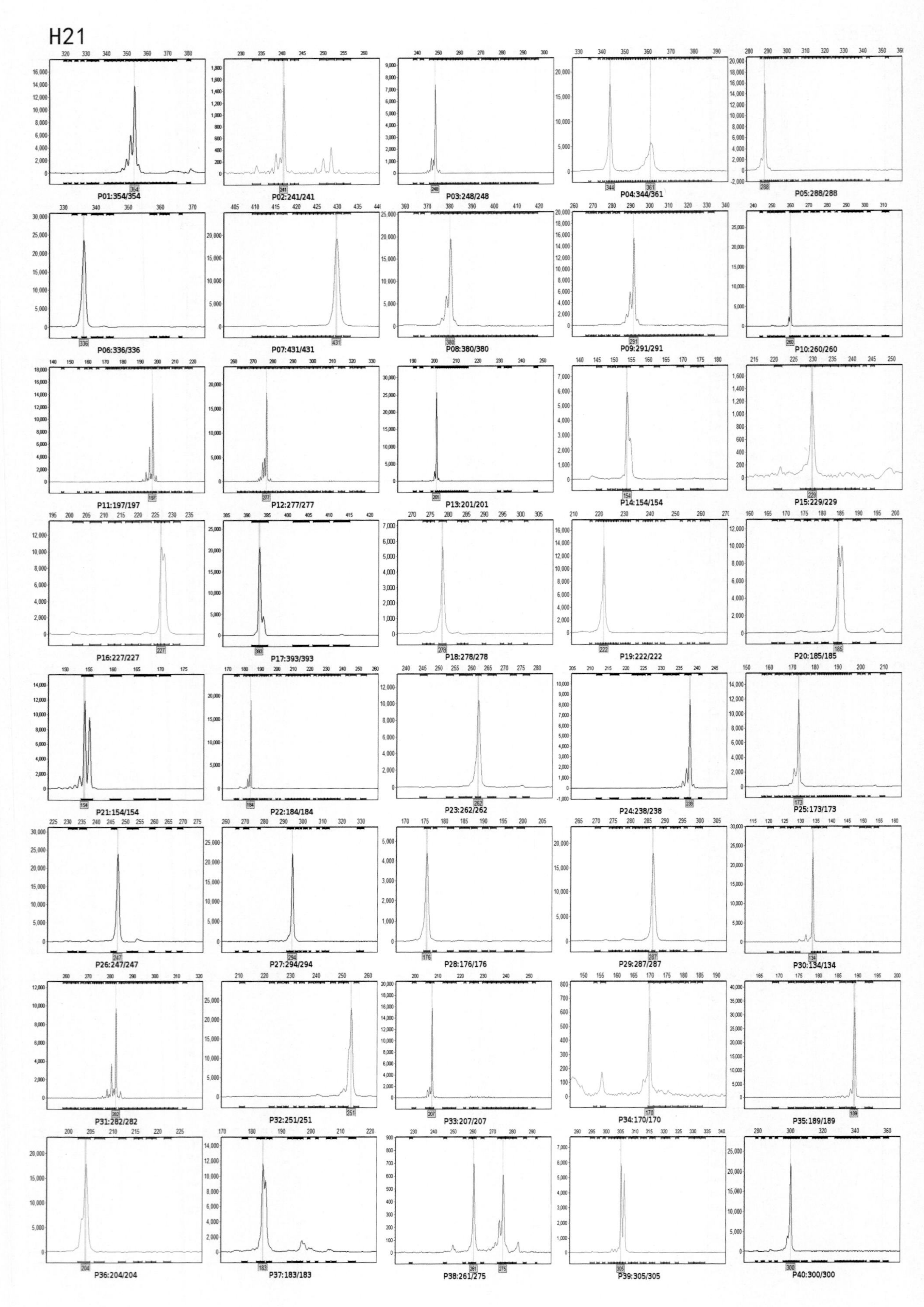
P01:354/354
P02:241/241
P03:248/248
P04:344/361
P05:288/288
P06:336/336
P07:431/431
P08:380/380
P09:291/291
P10:260/260
P11:197/197
P12:277/277
P13:201/201
P14:154/154
P15:229/229
P16:227/227
P17:393/393
P18:278/278
P19:222/222
P20:185/185
P21:154/154
P22:184/184
P23:262/262
P24:238/238
P25:173/173
P26:247/247
P27:294/294
P28:176/176
P29:287/287
P30:134/134
P31:282/282
P32:251/251
P33:207/207
P34:170/170
P35:189/189
P36:204/204
P37:183/183
P38:261/275
P39:305/305
P40:300/300

掖502

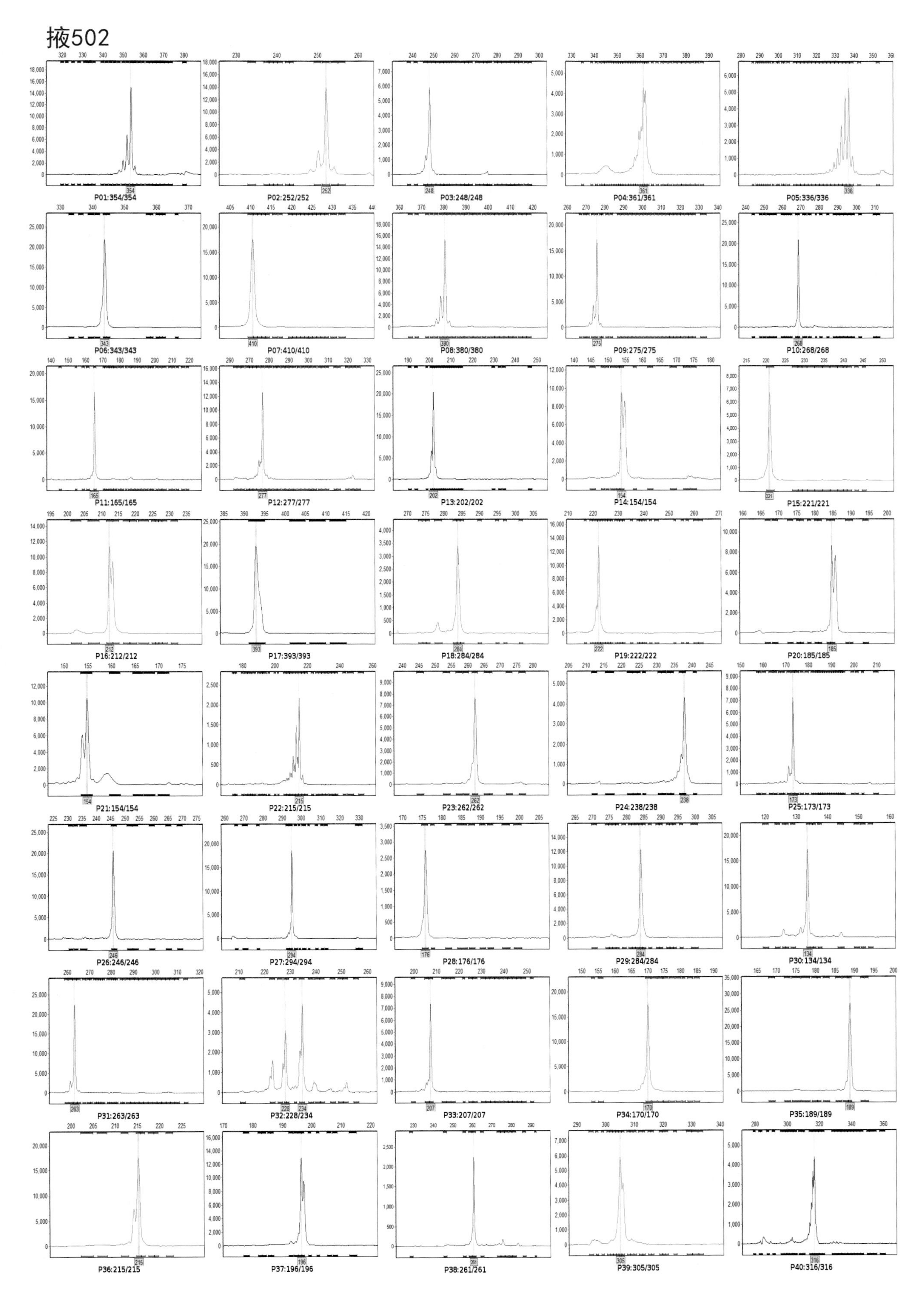

P01:354/354
P02:252/252
P03:248/248
P04:361/361
P05:336/336
P06:343/343
P07:410/410
P08:380/380
P09:275/275
P10:268/268
P11:165/165
P12:277/277
P13:202/202
P14:154/154
P15:221/221
P16:212/212
P17:393/393
P18:284/284
P19:222/222
P20:185/185
P21:154/154
P22:215/215
P23:262/262
P24:238/238
P25:173/173
P26:246/246
P27:294/294
P28:176/176
P29:284/284
P30:134/134
P31:263/263
P32:228/234
P33:207/207
P34:170/170
P35:189/189
P36:215/215
P37:196/196
P38:261/261
P39:305/305
P40:316/316

Lx9801

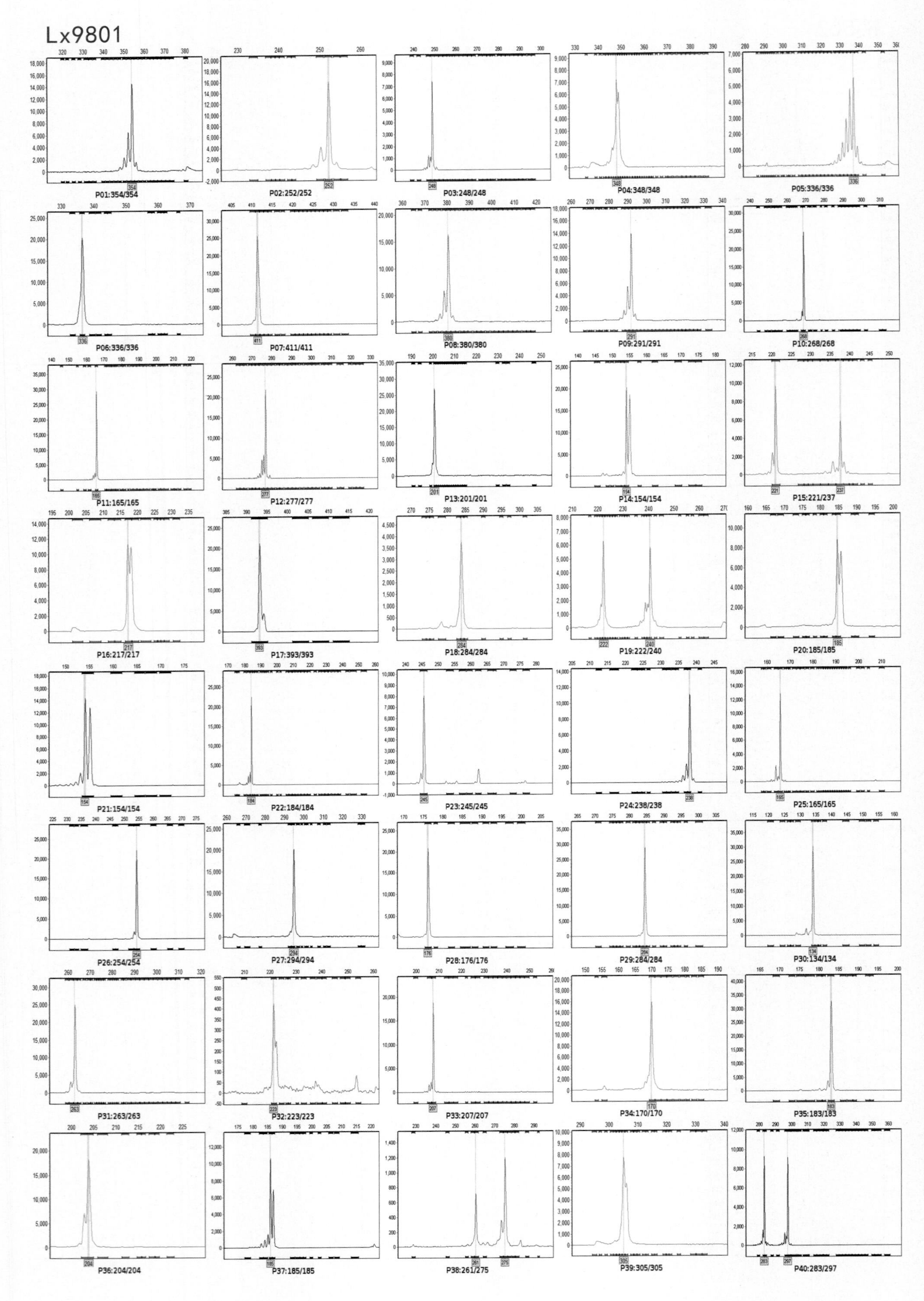
P01:354/354
P02:252/252
P03:248/248
P04:348/348
P05:336/336
P06:336/336
P07:411/411
P08:380/380
P09:291/291
P10:268/268
P11:165/165
P12:277/277
P13:201/201
P14:154/154
P15:221/237
P16:217/217
P17:393/393
P18:284/284
P19:222/240
P20:185/185
P21:154/154
P22:184/184
P23:245/245
P24:238/238
P25:165/165
P26:254/254
P27:294/294
P28:176/176
P29:284/284
P30:134/134
P31:263/263
P32:223/223
P33:207/207
P34:170/170
P35:183/183
P36:204/204
P37:185/185
P38:261/275
P39:305/305
P40:283/297

502196

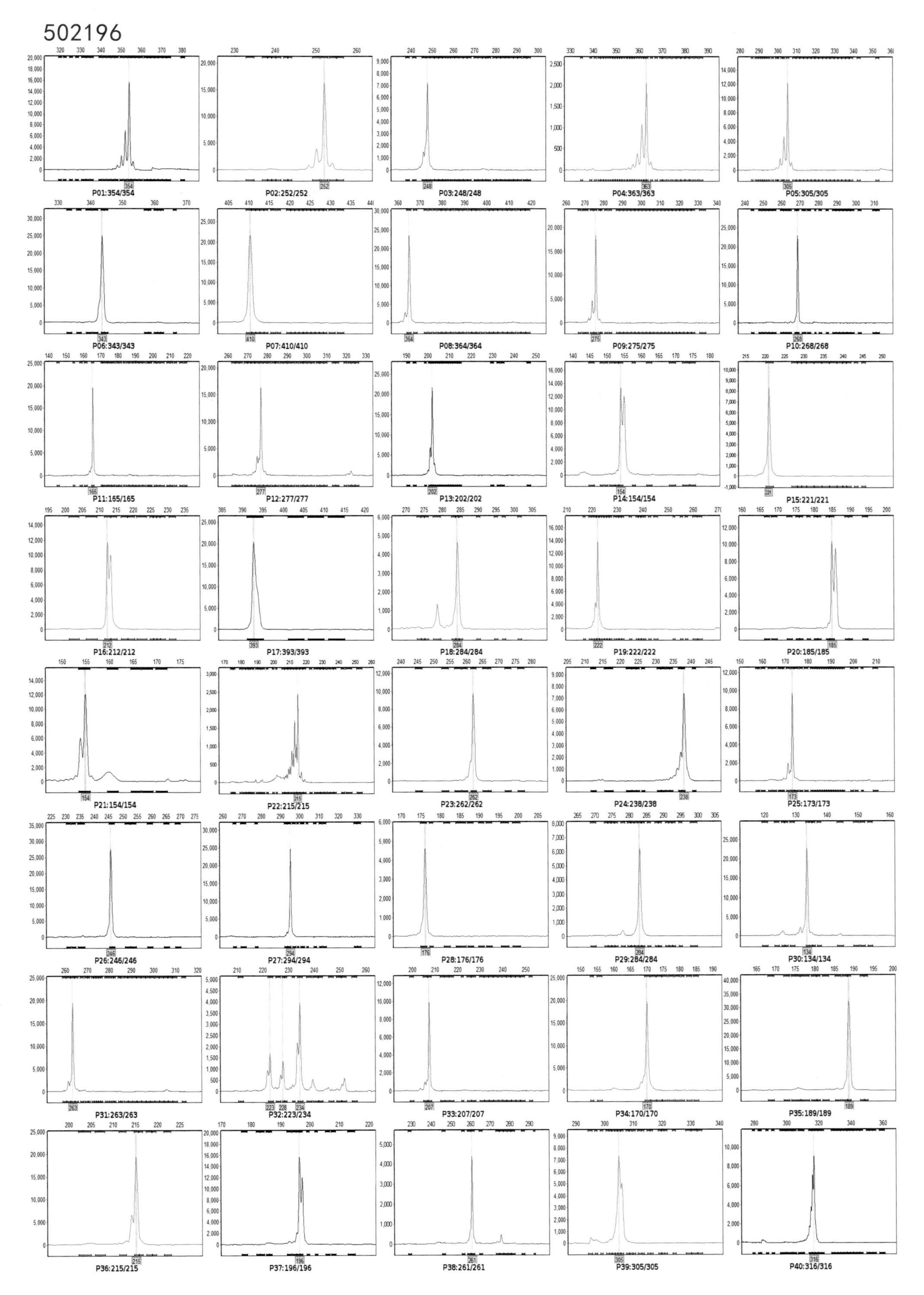
P01:354/354
P02:252/252
P03:248/248
P04:363/363
P05:305/305
P06:343/343
P07:410/410
P08:364/364
P09:275/275
P10:268/268
P11:165/165
P12:277/277
P13:202/202
P14:154/154
P15:221/221
P16:212/212
P17:393/393
P18:284/284
P19:222/222
P20:185/185
P21:154/154
P22:215/215
P23:262/262
P24:238/238
P25:173/173
P26:246/246
P27:294/294
P28:176/176
P29:284/284
P30:134/134
P31:263/263
P32:223/234
P33:207/207
P34:170/170
P35:189/189
P36:215/215
P37:196/196
P38:261/261
P39:305/305
P40:316/316

京92

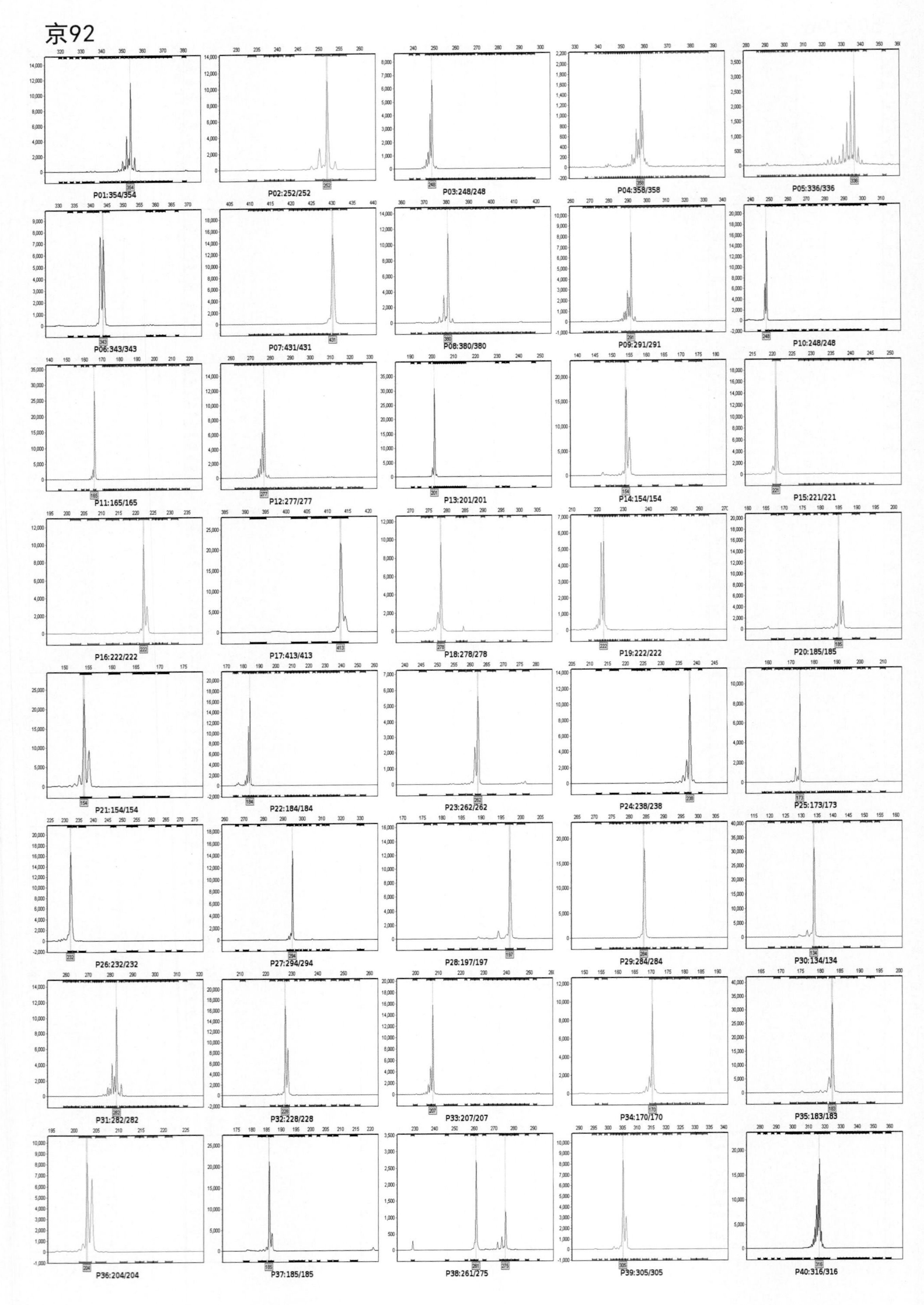

P01:354/354
P02:252/252
P03:248/248
P04:358/358
P05:336/336
P06:343/343
P07:431/431
P08:380/380
P09:291/291
P10:248/248
P11:165/165
P12:277/277
P13:201/201
P14:154/154
P15:221/221
P16:222/222
P17:413/413
P18:278/278
P19:222/222
P20:185/185
P21:154/154
P22:184/184
P23:262/262
P24:238/238
P25:173/173
P26:232/232
P27:294/294
P28:197/197
P29:284/284
P30:134/134
P31:282/282
P32:228/228
P33:207/207
P34:170/170
P35:183/183
P36:204/204
P37:185/185
P38:261/275
P39:305/305
P40:316/316

京2416

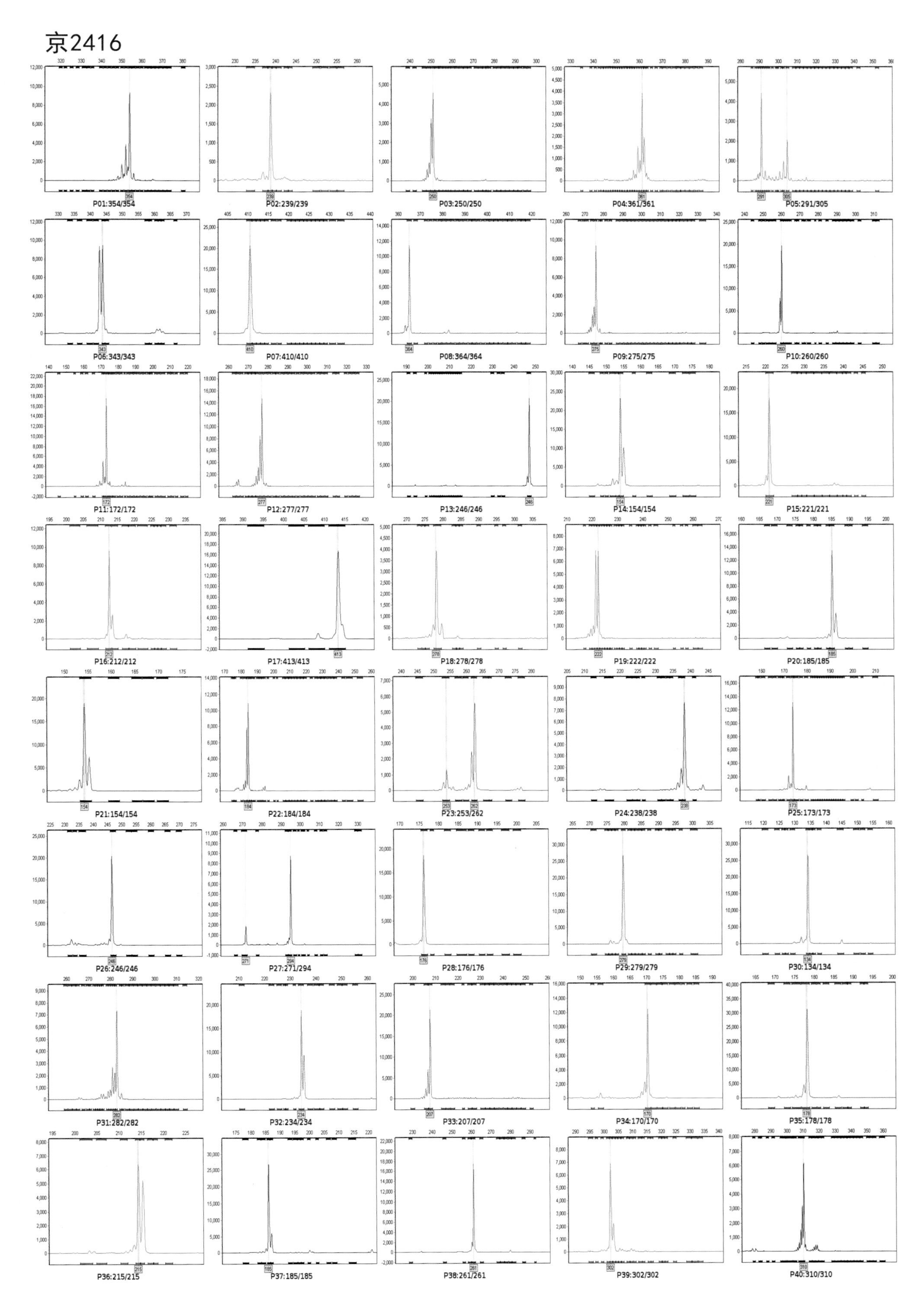
P01:354/354
P02:239/239
P03:250/250
P04:361/361
P05:291/305
P06:343/343
P07:410/410
P08:364/364
P09:275/275
P10:260/260
P11:172/172
P12:277/277
P13:246/246
P14:154/154
P15:221/221
P16:212/212
P17:413/413
P18:278/278
P19:222/222
P20:185/185
P21:154/154
P22:184/184
P23:253/262
P24:238/238
P25:173/173
P26:246/246
P27:271/294
P28:176/176
P29:279/279
P30:134/134
P31:282/282
P32:234/234
P33:207/207
P34:170/170
P35:178/178
P36:215/215
P37:185/185
P38:261/261
P39:302/302
P40:310/310

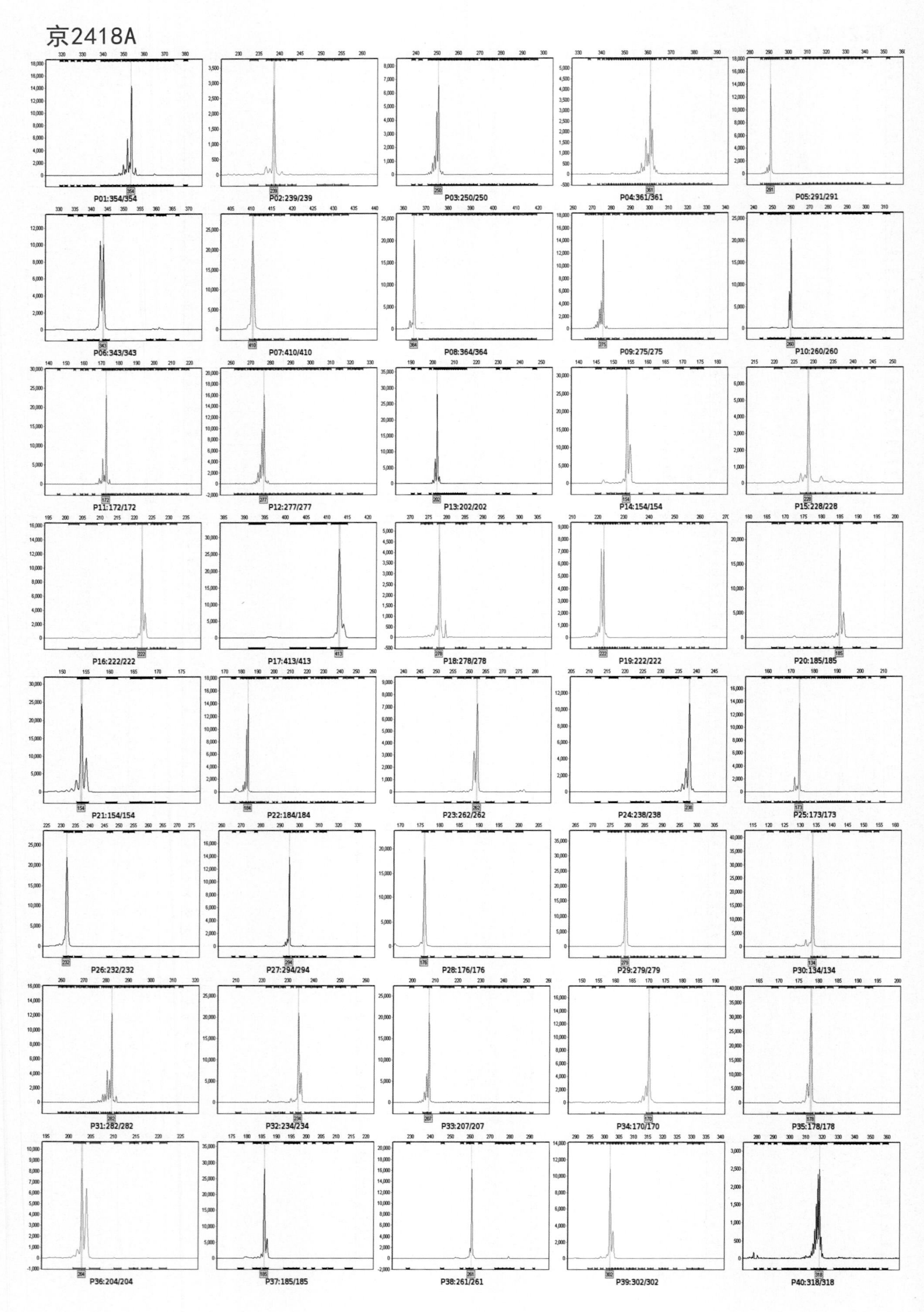
京2418A
P01:354/354
P02:239/239
P03:250/250
P04:361/361
P05:291/291
P06:343/343
P07:410/410
P08:364/364
P09:275/275
P10:260/260
P11:172/172
P12:277/277
P13:202/202
P14:154/154
P15:228/228
P16:222/222
P17:413/413
P18:278/278
P19:222/222
P20:185/185
P21:154/154
P22:184/184
P23:262/262
P24:238/238
P25:173/173
P26:232/232
P27:294/294
P28:176/176
P29:279/279
P30:134/134
P31:282/282
P32:234/234
P33:207/207
P34:170/170
P35:178/178
P36:204/204
P37:185/185
P38:261/261
P39:302/302
P40:318/318

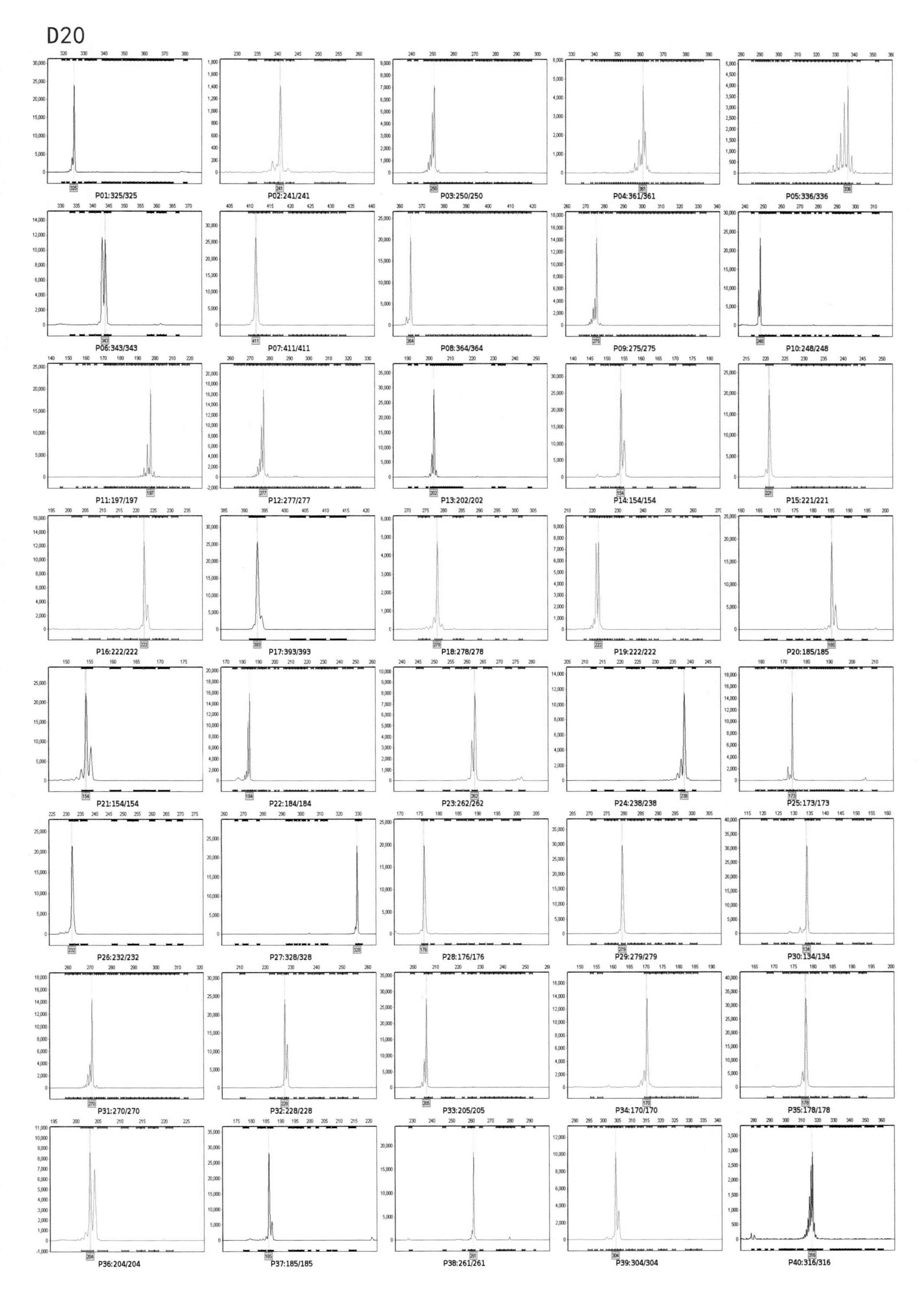
D20
P01:325/325
P02:241/241
P03:250/250
P04:361/361
P05:336/336
P06:343/343
P07:411/411
P08:364/364
P09:275/275
P10:248/248
P11:197/197
P12:277/277
P13:202/202
P14:154/154
P15:221/221
P16:222/222
P17:393/393
P18:278/278
P19:222/222
P20:185/185
P21:154/154
P22:184/184
P23:262/262
P24:238/238
P25:173/173
P26:232/232
P27:328/328
P28:176/176
P29:279/279
P30:134/134
P31:270/270
P32:228/228
P33:205/205
P34:170/170
P35:178/178
P36:204/204
P37:185/185
P38:261/261
P39:304/304
P40:316/316

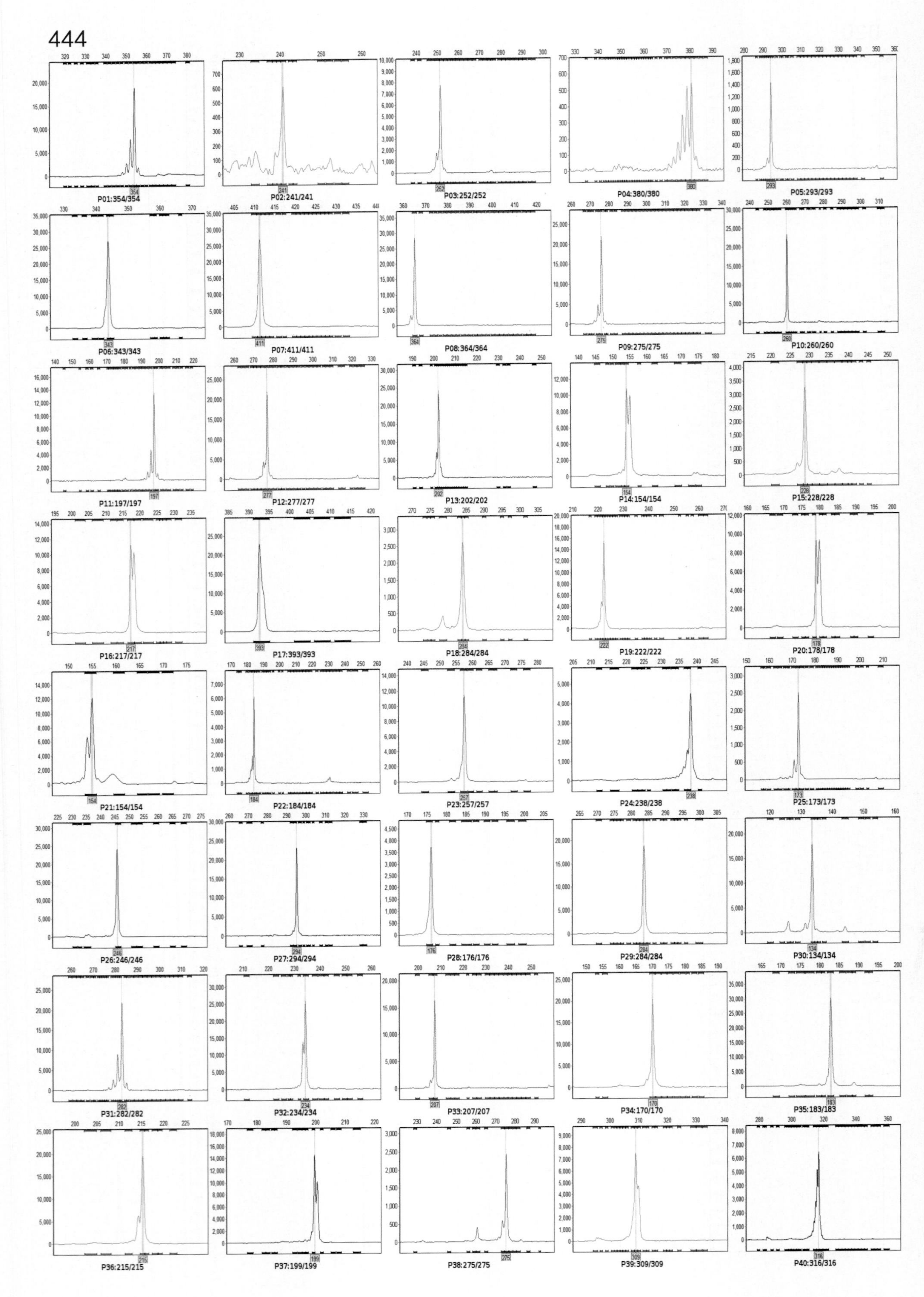
444
P01:354/354
P02:241/241
P03:252/252
P04:380/380
P05:293/293
P06:343/343
P07:411/411
P08:364/364
P09:275/275
P10:260/260
P11:197/197
P12:277/277
P13:202/202
P14:154/154
P15:228/228
P16:217/217
P17:393/393
P18:284/284
P19:222/222
P20:178/178
P21:154/154
P22:184/184
P23:257/257
P24:238/238
P25:173/173
P26:246/246
P27:294/294
P28:176/176
P29:284/284
P30:134/134
P31:282/282
P32:234/234
P33:207/207
P34:170/170
P35:183/183
P36:215/215
P37:199/199
P38:275/275
P39:309/309
P40:316/316

原辐黄

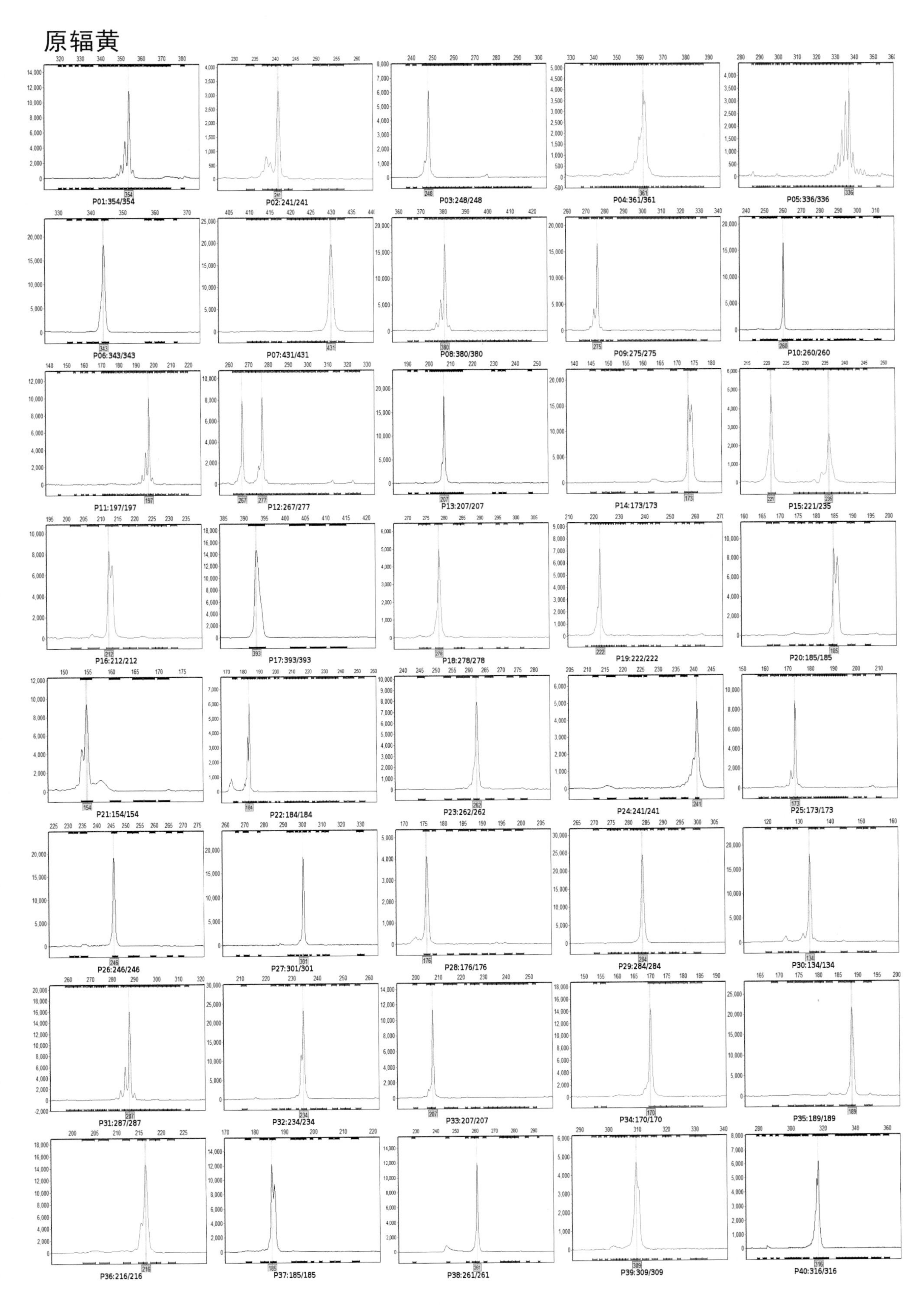
P01:354/354
P02:241/241
P03:248/248
P04:361/361
P05:336/336
P06:343/343
P07:431/431
P08:380/380
P09:275/275
P10:260/260
P11:197/197
P12:267/277
P13:207/207
P14:173/173
P15:221/235
P16:212/212
P17:393/393
P18:278/278
P19:222/222
P20:185/185
P21:154/154
P22:184/184
P23:262/262
P24:241/241
P25:173/173
P26:246/246
P27:301/301
P28:176/176
P29:284/284
P30:134/134
P31:287/287
P32:234/234
P33:207/207
P34:170/170
P35:189/189
P36:216/216
P37:185/185
P38:261/261
P39:309/309
P40:316/316

D黄212

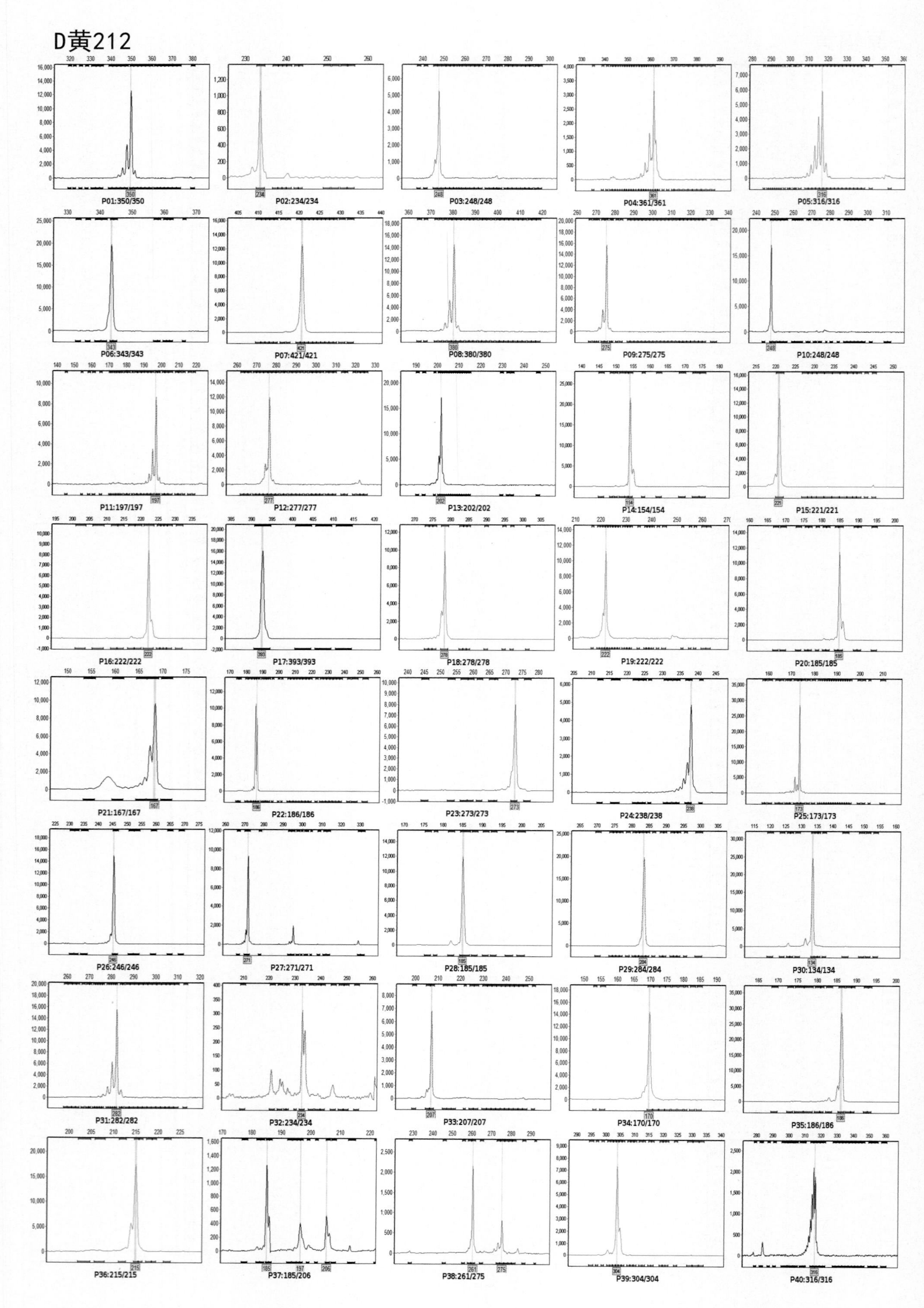
P01:350/350
P02:234/234
P03:248/248
P04:361/361
P05:316/316
P06:343/343
P07:421/421
P08:380/380
P09:275/275
P10:248/248
P11:197/197
P12:277/277
P13:202/202
P14:154/154
P15:221/221
P16:222/222
P17:393/393
P18:278/278
P19:222/222
P20:185/185
P21:167/167
P22:186/186
P23:273/273
P24:238/238
P25:173/173
P26:246/246
P27:271/271
P28:185/185
P29:284/284
P30:134/134
P31:282/282
P32:234/234
P33:207/207
P34:170/170
P35:186/186
P36:215/215
P37:185/206
P38:261/275
P39:304/304
P40:316/316

墩白

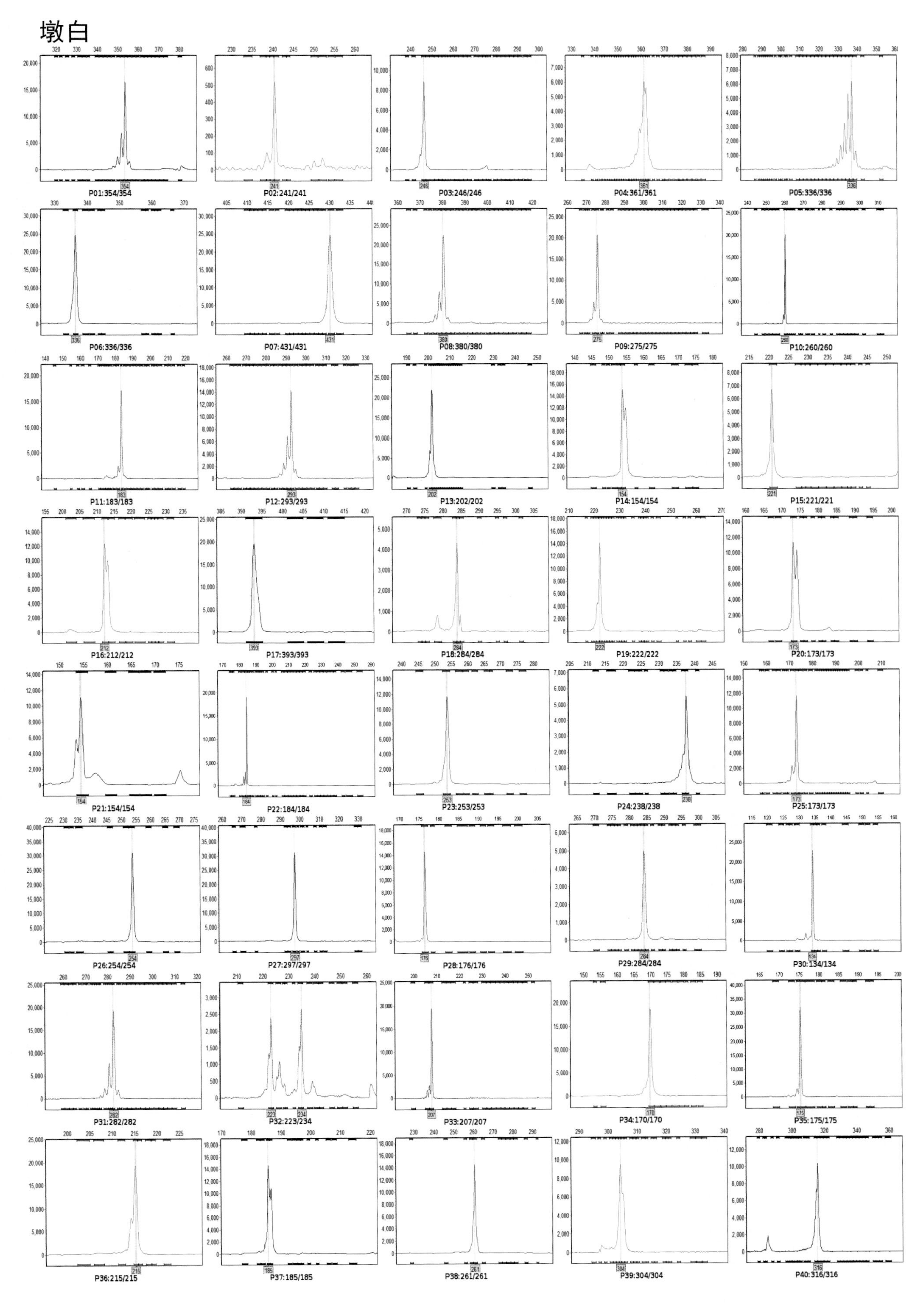
P01:354/354
P02:241/241
P03:246/246
P04:361/361
P05:336/336
P06:336/336
P07:431/431
P08:380/380
P09:275/275
P10:260/260
P11:183/183
P12:293/293
P13:202/202
P14:154/154
P15:221/221
P16:212/212
P17:393/393
P18:284/284
P19:222/222
P20:173/173
P21:154/154
P22:184/184
P23:253/253
P24:238/238
P25:173/173
P26:254/254
P27:297/297
P28:176/176
P29:284/284
P30:134/134
P31:282/282
P32:223/234
P33:207/207
P34:170/170
P35:175/175
P36:215/215
P37:185/185
P38:261/261
P39:304/304
P40:316/316

哲446

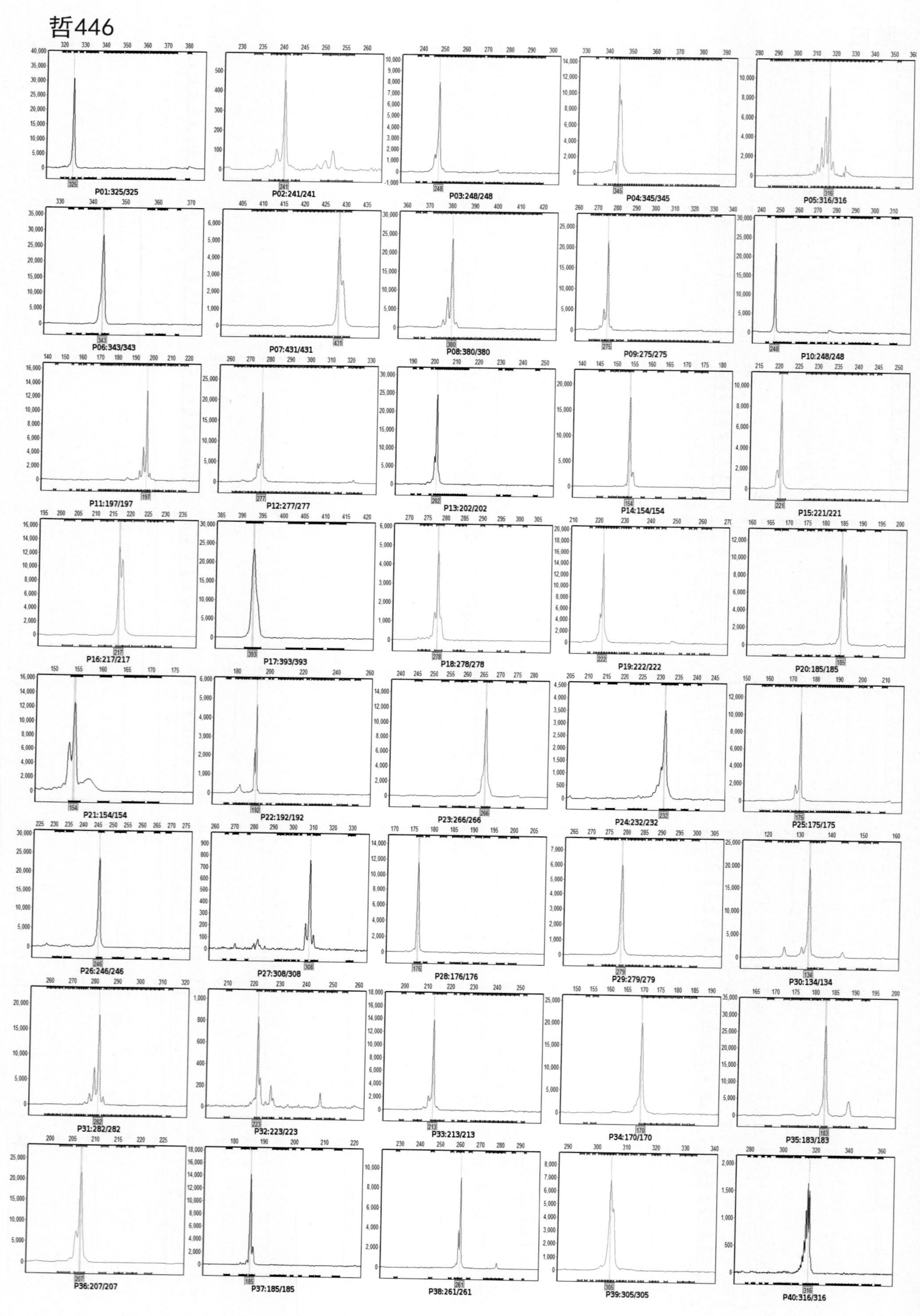

P01:325/325
P02:241/241
P03:248/248
P04:345/345
P05:316/316
P06:343/343
P07:431/431
P08:380/380
P09:275/275
P10:248/248
P11:197/197
P12:277/277
P13:202/202
P14:154/154
P15:221/221
P16:217/217
P17:393/393
P18:278/278
P19:222/222
P20:185/185
P21:154/154
P22:192/192
P23:266/266
P24:232/232
P25:175/175
P26:246/246
P27:308/308
P28:176/176
P29:279/279
P30:134/134
P31:282/282
P32:223/223
P33:213/213
P34:170/170
P35:183/183
P36:207/207
P37:185/185
P38:261/261
P39:305/305
P40:316/316

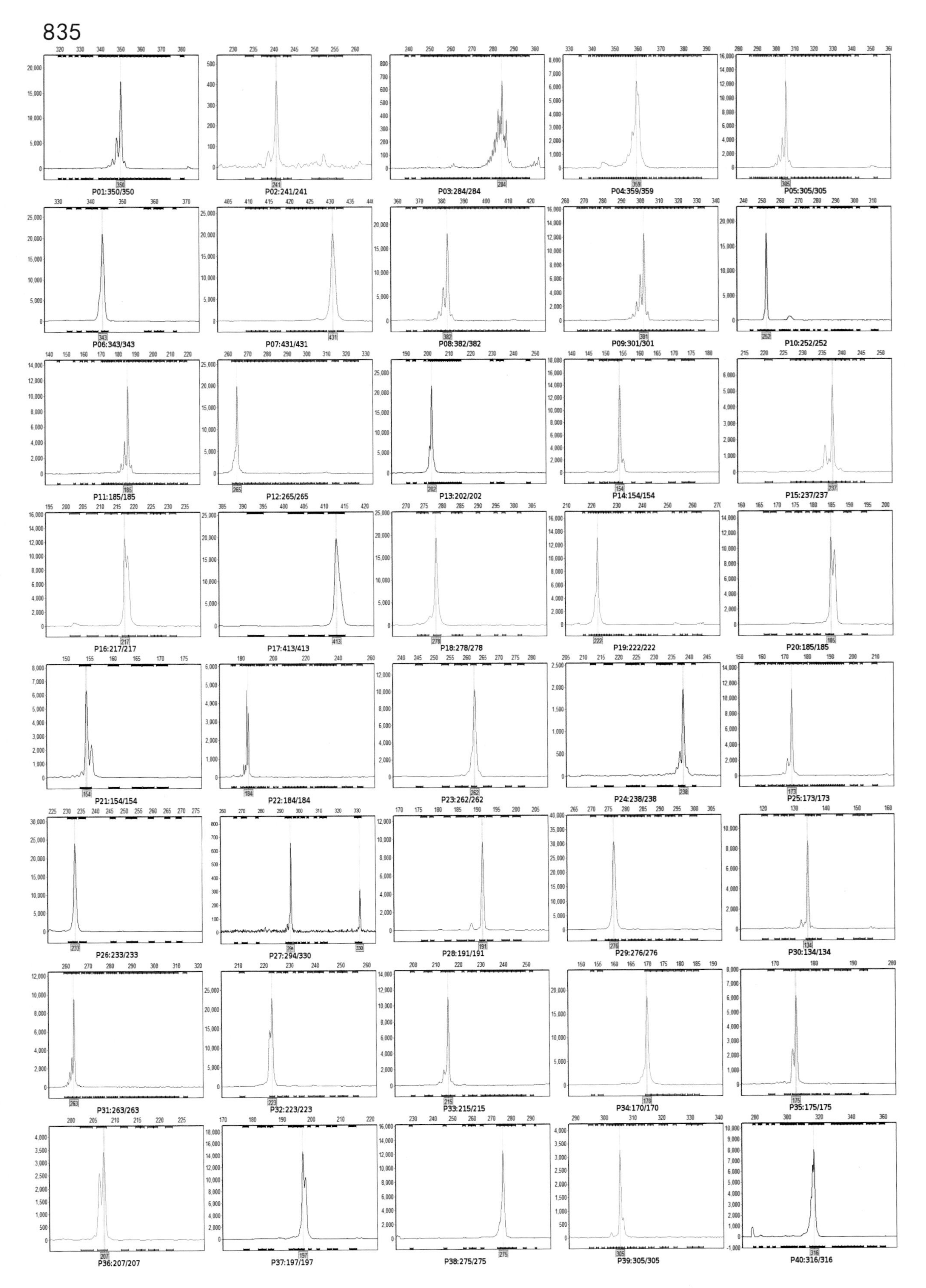
835
P01:350/350
P02:241/241
P03:284/284
P04:359/359
P05:305/305
P06:343/343
P07:431/431
P08:382/382
P09:301/301
P10:252/252
P11:185/185
P12:265/265
P13:202/202
P14:154/154
P15:237/237
P16:217/217
P17:413/413
P18:278/278
P19:222/222
P20:185/185
P21:154/154
P22:184/184
P23:262/262
P24:238/238
P25:173/173
P26:233/233
P27:294/330
P28:191/191
P29:276/276
P30:134/134
P31:263/263
P32:223/223
P33:215/215
P34:170/170
P35:175/175
P36:207/207
P37:197/197
P38:275/275
P39:305/305
P40:316/316

H352

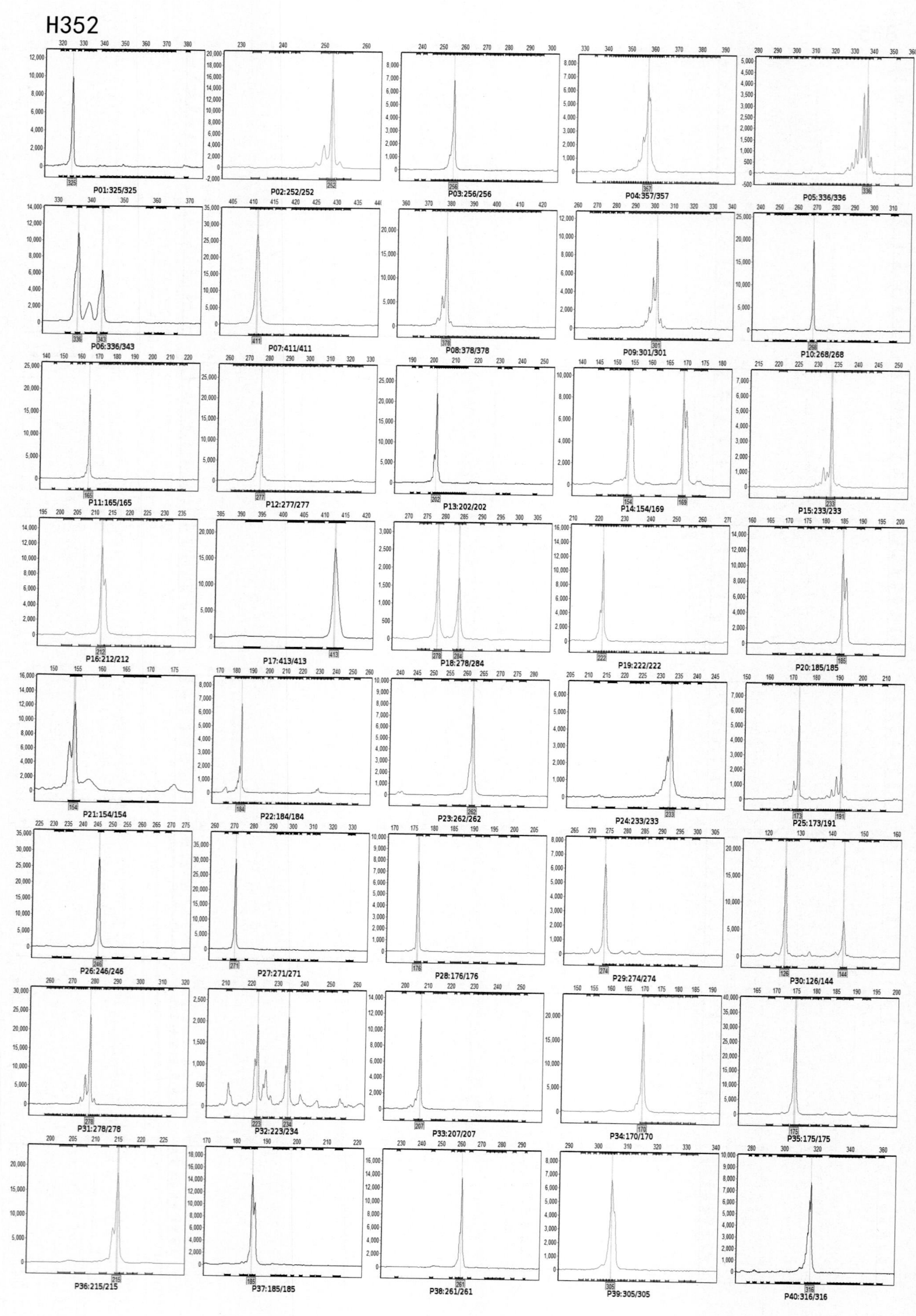
P01:325/325
P02:252/252
P03:256/256
P04:357/357
P05:336/336
P06:336/343
P07:411/411
P08:378/378
P09:301/301
P10:268/268
P11:165/165
P12:277/277
P13:202/202
P14:154/169
P15:233/233
P16:212/212
P17:413/413
P18:278/284
P19:222/222
P20:185/185
P21:154/154
P22:184/184
P23:262/262
P24:233/233
P25:173/191
P26:246/246
P27:271/271
P28:176/176
P29:274/274
P30:126/144
P31:278/278
P32:223/234
P33:207/207
P34:170/170
P35:175/175
P36:215/215
P37:185/185
P38:261/261
P39:305/305
P40:316/316

Q126

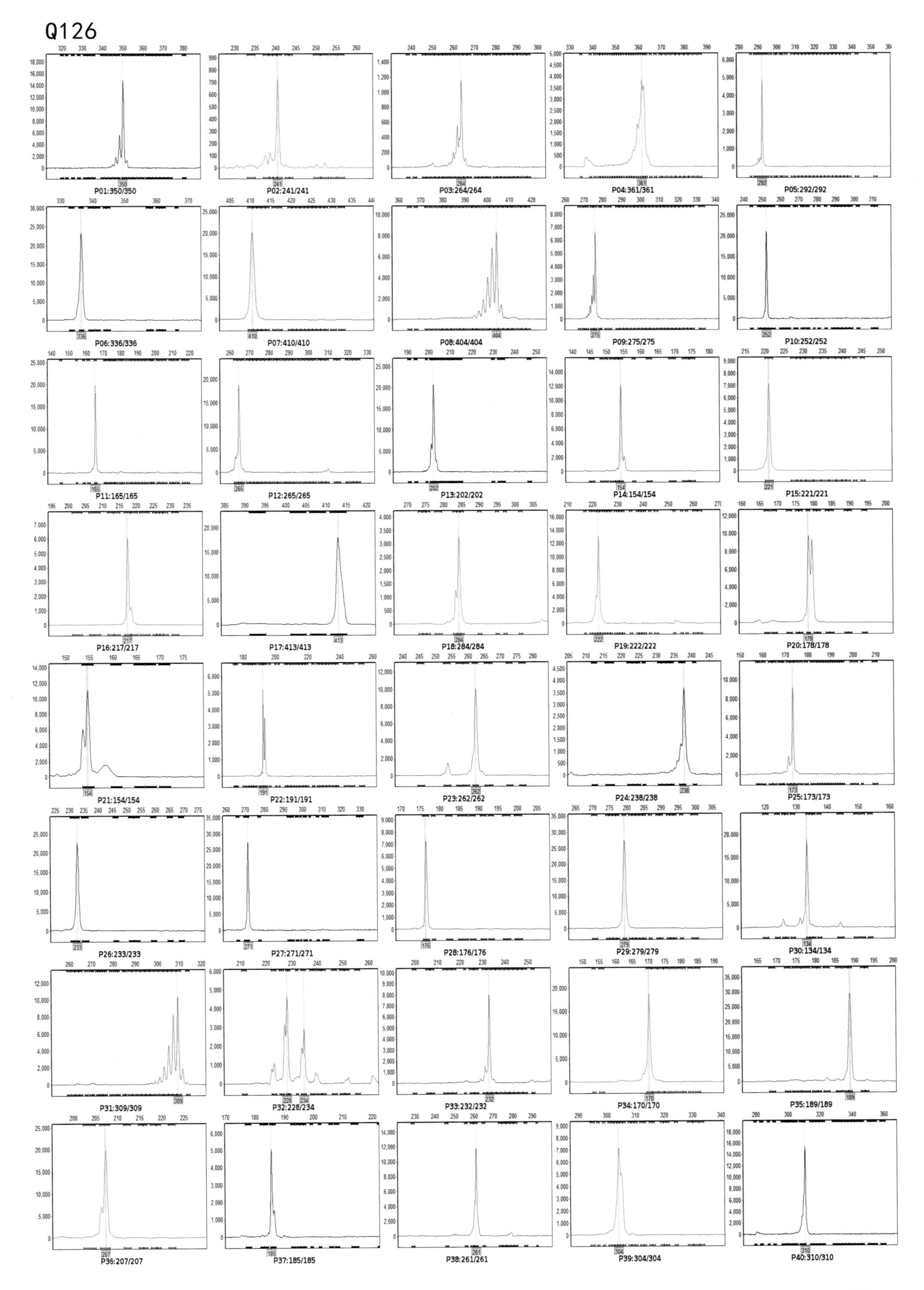
P01:350/350
P02:241/241
P03:264/264
P04:361/361
P05:292/292
P06:336/336
P07:410/410
P08:404/404
P09:275/275
P10:252/252
P11:165/165
P12:265/265
P13:202/202
P14:154/154
P15:221/221
P16:217/217
P17:413/413
P18:284/284
P19:222/222
P20:178/178
P21:154/154
P22:191/191
P23:262/262
P24:238/238
P25:173/173
P26:233/233
P27:271/271
P28:176/176
P29:279/279
P30:134/134
P31:309/309
P32:228/234
P33:232/232
P34:170/170
P35:189/189
P36:207/207
P37:185/185
P38:261/261
P39:304/304
P40:310/310

JN22

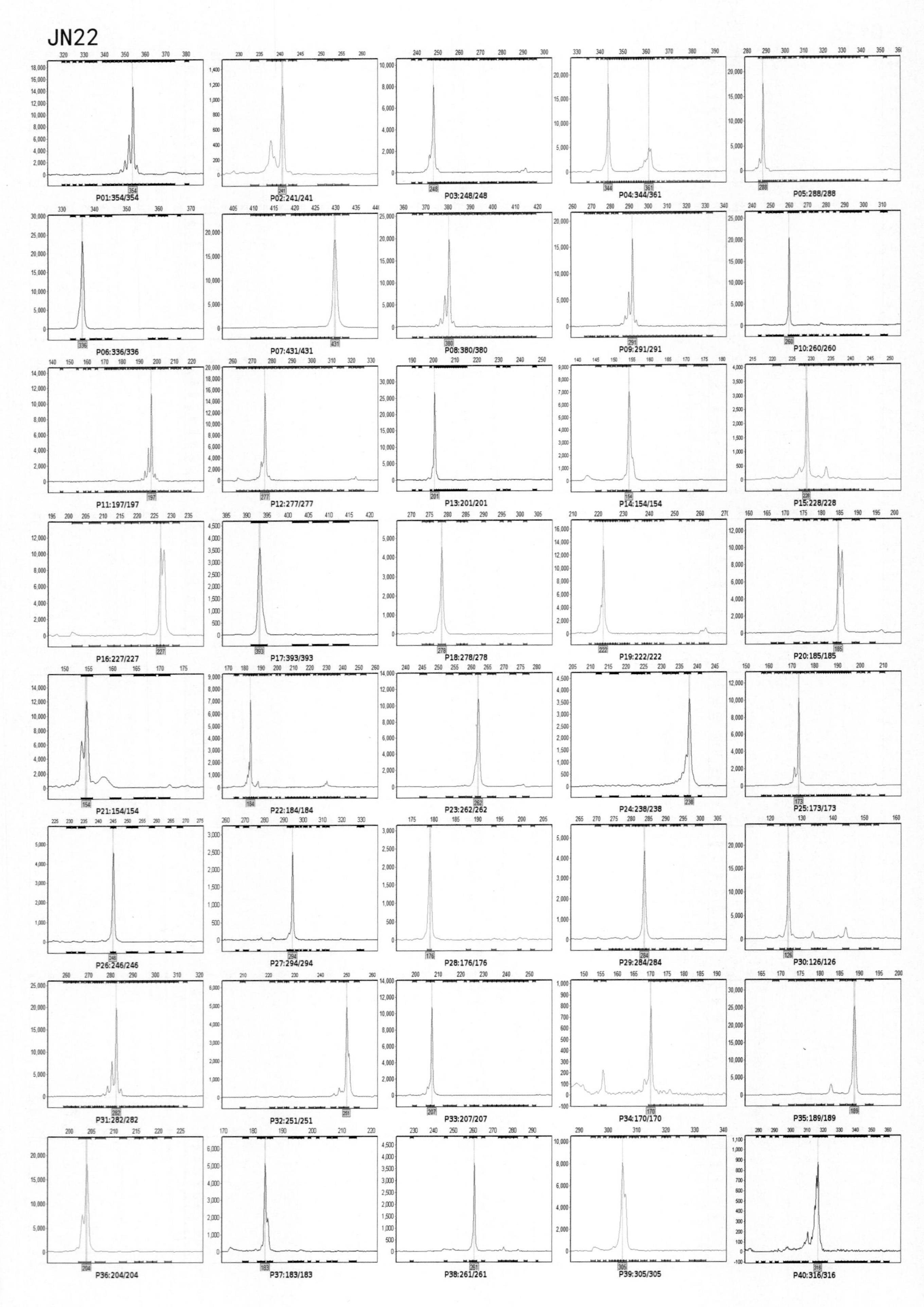
P01:354/354
P02:241/241
P03:248/248
P04:344/361
P05:288/288
P06:336/336
P07:431/431
P08:380/380
P09:291/291
P10:260/260
P11:197/197
P12:277/277
P13:201/201
P14:154/154
P15:228/228
P16:227/227
P17:393/393
P18:278/278
P19:222/222
P20:185/185
P21:154/154
P22:184/184
P23:262/262
P24:238/238
P25:173/173
P26:246/246
P27:294/294
P28:176/176
P29:284/284
P30:126/126
P31:282/282
P32:251/251
P33:207/207
P34:170/170
P35:189/189
P36:204/204
P37:183/183
P38:261/261
P39:305/305
P40:316/316

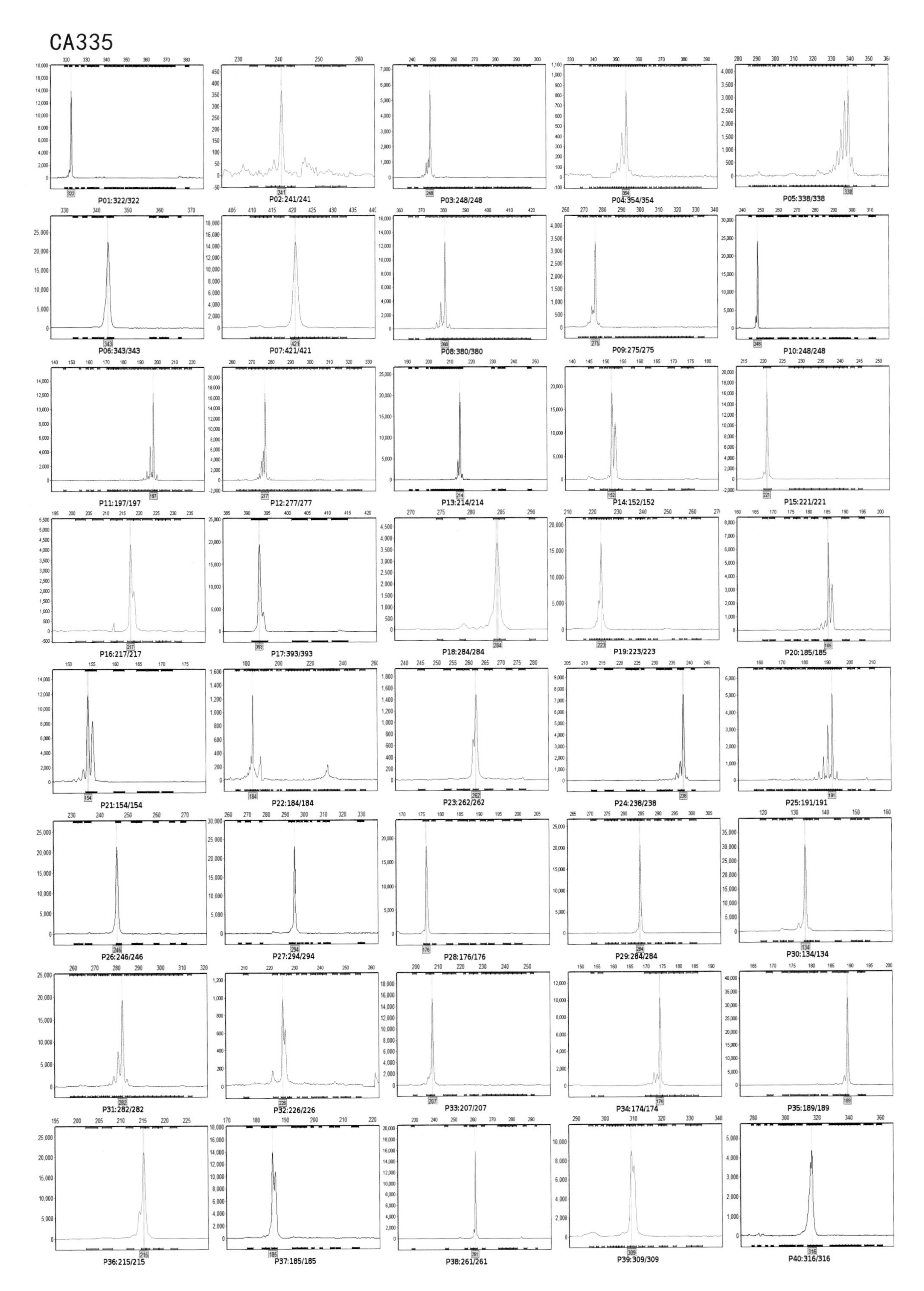
CA335
P01:322/322
P02:241/241
P03:248/248
P04:354/354
P05:338/338
P06:343/343
P07:421/421
P08:380/380
P09:275/275
P10:248/248
P11:197/197
P12:277/277
P13:214/214
P14:152/152
P15:221/221
P16:217/217
P17:393/393
P18:284/284
P19:223/223
P20:185/185
P21:154/154
P22:184/184
P23:262/262
P24:238/238
P25:191/191
P26:246/246
P27:294/294
P28:176/176
P29:284/284
P30:134/134
P31:282/282
P32:226/226
P33:207/207
P34:174/174
P35:189/189
P36:215/215
P37:185/185
P38:261/261
P39:309/309
P40:316/316

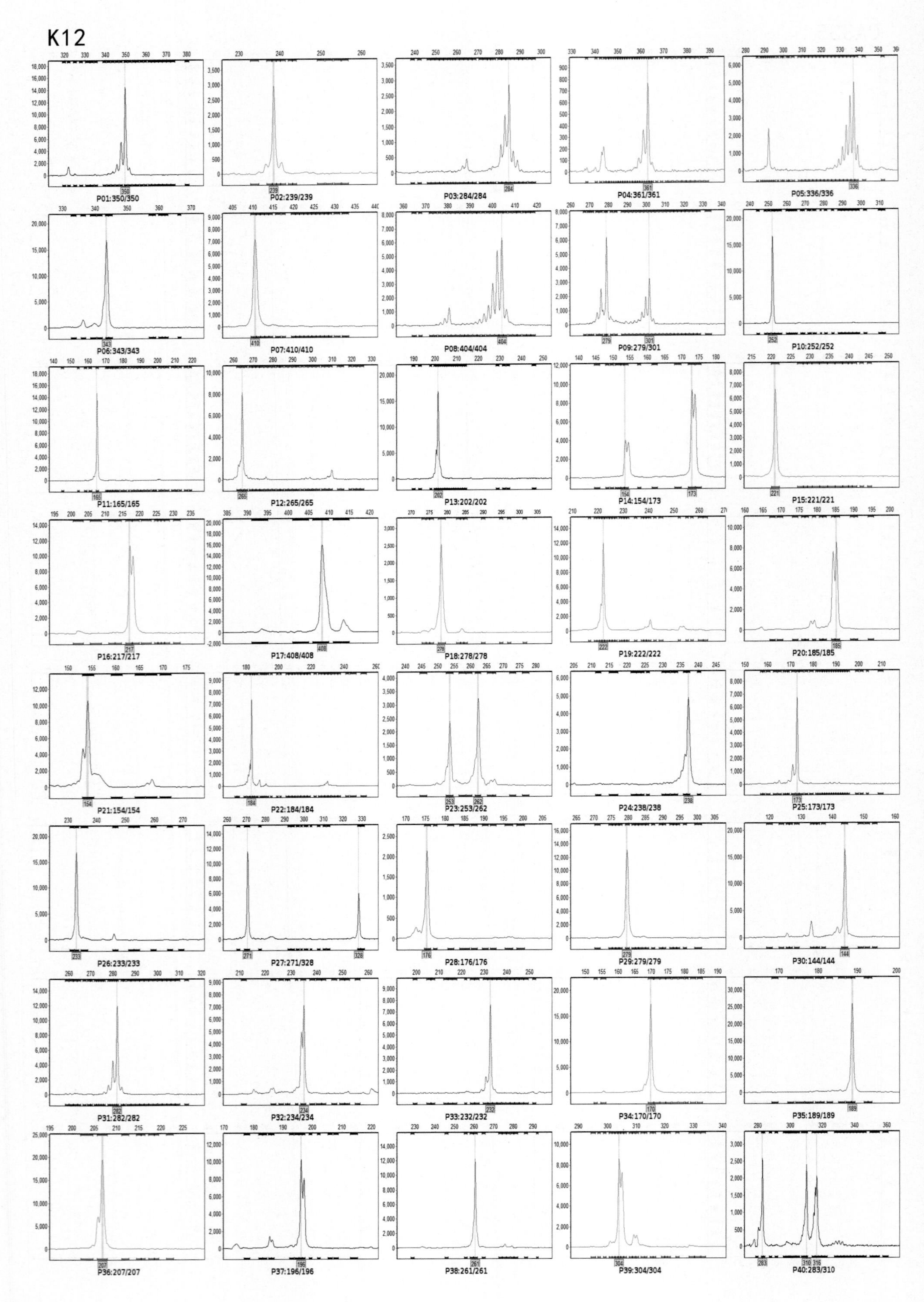
K12
P01:350/350
P02:239/239
P03:284/284
P04:361/361
P05:336/336
P06:343/343
P07:410/410
P08:404/404
P09:279/301
P10:252/252
P11:165/165
P12:265/265
P13:202/202
P14:154/173
P15:221/221
P16:217/217
P17:408/408
P18:278/278
P19:222/222
P20:185/185
P21:154/154
P22:184/184
P23:253/262
P24:238/238
P25:173/173
P26:233/233
P27:271/328
P28:176/176
P29:279/279
P30:144/144
P31:282/282
P32:234/234
P33:232/232
P34:170/170
P35:189/189
P36:207/207
P37:196/196
P38:261/261
P39:304/304
P40:283/310

泰3841

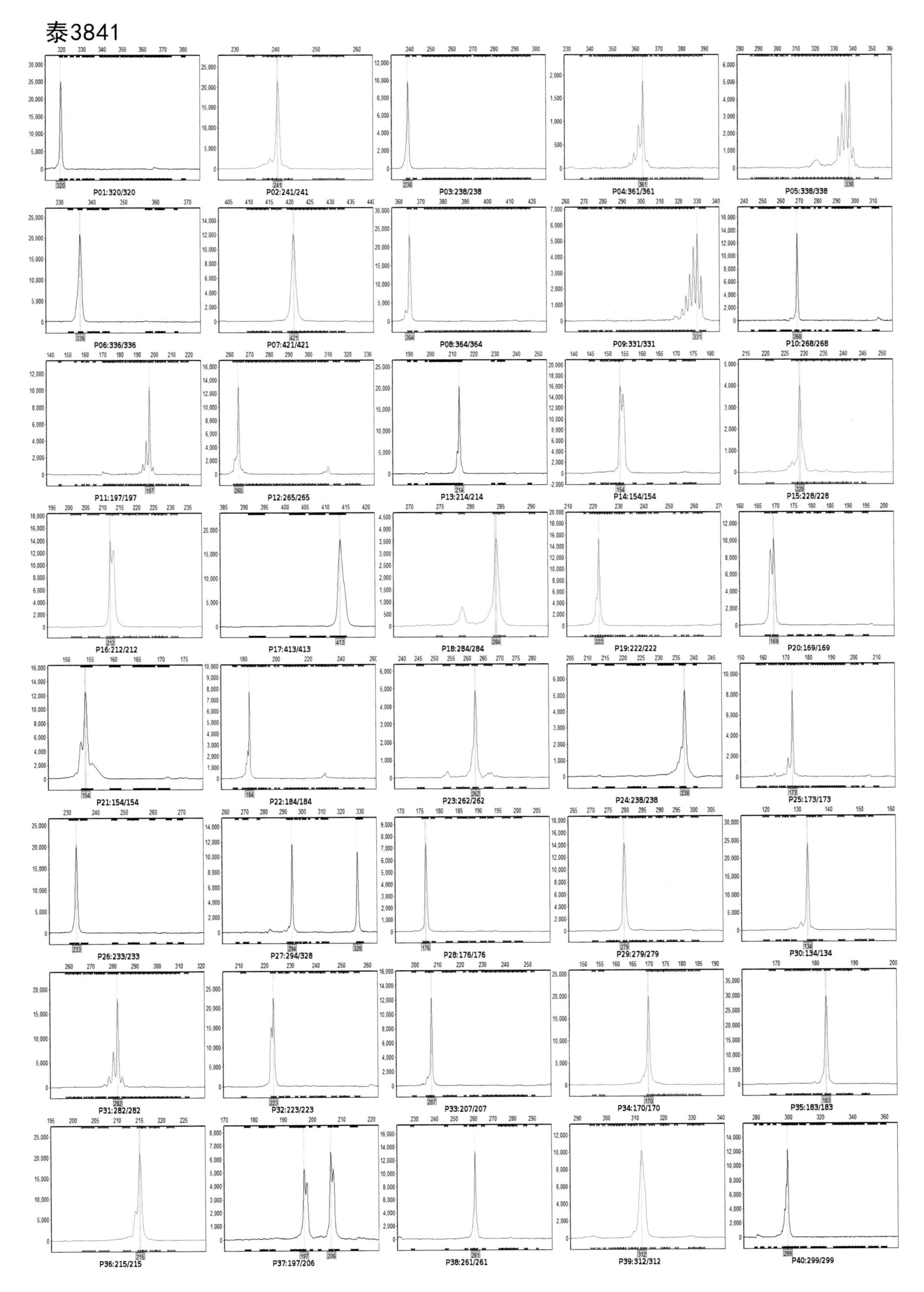
P01:320/320
P02:241/241
P03:238/238
P04:361/361
P05:338/338
P06:336/336
P07:421/421
P08:364/364
P09:331/331
P10:268/268
P11:197/197
P12:265/265
P13:214/214
P14:154/154
P15:228/228
P16:212/212
P17:413/413
P18:284/284
P19:222/222
P20:169/169
P21:154/154
P22:184/184
P23:262/262
P24:238/238
P25:173/173
P26:233/233
P27:294/328
P28:176/176
P29:279/279
P30:134/134
P31:282/282
P32:223/223
P33:207/207
P34:170/170
P35:183/183
P36:215/215
P37:197/206
P38:261/261
P39:312/312
P40:299/299

黄辐早

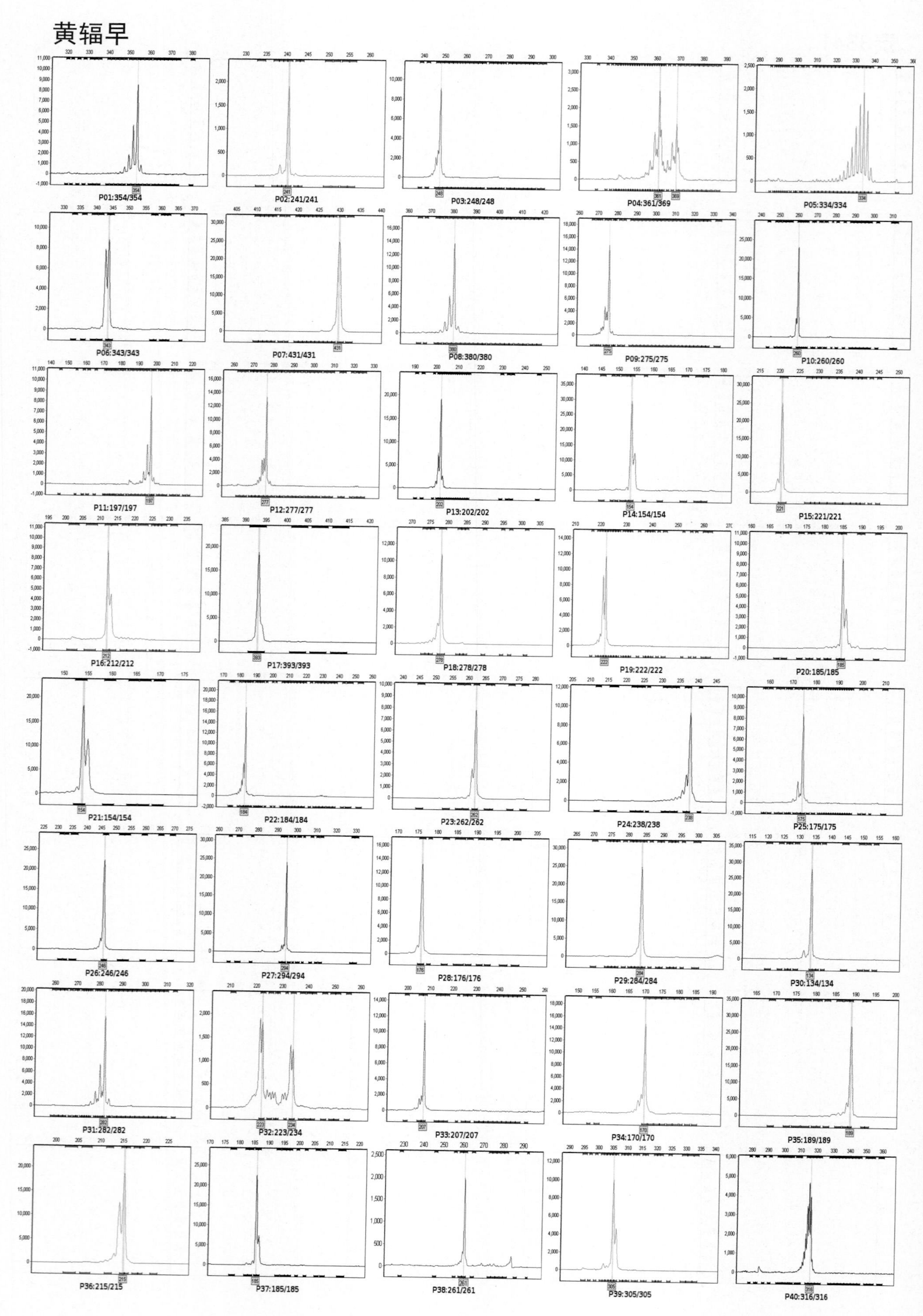

P01:354/354
P02:241/241
P03:248/248
P04:361/369
P05:334/334
P06:343/343
P07:431/431
P08:380/380
P09:275/275
P10:260/260
P11:197/197
P12:277/277
P13:202/202
P14:154/154
P15:221/221
P16:212/212
P17:393/393
P18:278/278
P19:222/222
P20:185/185
P21:154/154
P22:184/184
P23:262/262
P24:238/238
P25:175/175
P26:246/246
P27:294/294
P28:176/176
P29:284/284
P30:134/134
P31:282/282
P32:223/234
P33:207/207
P34:170/170
P35:189/189
P36:215/215
P37:185/185
P38:261/261
P39:305/305
P40:316/316

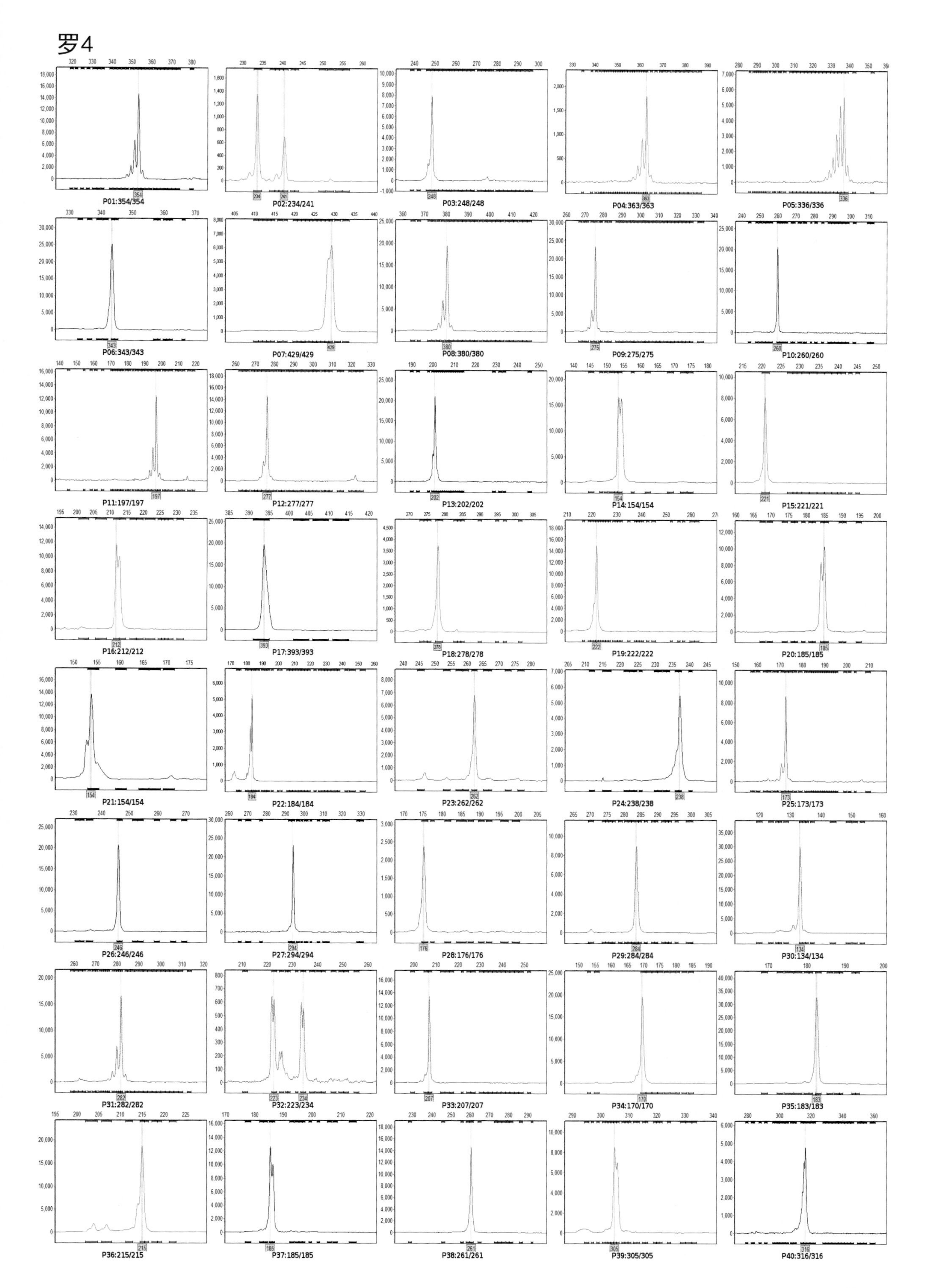
罗4
P01:354/354
P02:234/241
P03:248/248
P04:363/363
P05:336/336
P06:343/343
P07:429/429
P08:380/380
P09:275/275
P10:260/260
P11:197/197
P12:277/277
P13:202/202
P14:154/154
P15:221/221
P16:212/212
P17:393/393
P18:278/278
P19:222/222
P20:185/185
P21:154/154
P22:184/184
P23:262/262
P24:238/238
P25:173/173
P26:246/246
P27:294/294
P28:176/176
P29:284/284
P30:134/134
P31:282/282
P32:223/234
P33:207/207
P34:170/170
P35:183/183
P36:215/215
P37:185/185
P38:261/261
P39:305/305
P40:316/316

四自四

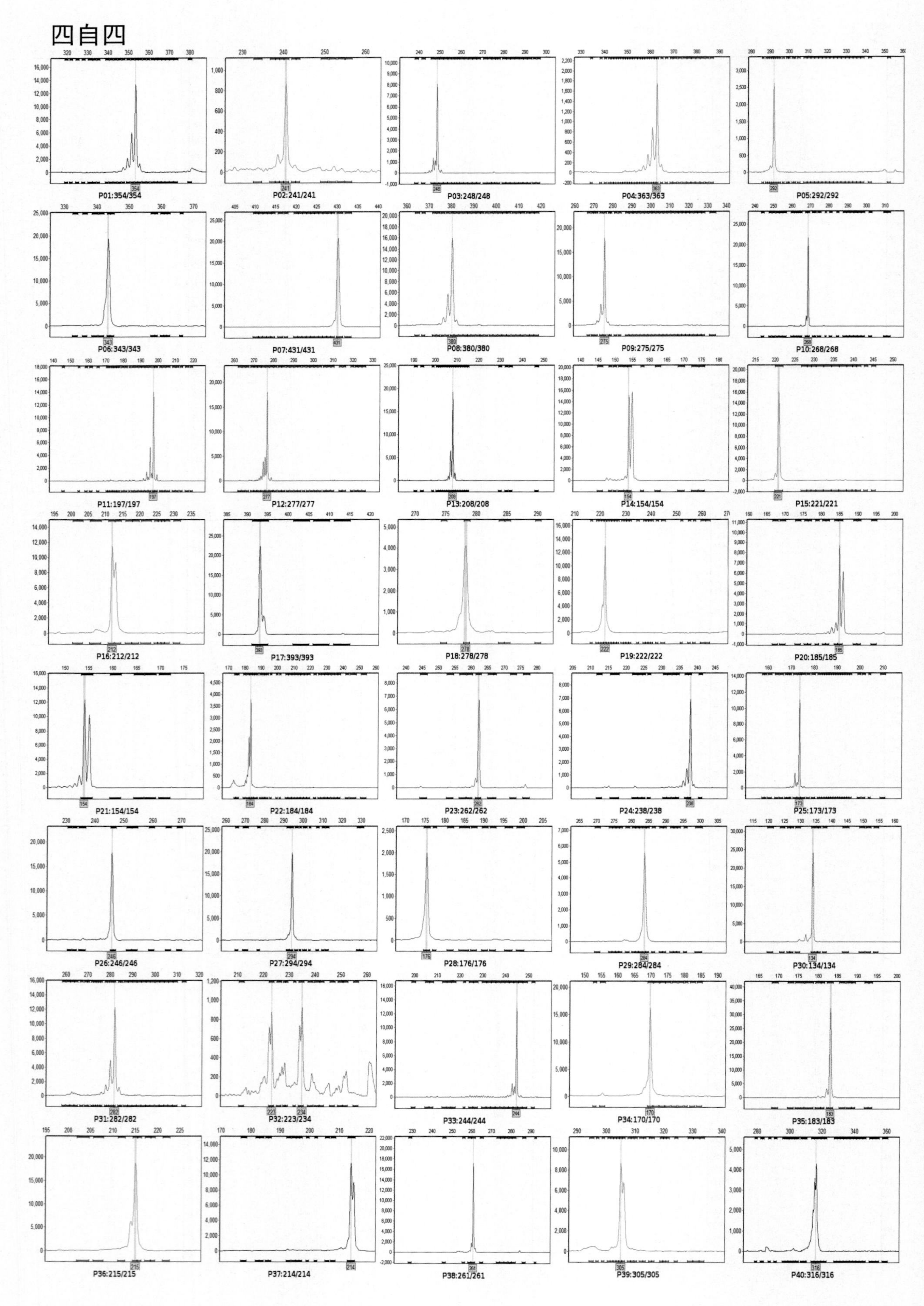
P01:354/354
P02:241/241
P03:248/248
P04:363/363
P05:292/292
P06:343/343
P07:431/431
P08:380/380
P09:275/275
P10:268/268
P11:197/197
P12:277/277
P13:208/208
P14:154/154
P15:221/221
P16:212/212
P17:393/393
P18:278/278
P19:222/222
P20:185/185
P21:154/154
P22:184/184
P23:262/262
P24:238/238
P25:173/173
P26:246/246
P27:294/294
P28:176/176
P29:284/284
P30:134/134
P31:282/282
P32:223/234
P33:244/244
P34:170/170
P35:183/183
P36:215/215
P37:214/214
P38:261/261
P39:305/305
P40:316/316

原黄81

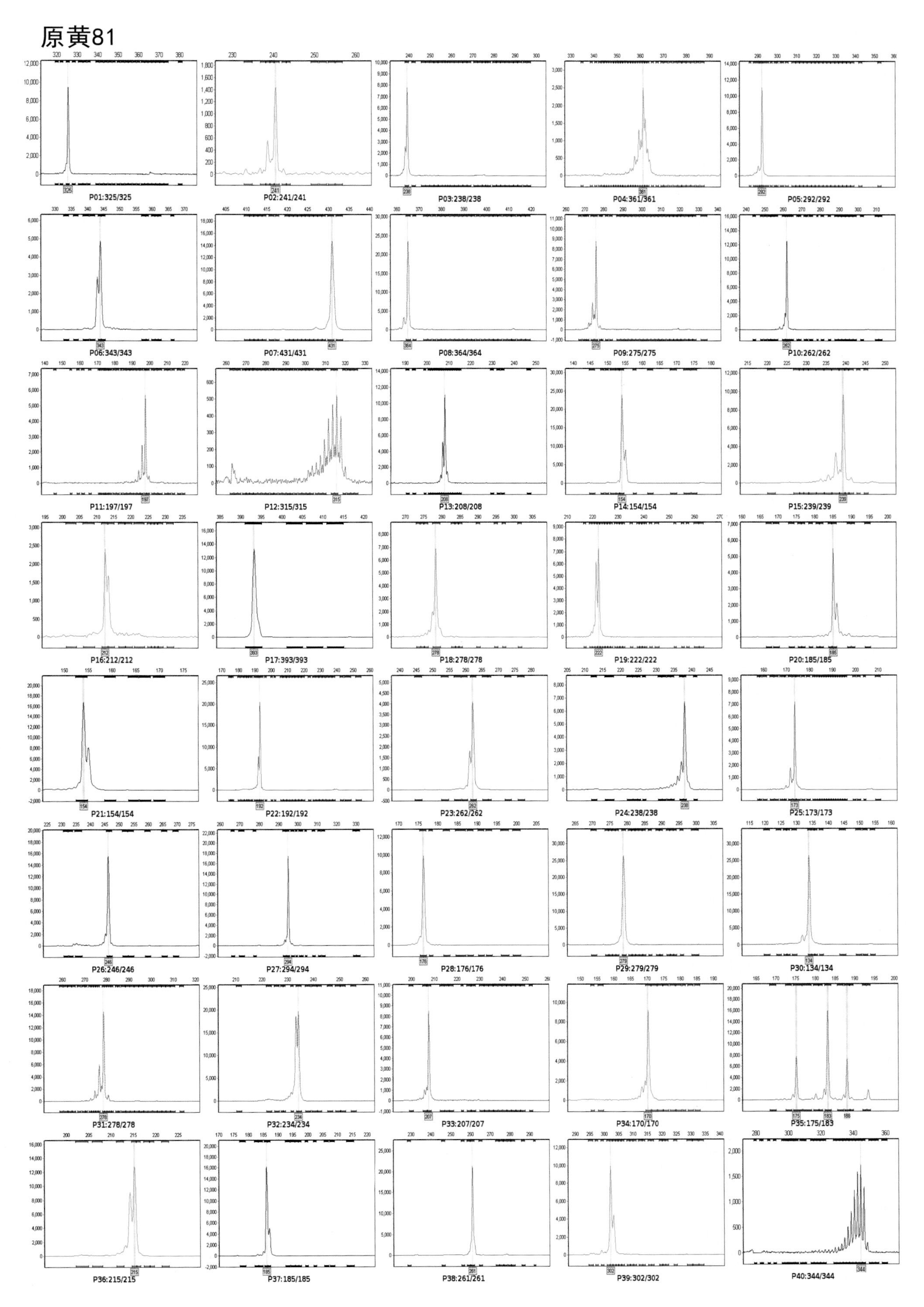

P01:325/325
P02:241/241
P03:238/238
P04:361/361
P05:292/292
P06:343/343
P07:431/431
P08:364/364
P09:275/275
P10:262/262
P11:197/197
P12:315/315
P13:208/208
P14:154/154
P15:239/239
P16:212/212
P17:393/393
P18:278/278
P19:222/222
P20:185/185
P21:154/154
P22:192/192
P23:262/262
P24:238/238
P25:173/173
P26:246/246
P27:294/294
P28:176/176
P29:279/279
P30:134/134
P31:278/278
P32:234/234
P33:207/207
P34:170/170
P35:175/183
P36:215/215
P37:185/185
P38:261/261
P39:302/302
P40:344/344

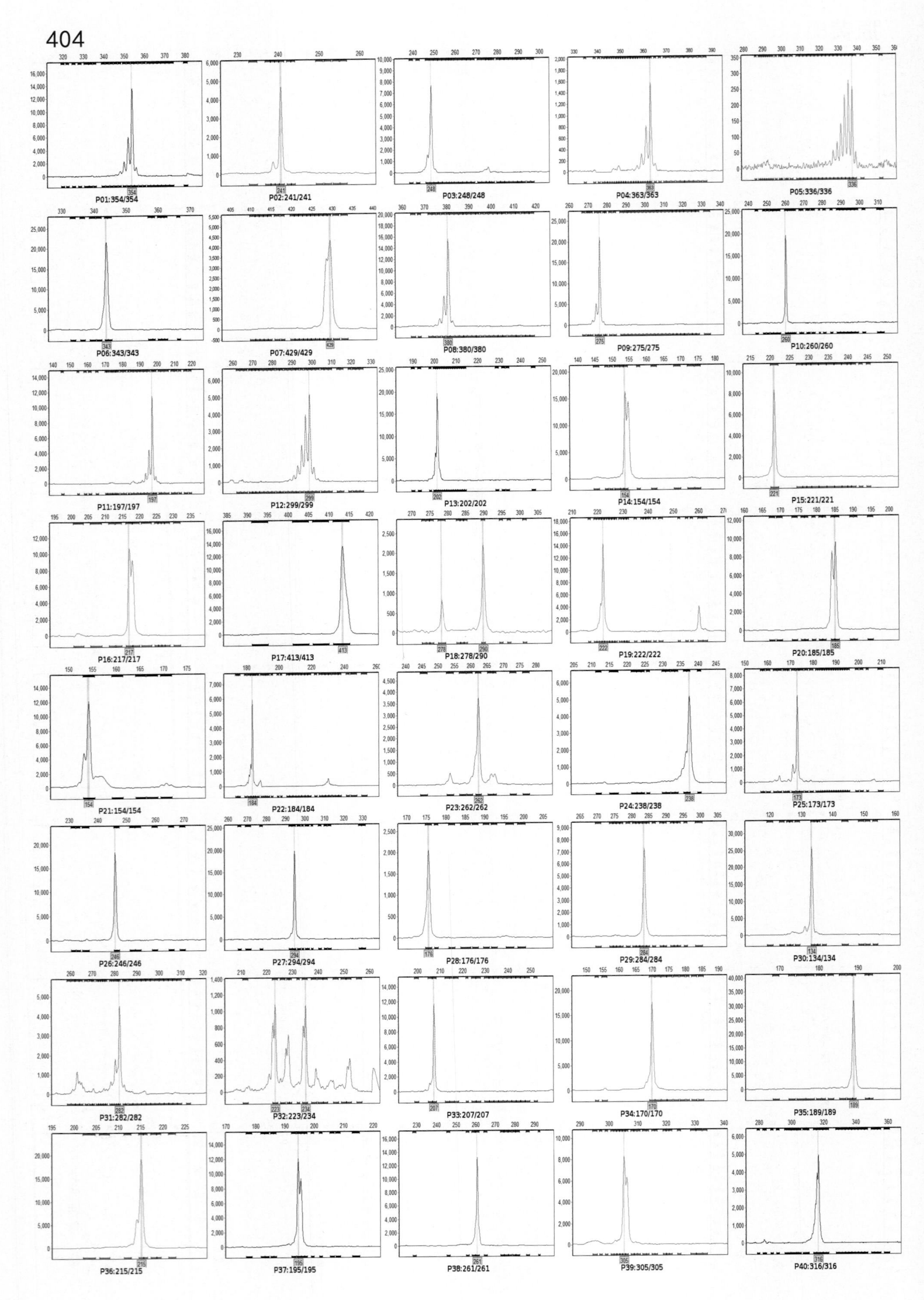
404
P01:354/354
P02:241/241
P03:248/248
P04:363/363
P05:336/336
P06:343/343
P07:429/429
P08:380/380
P09:275/275
P10:260/260
P11:197/197
P12:299/299
P13:202/202
P14:154/154
P15:221/221
P16:217/217
P17:413/413
P18:278/290
P19:222/222
P20:185/185
P21:154/154
P22:184/184
P23:262/262
P24:238/238
P25:173/173
P26:246/246
P27:294/294
P28:176/176
P29:284/284
P30:134/134
P31:282/282
P32:223/234
P33:207/207
P34:170/170
P35:189/189
P36:215/215
P37:195/195
P38:261/261
P39:305/305
P40:316/316

哲773-2

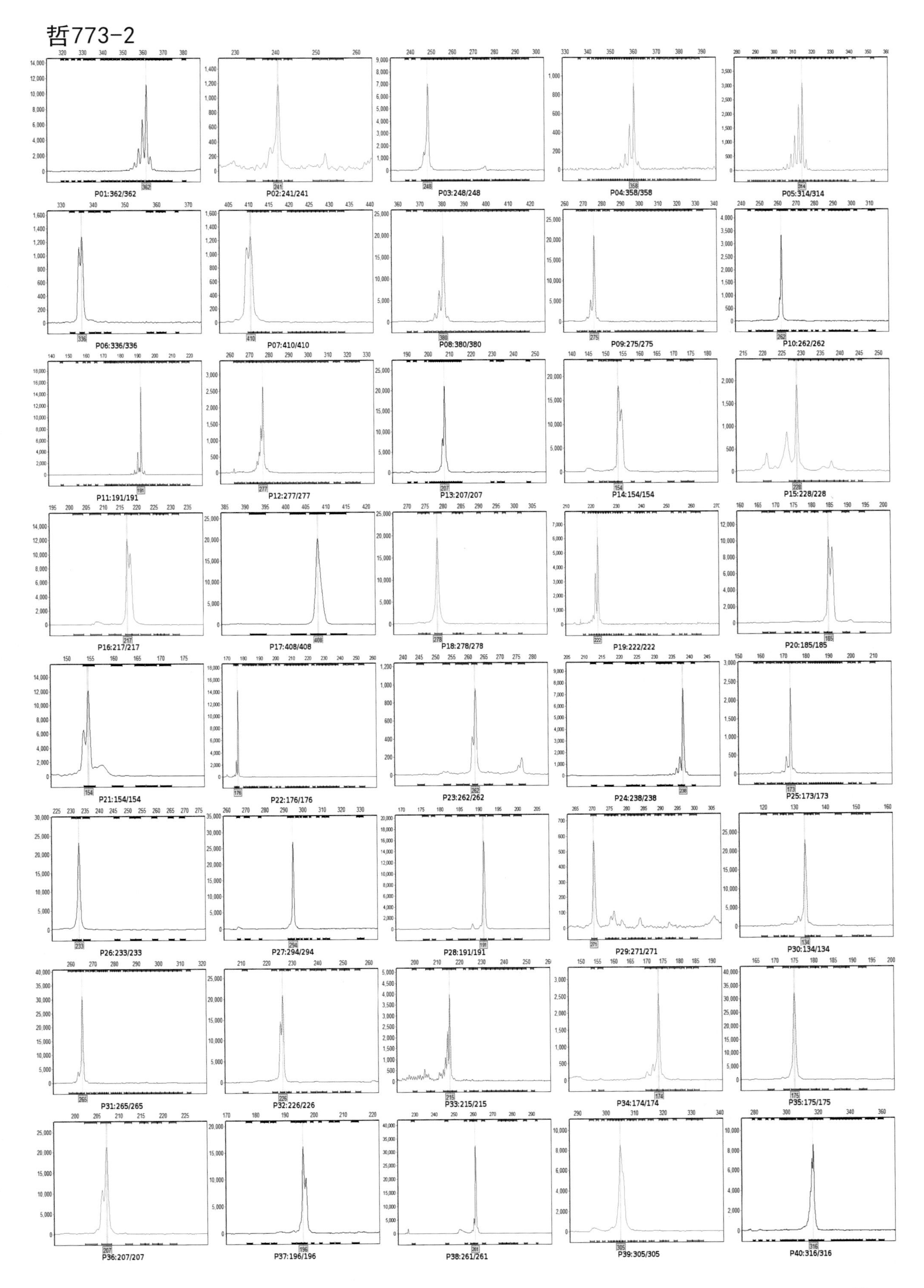

P01:362/362
P02:241/241
P03:248/248
P04:358/358
P05:314/314
P06:336/336
P07:410/410
P08:380/380
P09:275/275
P10:262/262
P11:191/191
P12:277/277
P13:207/207
P14:154/154
P15:228/228
P16:217/217
P17:408/408
P18:278/278
P19:222/222
P20:185/185
P21:154/154
P22:176/176
P23:262/262
P24:238/238
P25:173/173
P26:233/233
P27:294/294
P28:191/191
P29:271/271
P30:134/134
P31:265/265
P32:226/226
P33:215/215
P34:174/174
P35:175/175
P36:207/207
P37:196/196
P38:261/261
P39:305/305
P40:316/316

P007

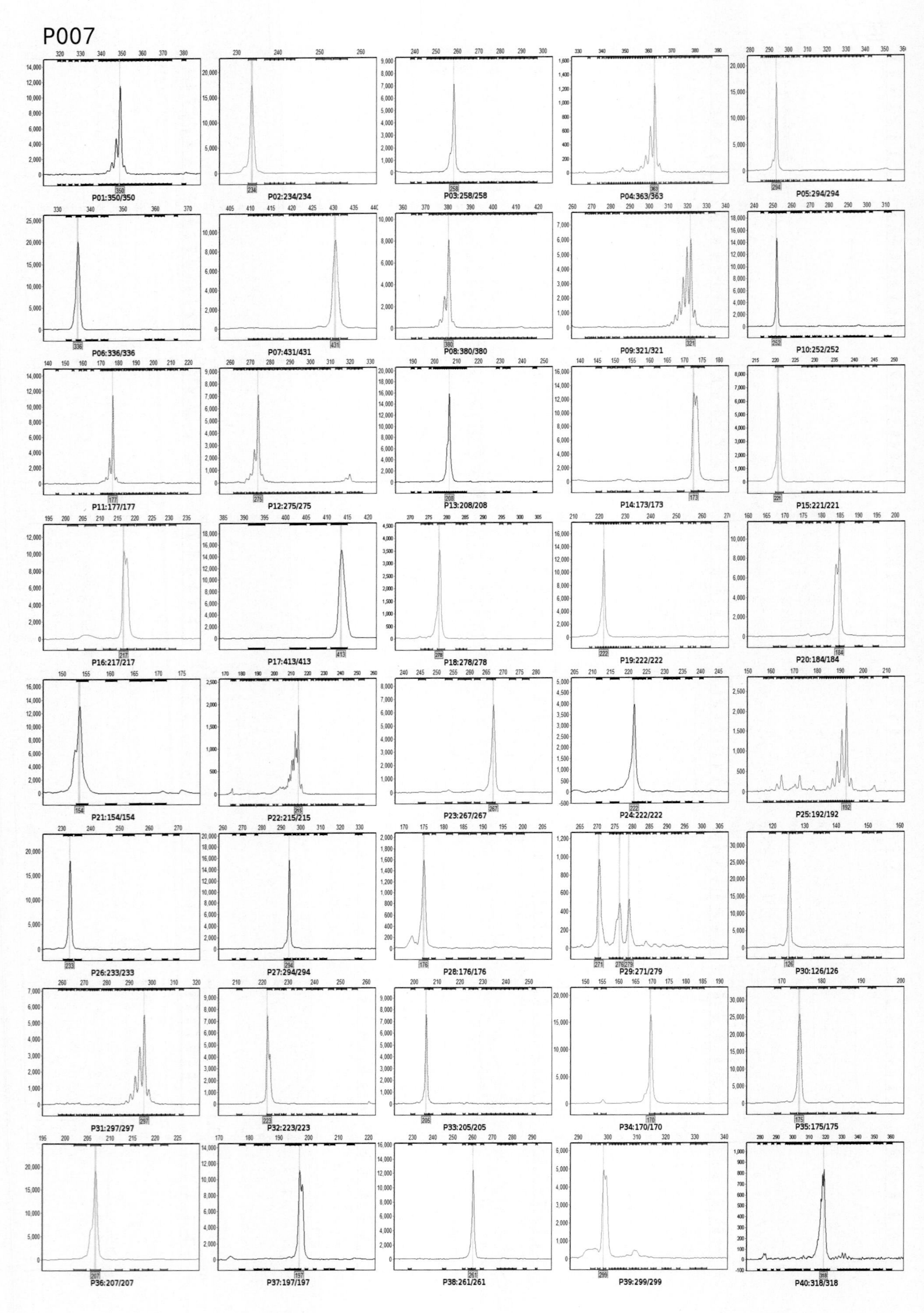

P01:350/350
P02:234/234
P03:258/258
P04:363/363
P05:294/294
P06:336/336
P07:431/431
P08:380/380
P09:321/321
P10:252/252
P11:177/177
P12:275/275
P13:208/208
P14:173/173
P15:221/221
P16:217/217
P17:413/413
P18:278/278
P19:222/222
P20:184/184
P21:154/154
P22:215/215
P23:267/267
P24:222/222
P25:192/192
P26:233/233
P27:294/294
P28:176/176
P29:271/279
P30:126/126
P31:297/297
P32:223/223
P33:205/205
P34:170/170
P35:175/175
P36:207/207
P37:197/197
P38:261/261
P39:299/299
P40:318/318

京02

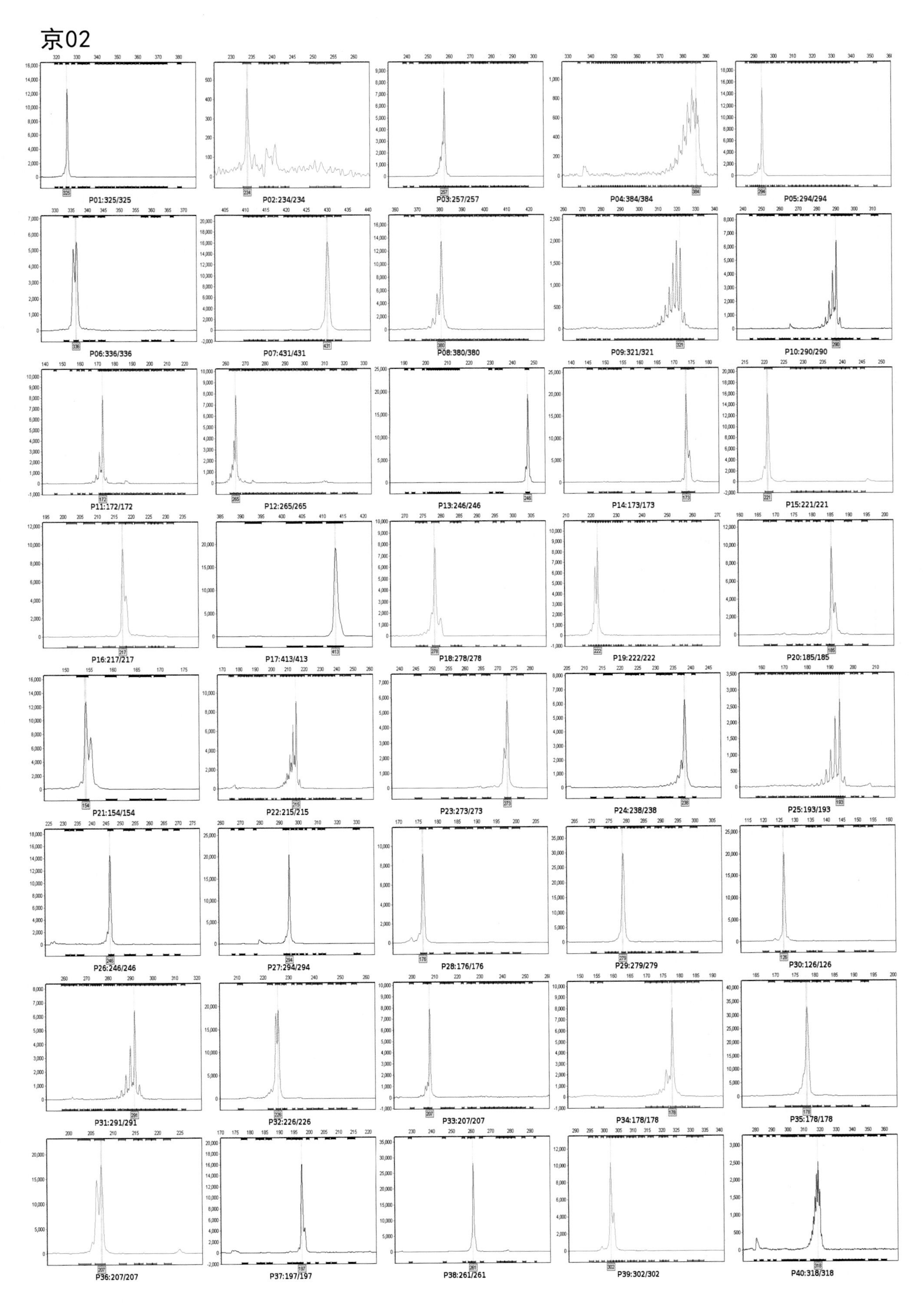
P01:325/325
P02:234/234
P03:257/257
P04:384/384
P05:294/294
P06:336/336
P07:431/431
P08:380/380
P09:321/321
P10:290/290
P11:172/172
P12:265/265
P13:246/246
P14:173/173
P15:221/221
P16:217/217
P17:413/413
P18:278/278
P19:222/222
P20:185/185
P21:154/154
P22:215/215
P23:273/273
P24:238/238
P25:193/193
P26:246/246
P27:294/294
P28:176/176
P29:279/279
P30:126/126
P31:291/291
P32:226/226
P33:207/207
P34:178/178
P35:178/178
P36:207/207
P37:197/197
P38:261/261
P39:302/302
P40:318/318

兆育

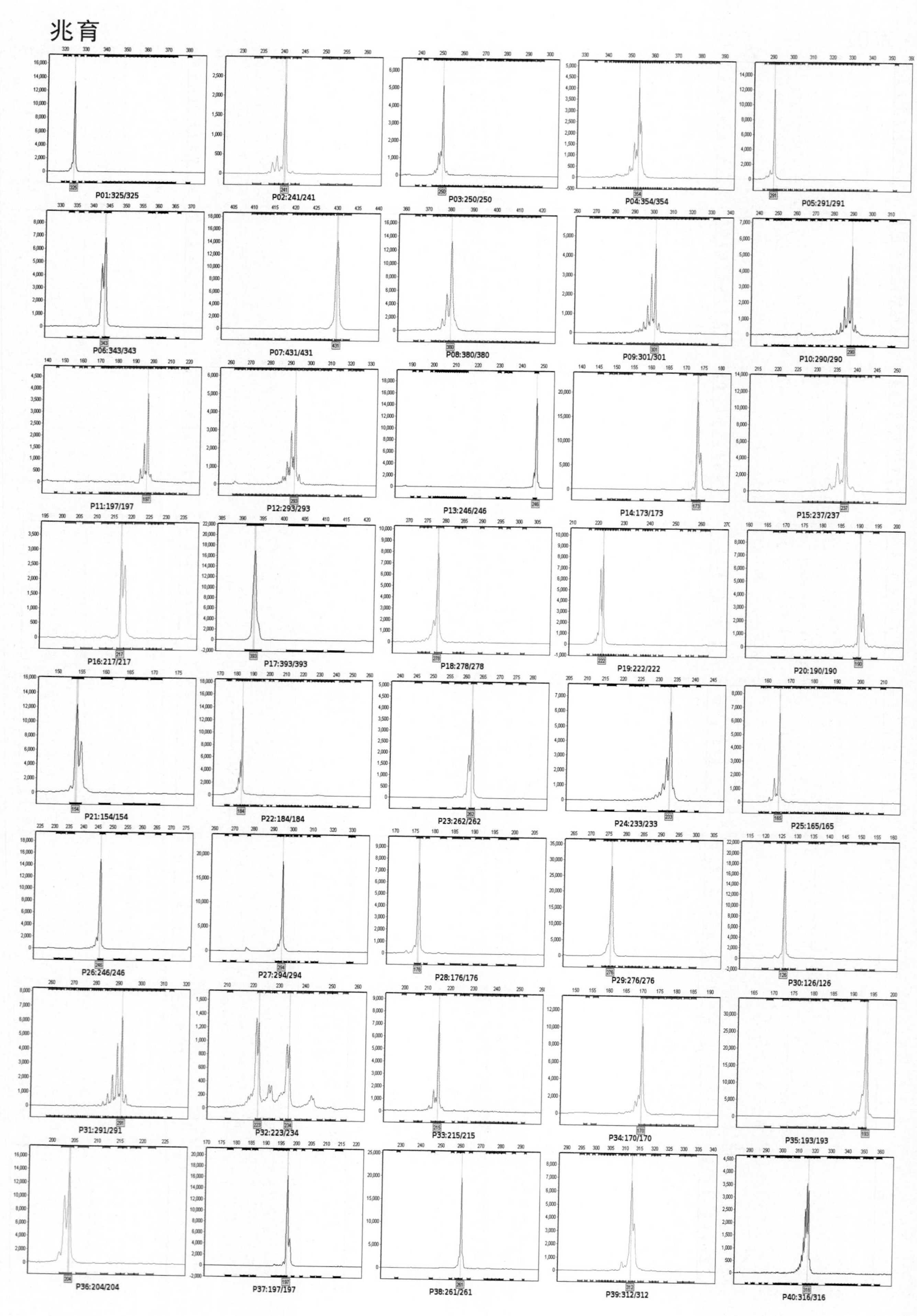

P01:325/325
P02:241/241
P03:250/250
P04:354/354
P05:291/291
P06:343/343
P07:431/431
P08:380/380
P09:301/301
P10:290/290
P11:197/197
P12:293/293
P13:246/246
P14:173/173
P15:237/237
P16:217/217
P17:393/393
P18:278/278
P19:222/222
P20:190/190
P21:154/154
P22:184/184
P23:262/262
P24:233/233
P25:165/165
P26:246/246
P27:294/294
P28:176/176
P29:276/276
P30:126/126
P31:291/291
P32:223/234
P33:215/215
P34:170/170
P35:193/193
P36:204/204
P37:197/197
P38:261/261
P39:312/312
P40:316/316

种苗928

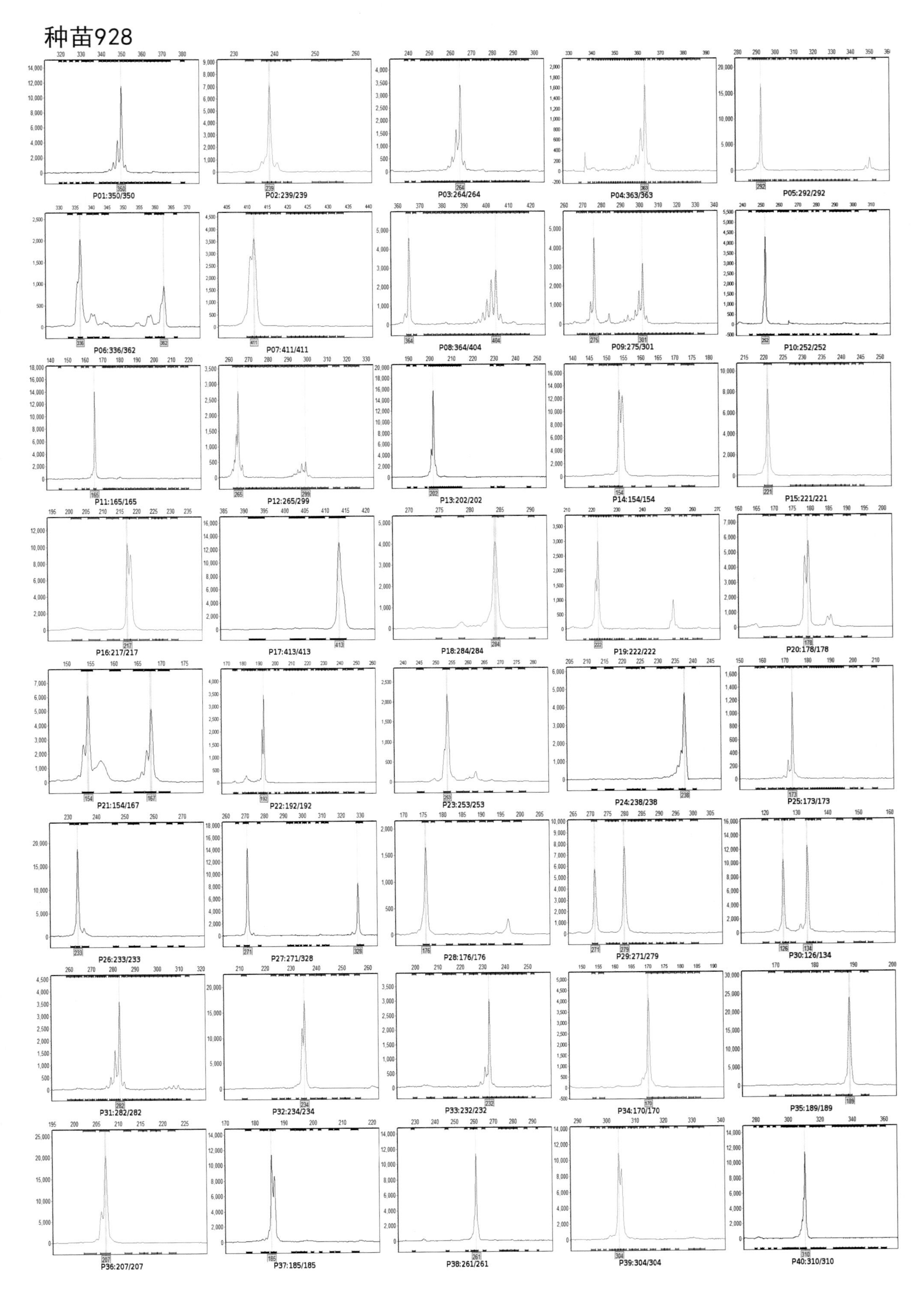
P01:350/350
P02:239/239
P03:264/264
P04:363/363
P05:292/292
P06:336/362
P07:411/411
P08:364/404
P09:275/301
P10:252/252
P11:165/165
P12:265/299
P13:202/202
P14:154/154
P15:221/221
P16:217/217
P17:413/413
P18:284/284
P19:222/222
P20:178/178
P21:154/167
P22:192/192
P23:253/253
P24:238/238
P25:173/173
P26:233/233
P27:271/328
P28:176/176
P29:271/279
P30:126/134
P31:282/282
P32:234/234
P33:232/232
P34:170/170
P35:189/189
P36:207/207
P37:185/185
P38:261/261
P39:304/304
P40:310/310

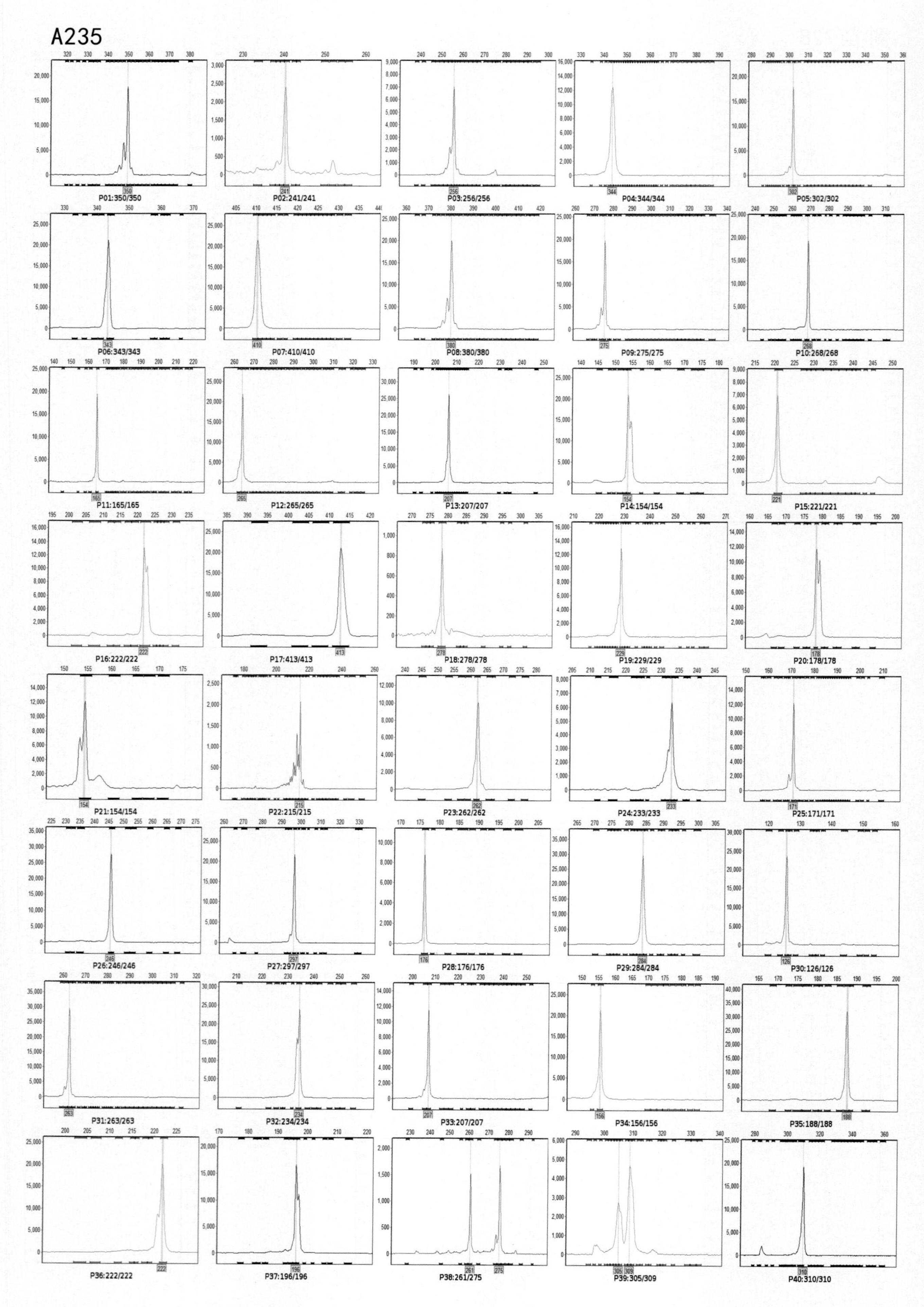
A235
P01:350/350
P02:241/241
P03:256/256
P04:344/344
P05:302/302
P06:343/343
P07:410/410
P08:380/380
P09:275/275
P10:268/268
P11:165/165
P12:265/265
P13:207/207
P14:154/154
P15:221/221
P16:222/222
P17:413/413
P18:278/278
P19:229/229
P20:178/178
P21:154/154
P22:215/215
P23:262/262
P24:233/233
P25:171/171
P26:246/246
P27:297/297
P28:176/176
P29:284/284
P30:126/126
P31:263/263
P32:234/234
P33:207/207
P34:156/156
P35:188/188
P36:222/222
P37:196/196
P38:261/275
P39:305/309
P40:310/310

直32

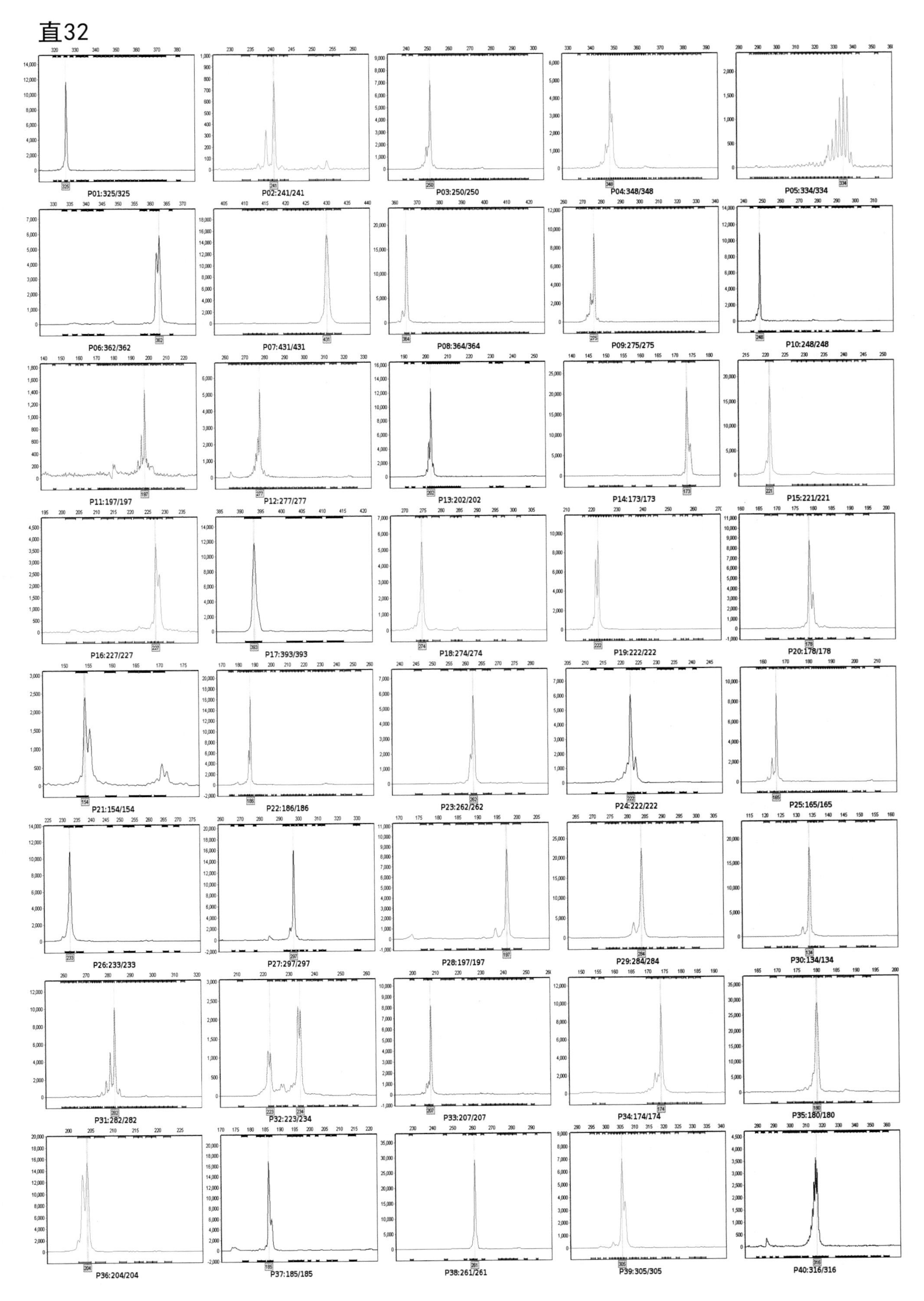
P01:325/325
P02:241/241
P03:250/250
P04:348/348
P05:334/334
P06:362/362
P07:431/431
P08:364/364
P09:275/275
P10:248/248
P11:197/197
P12:277/277
P13:202/202
P14:173/173
P15:221/221
P16:227/227
P17:393/393
P18:274/274
P19:222/222
P20:178/178
P21:154/154
P22:186/186
P23:262/262
P24:222/222
P25:165/165
P26:233/233
P27:297/297
P28:197/197
P29:284/284
P30:134/134
P31:282/282
P32:223/234
P33:207/207
P34:174/174
P35:180/180
P36:204/204
P37:185/185
P38:261/261
P39:305/305
P40:316/316

太113-1

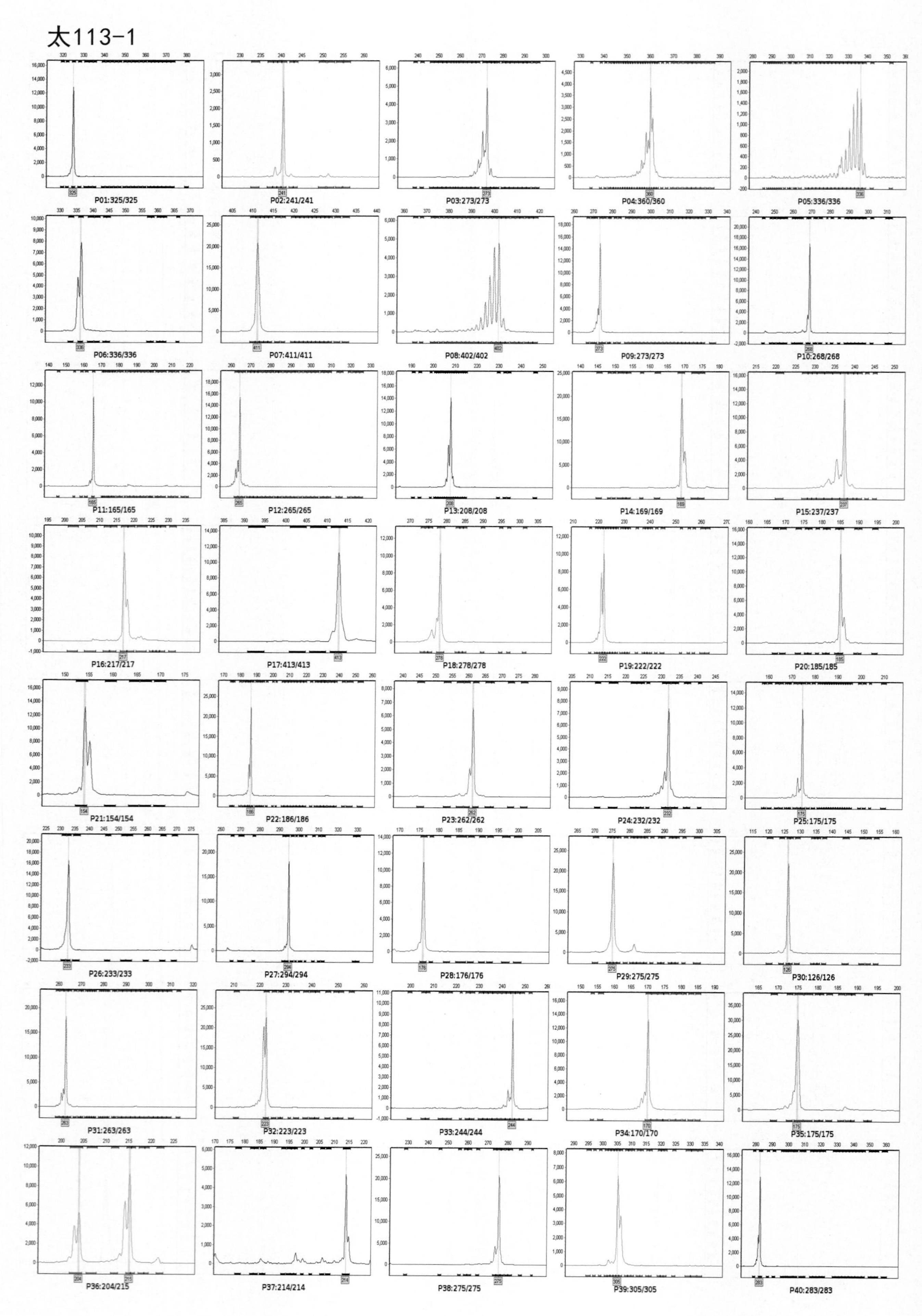

P01:325/325
P02:241/241
P03:273/273
P04:360/360
P05:336/336
P06:336/336
P07:411/411
P08:402/402
P09:273/273
P10:268/268
P11:165/165
P12:265/265
P13:208/208
P14:169/169
P15:237/237
P16:217/217
P17:413/413
P18:278/278
P19:222/222
P20:185/185
P21:154/154
P22:186/186
P23:262/262
P24:232/232
P25:175/175
P26:233/233
P27:294/294
P28:176/176
P29:275/275
P30:126/126
P31:263/263
P32:223/223
P33:244/244
P34:170/170
P35:175/175
P36:204/215
P37:214/214
P38:275/275
P39:305/305
P40:283/283

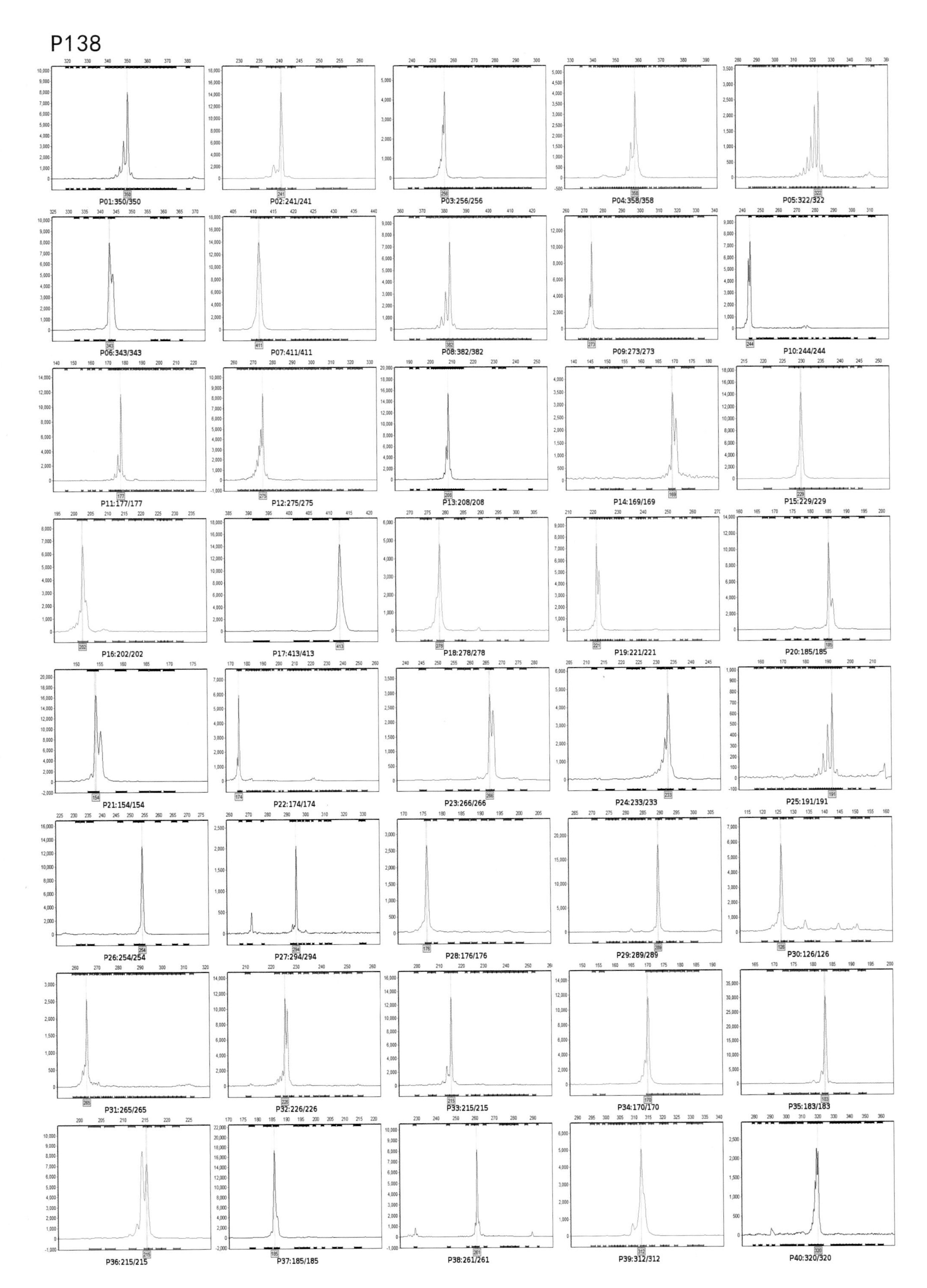
P138
P01:350/350
P02:241/241
P03:256/256
P04:358/358
P05:322/322
P06:343/343
P07:411/411
P08:382/382
P09:273/273
P10:244/244
P11:177/177
P12:275/275
P13:208/208
P14:169/169
P15:229/229
P16:202/202
P17:413/413
P18:278/278
P19:221/221
P20:185/185
P21:154/154
P22:174/174
P23:266/266
P24:233/233
P25:191/191
P26:254/254
P27:294/294
P28:176/176
P29:289/289
P30:126/126
P31:265/265
P32:226/226
P33:215/215
P34:170/170
P35:183/183
P36:215/215
P37:185/185
P38:261/261
P39:312/312
P40:320/320

沈137

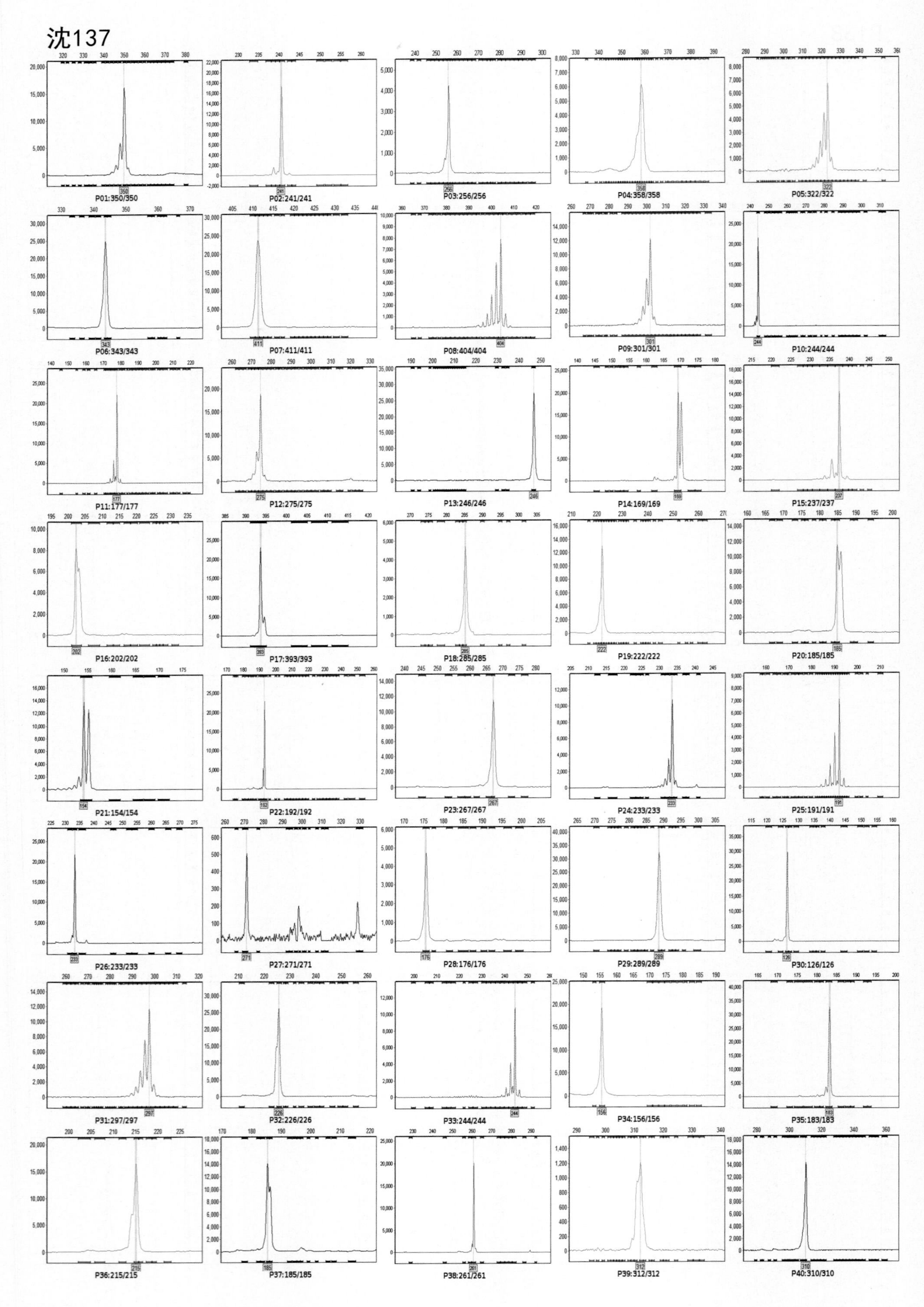
P01:350/350
P02:241/241
P03:256/256
P04:358/358
P05:322/322
P06:343/343
P07:411/411
P08:404/404
P09:301/301
P10:244/244
P11:177/177
P12:275/275
P13:246/246
P14:169/169
P15:237/237
P16:202/202
P17:393/393
P18:285/285
P19:222/222
P20:185/185
P21:154/154
P22:192/192
P23:267/267
P24:233/233
P25:191/191
P26:233/233
P27:271/271
P28:176/176
P29:289/289
P30:126/126
P31:297/297
P32:226/226
P33:244/244
P34:156/156
P35:183/183
P36:215/215
P37:185/185
P38:261/261
P39:312/312
P40:310/310

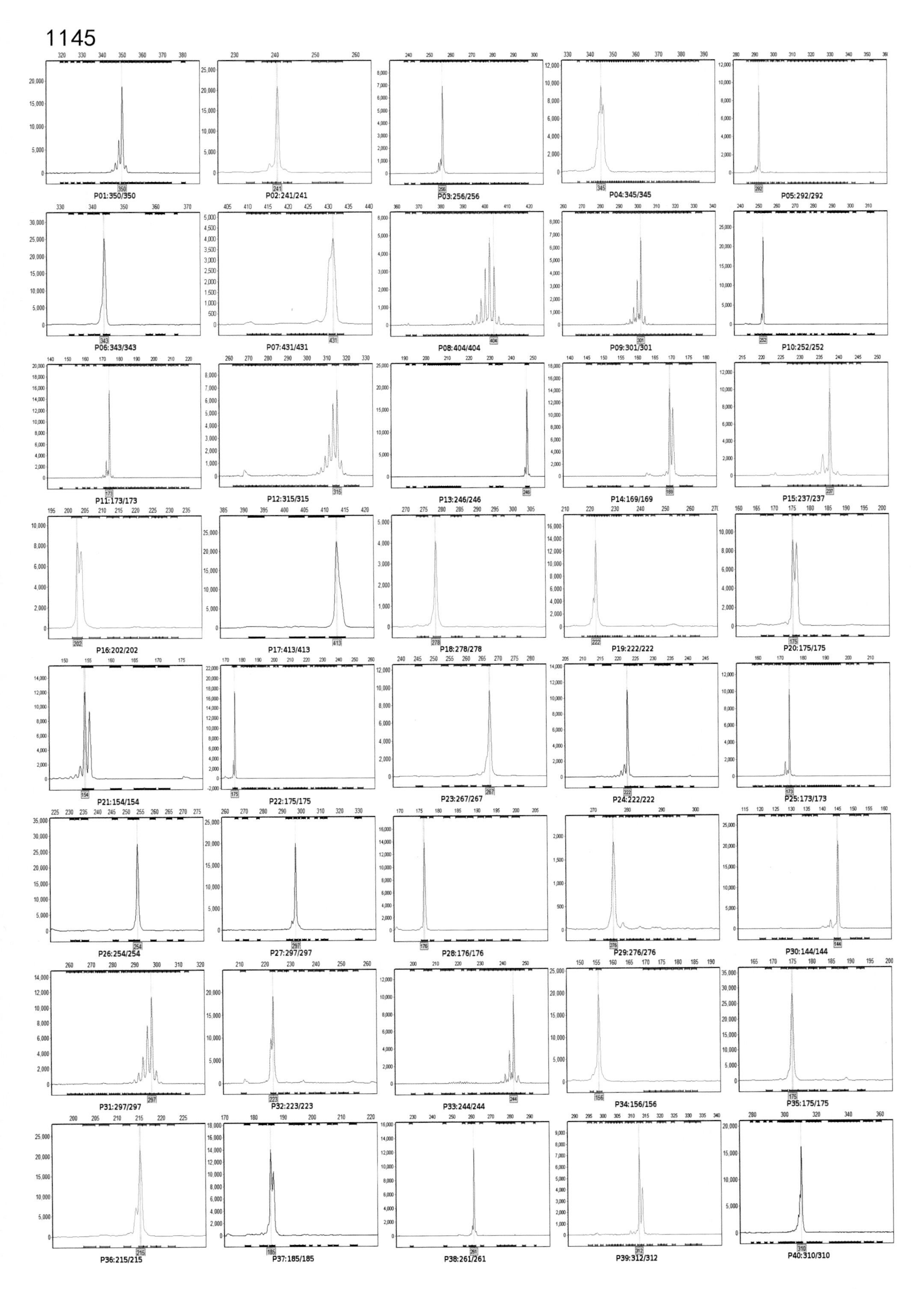
1145
P01:350/350
P02:241/241
P03:256/256
P04:345/345
P05:292/292
P06:343/343
P07:431/431
P08:404/404
P09:301/301
P10:252/252
P11:173/173
P12:315/315
P13:246/246
P14:169/169
P15:237/237
P16:202/202
P17:413/413
P18:278/278
P19:222/222
P20:175/175
P21:154/154
P22:175/175
P23:267/267
P24:222/222
P25:173/173
P26:254/254
P27:297/297
P28:176/176
P29:276/276
P30:144/144
P31:297/297
P32:223/223
P33:244/244
P34:156/156
P35:175/175
P36:215/215
P37:185/185
P38:261/261
P39:312/312
P40:310/310

X178

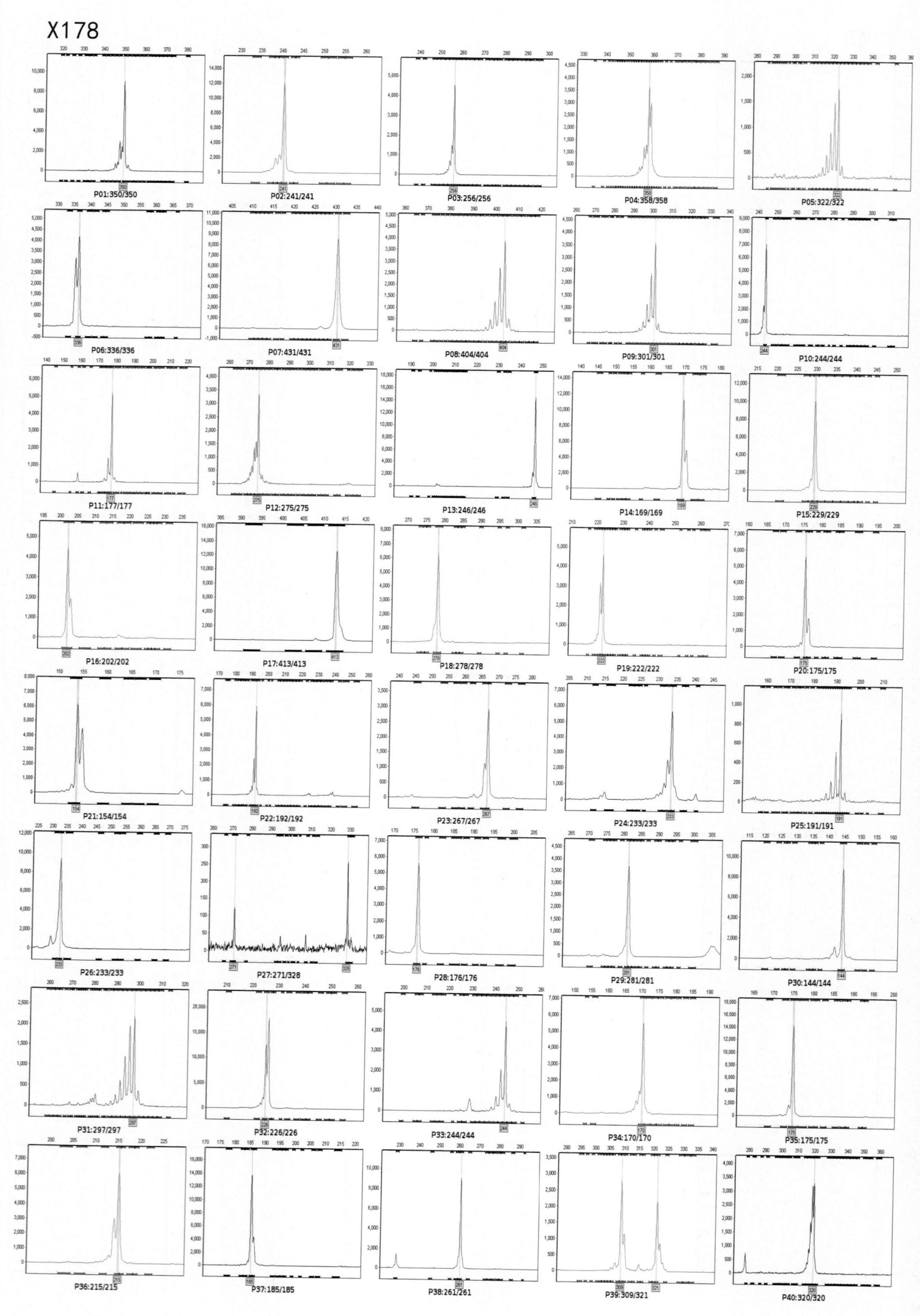
P01:350/350
P02:241/241
P03:256/256
P04:358/358
P05:322/322
P06:336/336
P07:431/431
P08:404/404
P09:301/301
P10:244/244
P11:177/177
P12:275/275
P13:246/246
P14:169/169
P15:229/229
P16:202/202
P17:413/413
P18:278/278
P19:222/222
P20:175/175
P21:154/154
P22:192/192
P23:267/267
P24:233/233
P25:191/191
P26:233/233
P27:271/328
P28:176/176
P29:281/281
P30:144/144
P31:297/297
P32:226/226
P33:244/244
P34:170/170
P35:175/175
P36:215/215
P37:185/185
P38:261/261
P39:309/321
P40:320/320

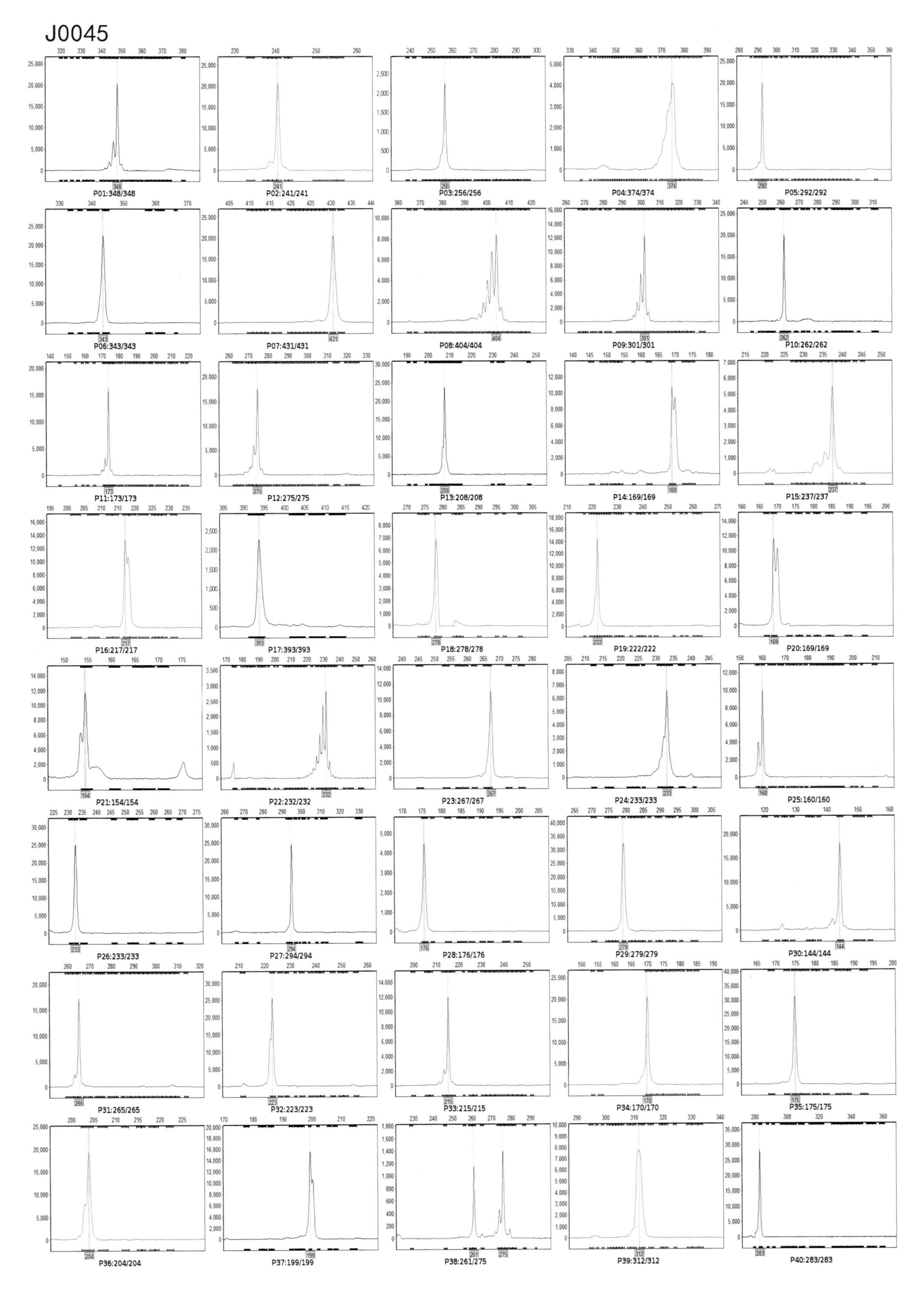
J0045
P01:348/348
P02:241/241
P03:256/256
P04:374/374
P05:292/292
P06:343/343
P07:431/431
P08:404/404
P09:301/301
P10:262/262
P11:173/173
P12:275/275
P13:208/208
P14:169/169
P15:237/237
P16:217/217
P17:393/393
P18:278/278
P19:222/222
P20:169/169
P21:154/154
P22:232/232
P23:267/267
P24:233/233
P25:160/160
P26:233/233
P27:294/294
P28:176/176
P29:279/279
P30:144/144
P31:265/265
P32:223/223
P33:215/215
P34:170/170
P35:175/175
P36:204/204
P37:199/199
P38:261/275
P39:312/312
P40:283/283

农系531

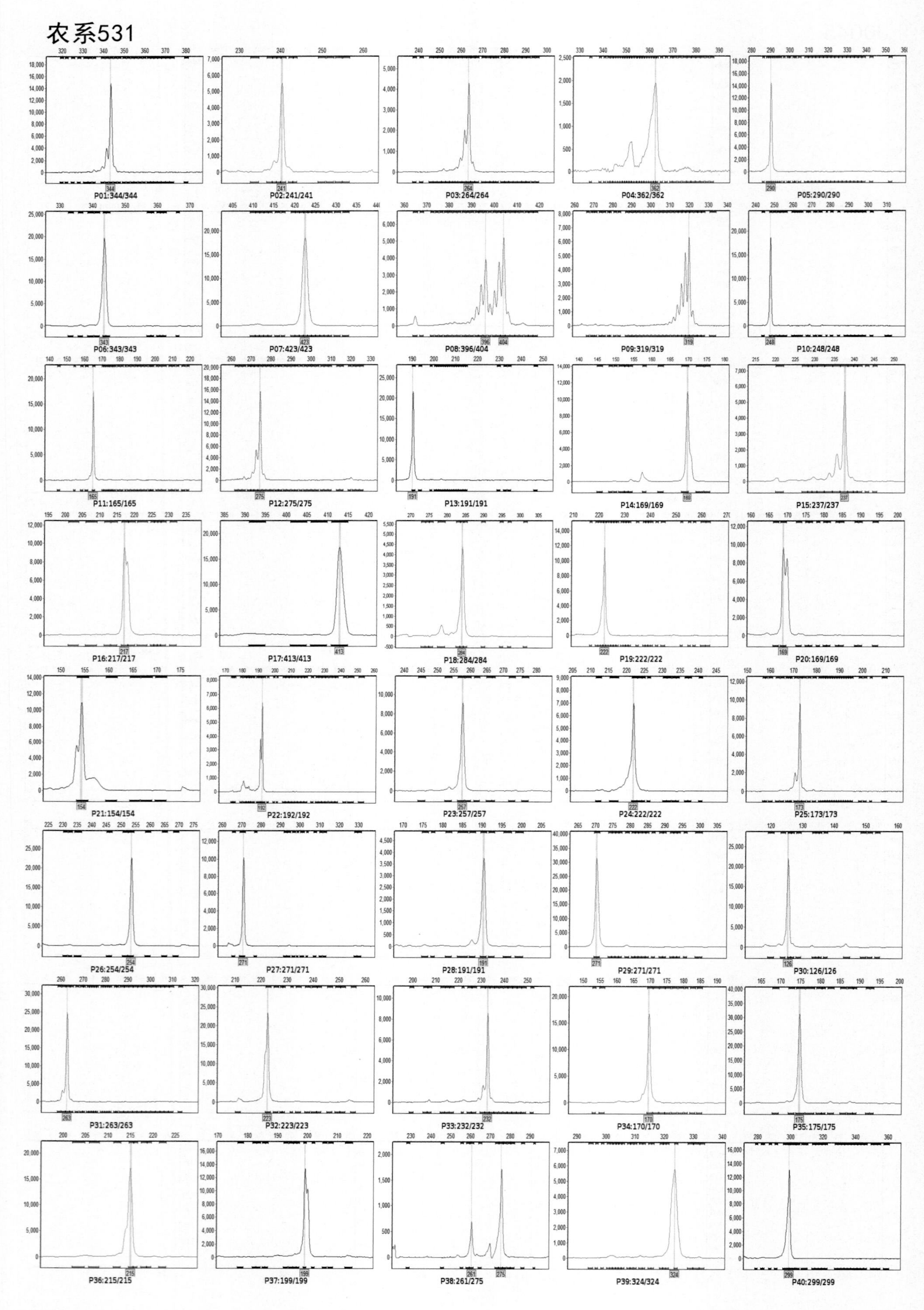
P01:344/344
P02:241/241
P03:264/264
P04:362/362
P05:290/290
P06:343/343
P07:423/423
P08:396/404
P09:319/319
P10:248/248
P11:165/165
P12:275/275
P13:191/191
P14:169/169
P15:237/237
P16:217/217
P17:413/413
P18:284/284
P19:222/222
P20:169/169
P21:154/154
P22:192/192
P23:257/257
P24:222/222
P25:173/173
P26:254/254
P27:271/271
P28:191/191
P29:271/271
P30:126/126
P31:263/263
P32:223/223
P33:232/232
P34:170/170
P35:175/175
P36:215/215
P37:199/199
P38:261/275
P39:324/324
P40:299/299

丹黄25

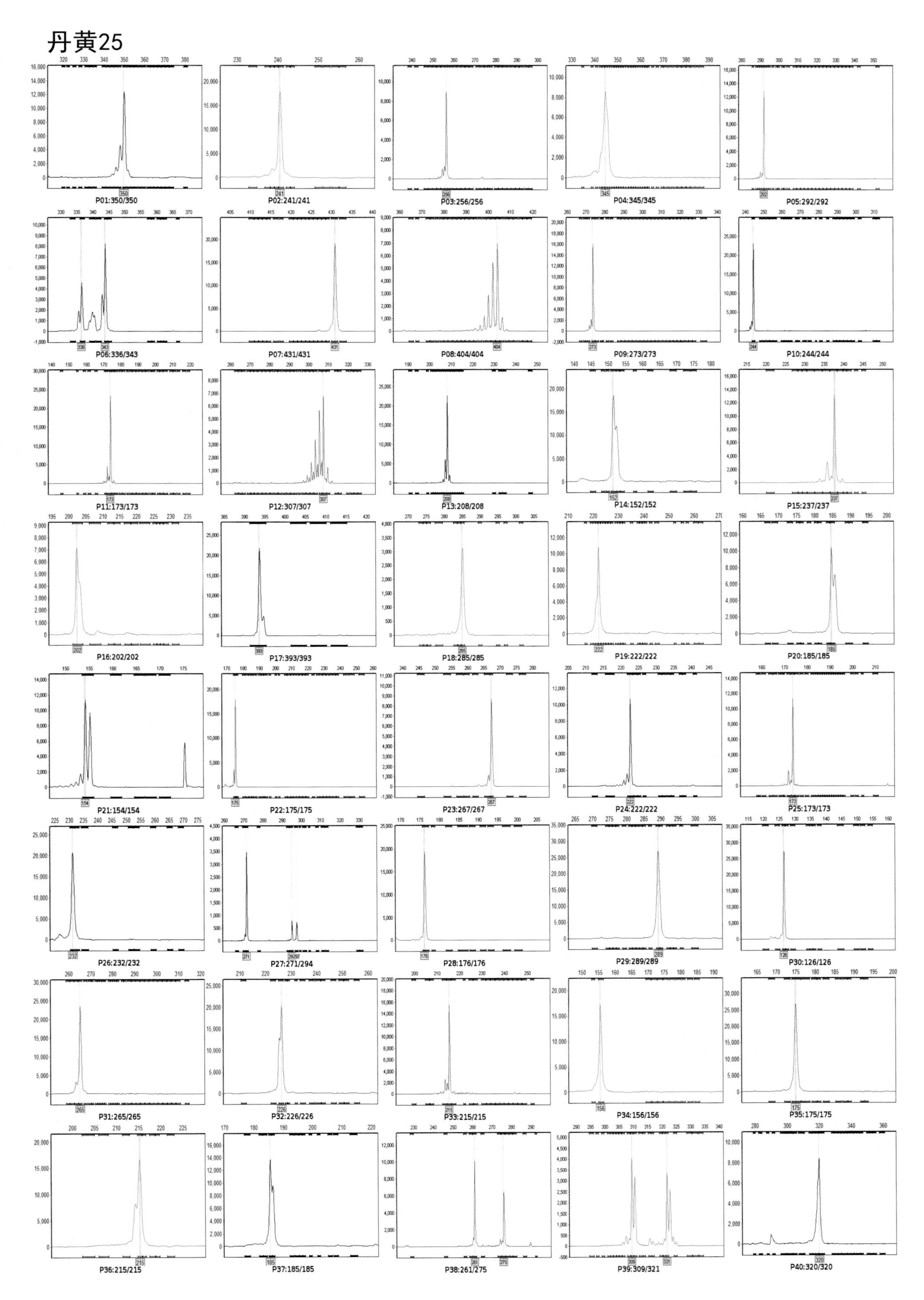

P01:350/350
P02:241/241
P03:256/256
P04:345/345
P05:292/292
P06:336/343
P07:431/431
P08:404/404
P09:273/273
P10:244/244
P11:173/173
P12:307/307
P13:208/208
P14:152/152
P15:237/237
P16:202/202
P17:393/393
P18:285/285
P19:222/222
P20:185/185
P21:154/154
P22:175/175
P23:267/267
P24:222/222
P25:173/173
P26:232/232
P27:271/294
P28:176/176
P29:289/289
P30:126/126
P31:265/265
P32:226/226
P33:215/215
P34:156/156
P35:175/175
P36:215/215
P37:185/185
P38:261/275
P39:309/321
P40:320/320

多29

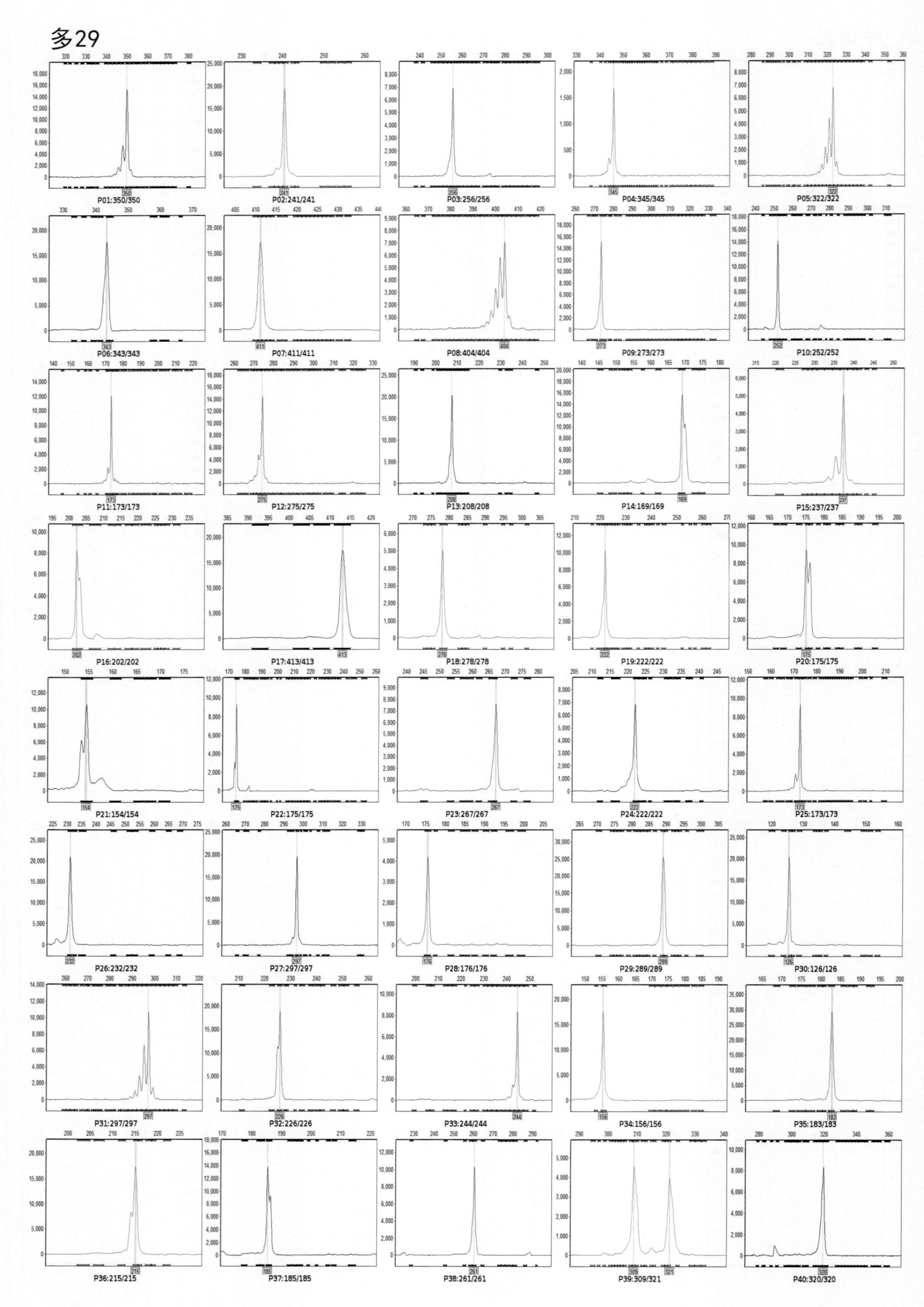

P01:350/350
P02:241/241
P03:256/256
P04:345/345
P05:322/322
P06:343/343
P07:411/411
P08:404/404
P09:273/273
P10:252/252
P11:173/173
P12:275/275
P13:208/208
P14:169/169
P15:237/237
P16:202/202
P17:413/413
P18:278/278
P19:222/222
P20:175/175
P21:154/154
P22:175/175
P23:267/267
P24:222/222
P25:173/173
P26:232/232
P27:297/297
P28:176/176
P29:289/289
P30:126/126
P31:297/297
P32:226/226
P33:244/244
P34:156/156
P35:183/183
P36:215/215
P37:185/185
P38:261/261
P39:309/321
P40:320/320

早673

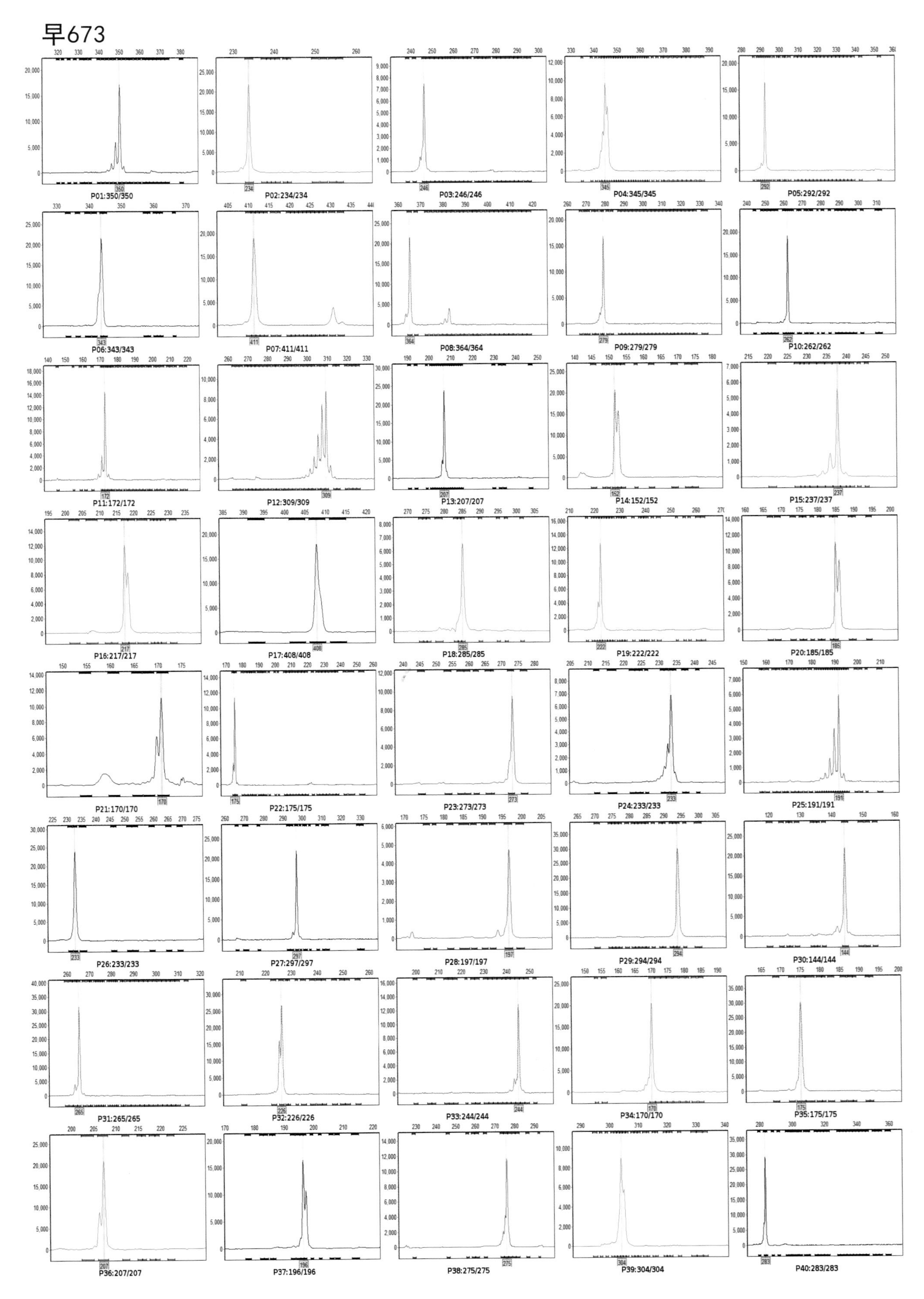

P01:350/350
P02:234/234
P03:246/246
P04:345/345
P05:292/292
P06:343/343
P07:411/411
P08:364/364
P09:279/279
P10:262/262
P11:172/172
P12:309/309
P13:207/207
P14:152/152
P15:237/237
P16:217/217
P17:408/408
P18:285/285
P19:222/222
P20:185/185
P21:170/170
P22:175/175
P23:273/273
P24:233/233
P25:191/191
P26:233/233
P27:297/297
P28:197/197
P29:294/294
P30:144/144
P31:265/265
P32:226/226
P33:244/244
P34:170/170
P35:175/175
P36:207/207
P37:196/196
P38:275/275
P39:304/304
P40:283/283

齐319

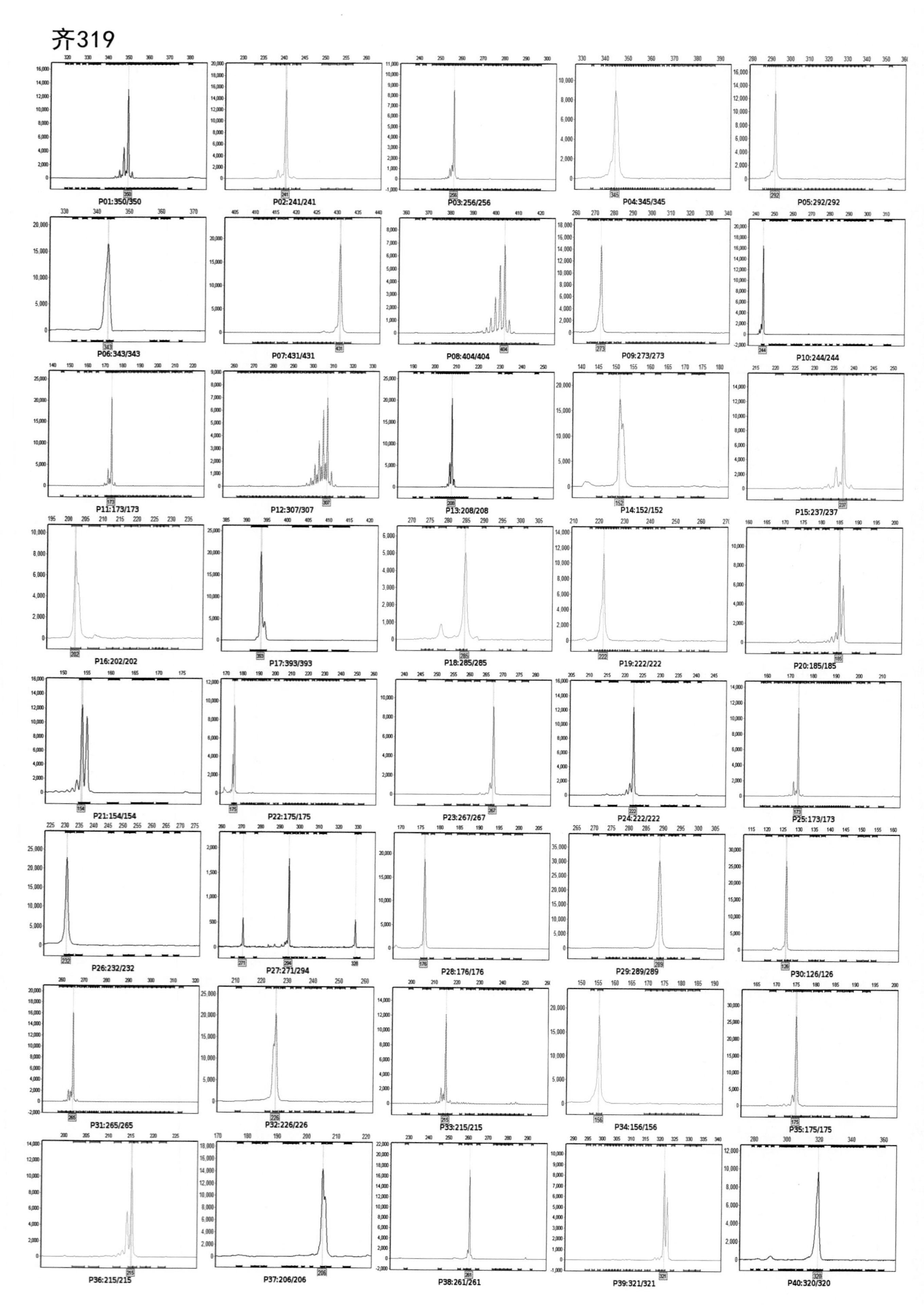

P01:350/350
P02:241/241
P03:256/256
P04:345/345
P05:292/292
P06:343/343
P07:431/431
P08:404/404
P09:273/273
P10:244/244
P11:173/173
P12:307/307
P13:208/208
P14:152/152
P15:237/237
P16:202/202
P17:393/393
P18:285/285
P19:222/222
P20:185/185
P21:154/154
P22:175/175
P23:267/267
P24:222/222
P25:173/173
P26:232/232
P27:271/294
P28:176/176
P29:289/289
P30:126/126
P31:265/265
P32:226/226
P33:215/215
P34:156/156
P35:175/175
P36:215/215
P37:206/206
P38:261/261
P39:321/321
P40:320/320

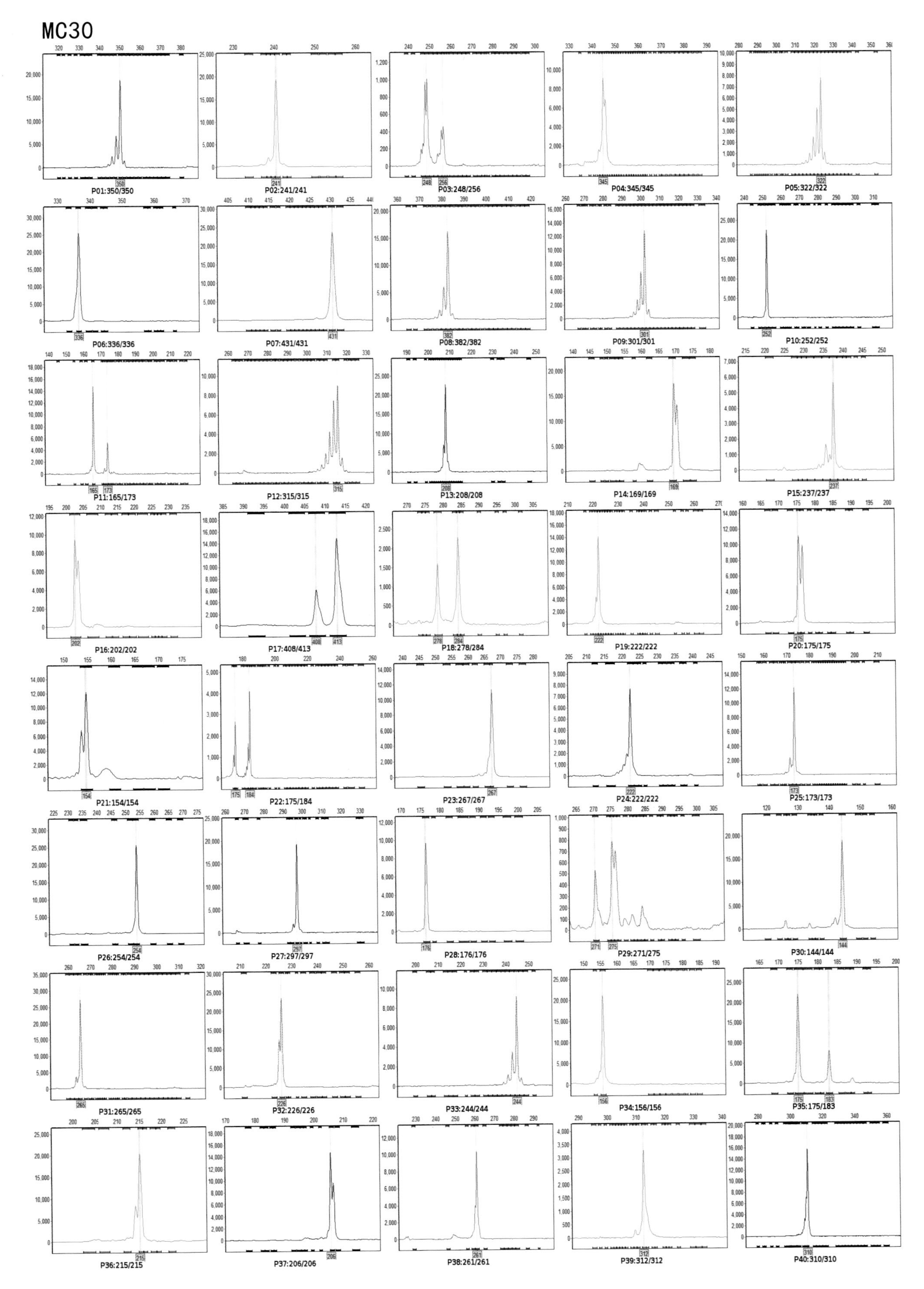
MC30
P01:350/350
P02:241/241
P03:248/256
P04:345/345
P05:322/322
P06:336/336
P07:431/431
P08:382/382
P09:301/301
P10:252/252
P11:165/173
P12:315/315
P13:208/208
P14:169/169
P15:237/237
P16:202/202
P17:408/413
P18:278/284
P19:222/222
P20:175/175
P21:154/154
P22:175/184
P23:267/267
P24:222/222
P25:173/173
P26:254/254
P27:297/297
P28:176/176
P29:271/275
P30:144/144
P31:265/265
P32:226/226
P33:244/244
P34:156/156
P35:175/183
P36:215/215
P37:206/206
P38:261/261
P39:312/312
P40:310/310

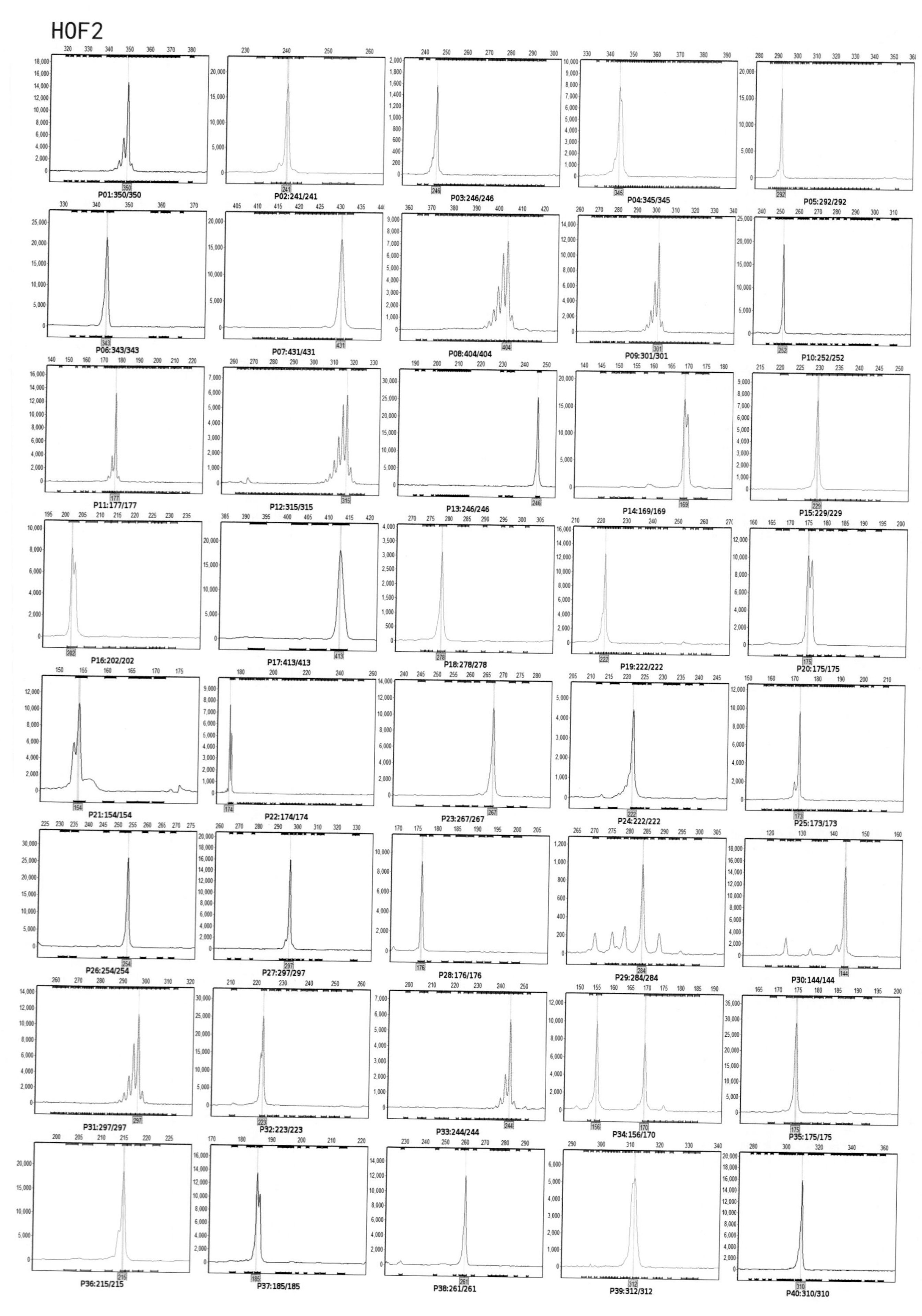
H0F2
P01:350/350
P02:241/241
P03:246/246
P04:345/345
P05:292/292
P06:343/343
P07:431/431
P08:404/404
P09:301/301
P10:252/252
P11:177/177
P12:315/315
P13:246/246
P14:169/169
P15:229/229
P16:202/202
P17:413/413
P18:278/278
P19:222/222
P20:175/175
P21:154/154
P22:174/174
P23:267/267
P24:222/222
P25:173/173
P26:254/254
P27:297/297
P28:176/176
P29:284/284
P30:144/144
P31:297/297
P32:223/223
P33:244/244
P34:156/170
P35:175/175
P36:215/215
P37:185/185
P38:261/261
P39:312/312
P40:310/310

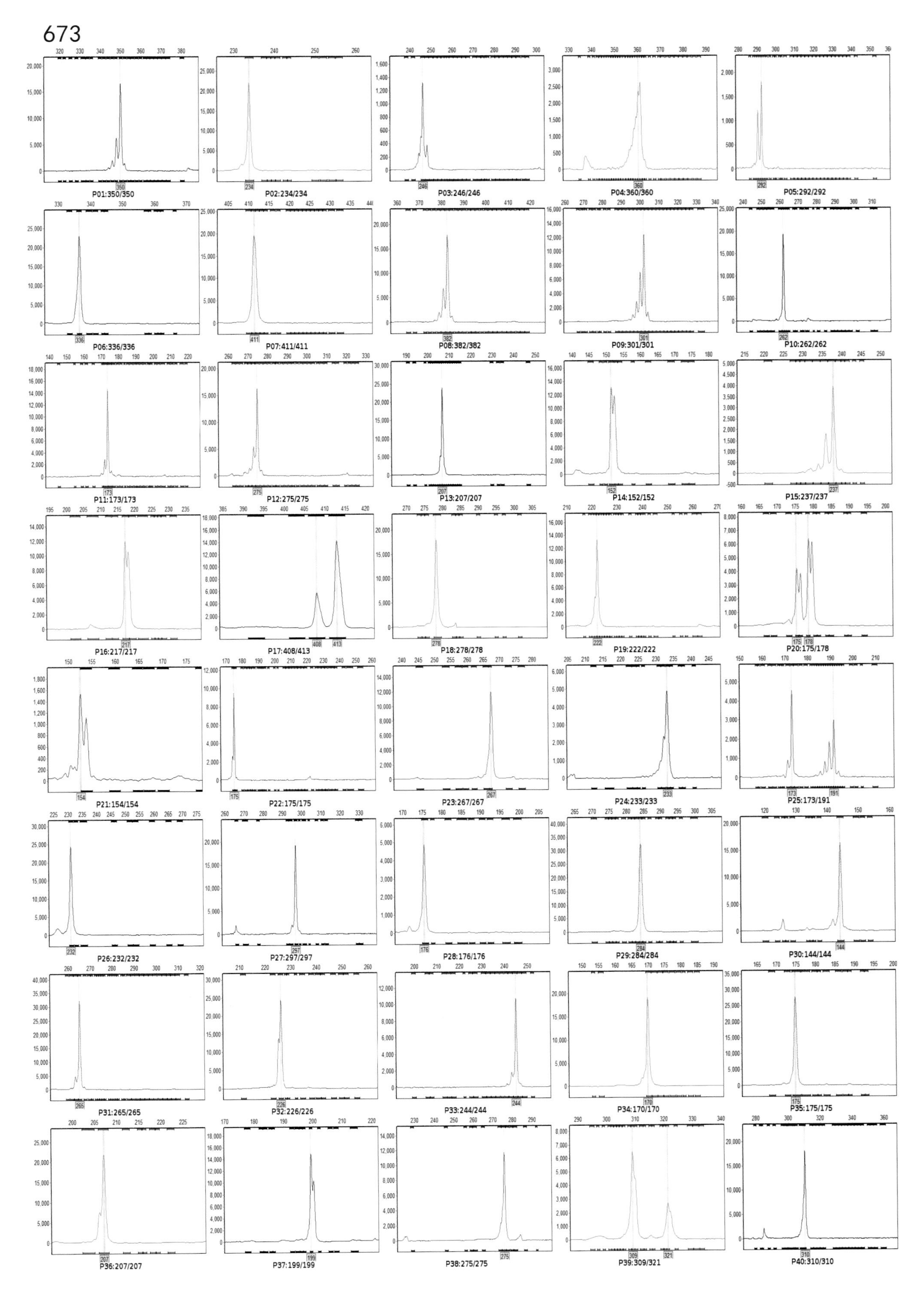
673
P01:350/350
P02:234/234
P03:246/246
P04:360/360
P05:292/292
P06:336/336
P07:411/411
P08:382/382
P09:301/301
P10:262/262
P11:173/173
P12:275/275
P13:207/207
P14:152/152
P15:237/237
P16:217/217
P17:408/413
P18:278/278
P19:222/222
P20:175/178
P21:154/154
P22:175/175
P23:267/267
P24:233/233
P25:173/191
P26:232/232
P27:297/297
P28:176/176
P29:284/284
P30:144/144
P31:265/265
P32:226/226
P33:244/244
P34:170/170
P35:175/175
P36:207/207
P37:199/199
P38:275/275
P39:309/321
P40:310/310

P25

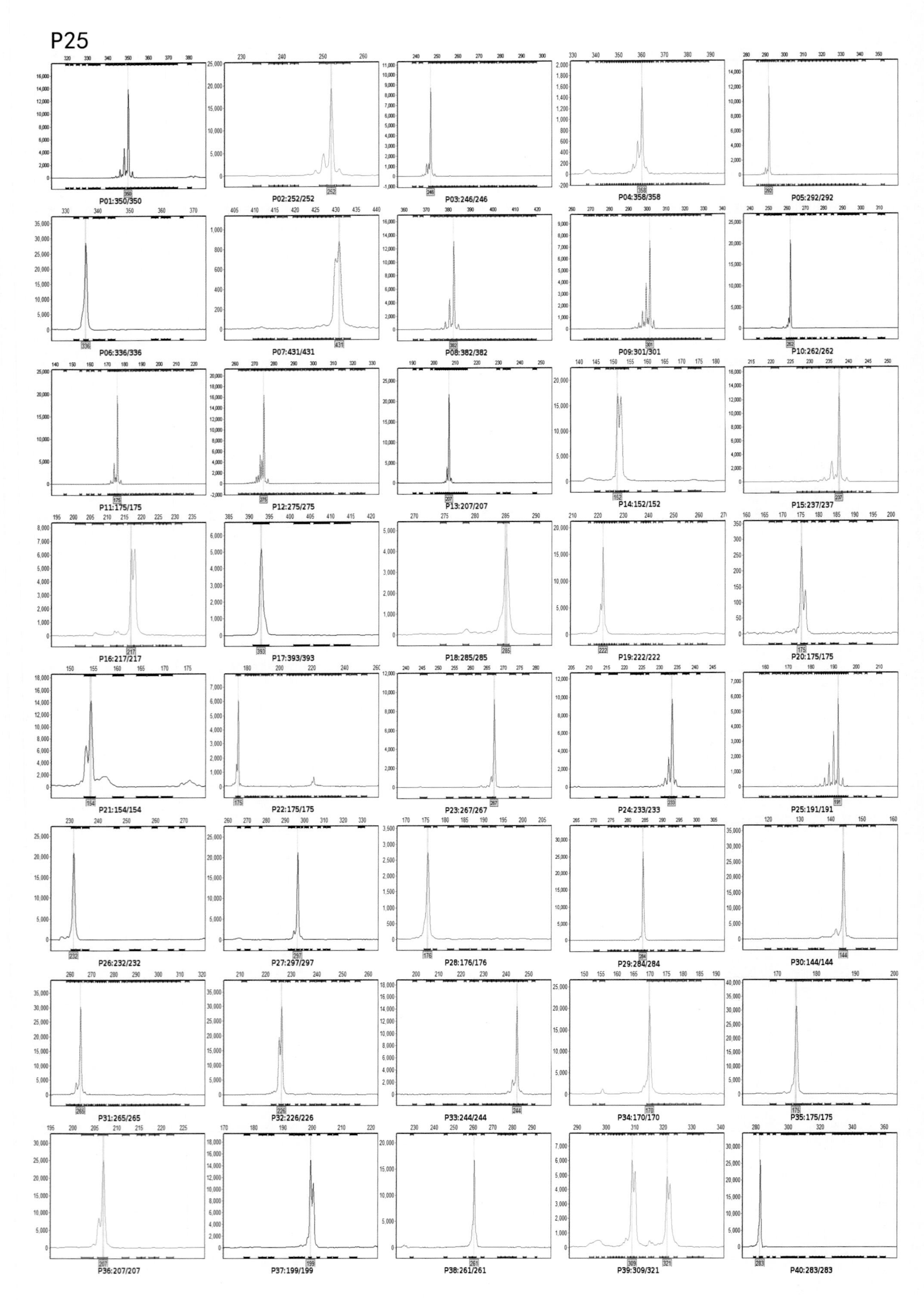
P01:350/350
P02:252/252
P03:246/246
P04:358/358
P05:292/292
P06:336/336
P07:431/431
P08:382/382
P09:301/301
P10:262/262
P11:175/175
P12:275/275
P13:207/207
P14:152/152
P15:237/237
P16:217/217
P17:393/393
P18:285/285
P19:222/222
P20:175/175
P21:154/154
P22:175/175
P23:267/267
P24:233/233
P25:191/191
P26:232/232
P27:297/297
P28:176/176
P29:284/284
P30:144/144
P31:265/265
P32:226/226
P33:244/244
P34:170/170
P35:175/175
P36:207/207
P37:199/199
P38:261/261
P39:309/321
P40:283/283

齐318

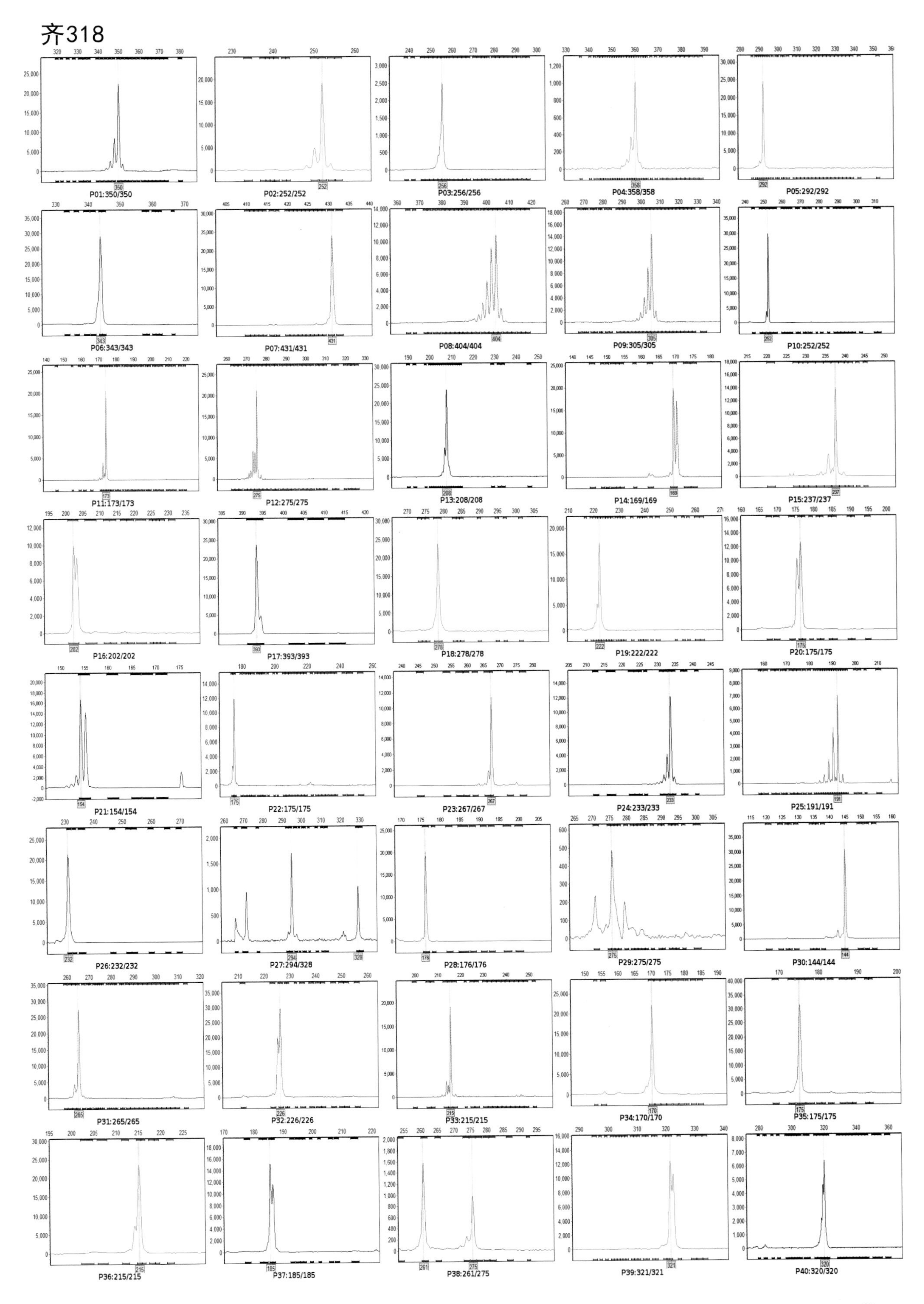
P01:350/350
P02:252/252
P03:256/256
P04:358/358
P05:292/292
P06:343/343
P07:431/431
P08:404/404
P09:305/305
P10:252/252
P11:173/173
P12:275/275
P13:208/208
P14:169/169
P15:237/237
P16:202/202
P17:393/393
P18:278/278
P19:222/222
P20:175/175
P21:154/154
P22:175/175
P23:267/267
P24:233/233
P25:191/191
P26:232/232
P27:294/328
P28:176/176
P29:275/275
P30:144/144
P31:265/265
P32:226/226
P33:215/215
P34:170/170
P35:175/175
P36:215/215
P37:185/185
P38:261/275
P39:321/321
P40:320/320

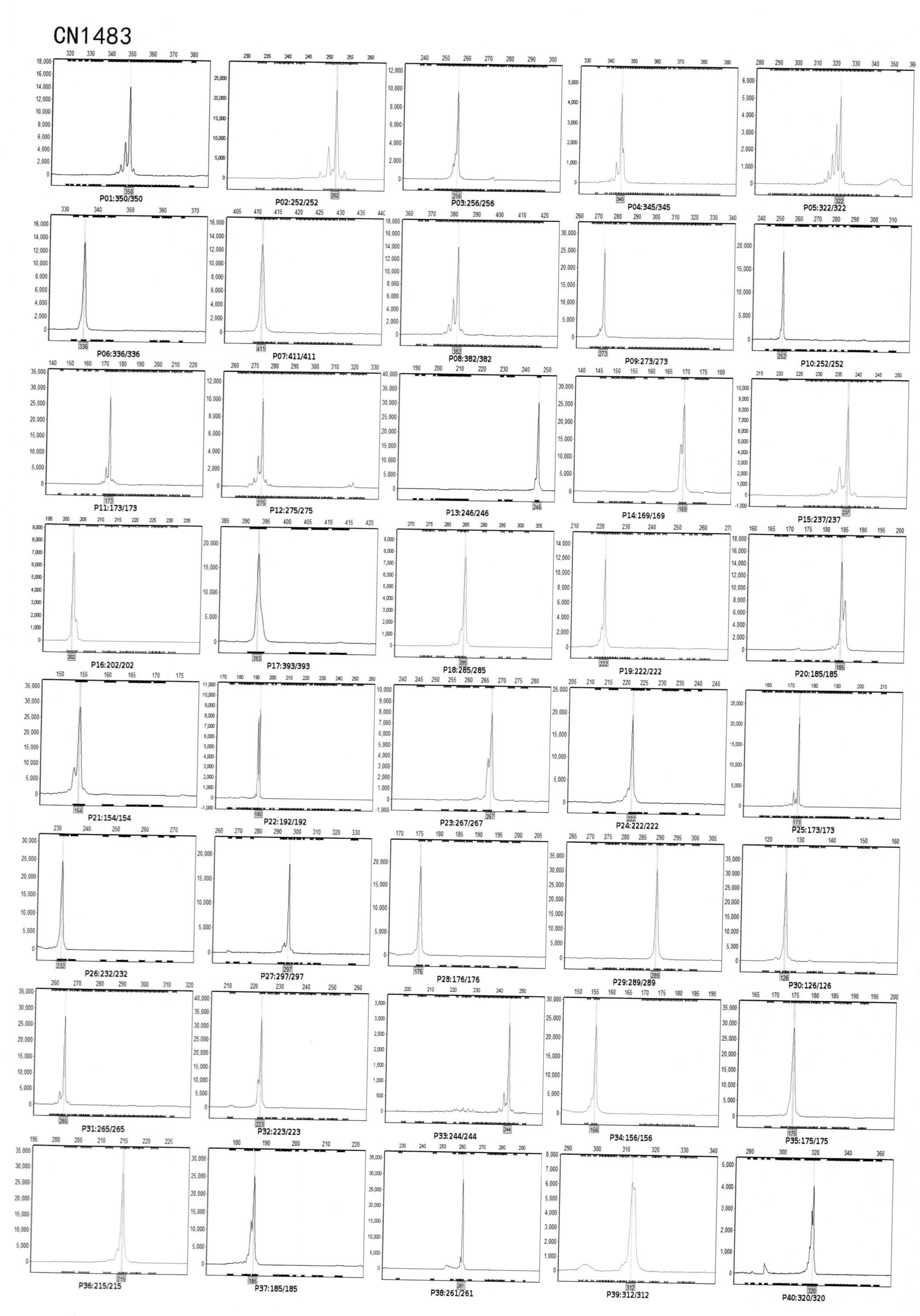
CN1483
P01:350/350
P02:252/252
P03:256/256
P04:345/345
P05:322/322
P06:336/336
P07:411/411
P08:382/382
P09:273/273
P10:252/252
P11:173/173
P12:275/275
P13:246/246
P14:169/169
P15:237/237
P16:202/202
P17:393/393
P18:285/285
P19:222/222
P20:185/185
P21:154/154
P22:192/192
P23:267/267
P24:222/222
P25:173/173
P26:232/232
P27:297/297
P28:176/176
P29:289/289
P30:126/126
P31:265/265
P32:223/223
P33:244/244
P34:156/156
P35:175/175
P36:215/215
P37:185/185
P38:261/261
P39:312/312
P40:320/320

泰039

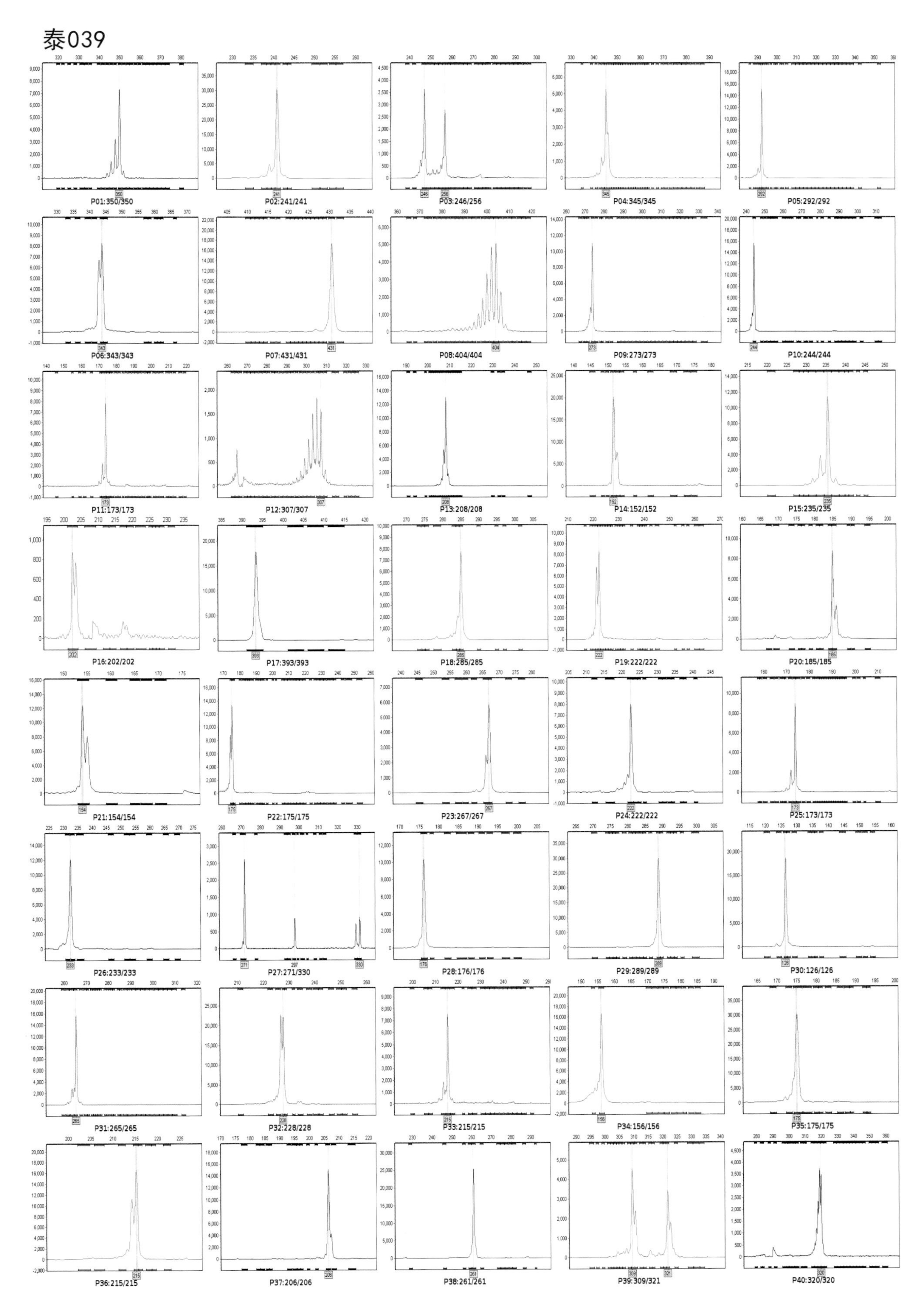
P01:350/350
P02:241/241
P03:246/256
P04:345/345
P05:292/292
P06:343/343
P07:431/431
P08:404/404
P09:273/273
P10:244/244
P11:173/173
P12:307/307
P13:208/208
P14:152/152
P15:235/235
P16:202/202
P17:393/393
P18:285/285
P19:222/222
P20:185/185
P21:154/154
P22:175/175
P23:267/267
P24:222/222
P25:173/173
P26:233/233
P27:271/330
P28:176/176
P29:289/289
P30:126/126
P31:265/265
P32:228/228
P33:215/215
P34:156/156
P35:175/175
P36:215/215
P37:206/206
P38:261/261
P39:309/321
P40:320/320

丹599

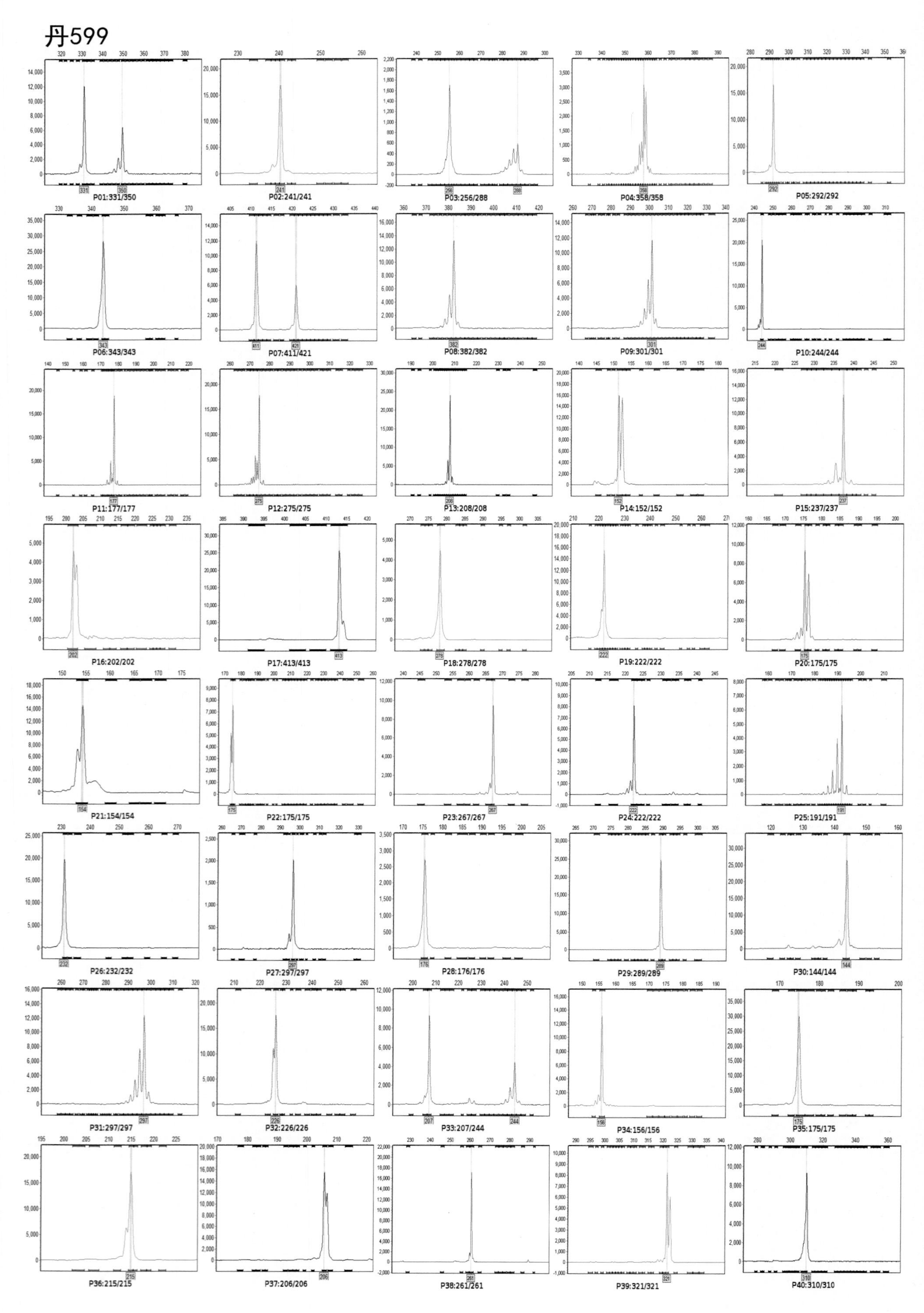
P01:331/350
P02:241/241
P03:256/288
P04:358/358
P05:292/292
P06:343/343
P07:411/421
P08:382/382
P09:301/301
P10:244/244
P11:177/177
P12:275/275
P13:208/208
P14:152/152
P15:237/237
P16:202/202
P17:413/413
P18:278/278
P19:222/222
P20:175/175
P21:154/154
P22:175/175
P23:267/267
P24:222/222
P25:191/191
P26:232/232
P27:297/297
P28:176/176
P29:289/289
P30:144/144
P31:297/297
P32:226/226
P33:207/244
P34:156/156
P35:175/175
P36:215/215
P37:206/206
P38:261/261
P39:321/321
P40:310/310

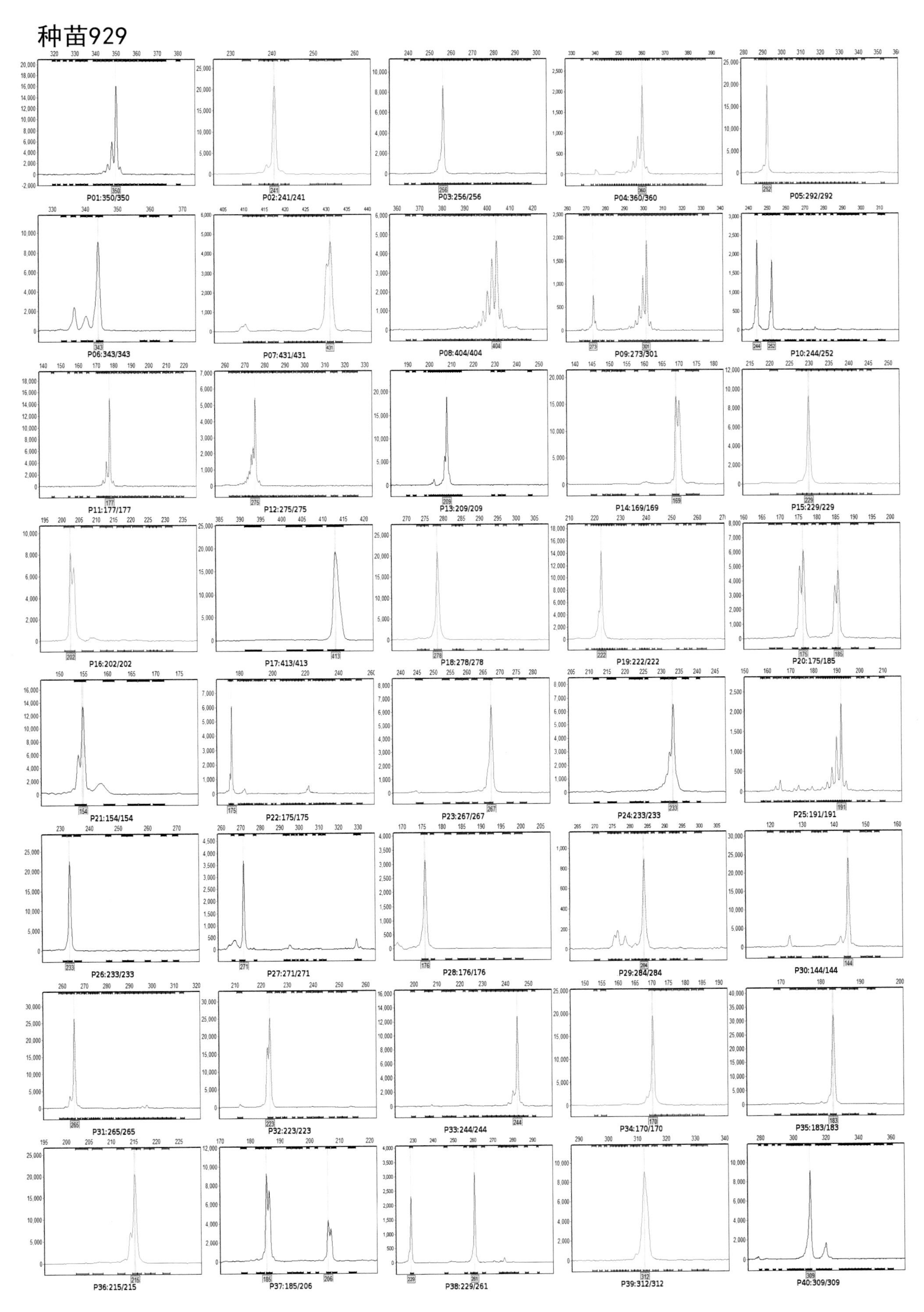
种苗929
P01:350/350
P02:241/241
P03:256/256
P04:360/360
P05:292/292
P06:343/343
P07:431/431
P08:404/404
P09:273/301
P10:244/252
P11:177/177
P12:275/275
P13:209/209
P14:169/169
P15:229/229
P16:202/202
P17:413/413
P18:278/278
P19:222/222
P20:175/185
P21:154/154
P22:175/175
P23:267/267
P24:233/233
P25:191/191
P26:233/233
P27:271/271
P28:176/176
P29:284/284
P30:144/144
P31:265/265
P32:223/223
P33:244/244
P34:170/170
P35:183/183
P36:215/215
P37:185/206
P38:229/261
P39:312/312
P40:309/309

K236

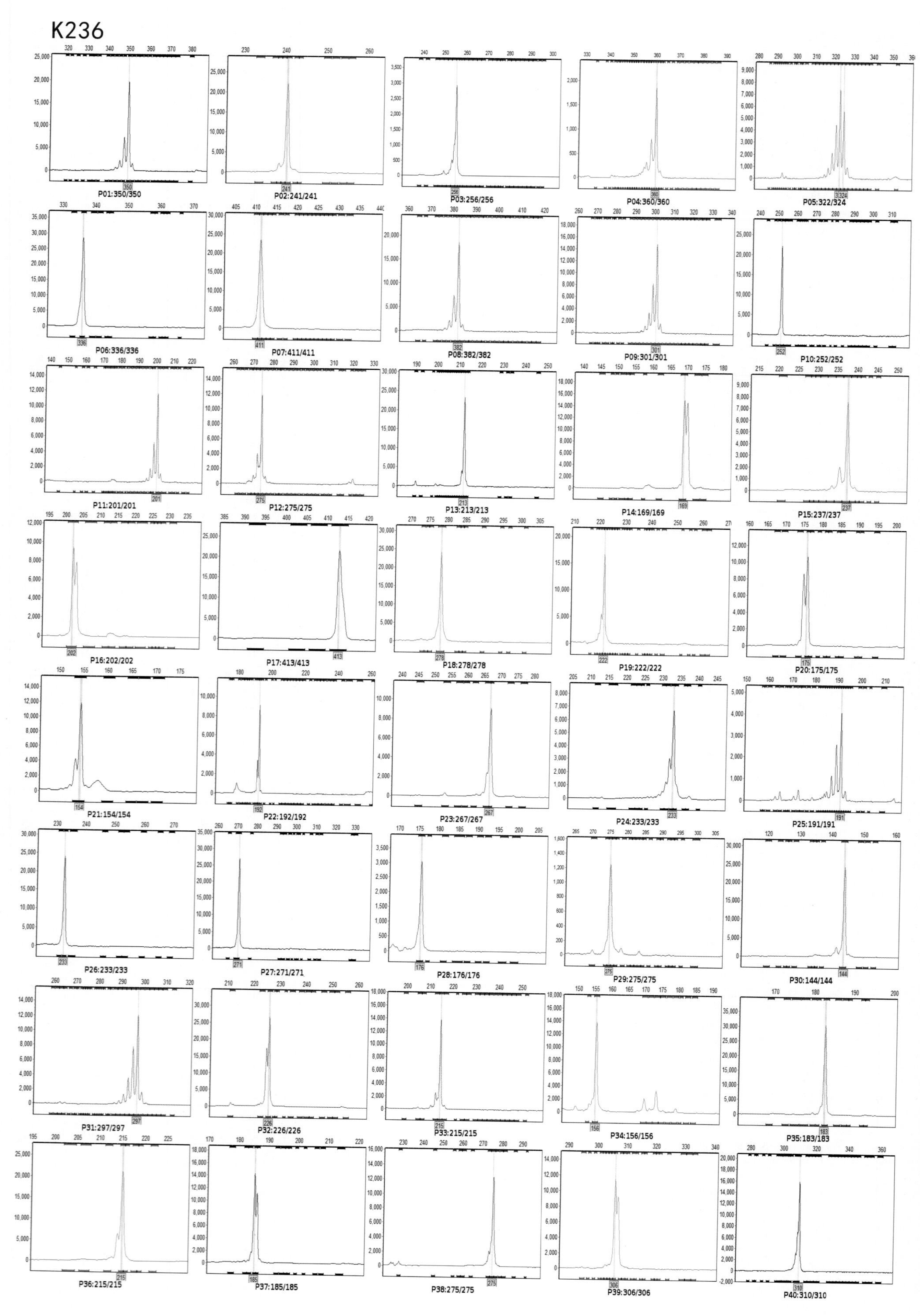

P01:350/350
P02:241/241
P03:256/256
P04:360/360
P05:322/324
P06:336/336
P07:411/411
P08:382/382
P09:301/301
P10:252/252
P11:201/201
P12:275/275
P13:213/213
P14:169/169
P15:237/237
P16:202/202
P17:413/413
P18:278/278
P19:222/222
P20:175/175
P21:154/154
P22:192/192
P23:267/267
P24:233/233
P25:191/191
P26:233/233
P27:271/271
P28:176/176
P29:275/275
P30:144/144
P31:297/297
P32:226/226
P33:215/215
P34:156/156
P35:183/183
P36:215/215
P37:185/185
P38:275/275
P39:306/306
P40:310/310

巴西黄选2

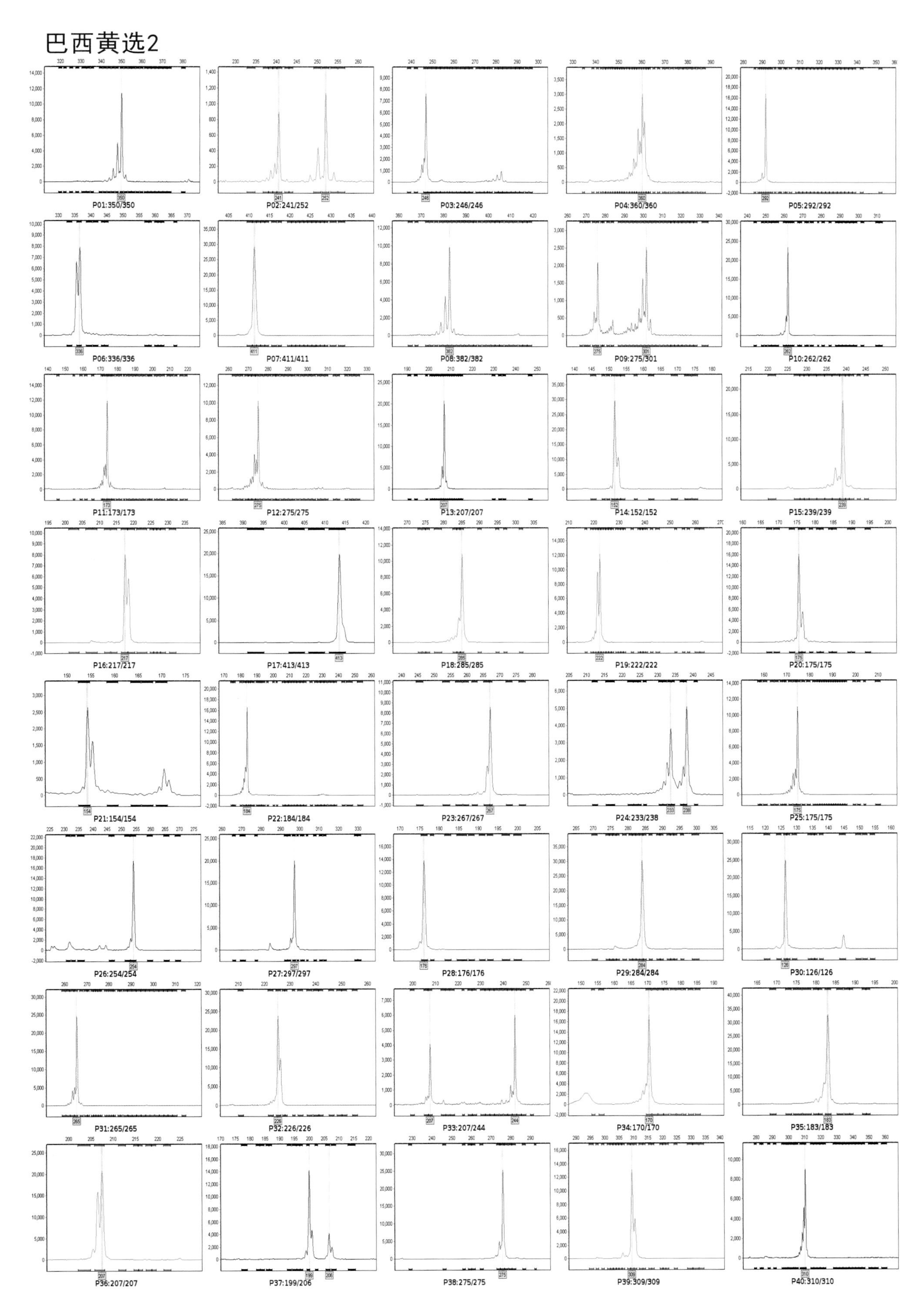
P01:350/350
P02:241/252
P03:246/246
P04:360/360
P05:292/292
P06:336/336
P07:411/411
P08:382/382
P09:275/301
P10:262/262
P11:173/173
P12:275/275
P13:207/207
P14:152/152
P15:239/239
P16:217/217
P17:413/413
P18:285/285
P19:222/222
P20:175/175
P21:154/154
P22:184/184
P23:267/267
P24:233/238
P25:175/175
P26:254/254
P27:297/297
P28:176/176
P29:284/284
P30:126/126
P31:265/265
P32:226/226
P33:207/244
P34:170/170
P35:183/183
P36:207/207
P37:199/206
P38:275/275
P39:309/309
P40:310/310

中451

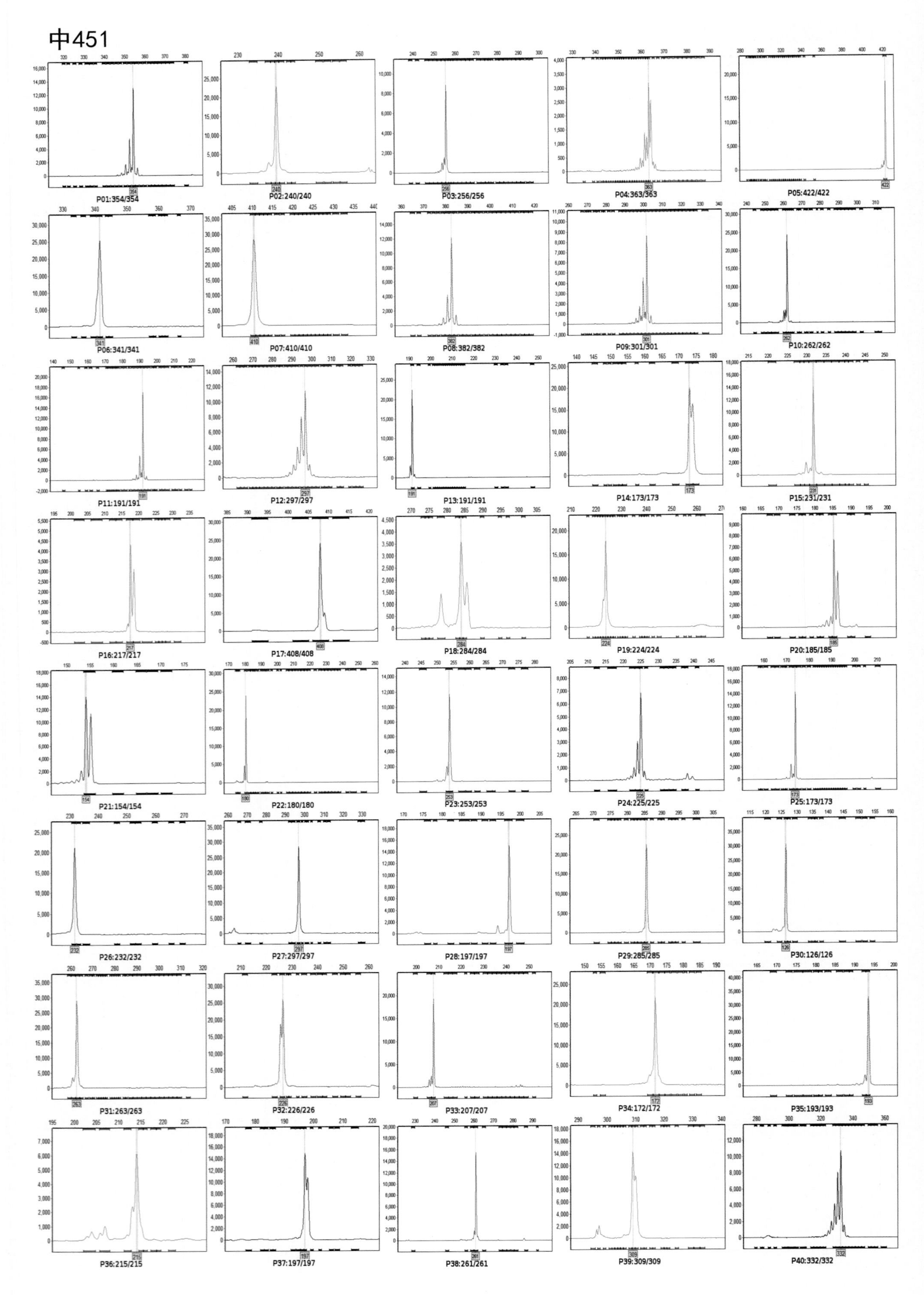
P01:354/354
P02:240/240
P03:256/256
P04:363/363
P05:422/422
P06:341/341
P07:410/410
P08:382/382
P09:301/301
P10:262/262
P11:191/191
P12:297/297
P13:191/191
P14:173/173
P15:231/231
P16:217/217
P17:408/408
P18:284/284
P19:224/224
P20:185/185
P21:154/154
P22:180/180
P23:253/253
P24:225/225
P25:173/173
P26:232/232
P27:297/297
P28:197/197
P29:285/285
P30:126/126
P31:263/263
P32:226/226
P33:207/207
P34:172/172
P35:193/193
P36:215/215
P37:197/197
P38:261/261
P39:309/309
P40:332/332

中自01

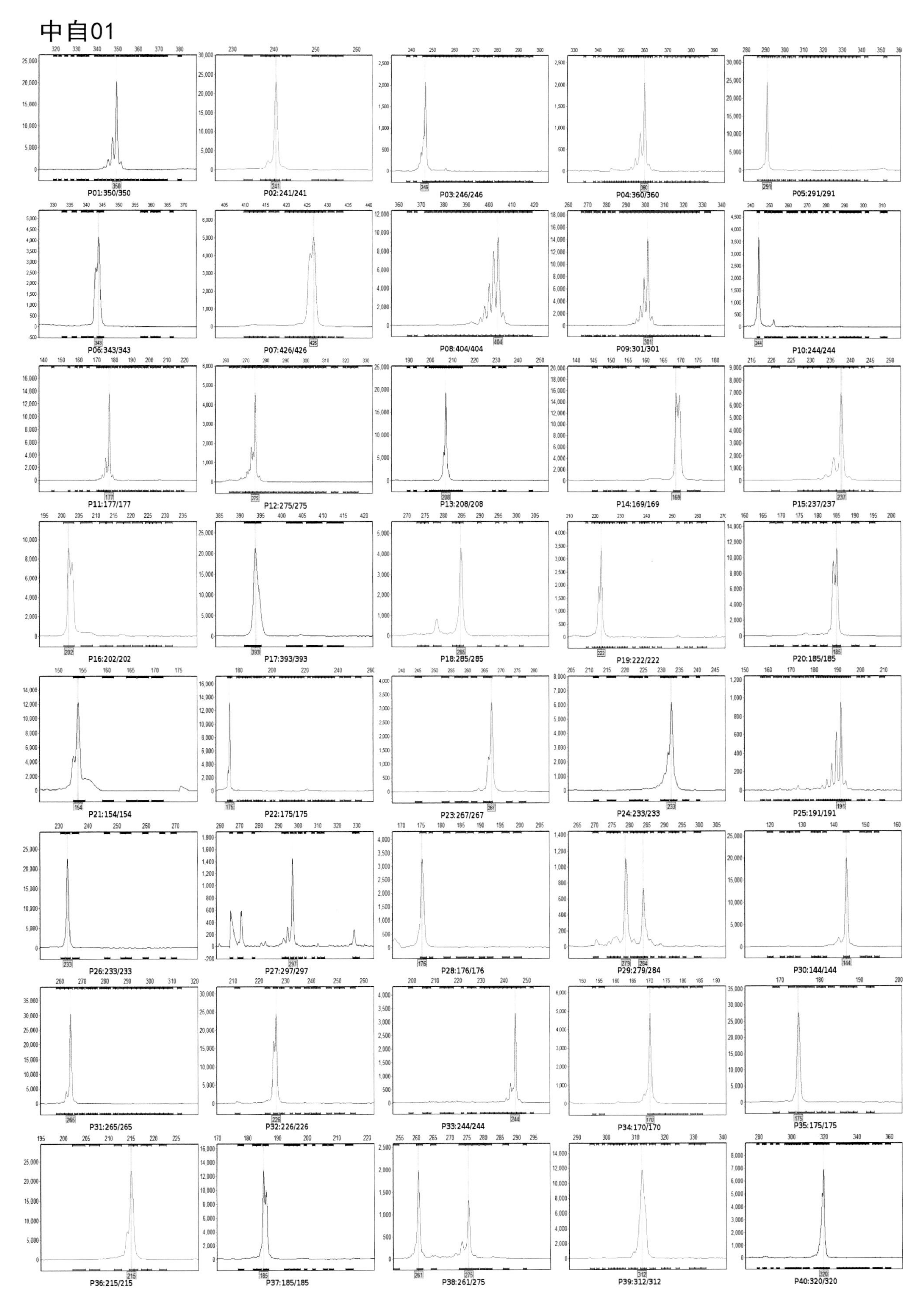
P01:350/350
P02:241/241
P03:246/246
P04:360/360
P05:291/291
P06:343/343
P07:426/426
P08:404/404
P09:301/301
P10:244/244
P11:177/177
P12:275/275
P13:208/208
P14:169/169
P15:237/237
P16:202/202
P17:393/393
P18:285/285
P19:222/222
P20:185/185
P21:154/154
P22:175/175
P23:267/267
P24:233/233
P25:191/191
P26:233/233
P27:297/297
P28:176/176
P29:279/284
P30:144/144
P31:265/265
P32:226/226
P33:244/244
P34:170/170
P35:175/175
P36:215/215
P37:185/185
P38:261/275
P39:312/312
P40:320/320

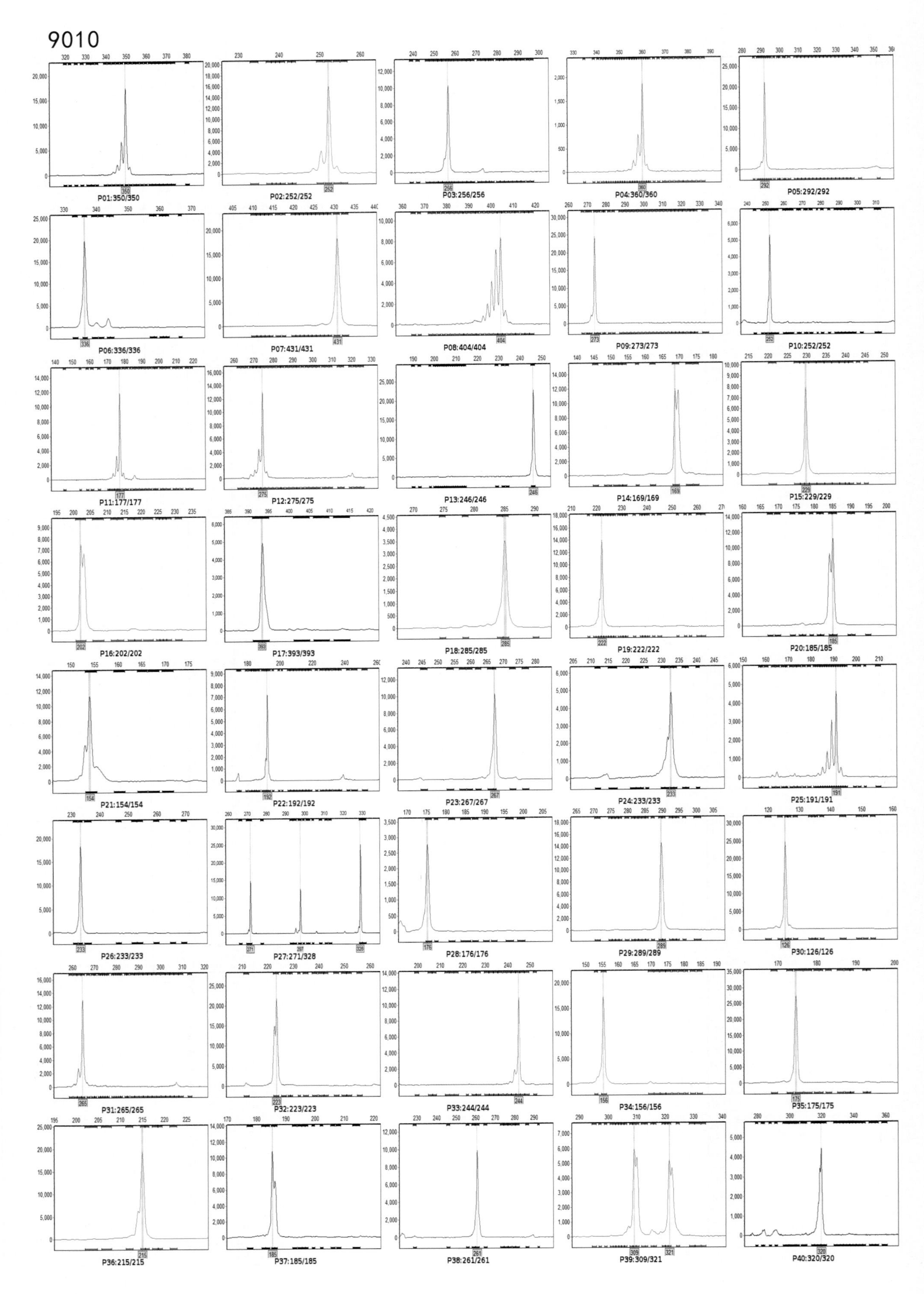
9010
P01:350/350
P02:252/252
P03:256/256
P04:360/360
P05:292/292
P06:336/336
P07:431/431
P08:404/404
P09:273/273
P10:252/252
P11:177/177
P12:275/275
P13:246/246
P14:169/169
P15:229/229
P16:202/202
P17:393/393
P18:285/285
P19:222/222
P20:185/185
P21:154/154
P22:192/192
P23:267/267
P24:233/233
P25:191/191
P26:233/233
P27:271/328
P28:176/176
P29:289/289
P30:126/126
P31:265/265
P32:223/223
P33:244/244
P34:156/156
P35:175/175
P36:215/215
P37:185/185
P38:261/261
P39:309/321
P40:320/320

90110

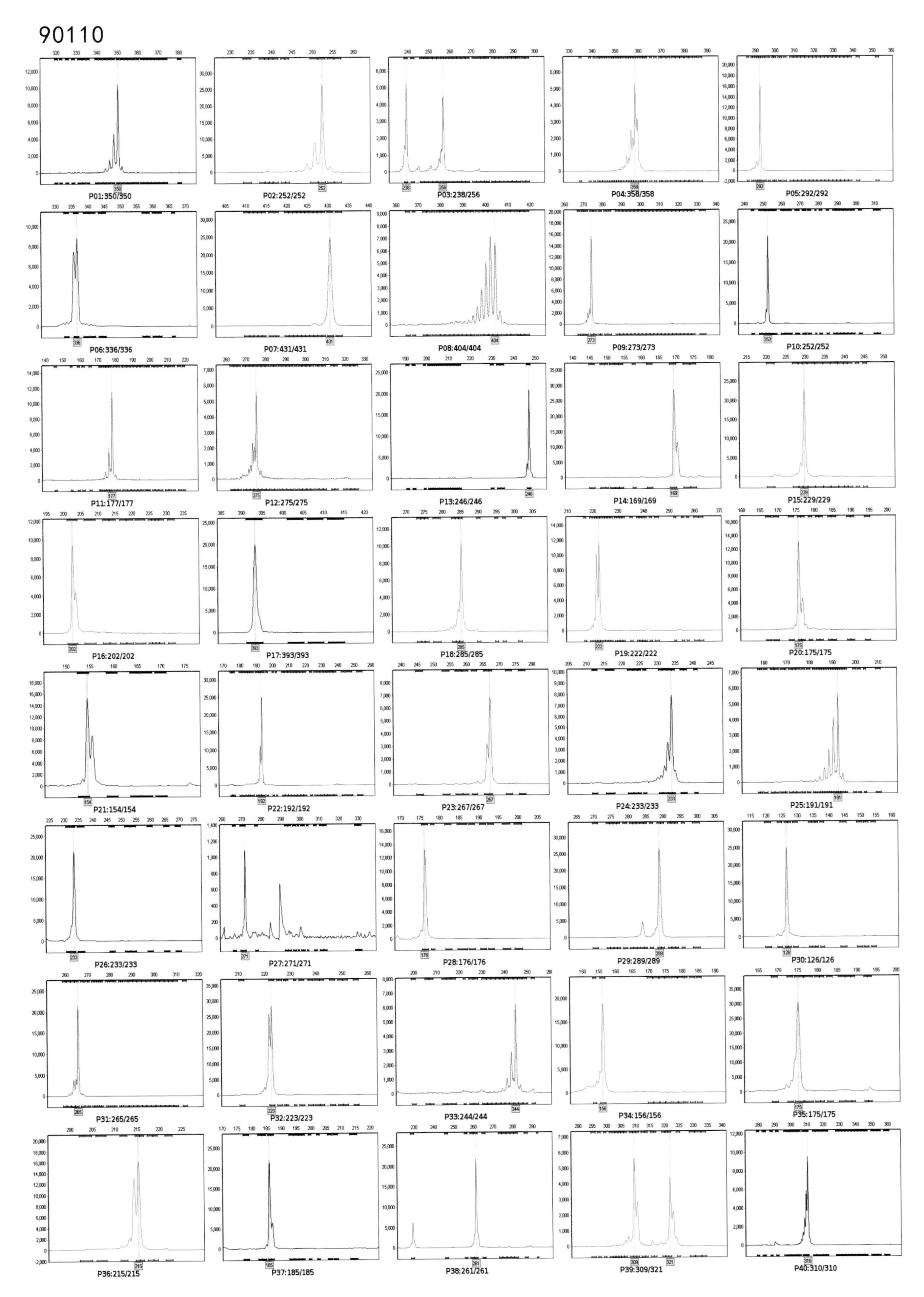
P01:350/350
P02:252/252
P03:238/256
P04:358/358
P05:292/292
P06:336/336
P07:431/431
P08:404/404
P09:273/273
P10:252/252
P11:177/177
P12:275/275
P13:246/246
P14:169/169
P15:229/229
P16:202/202
P17:393/393
P18:285/285
P19:222/222
P20:175/175
P21:154/154
P22:192/192
P23:267/267
P24:233/233
P25:191/191
P26:233/233
P27:271/271
P28:176/176
P29:289/289
P30:126/126
P31:265/265
P32:223/223
P33:244/244
P34:156/156
P35:175/175
P36:215/215
P37:185/185
P38:261/261
P39:309/321
P40:310/310

9502

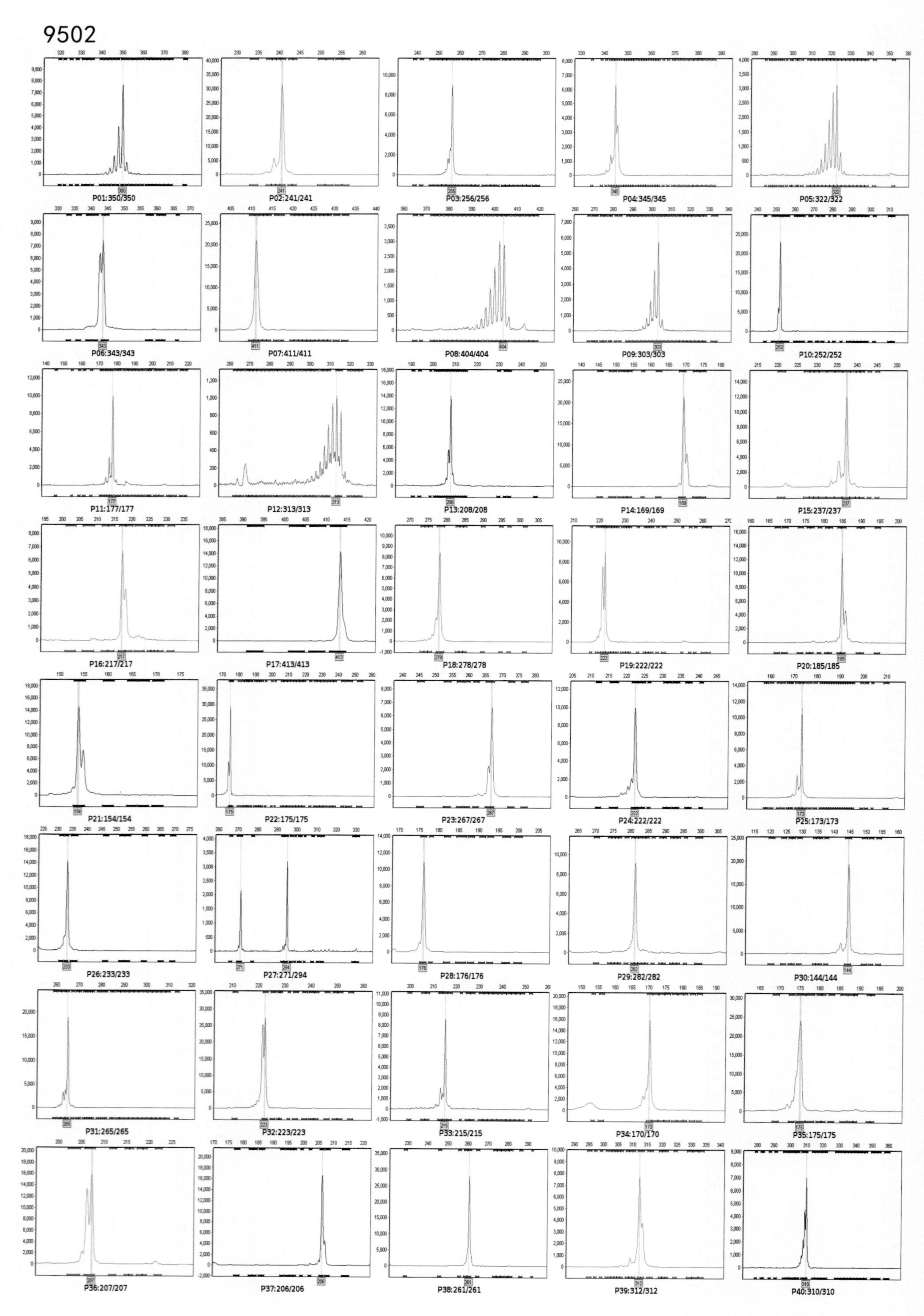
P01:350/350
P02:241/241
P03:256/256
P04:345/345
P05:322/322
P06:343/343
P07:411/411
P08:404/404
P09:303/303
P10:252/252
P11:177/177
P12:313/313
P13:208/208
P14:169/169
P15:237/237
P16:217/217
P17:413/413
P18:278/278
P19:222/222
P20:185/185
P21:154/154
P22:175/175
P23:267/267
P24:222/222
P25:173/173
P26:233/233
P27:271/294
P28:176/176
P29:282/282
P30:144/144
P31:265/265
P32:223/223
P33:215/215
P34:170/170
P35:175/175
P36:207/207
P37:206/206
P38:261/261
P39:312/312
P40:310/310

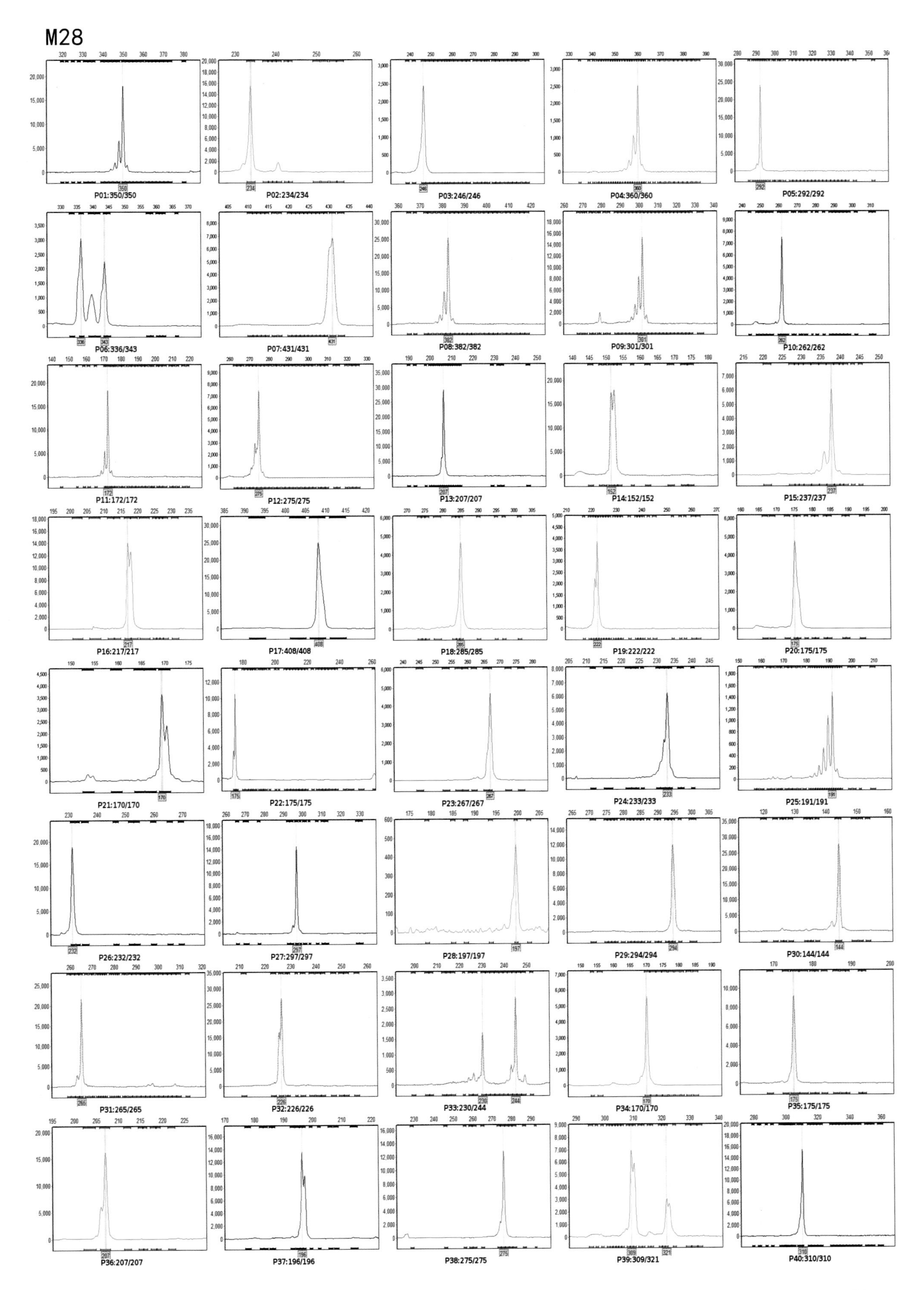
M28
P01:350/350
P02:234/234
P03:246/246
P04:360/360
P05:292/292
P06:336/343
P07:431/431
P08:382/382
P09:301/301
P10:262/262
P11:172/172
P12:275/275
P13:207/207
P14:152/152
P15:237/237
P16:217/217
P17:408/408
P18:285/285
P19:222/222
P20:175/175
P21:170/170
P22:175/175
P23:267/267
P24:233/233
P25:191/191
P26:232/232
P27:297/297
P28:197/197
P29:294/294
P30:144/144
P31:265/265
P32:226/226
P33:230/244
P34:170/170
P35:175/175
P36:207/207
P37:196/196
P38:275/275
P39:309/321
P40:310/310

P1219

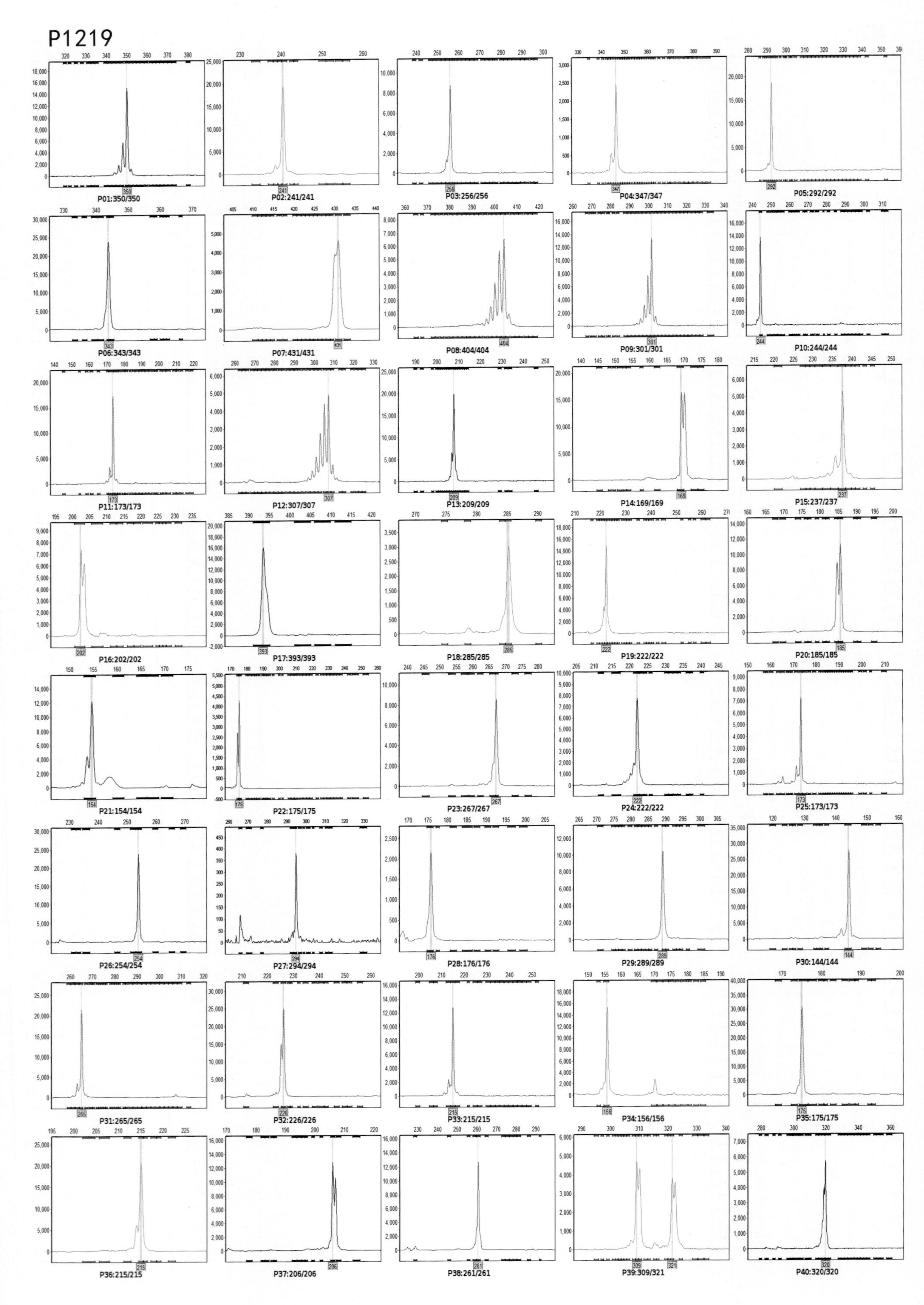

P01:350/350
P02:241/241
P03:256/256
P04:347/347
P05:292/292
P06:343/343
P07:431/431
P08:404/404
P09:301/301
P10:244/244
P11:173/173
P12:307/307
P13:209/209
P14:169/169
P15:237/237
P16:202/202
P17:393/393
P18:285/285
P19:222/222
P20:185/185
P21:154/154
P22:175/175
P23:267/267
P24:222/222
P25:173/173
P26:254/254
P27:294/294
P28:176/176
P29:289/289
P30:144/144
P31:265/265
P32:226/226
P33:215/215
P34:156/156
P35:175/175
P36:215/215
P37:206/206
P38:261/261
P39:309/321
P40:320/320

P78

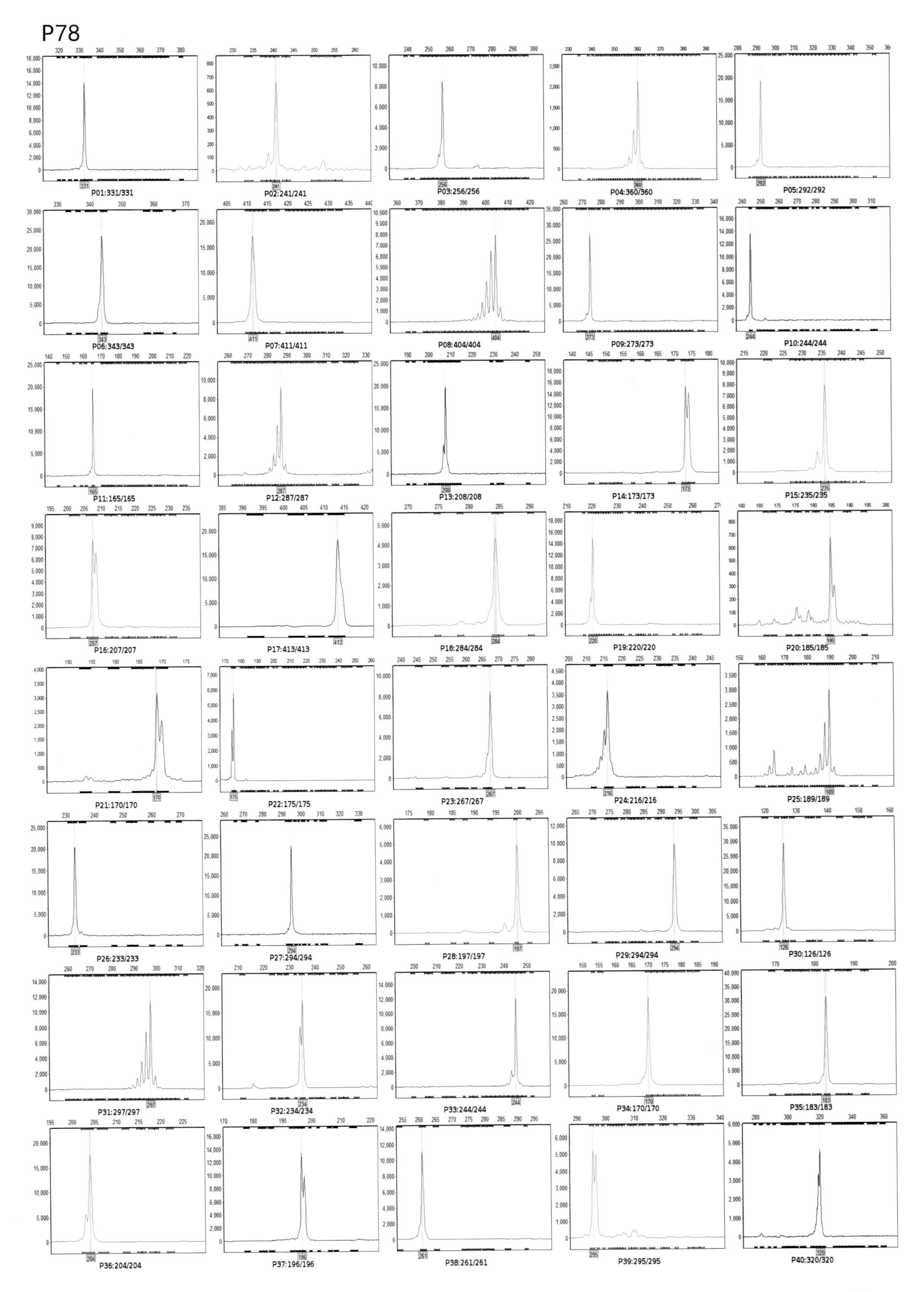
P01:331/331
P02:241/241
P03:256/256
P04:360/360
P05:292/292
P06:343/343
P07:411/411
P08:404/404
P09:273/273
P10:244/244
P11:165/165
P12:287/287
P13:208/208
P14:173/173
P15:235/235
P16:207/207
P17:413/413
P18:284/284
P19:220/220
P20:185/185
P21:170/170
P22:175/175
P23:267/267
P24:216/216
P25:189/189
P26:233/233
P27:294/294
P28:197/197
P29:294/294
P30:126/126
P31:297/297
P32:234/234
P33:244/244
P34:170/170
P35:183/183
P36:204/204
P37:196/196
P38:261/261
P39:295/295
P40:320/320

P78599

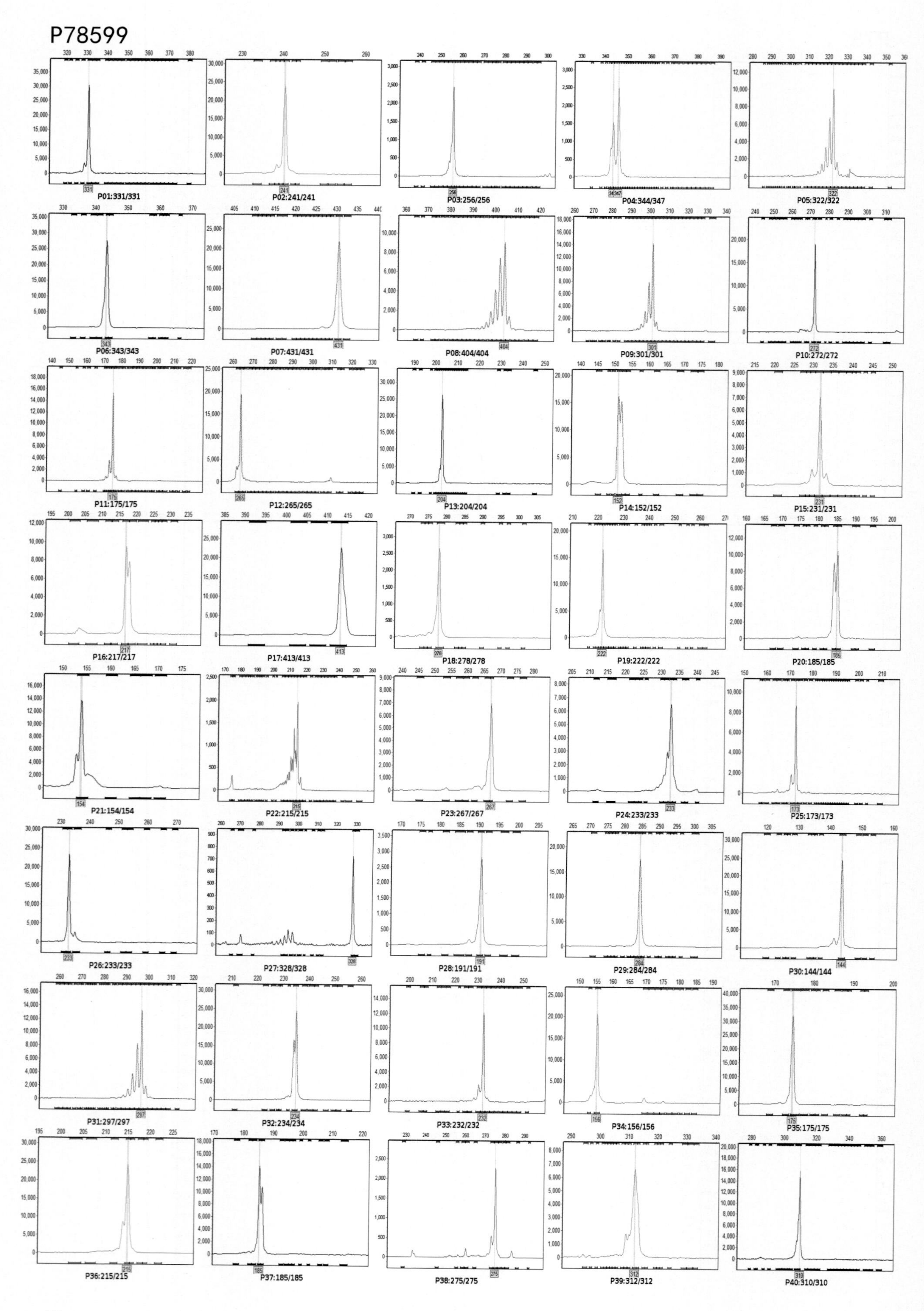

P01:331/331
P02:241/241
P03:256/256
P04:344/347
P05:322/322
P06:343/343
P07:431/431
P08:404/404
P09:301/301
P10:272/272
P11:175/175
P12:265/265
P13:204/204
P14:152/152
P15:231/231
P16:217/217
P17:413/413
P18:278/278
P19:222/222
P20:185/185
P21:154/154
P22:215/215
P23:267/267
P24:233/233
P25:173/173
P26:233/233
P27:328/328
P28:191/191
P29:284/284
P30:144/144
P31:297/297
P32:234/234
P33:232/232
P34:156/156
P35:175/175
P36:215/215
P37:185/185
P38:275/275
P39:312/312
P40:310/310

南昌四

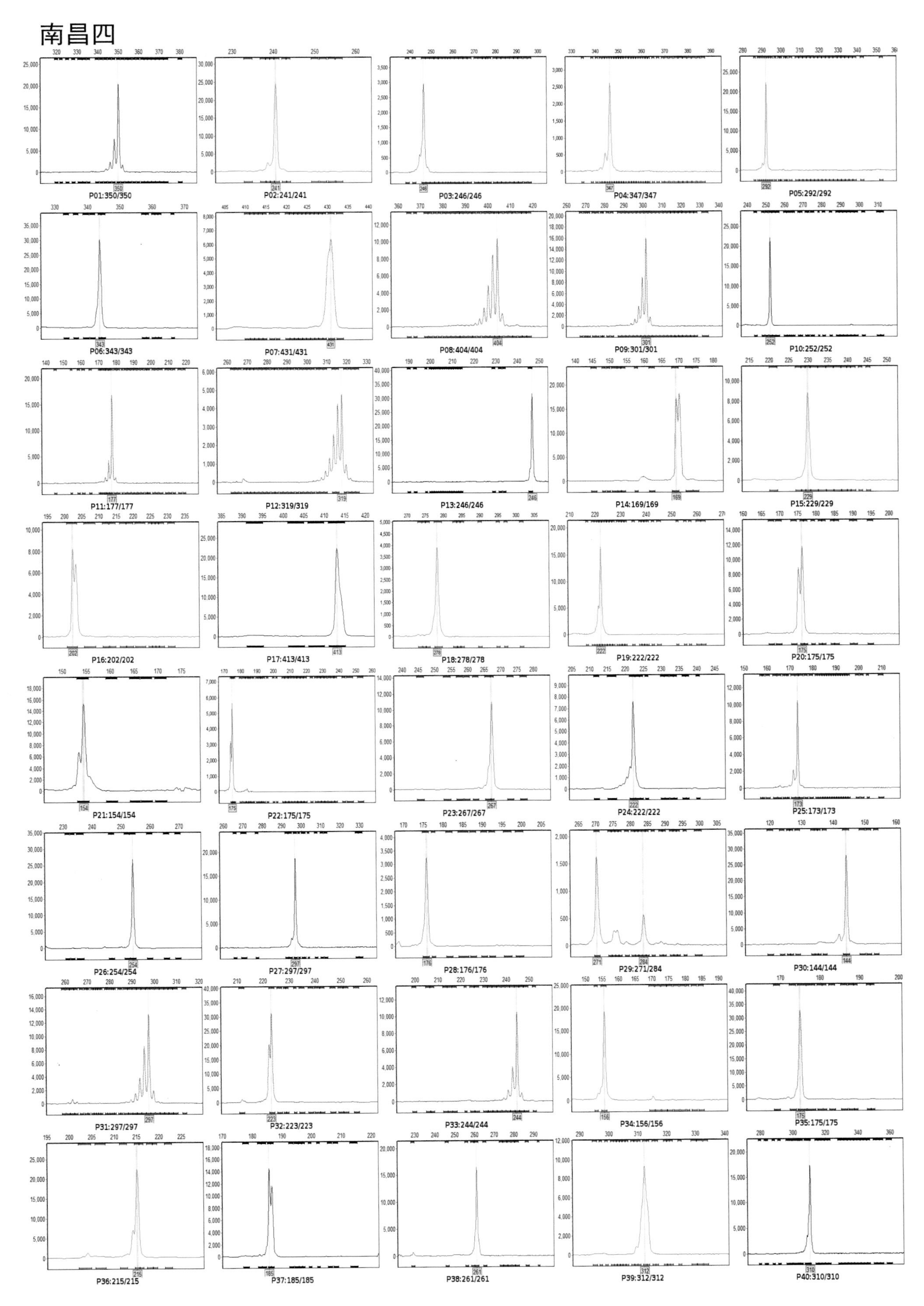

P01:350/350
P02:241/241
P03:246/246
P04:347/347
P05:292/292
P06:343/343
P07:431/431
P08:404/404
P09:301/301
P10:252/252
P11:177/177
P12:319/319
P13:246/246
P14:169/169
P15:229/229
P16:202/202
P17:413/413
P18:278/278
P19:222/222
P20:175/175
P21:154/154
P22:175/175
P23:267/267
P24:222/222
P25:173/173
P26:254/254
P27:297/297
P28:176/176
P29:271/284
P30:144/144
P31:297/297
P32:223/223
P33:244/244
P34:156/156
P35:175/175
P36:215/215
P37:185/185
P38:261/261
P39:312/312
P40:310/310

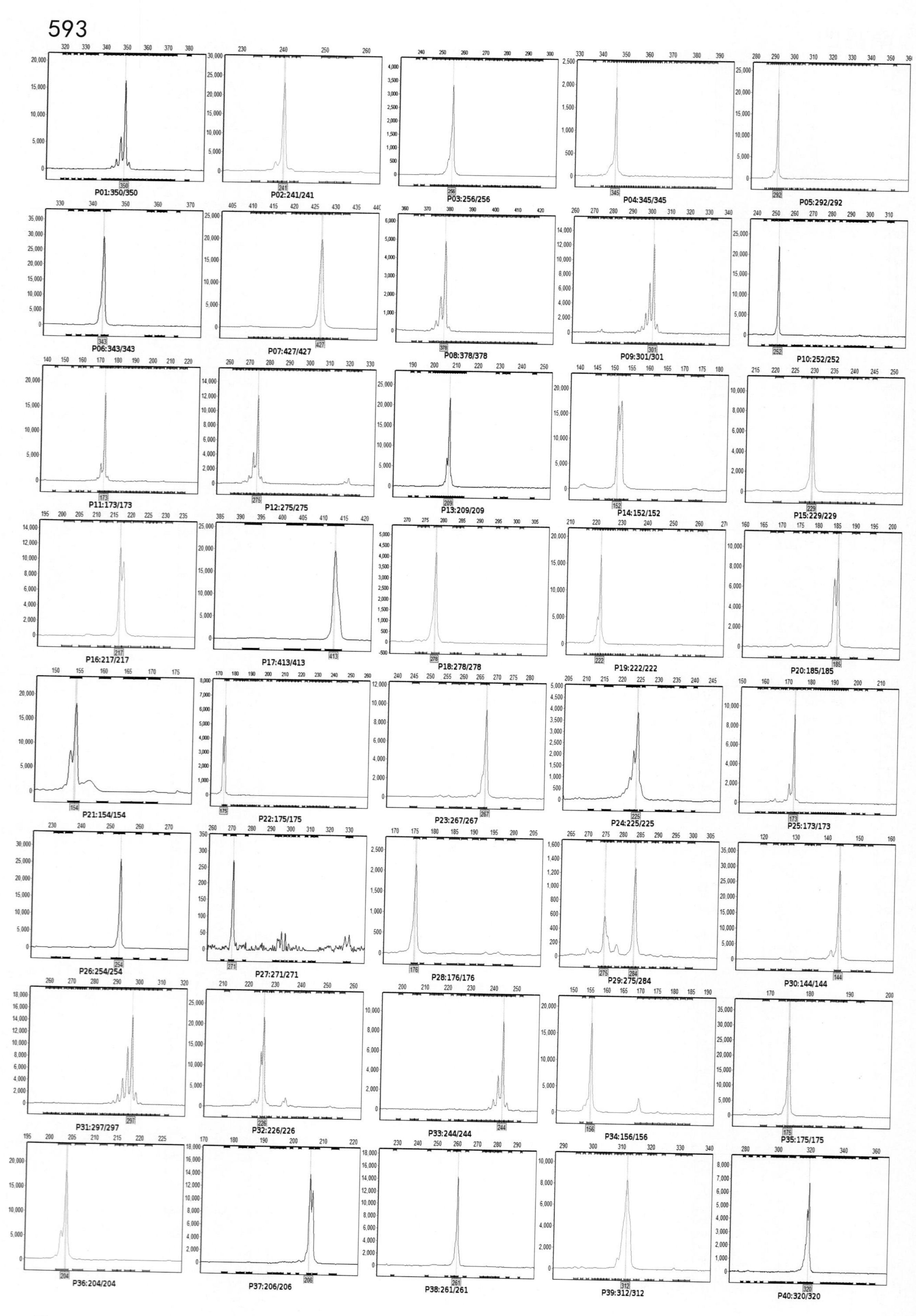
593
P01:350/350
P02:241/241
P03:256/256
P04:345/345
P05:292/292
P06:343/343
P07:427/427
P08:378/378
P09:301/301
P10:252/252
P11:173/173
P12:275/275
P13:209/209
P14:152/152
P15:229/229
P16:217/217
P17:413/413
P18:278/278
P19:222/222
P20:185/185
P21:154/154
P22:175/175
P23:267/267
P24:225/225
P25:173/173
P26:254/254
P27:271/271
P28:176/176
P29:275/284
P30:144/144
P31:297/297
P32:226/226
P33:244/244
P34:156/156
P35:175/175
P36:204/204
P37:206/206
P38:261/261
P39:312/312
P40:320/320

成698-3

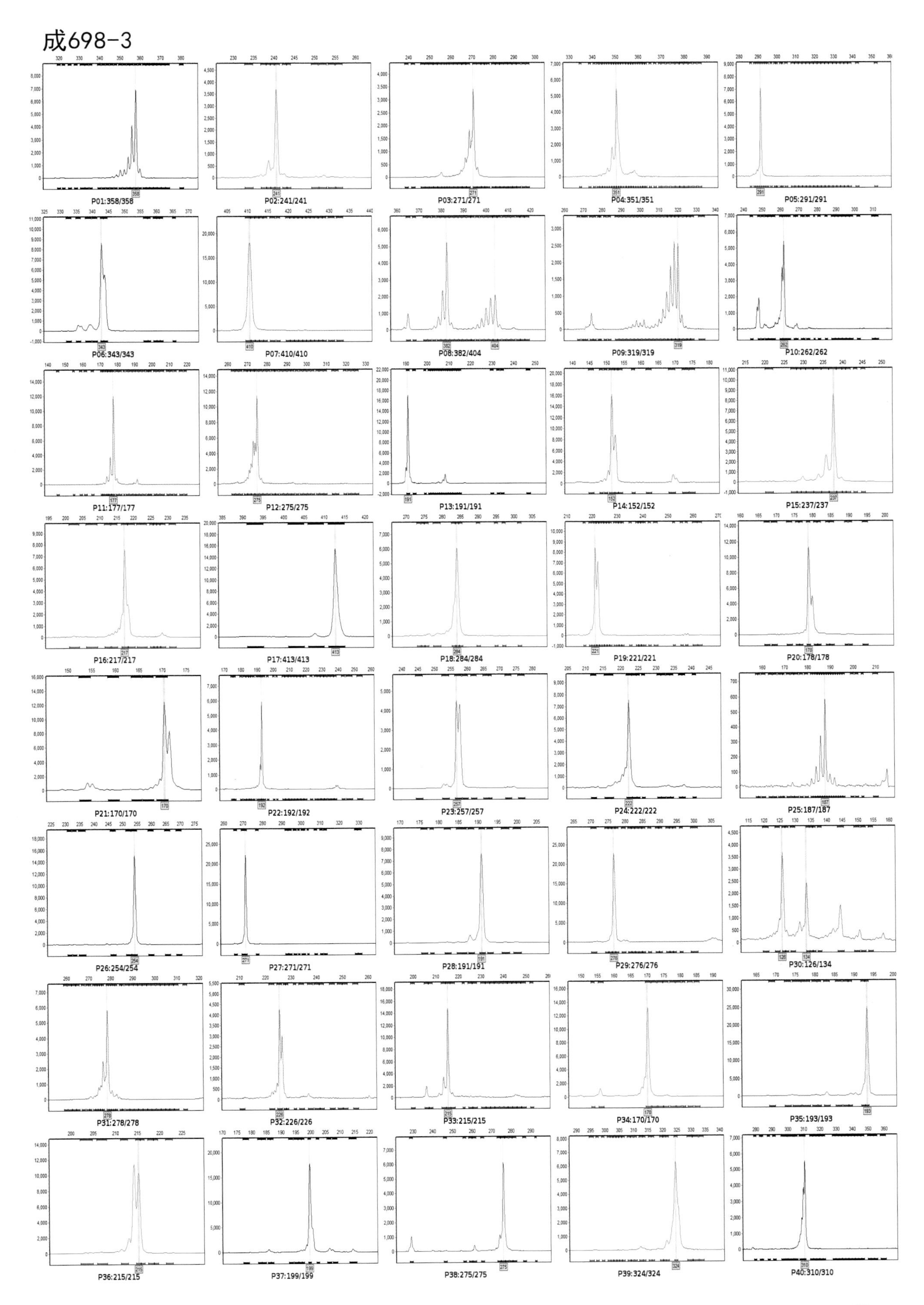
P01:358/358
P02:241/241
P03:271/271
P04:351/351
P05:291/291
P06:343/343
P07:410/410
P08:382/404
P09:319/319
P10:262/262
P11:177/177
P12:275/275
P13:191/191
P14:152/152
P15:237/237
P16:217/217
P17:413/413
P18:284/284
P19:221/221
P20:178/178
P21:170/170
P22:192/192
P23:257/257
P24:222/222
P25:187/187
P26:254/254
P27:271/271
P28:191/191
P29:276/276
P30:126/134
P31:278/278
P32:226/226
P33:215/215
P34:170/170
P35:193/193
P36:215/215
P37:199/199
P38:275/275
P39:324/324
P40:310/310

丹988

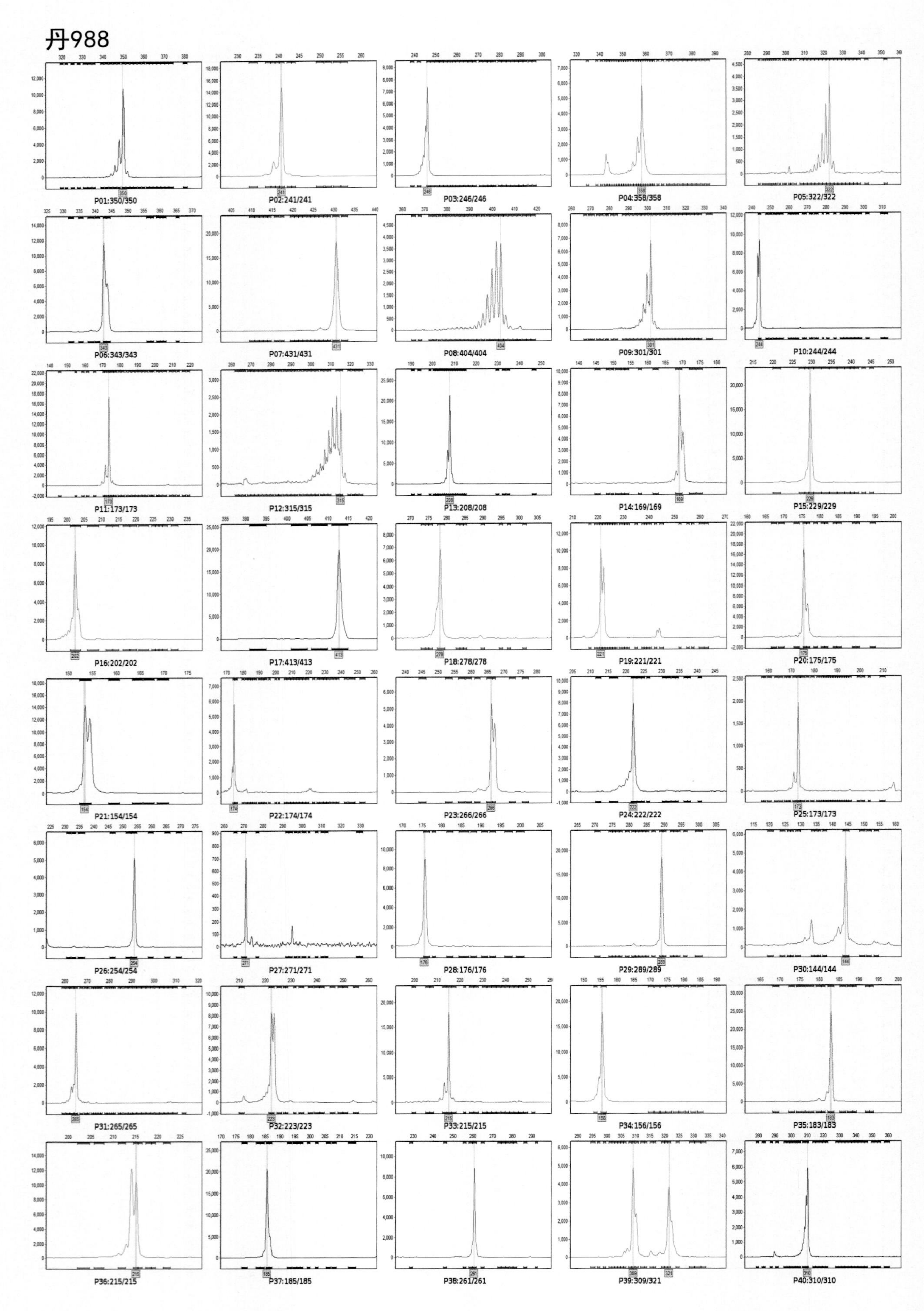
P01:350/350
P02:241/241
P03:246/246
P04:358/358
P05:322/322
P06:343/343
P07:431/431
P08:404/404
P09:301/301
P10:244/244
P11:173/173
P12:315/315
P13:208/208
P14:169/169
P15:229/229
P16:202/202
P17:413/413
P18:278/278
P19:221/221
P20:175/175
P21:154/154
P22:174/174
P23:266/266
P24:222/222
P25:173/173
P26:254/254
P27:271/271
P28:176/176
P29:289/289
P30:144/144
P31:265/265
P32:223/223
P33:215/215
P34:156/156
P35:183/183
P36:215/215
P37:185/185
P38:261/261
P39:309/321
P40:310/310

京501

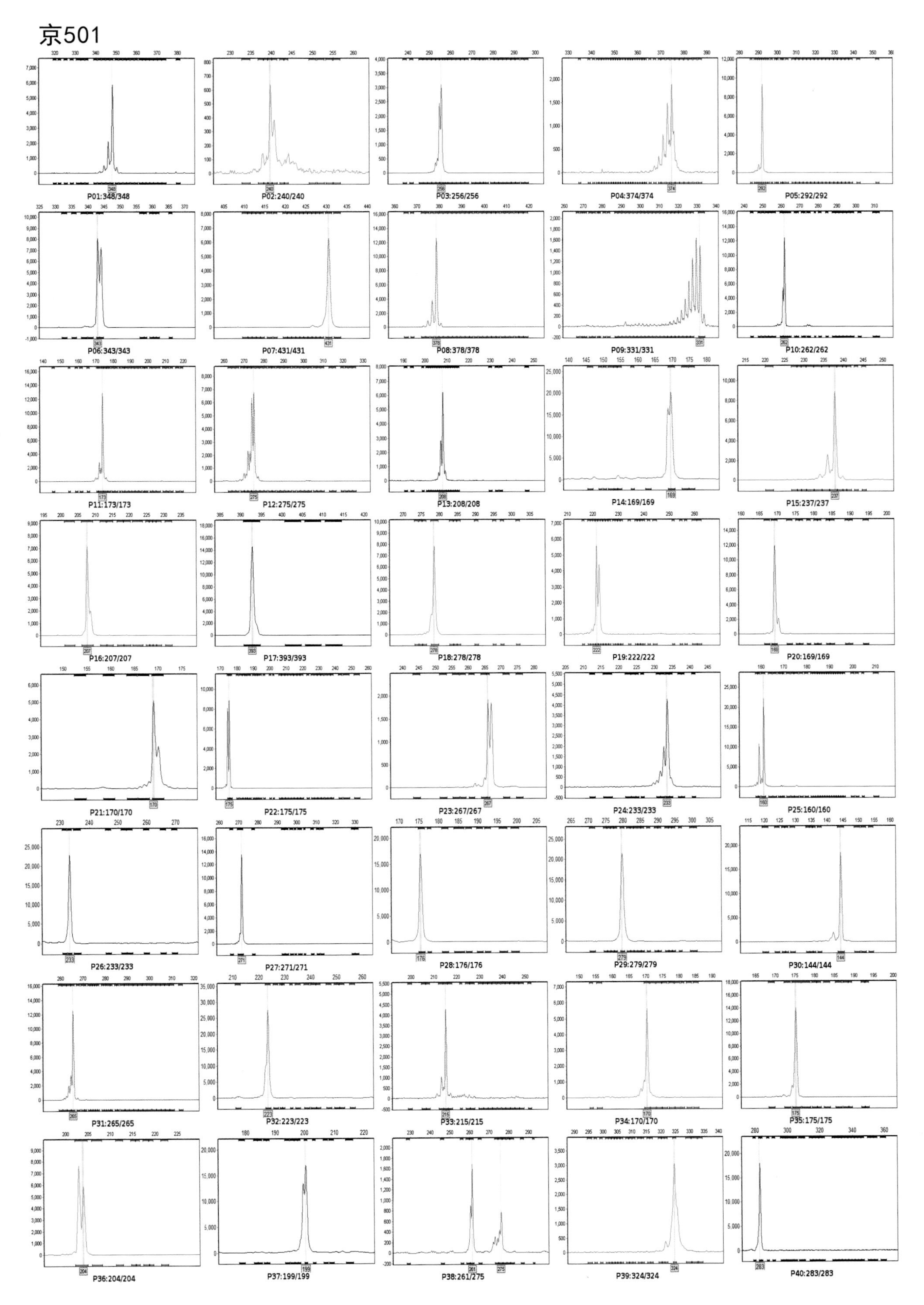
P01:348/348
P02:240/240
P03:256/256
P04:374/374
P05:292/292
P06:343/343
P07:431/431
P08:378/378
P09:331/331
P10:262/262
P11:173/173
P12:275/275
P13:208/208
P14:169/169
P15:237/237
P16:207/207
P17:393/393
P18:278/278
P19:222/222
P20:169/169
P21:170/170
P22:175/175
P23:267/267
P24:233/233
P25:160/160
P26:233/233
P27:271/271
P28:176/176
P29:279/279
P30:144/144
P31:265/265
P32:223/223
P33:215/215
P34:170/170
P35:175/175
P36:204/204
P37:199/199
P38:261/275
P39:324/324
P40:283/283

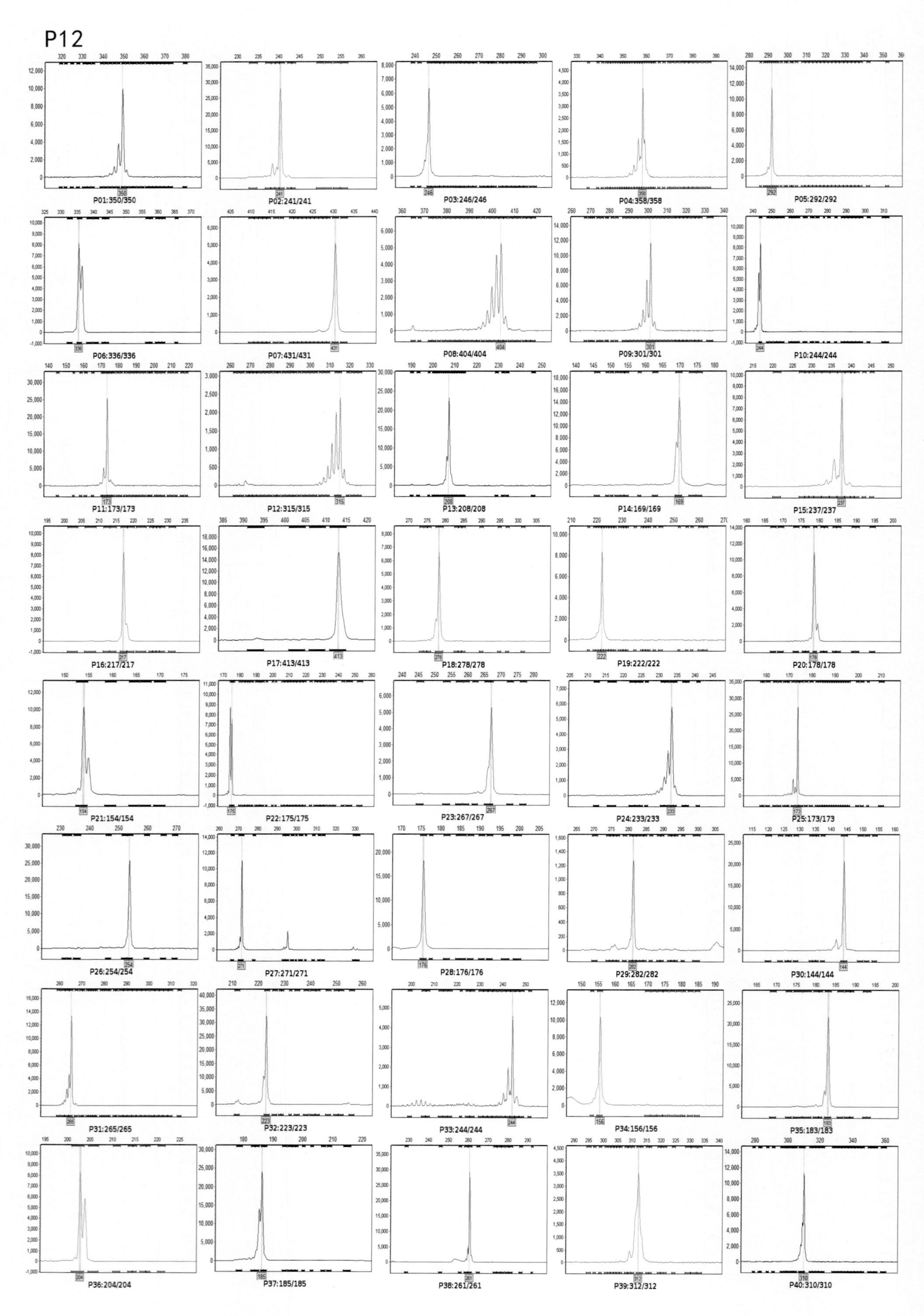
P12
P01:350/350
P02:241/241
P03:246/246
P04:358/358
P05:292/292
P06:336/336
P07:431/431
P08:404/404
P09:301/301
P10:244/244
P11:173/173
P12:315/315
P13:208/208
P14:169/169
P15:237/237
P16:217/217
P17:413/413
P18:278/278
P19:222/222
P20:178/178
P21:154/154
P22:175/175
P23:267/267
P24:233/233
P25:173/173
P26:254/254
P27:271/271
P28:176/176
P29:282/282
P30:144/144
P31:265/265
P32:223/223
P33:244/244
P34:156/156
P35:183/183
P36:204/204
P37:185/185
P38:261/261
P39:312/312
P40:310/310

1141

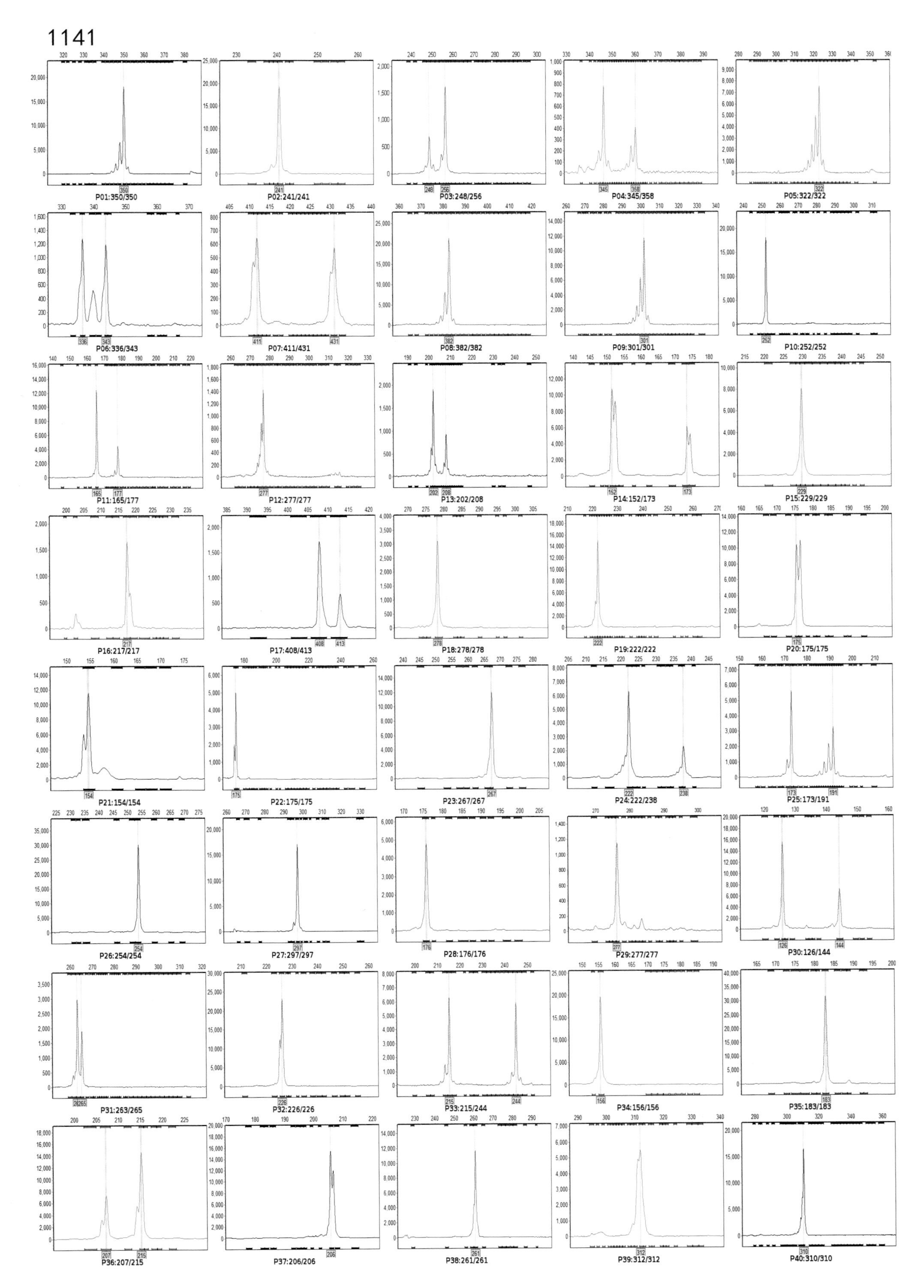

P01:350/350
P02:241/241
P03:248/256
P04:345/358
P05:322/322
P06:336/343
P07:411/431
P08:382/382
P09:301/301
P10:252/252
P11:165/177
P12:277/277
P13:202/208
P14:152/173
P15:229/229
P16:217/217
P17:408/413
P18:278/278
P19:222/222
P20:175/175
P21:154/154
P22:175/175
P23:267/267
P24:222/238
P25:173/191
P26:254/254
P27:297/297
P28:176/176
P29:277/277
P30:126/144
P31:263/265
P32:226/226
P33:215/244
P34:156/156
P35:183/183
P36:207/215
P37:206/206
P38:261/261
P39:312/312
P40:310/310

CT019

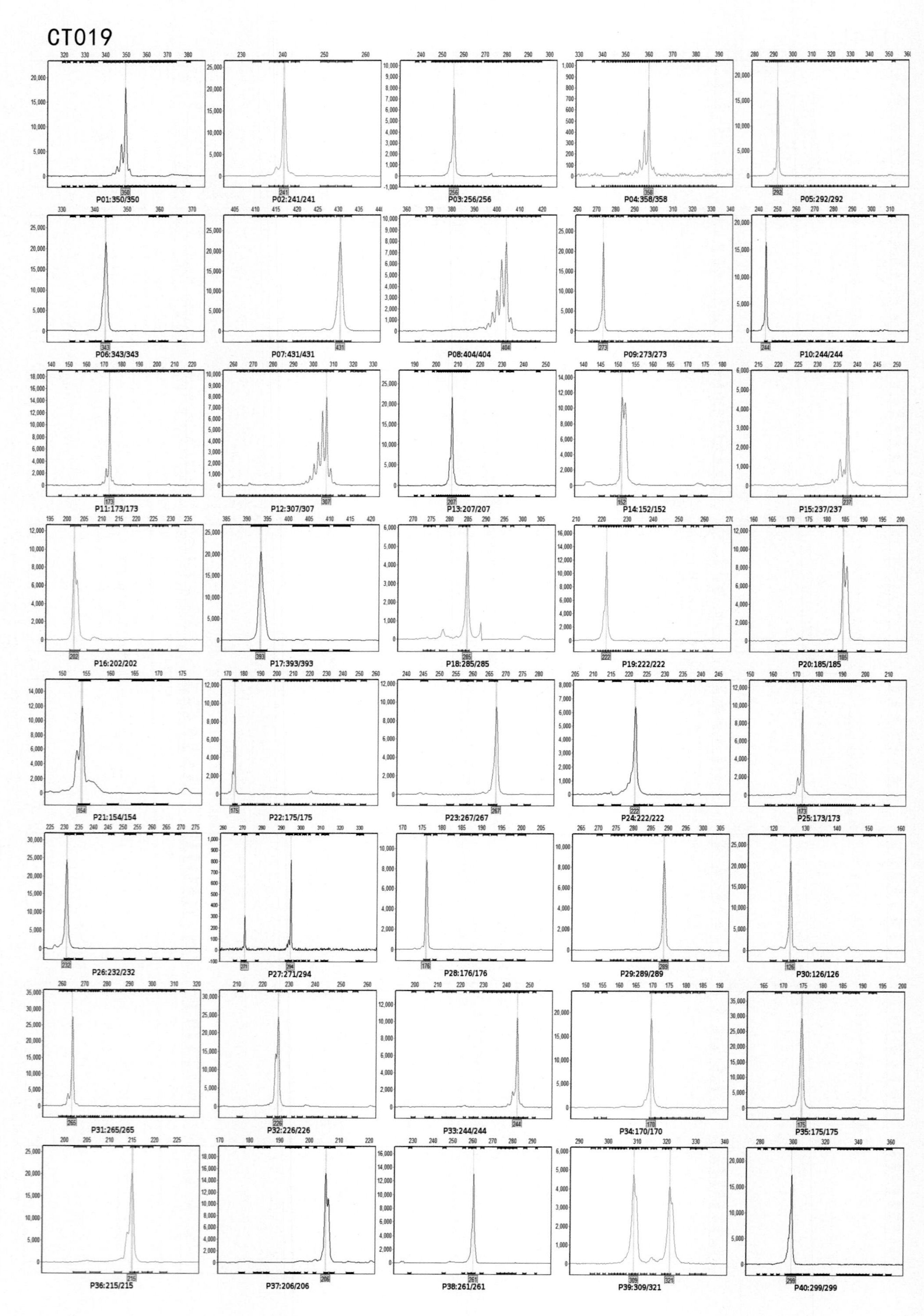
P01:350/350
P02:241/241
P03:256/256
P04:358/358
P05:292/292
P06:343/343
P07:431/431
P08:404/404
P09:273/273
P10:244/244
P11:173/173
P12:307/307
P13:207/207
P14:152/152
P15:237/237
P16:202/202
P17:393/393
P18:285/285
P19:222/222
P20:185/185
P21:154/154
P22:175/175
P23:267/267
P24:222/222
P25:173/173
P26:232/232
P27:271/294
P28:176/176
P29:289/289
P30:126/126
P31:265/265
P32:226/226
P33:244/244
P34:170/170
P35:175/175
P36:215/215
P37:206/206
P38:261/261
P39:309/321
P40:299/299

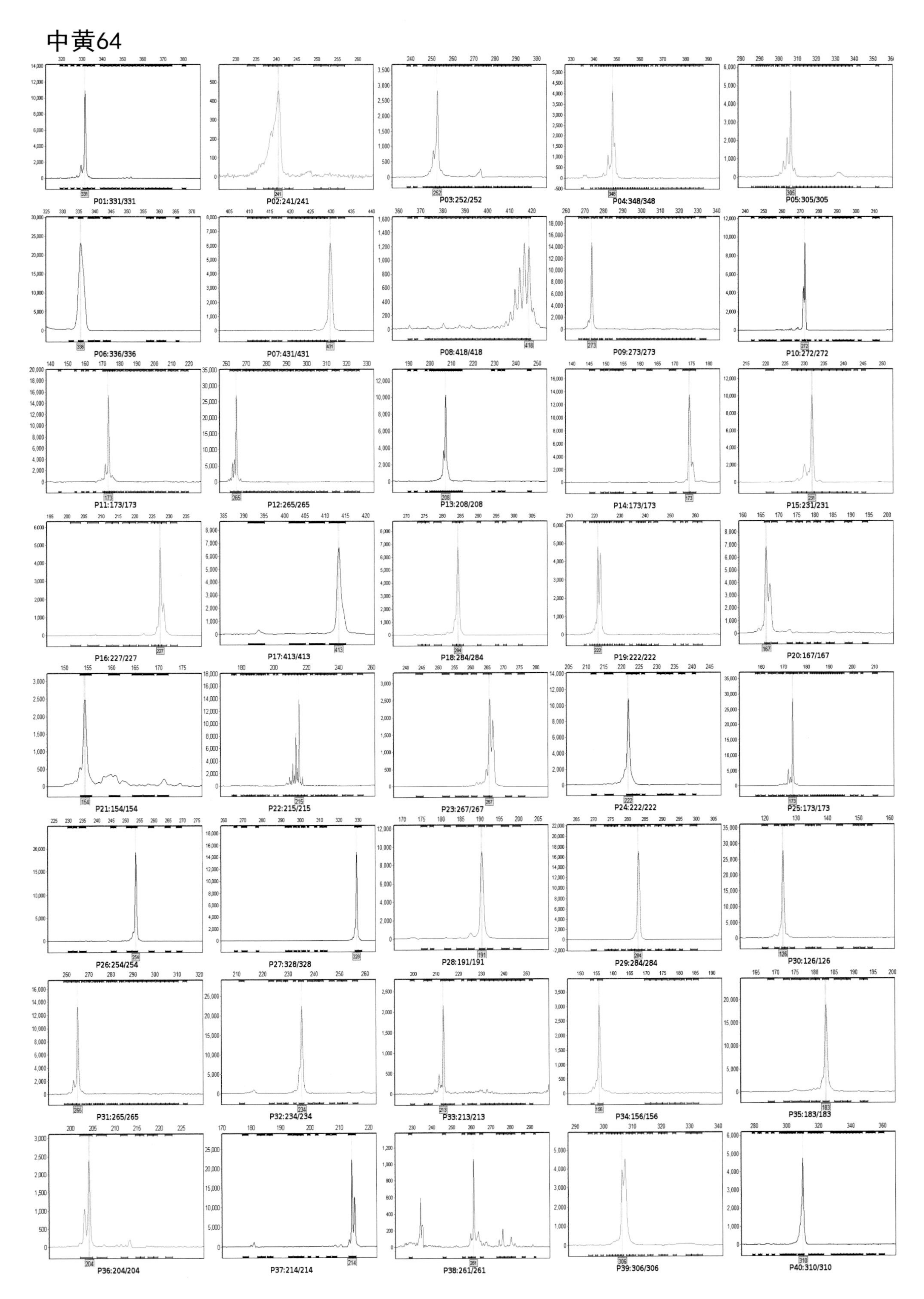
中黄64
P01:331/331
P02:241/241
P03:252/252
P04:348/348
P05:305/305
P06:336/336
P07:431/431
P08:418/418
P09:273/273
P10:272/272
P11:173/173
P12:265/265
P13:208/208
P14:173/173
P15:231/231
P16:227/227
P17:413/413
P18:284/284
P19:222/222
P20:167/167
P21:154/154
P22:215/215
P23:267/267
P24:222/222
P25:173/173
P26:254/254
P27:328/328
P28:191/191
P29:284/284
P30:126/126
P31:265/265
P32:234/234
P33:213/213
P34:156/156
P35:183/183
P36:204/204
P37:214/214
P38:261/261
P39:306/306
P40:310/310

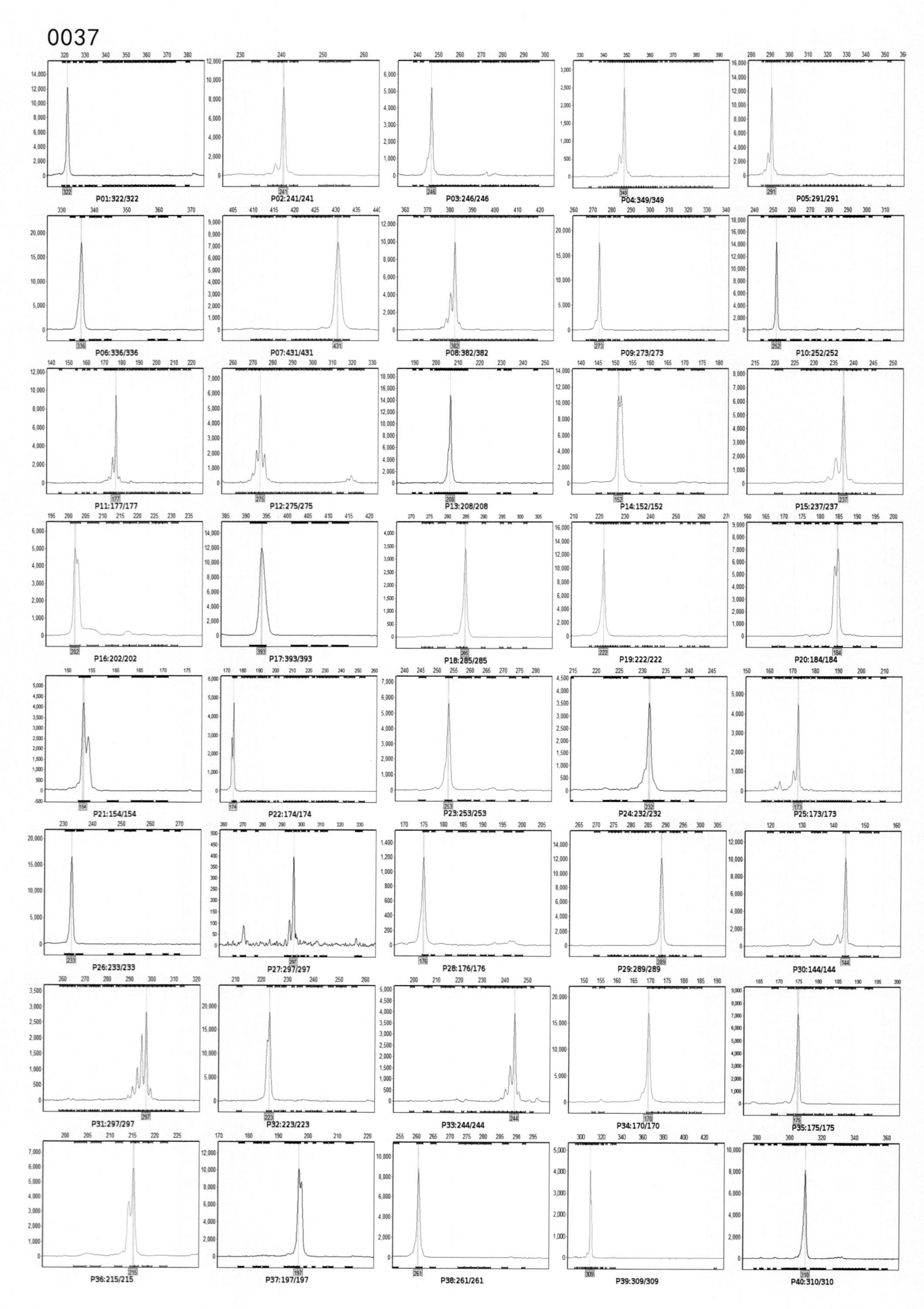
0037
P01:322/322
P02:241/241
P03:246/246
P04:349/349
P05:291/291
P06:336/336
P07:431/431
P08:382/382
P09:273/273
P10:252/252
P11:177/177
P12:275/275
P13:208/208
P14:152/152
P15:237/237
P16:202/202
P17:393/393
P18:285/285
P19:222/222
P20:184/184
P21:154/154
P22:174/174
P23:253/253
P24:232/232
P25:173/173
P26:233/233
P27:297/297
P28:176/176
P29:289/289
P30:144/144
P31:297/297
P32:223/223
P33:244/244
P34:170/170
P35:175/175
P36:215/215
P37:197/197
P38:261/261
P39:309/309
P40:310/310

直52

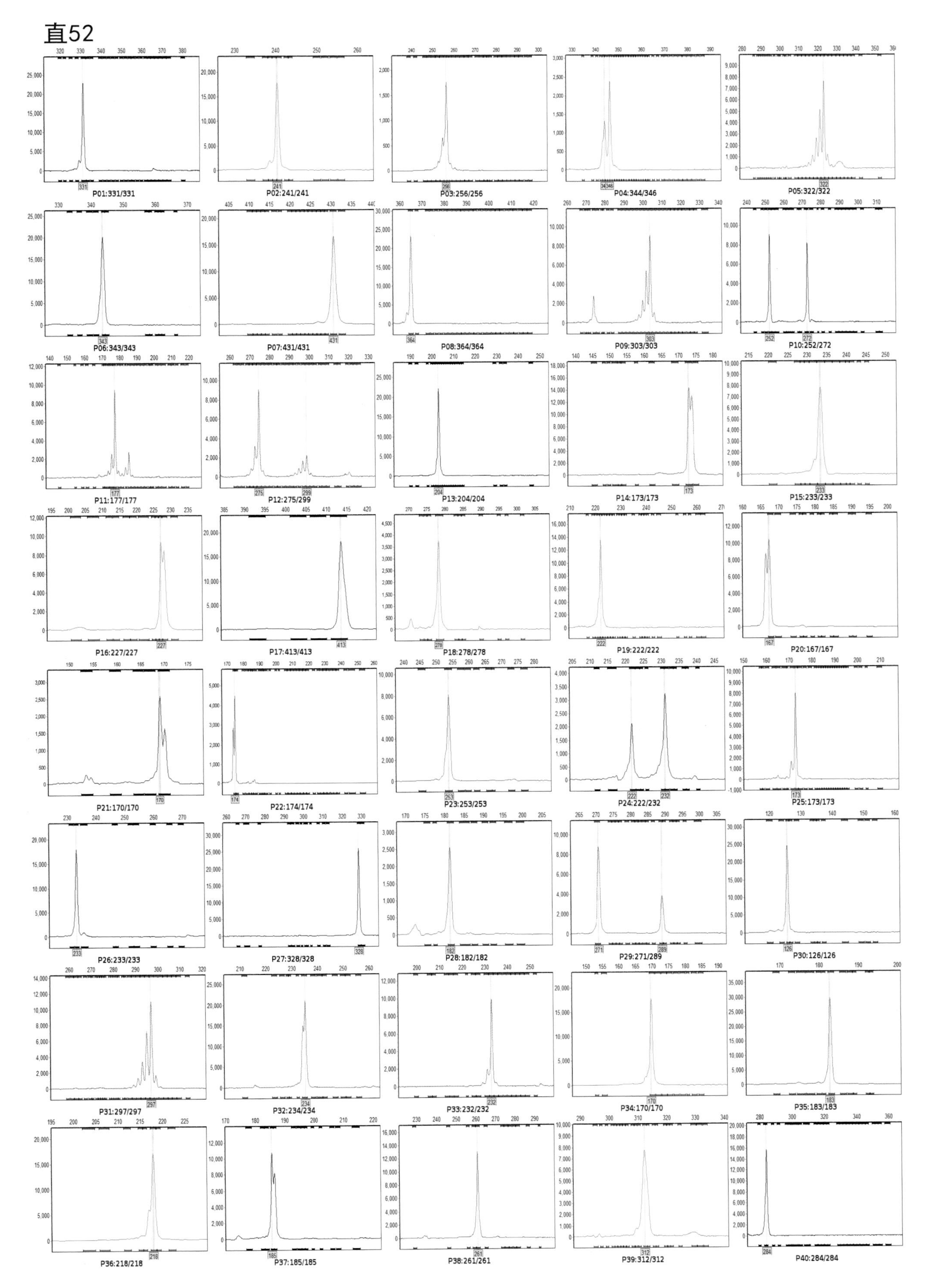
P01:331/331
P02:241/241
P03:256/256
P04:344/346
P05:322/322
P06:343/343
P07:431/431
P08:364/364
P09:303/303
P10:252/272
P11:177/177
P12:275/299
P13:204/204
P14:173/173
P15:233/233
P16:227/227
P17:413/413
P18:278/278
P19:222/222
P20:167/167
P21:170/170
P22:174/174
P23:253/253
P24:222/232
P25:173/173
P26:233/233
P27:328/328
P28:182/182
P29:271/289
P30:126/126
P31:297/297
P32:234/234
P33:232/232
P34:170/170
P35:183/183
P36:218/218
P37:185/185
P38:261/261
P39:312/312
P40:284/284

SW1611

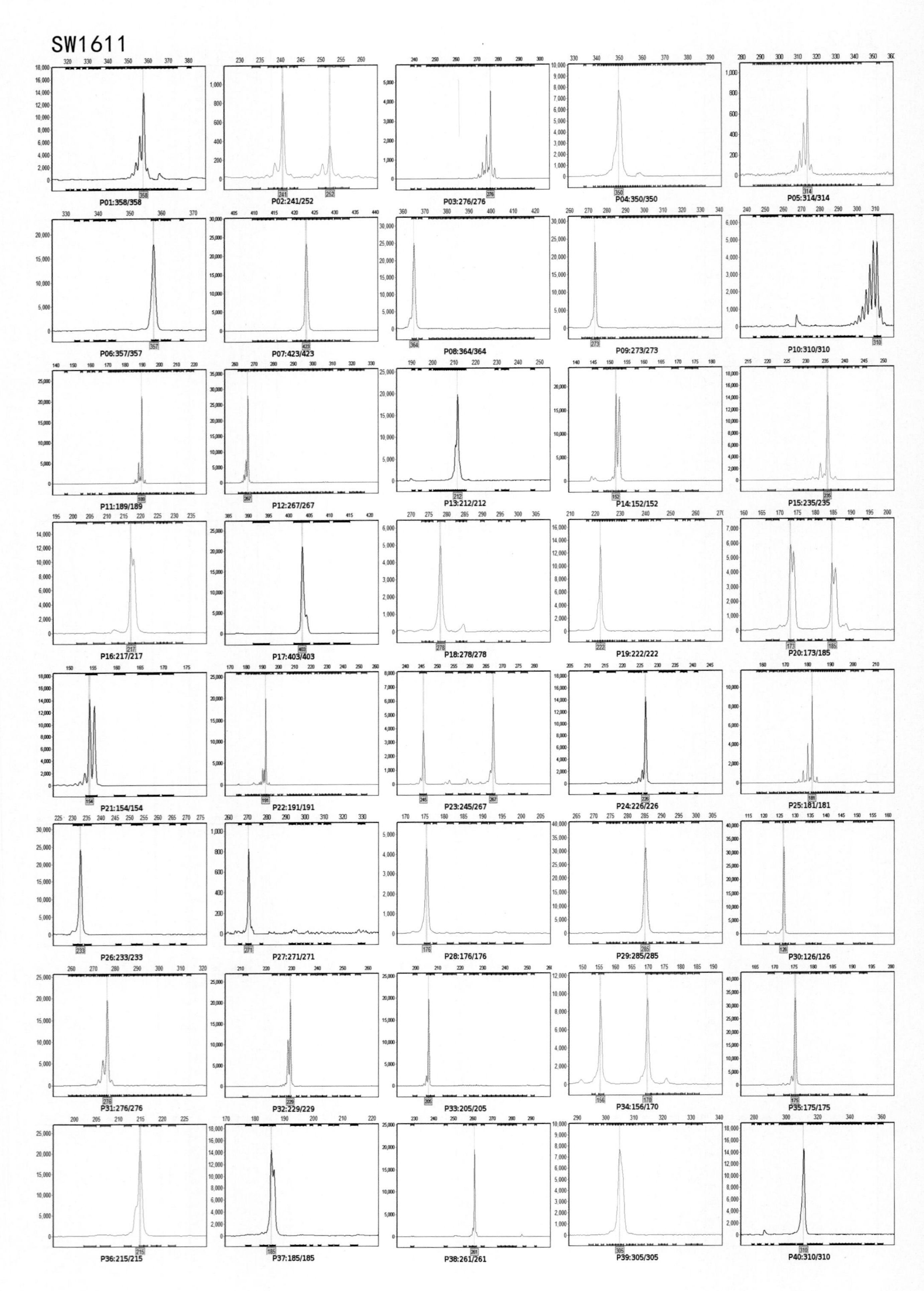
P01:358/358
P02:241/252
P03:276/276
P04:350/350
P05:314/314
P06:357/357
P07:423/423
P08:364/364
P09:273/273
P10:310/310
P11:189/189
P12:267/267
P13:212/212
P14:152/152
P15:235/235
P16:217/217
P17:403/403
P18:278/278
P19:222/222
P20:173/185
P21:154/154
P22:191/191
P23:245/267
P24:226/226
P25:181/181
P26:233/233
P27:271/271
P28:176/176
P29:285/285
P30:126/126
P31:276/276
P32:229/229
P33:205/205
P34:156/170
P35:175/175
P36:215/215
P37:185/185
P38:261/261
P39:305/305
P40:310/310

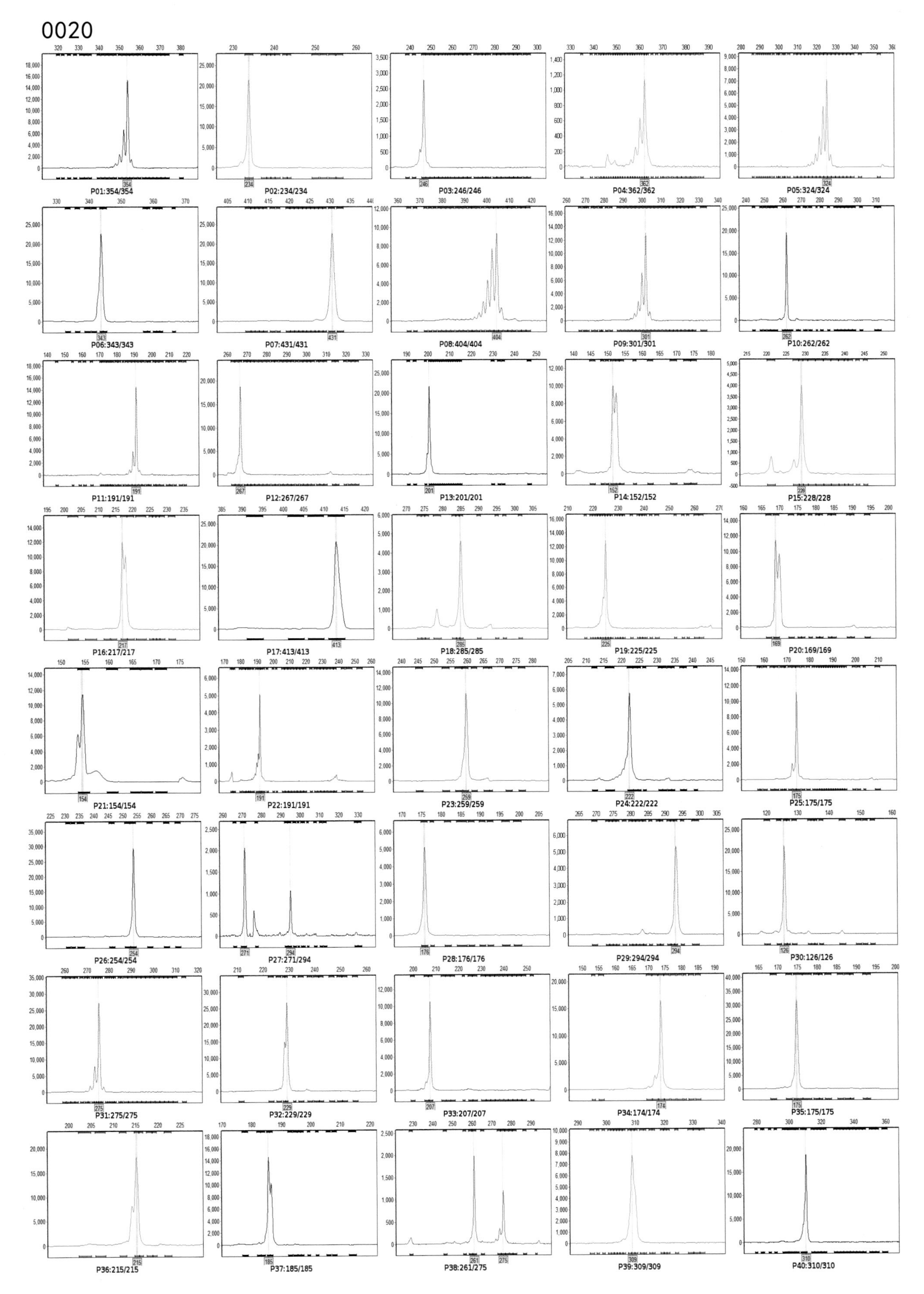
0020
P01:354/354
P02:234/234
P03:246/246
P04:362/362
P05:324/324
P06:343/343
P07:431/431
P08:404/404
P09:301/301
P10:262/262
P11:191/191
P12:267/267
P13:201/201
P14:152/152
P15:228/228
P16:217/217
P17:413/413
P18:285/285
P19:225/225
P20:169/169
P21:154/154
P22:191/191
P23:259/259
P24:222/222
P25:175/175
P26:254/254
P27:271/294
P28:176/176
P29:294/294
P30:126/126
P31:275/275
P32:229/229
P33:207/207
P34:174/174
P35:175/175
P36:215/215
P37:185/185
P38:261/275
P39:309/309
P40:310/310

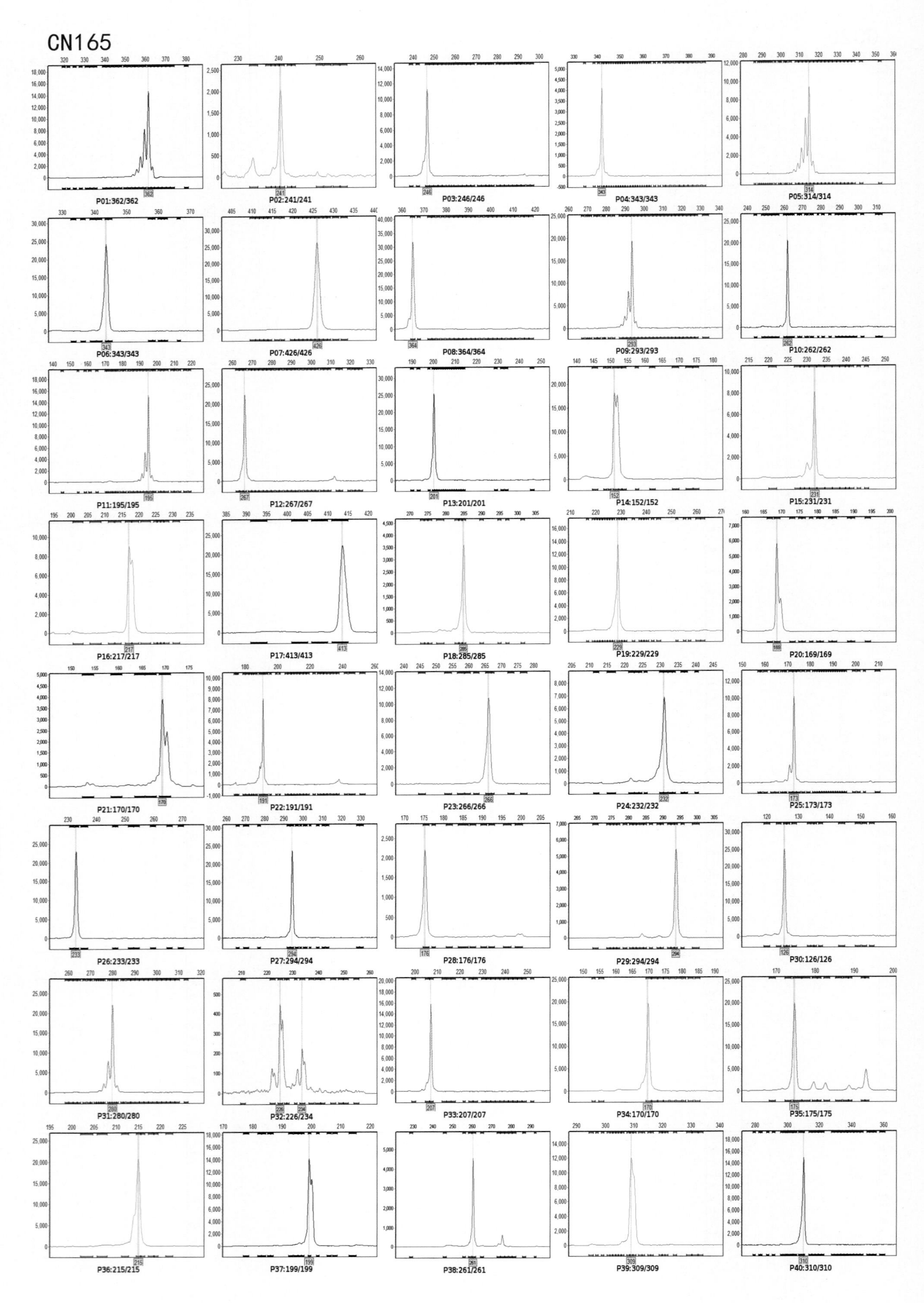
CN165
P01:362/362
P02:241/241
P03:246/246
P04:343/343
P05:314/314
P06:343/343
P07:426/426
P08:364/364
P09:293/293
P10:262/262
P11:195/195
P12:267/267
P13:201/201
P14:152/152
P15:231/231
P16:217/217
P17:413/413
P18:285/285
P19:229/229
P20:169/169
P21:170/170
P22:191/191
P23:266/266
P24:232/232
P25:173/173
P26:233/233
P27:294/294
P28:176/176
P29:294/294
P30:126/126
P31:280/280
P32:226/234
P33:207/207
P34:170/170
P35:175/175
P36:215/215
P37:199/199
P38:261/261
P39:309/309
P40:310/310

武314

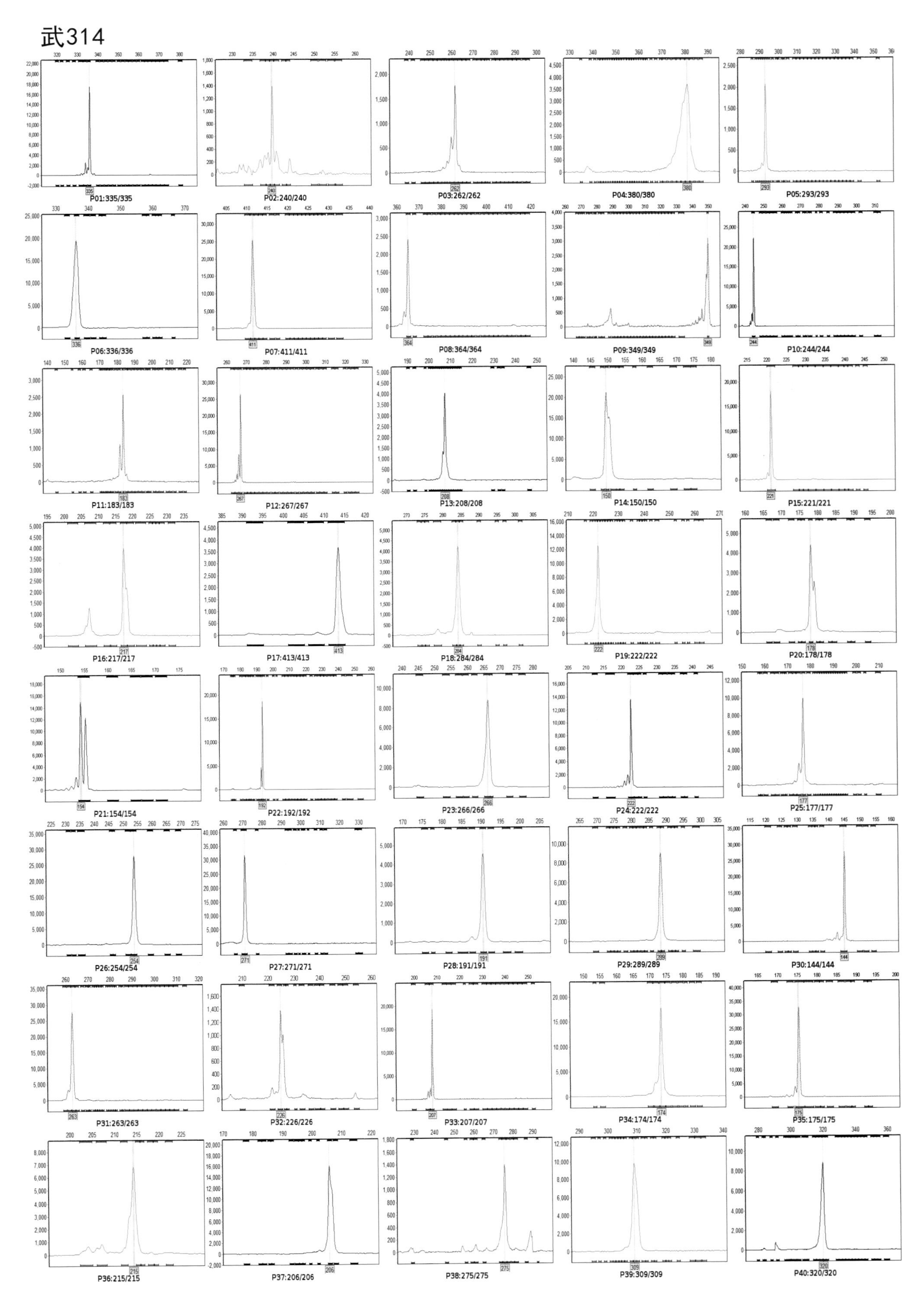
P01:335/335
P02:240/240
P03:262/262
P04:380/380
P05:293/293
P06:336/336
P07:411/411
P08:364/364
P09:349/349
P10:244/244
P11:183/183
P12:267/267
P13:208/208
P14:150/150
P15:221/221
P16:217/217
P17:413/413
P18:284/284
P19:222/222
P20:178/178
P21:154/154
P22:192/192
P23:266/266
P24:222/222
P25:177/177
P26:254/254
P27:271/271
P28:191/191
P29:289/289
P30:144/144
P31:263/263
P32:226/226
P33:207/207
P34:174/174
P35:175/175
P36:215/215
P37:206/206
P38:275/275
P39:309/309
P40:320/320

中黄69

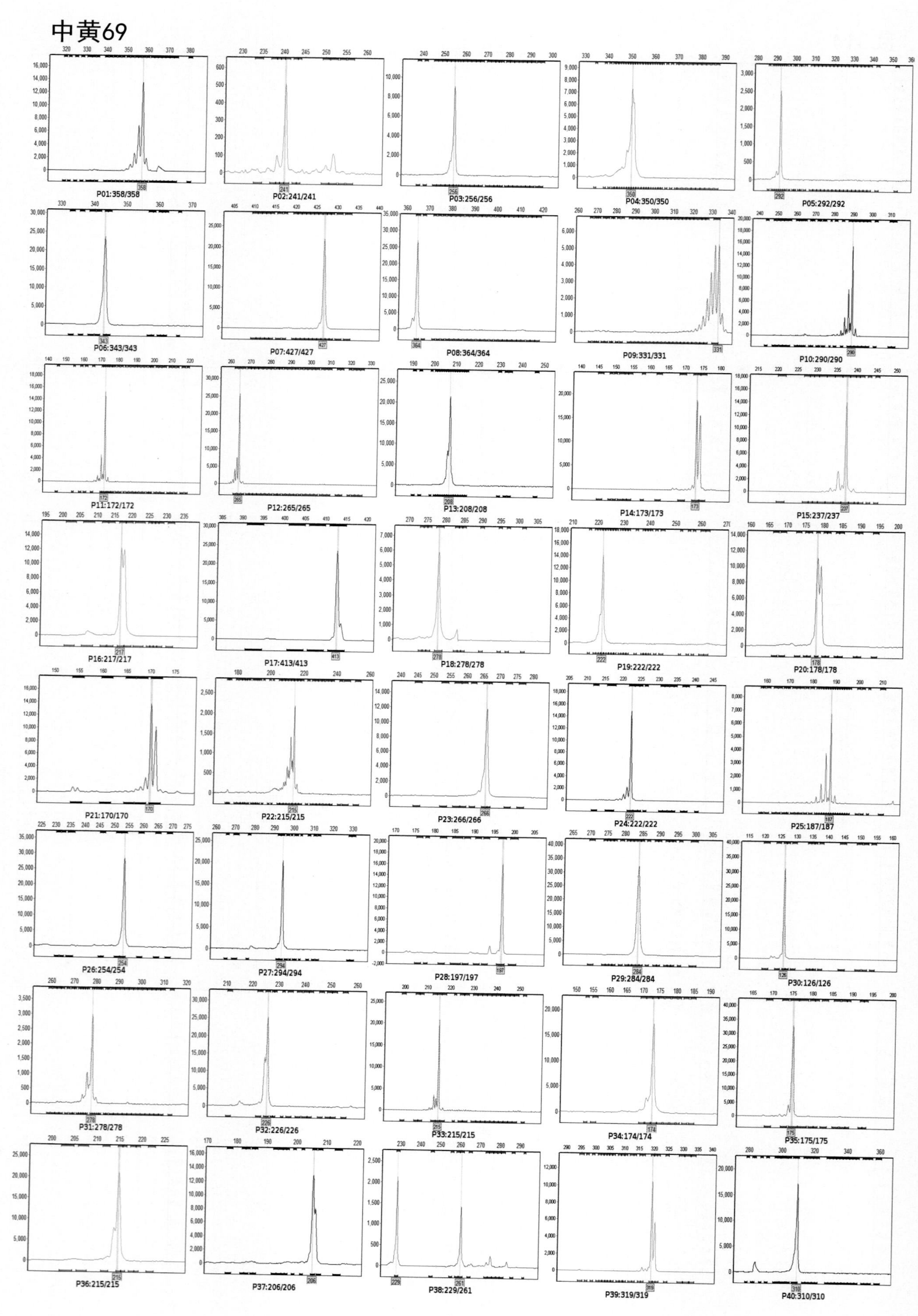

P01:358/358
P02:241/241
P03:256/256
P04:350/350
P05:292/292
P06:343/343
P07:427/427
P08:364/364
P09:331/331
P10:290/290
P11:172/172
P12:265/265
P13:208/208
P14:173/173
P15:237/237
P16:217/217
P17:413/413
P18:278/278
P19:222/222
P20:178/178
P21:170/170
P22:215/215
P23:266/266
P24:222/222
P25:187/187
P26:254/254
P27:294/294
P28:197/197
P29:284/284
P30:126/126
P31:278/278
P32:226/226
P33:215/215
P34:174/174
P35:175/175
P36:215/215
P37:206/206
P38:229/261
P39:319/319
P40:310/310

京946

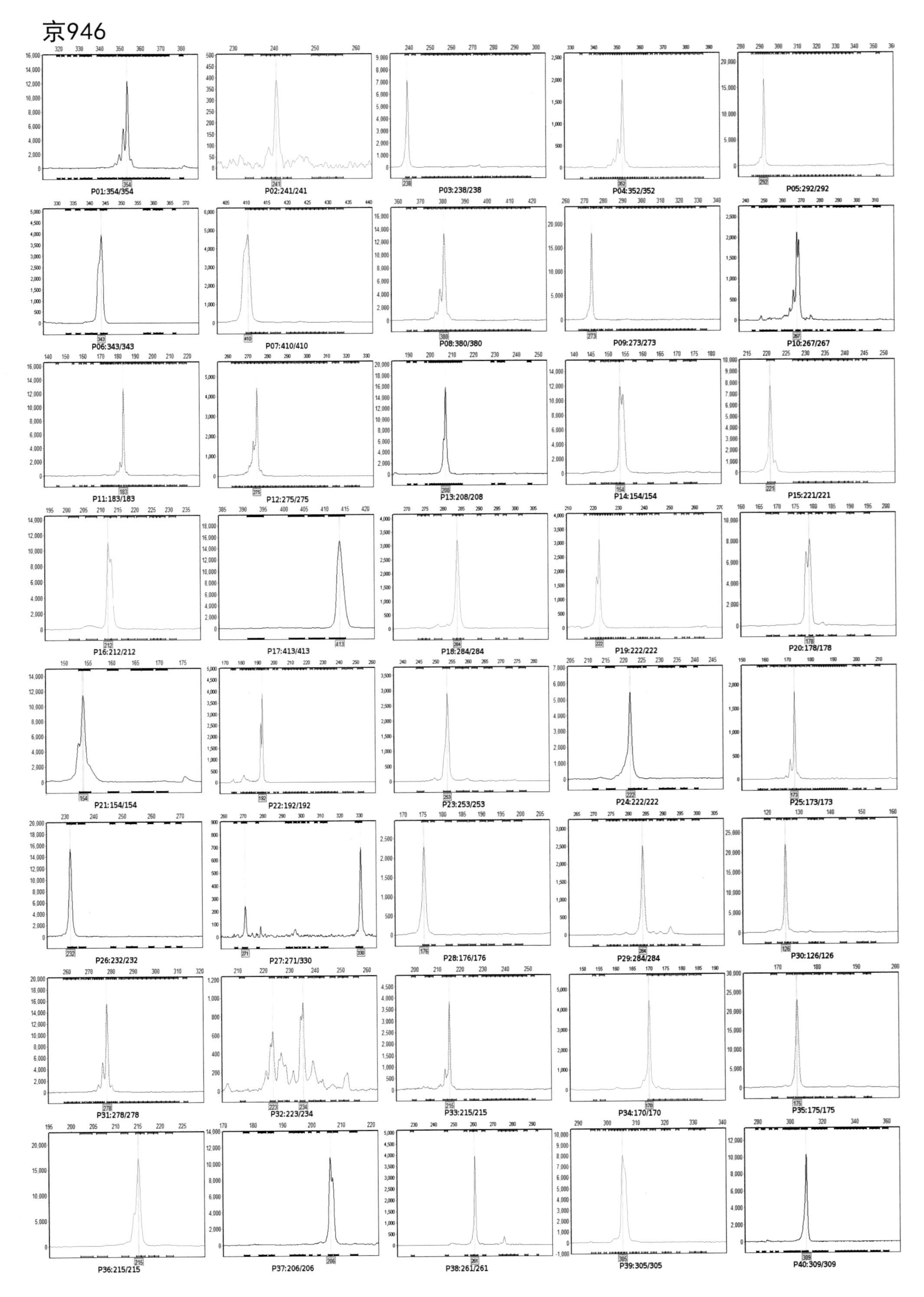

P01:354/354
P02:241/241
P03:238/238
P04:352/352
P05:292/292
P06:343/343
P07:410/410
P08:380/380
P09:273/273
P10:267/267
P11:183/183
P12:275/275
P13:208/208
P14:154/154
P15:221/221
P16:212/212
P17:413/413
P18:284/284
P19:222/222
P20:178/178
P21:154/154
P22:192/192
P23:253/253
P24:222/222
P25:173/173
P26:232/232
P27:271/330
P28:176/176
P29:284/284
P30:126/126
P31:278/278
P32:223/234
P33:215/215
P34:170/170
P35:175/175
P36:215/215
P37:206/206
P38:261/261
P39:305/305
P40:309/309

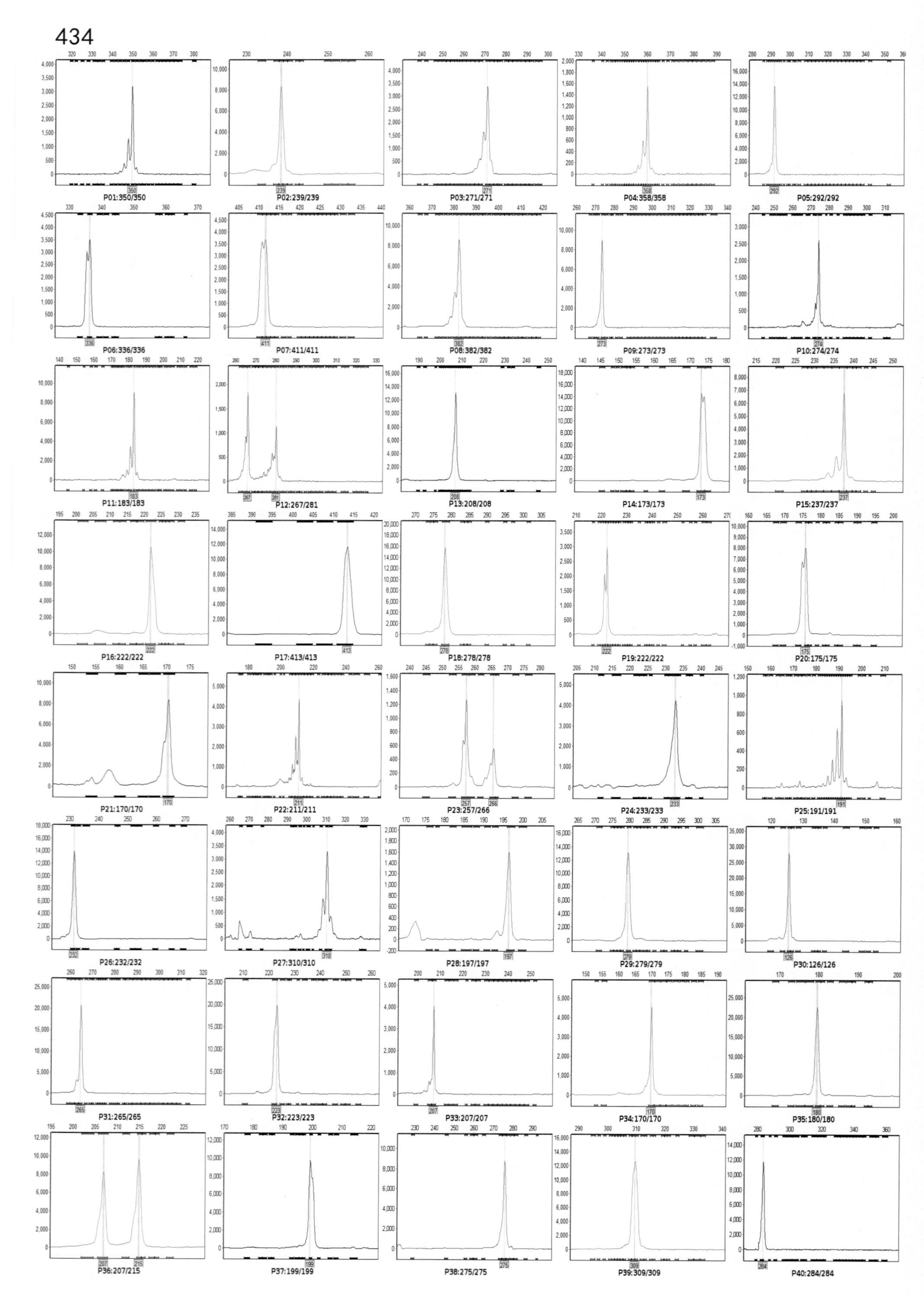
434
P01:350/350
P02:239/239
P03:271/271
P04:358/358
P05:292/292
P06:336/336
P07:411/411
P08:382/382
P09:273/273
P10:274/274
P11:183/183
P12:267/281
P13:208/208
P14:173/173
P15:237/237
P16:222/222
P17:413/413
P18:278/278
P19:222/222
P20:175/175
P21:170/170
P22:211/211
P23:257/266
P24:233/233
P25:191/191
P26:232/232
P27:310/310
P28:197/197
P29:279/279
P30:126/126
P31:265/265
P32:223/223
P33:207/207
P34:170/170
P35:180/180
P36:207/215
P37:199/199
P38:275/275
P39:309/309
P40:284/284

京糯6

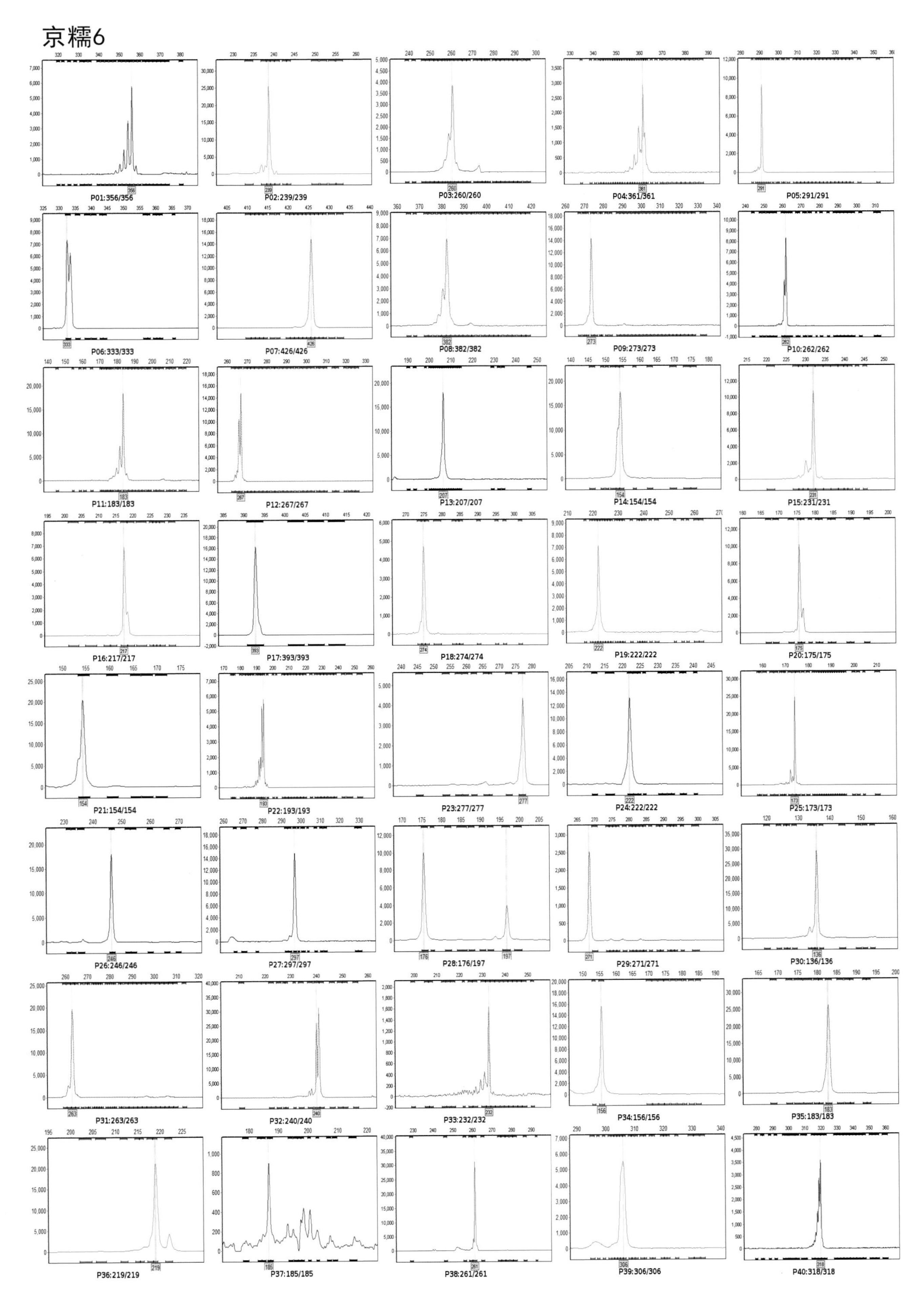
P01:356/356
P02:239/239
P03:260/260
P04:361/361
P05:291/291
P06:333/333
P07:426/426
P08:382/382
P09:273/273
P10:262/262
P11:183/183
P12:267/267
P13:207/207
P14:154/154
P15:231/231
P16:217/217
P17:393/393
P18:274/274
P19:222/222
P20:175/175
P21:154/154
P22:193/193
P23:277/277
P24:222/222
P25:173/173
P26:246/246
P27:297/297
P28:176/197
P29:271/271
P30:136/136
P31:263/263
P32:240/240
P33:232/232
P34:156/156
P35:183/183
P36:219/219
P37:185/185
P38:261/261
P39:306/306
P40:318/318

香糯8

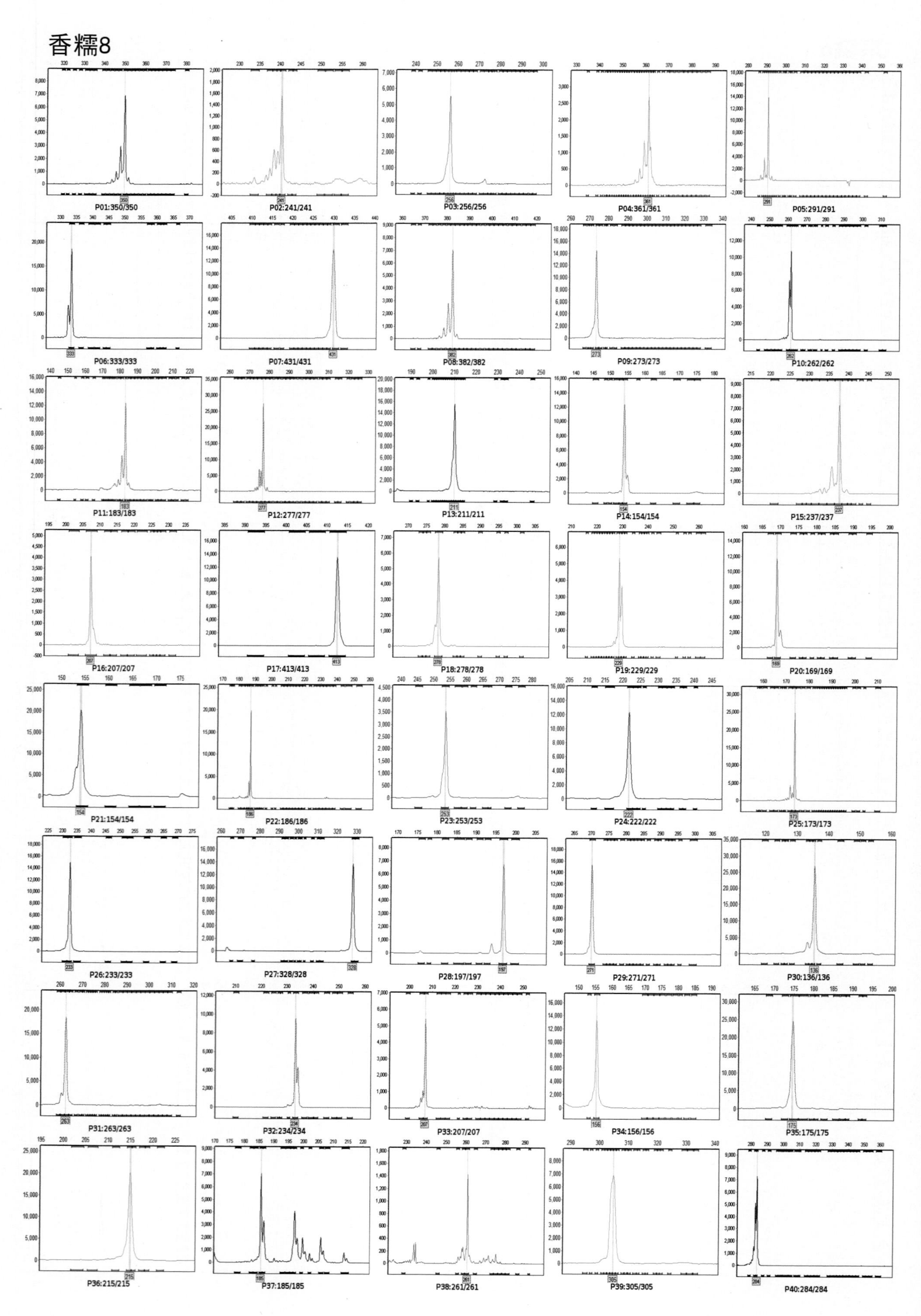
P01:350/350
P02:241/241
P03:256/256
P04:361/361
P05:291/291
P06:333/333
P07:431/431
P08:382/382
P09:273/273
P10:262/262
P11:183/183
P12:277/277
P13:211/211
P14:154/154
P15:237/237
P16:207/207
P17:413/413
P18:278/278
P19:229/229
P20:169/169
P21:154/154
P22:186/186
P23:253/253
P24:222/222
P25:173/173
P26:233/233
P27:328/328
P28:197/197
P29:271/271
P30:136/136
P31:263/263
P32:234/234
P33:207/207
P34:156/156
P35:175/175
P36:215/215
P37:185/185
P38:261/261
P39:305/305
P40:284/284

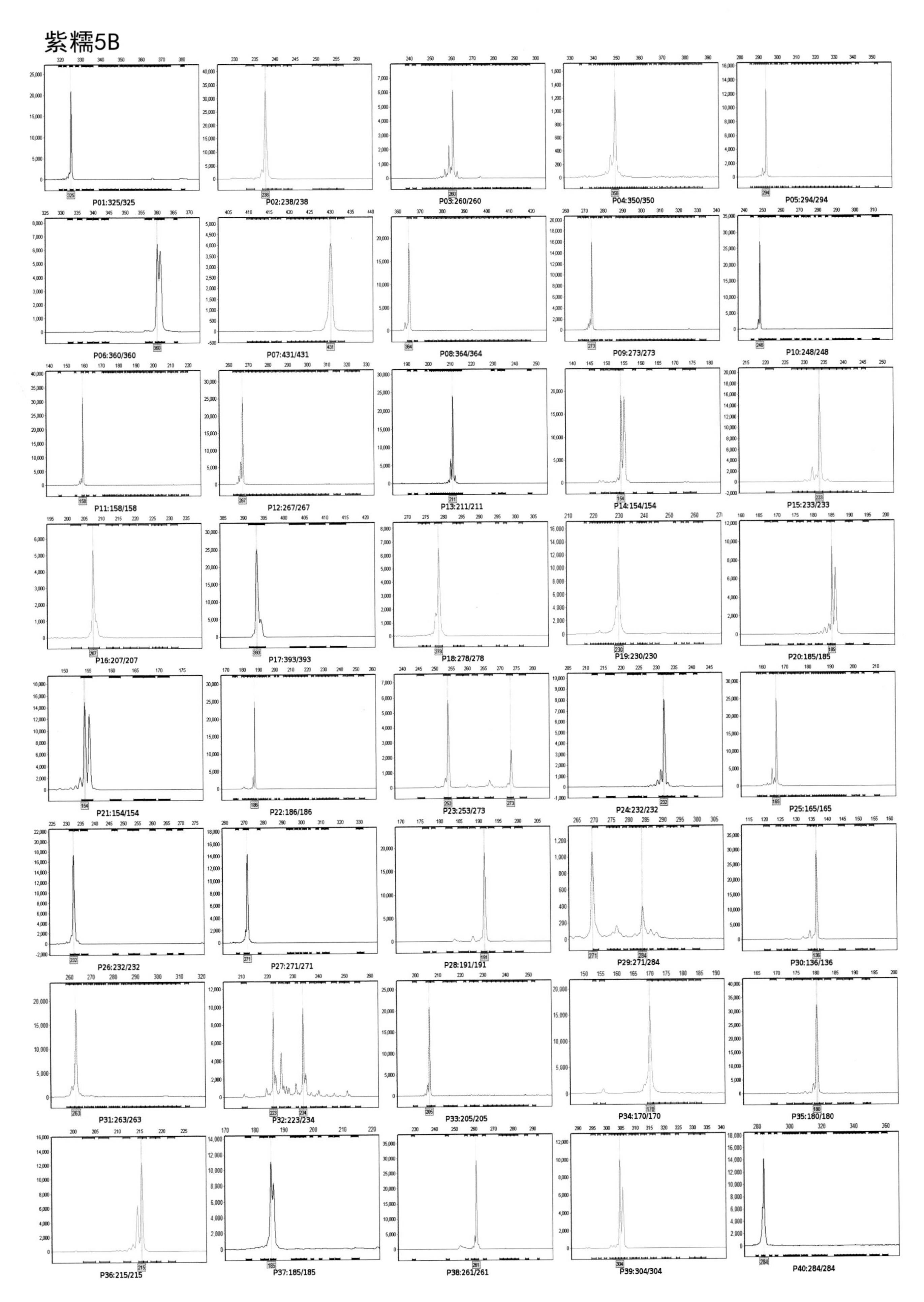
紫糯5B
P01:325/325
P02:238/238
P03:260/260
P04:350/350
P05:294/294
P06:360/360
P07:431/431
P08:364/364
P09:273/273
P10:248/248
P11:158/158
P12:267/267
P13:211/211
P14:154/154
P15:233/233
P16:207/207
P17:393/393
P18:278/278
P19:230/230
P20:185/185
P21:154/154
P22:186/186
P23:253/273
P24:232/232
P25:165/165
P26:232/232
P27:271/271
P28:191/191
P29:271/284
P30:136/136
P31:263/263
P32:223/234
P33:205/205
P34:170/170
P35:180/180
P36:215/215
P37:185/185
P38:261/261
P39:304/304
P40:284/284

白糯6

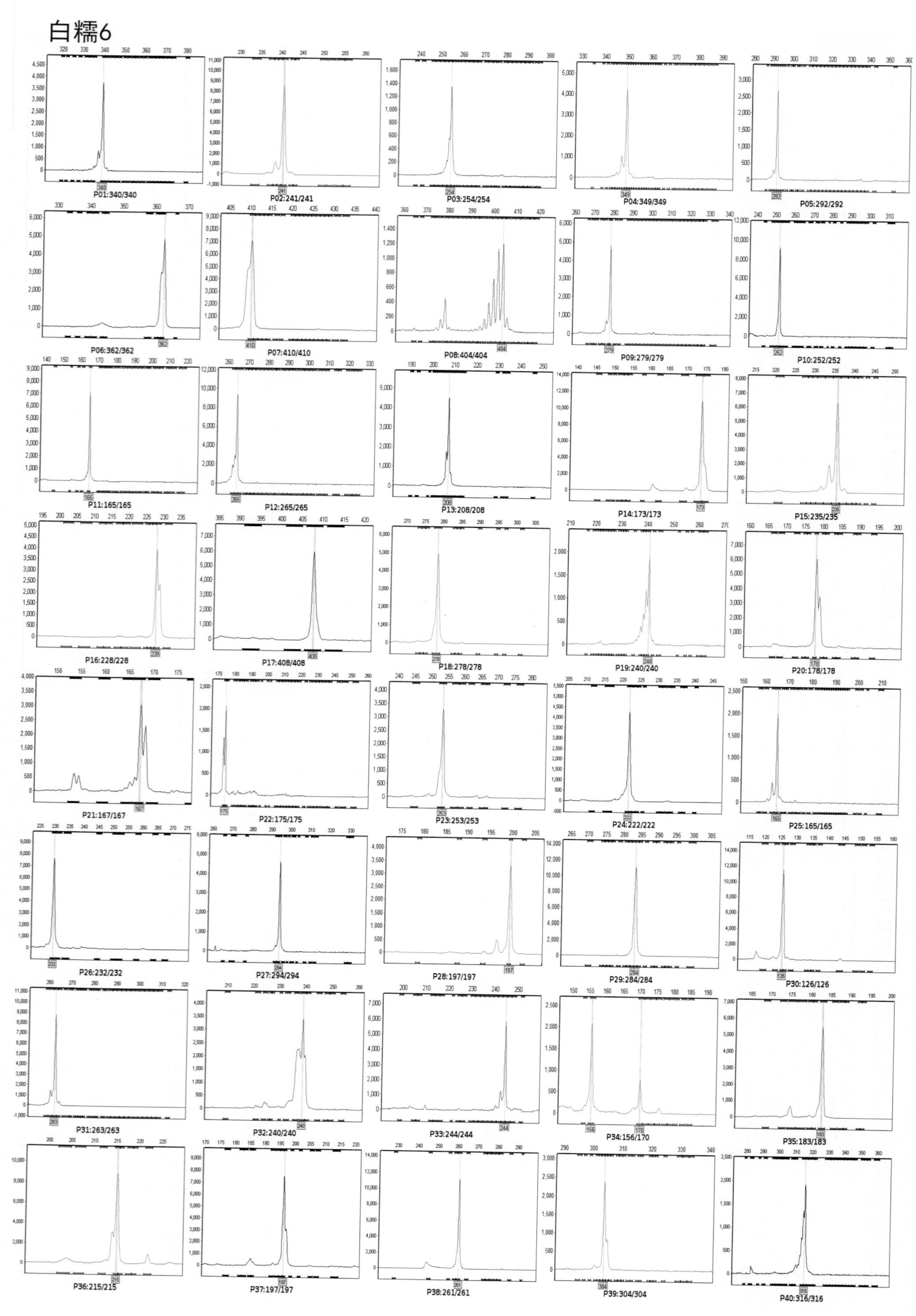
P01:340/340
P02:241/241
P03:254/254
P04:349/349
P05:292/292
P06:362/362
P07:410/410
P08:404/404
P09:279/279
P10:252/252
P11:165/165
P12:265/265
P13:208/208
P14:173/173
P15:235/235
P16:228/228
P17:408/408
P18:278/278
P19:240/240
P20:178/178
P21:167/167
P22:175/175
P23:253/253
P24:222/222
P25:165/165
P26:232/232
P27:294/294
P28:197/197
P29:284/284
P30:126/126
P31:263/263
P32:240/240
P33:244/244
P34:156/170
P35:183/183
P36:215/215
P37:197/197
P38:261/261
P39:304/304
P40:316/316

紫糯3

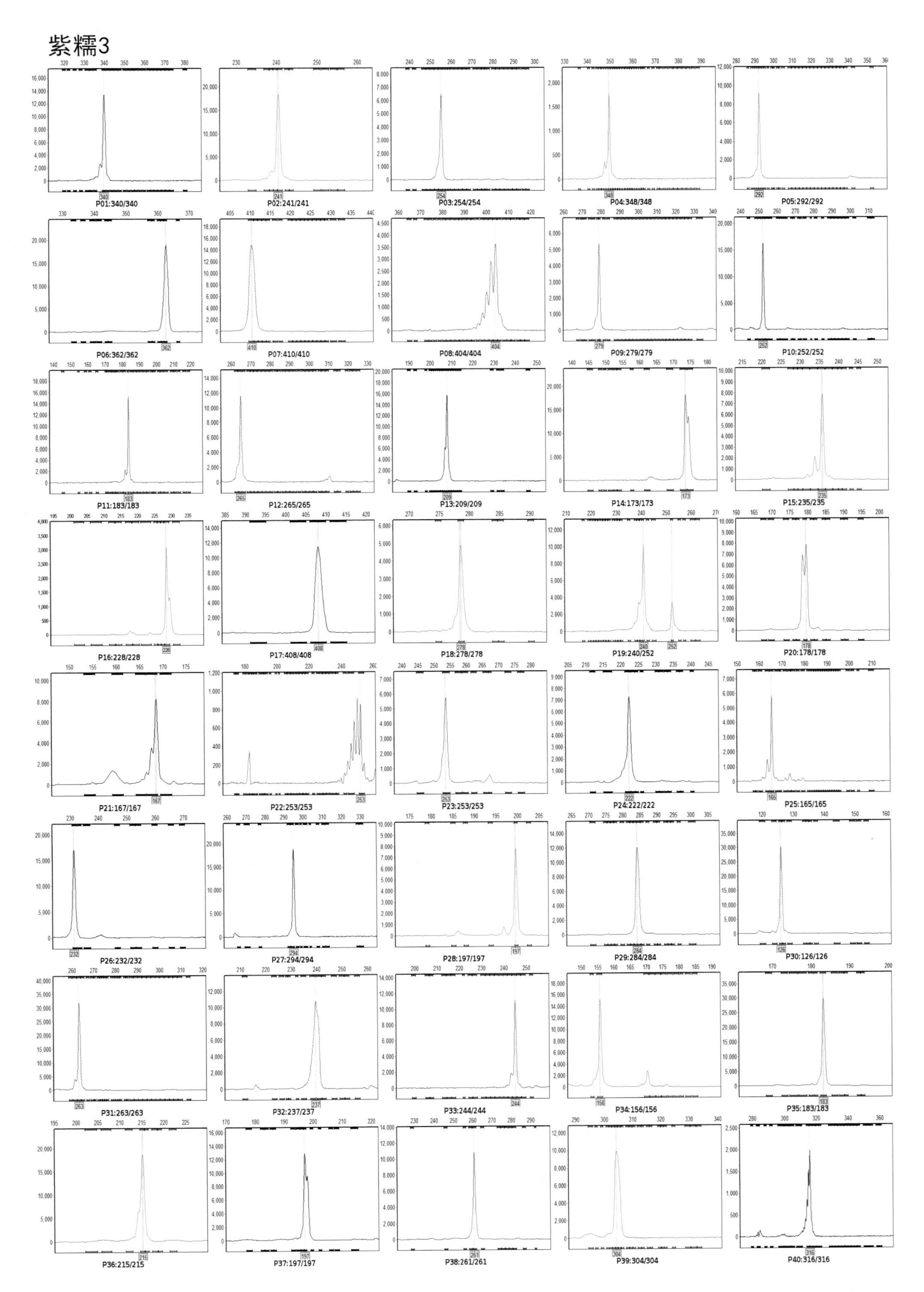

P01:340/340
P02:241/241
P03:254/254
P04:348/348
P05:292/292
P06:362/362
P07:410/410
P08:404/404
P09:279/279
P10:252/252
P11:183/183
P12:265/265
P13:209/209
P14:173/173
P15:235/235
P16:228/228
P17:408/408
P18:278/278
P19:240/252
P20:178/178
P21:167/167
P22:253/253
P23:253/253
P24:222/222
P25:165/165
P26:232/232
P27:294/294
P28:197/197
P29:284/284
P30:126/126
P31:263/263
P32:237/237
P33:244/244
P34:156/156
P35:183/183
P36:215/215
P37:197/197
P38:261/261
P39:304/304
P40:316/316

9901

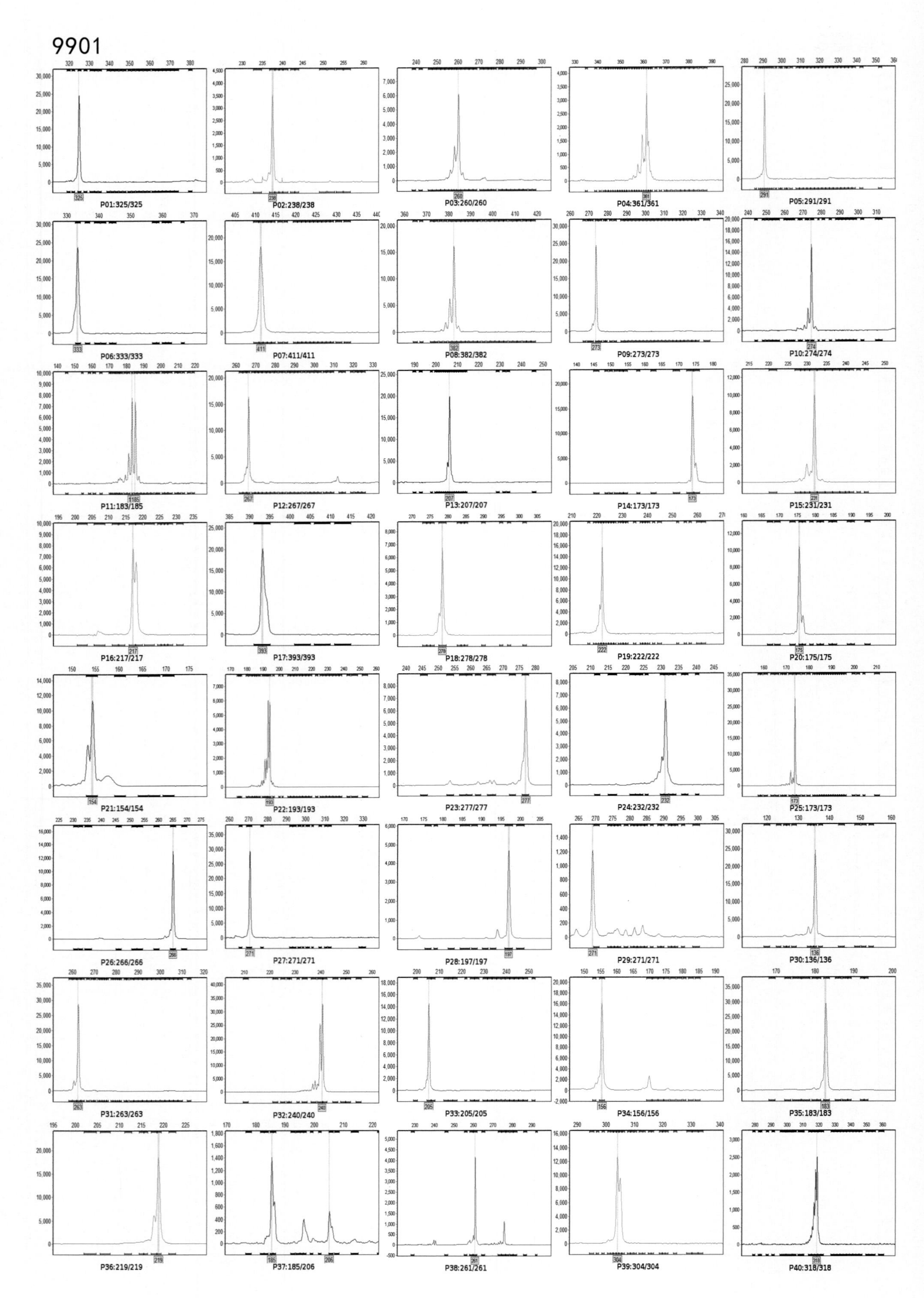
P01:325/325
P02:238/238
P03:260/260
P04:361/361
P05:291/291
P06:333/333
P07:411/411
P08:382/382
P09:273/273
P10:274/274
P11:183/185
P12:267/267
P13:207/207
P14:173/173
P15:231/231
P16:217/217
P17:393/393
P18:278/278
P19:222/222
P20:175/175
P21:154/154
P22:193/193
P23:277/277
P24:232/232
P25:173/173
P26:266/266
P27:271/271
P28:197/197
P29:271/271
P30:136/136
P31:263/263
P32:240/240
P33:205/205
P34:156/156
P35:183/183
P36:219/219
P37:185/206
P38:261/261
P39:304/304
P40:318/318

紫玉-3

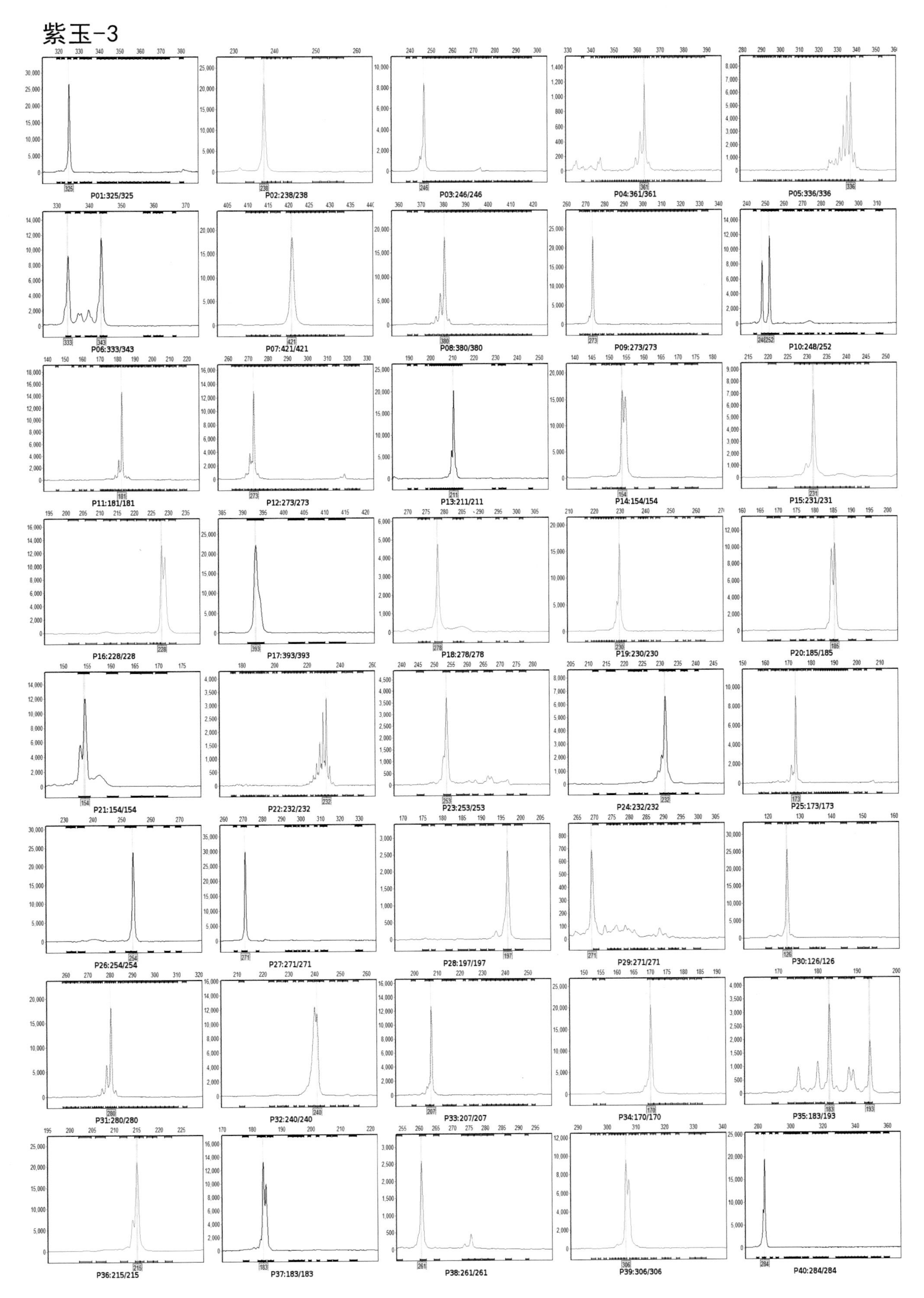

P01:325/325
P02:238/238
P03:246/246
P04:361/361
P05:336/336
P06:333/343
P07:421/421
P08:380/380
P09:273/273
P10:248/252
P11:181/181
P12:273/273
P13:211/211
P14:154/154
P15:231/231
P16:228/228
P17:393/393
P18:278/278
P19:230/230
P20:185/185
P21:154/154
P22:232/232
P23:253/253
P24:232/232
P25:173/173
P26:254/254
P27:271/271
P28:197/197
P29:271/271
P30:126/126
P31:280/280
P32:240/240
P33:207/207
P34:170/170
P35:183/193
P36:215/215
P37:183/183
P38:261/261
P39:306/306
P40:284/284

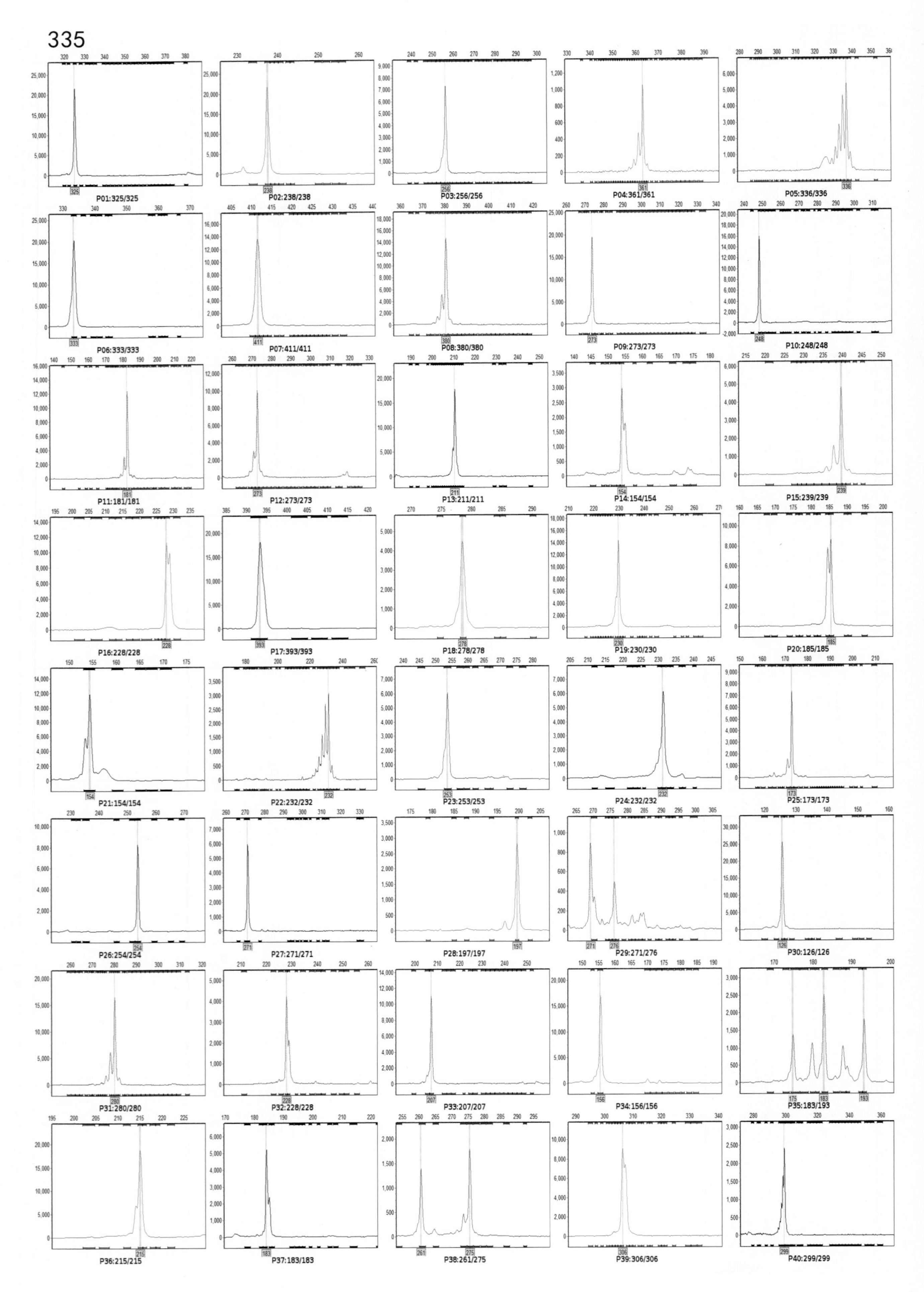
335
P01:325/325
P02:238/238
P03:256/256
P04:361/361
P05:336/336
P06:333/333
P07:411/411
P08:380/380
P09:273/273
P10:248/248
P11:181/181
P12:273/273
P13:211/211
P14:154/154
P15:239/239
P16:228/228
P17:393/393
P18:278/278
P19:230/230
P20:185/185
P21:154/154
P22:232/232
P23:253/253
P24:232/232
P25:173/173
P26:254/254
P27:271/271
P28:197/197
P29:271/276
P30:126/126
P31:280/280
P32:228/228
P33:207/207
P34:156/156
P35:183/193
P36:215/215
P37:183/183
P38:261/275
P39:306/306
P40:299/299

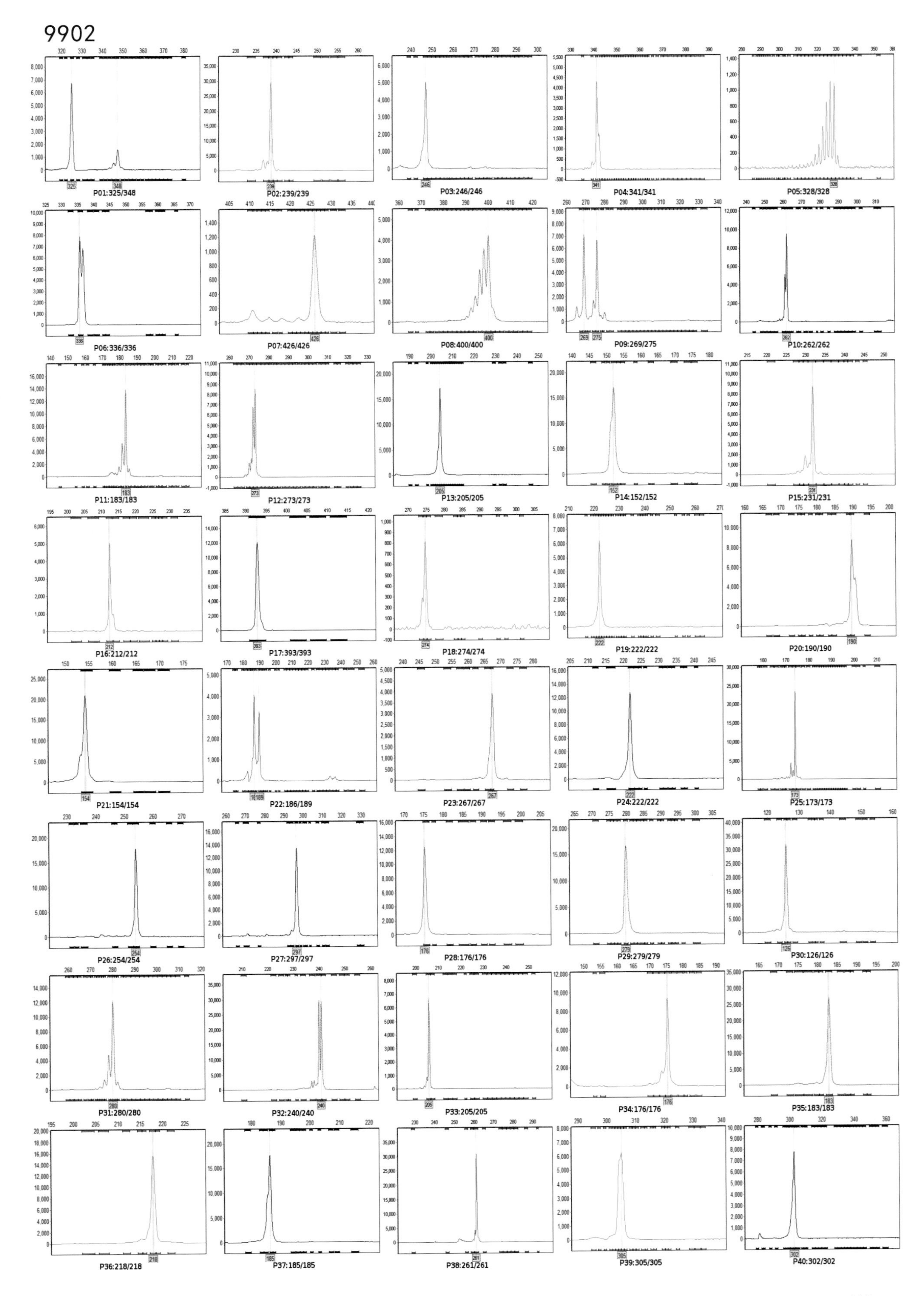
9902
P01:325/348
P02:239/239
P03:246/246
P04:341/341
P05:328/328
P06:336/336
P07:426/426
P08:400/400
P09:269/275
P10:262/262
P11:183/183
P12:273/273
P13:205/205
P14:152/152
P15:231/231
P16:212/212
P17:393/393
P18:274/274
P19:222/222
P20:190/190
P21:154/154
P22:186/189
P23:267/267
P24:222/222
P25:173/173
P26:254/254
P27:297/297
P28:176/176
P29:279/279
P30:126/126
P31:280/280
P32:240/240
P33:205/205
P34:176/176
P35:183/183
P36:218/218
P37:185/185
P38:261/261
P39:305/305
P40:302/302

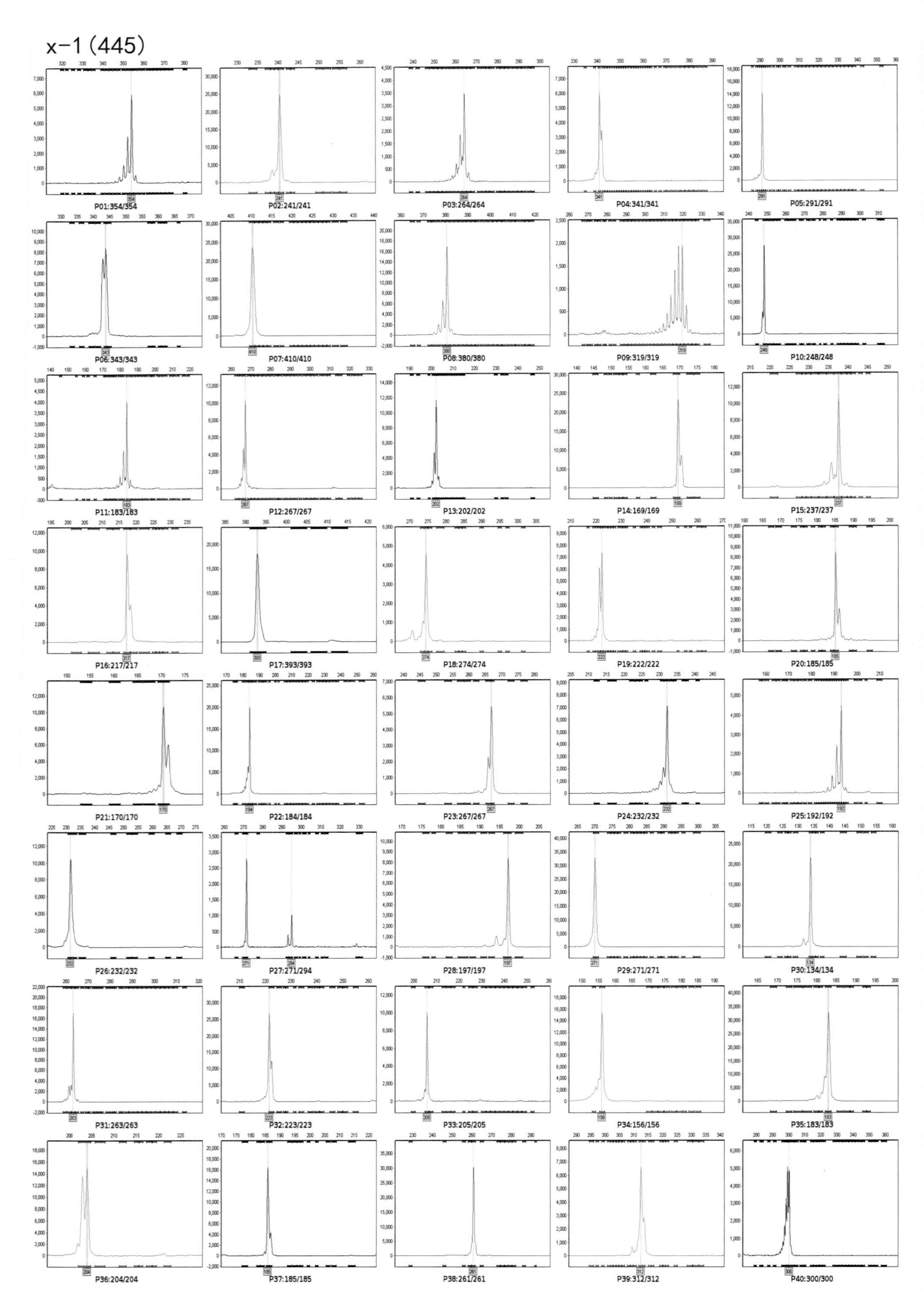
x-1（445）
P01:354/354
P02:241/241
P03:264/264
P04:341/341
P05:291/291
P06:343/343
P07:410/410
P08:380/380
P09:319/319
P10:248/248
P11:183/183
P12:267/267
P13:202/202
P14:169/169
P15:237/237
P16:217/217
P17:393/393
P18:274/274
P19:222/222
P20:185/185
P21:170/170
P22:184/184
P23:267/267
P24:232/232
P25:192/192
P26:232/232
P27:271/294
P28:197/197
P29:271/271
P30:134/134
P31:263/263
P32:223/223
P33:205/205
P34:156/156
P35:183/183
P36:204/204
P37:185/185
P38:261/261
P39:312/312
P40:300/300

衡白522

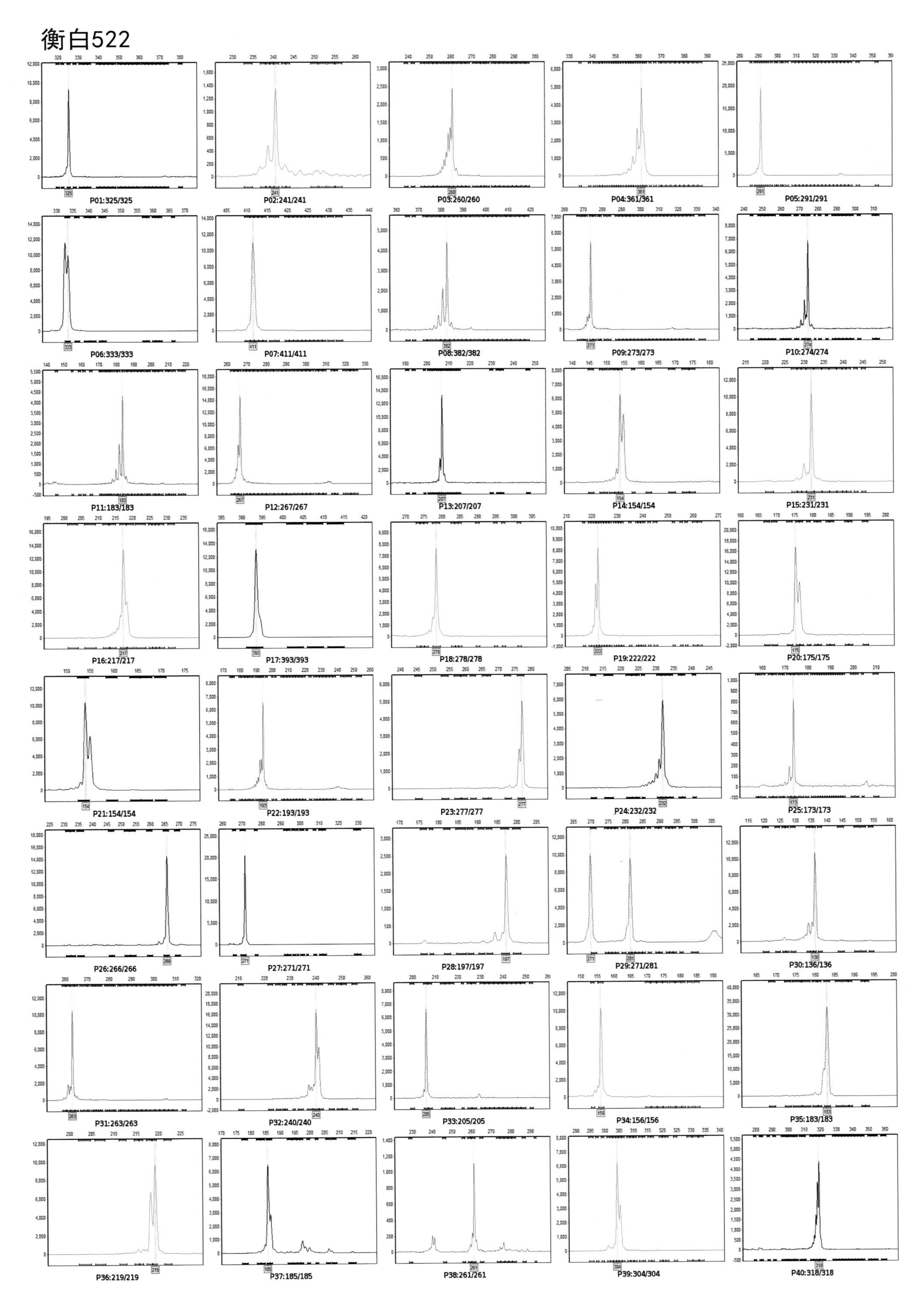

P01:325/325
P02:241/241
P03:260/260
P04:361/361
P05:291/291
P06:333/333
P07:411/411
P08:382/382
P09:273/273
P10:274/274
P11:183/183
P12:267/267
P13:207/207
P14:154/154
P15:231/231
P16:217/217
P17:393/393
P18:278/278
P19:222/222
P20:175/175
P21:154/154
P22:193/193
P23:277/277
P24:232/232
P25:173/173
P26:266/266
P27:271/271
P28:197/197
P29:271/281
P30:136/136
P31:263/263
P32:240/240
P33:205/205
P34:156/156
P35:183/183
P36:219/219
P37:185/185
P38:261/261
P39:304/304
P40:318/318

京科诱044

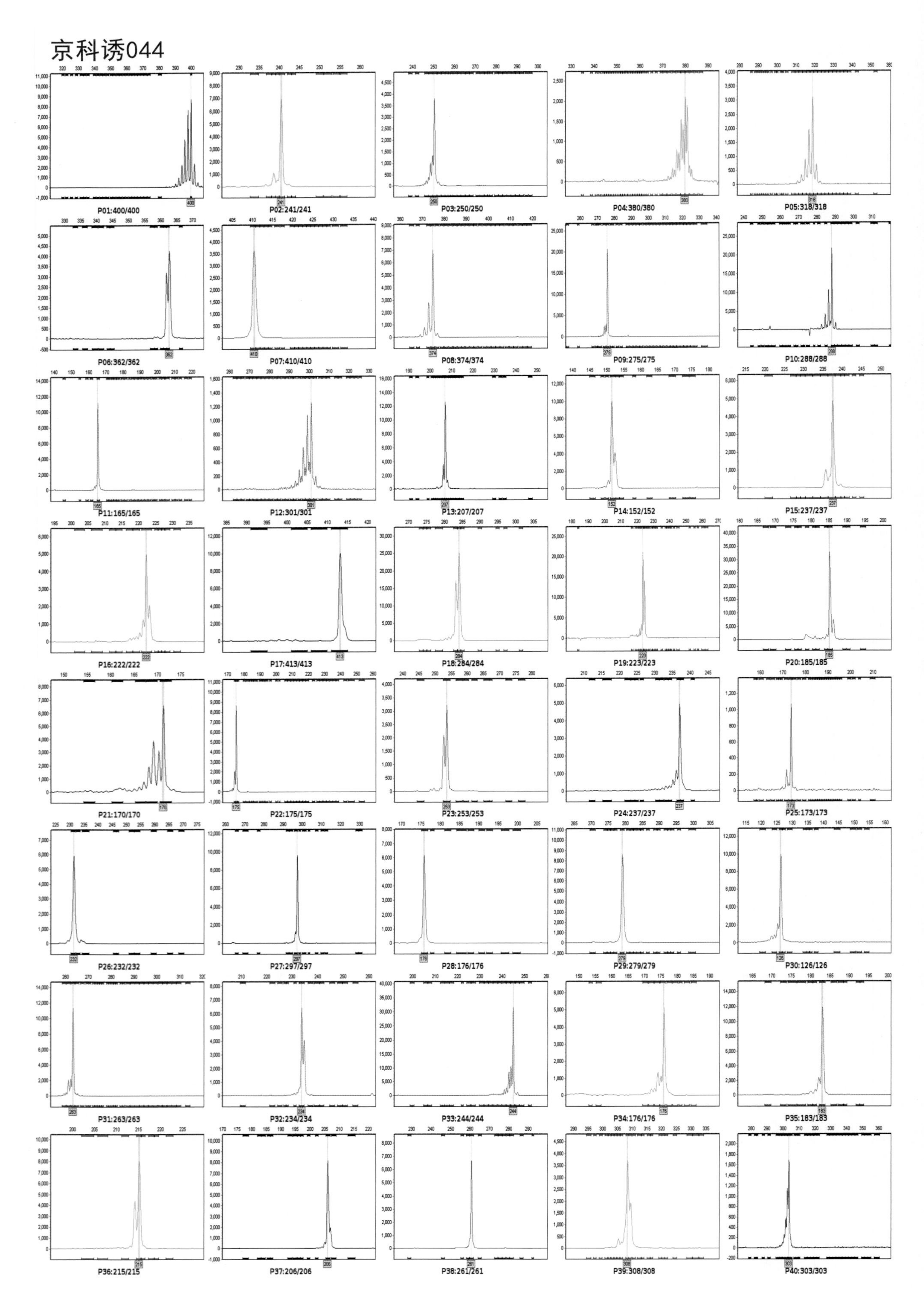

P01:400/400
P02:241/241
P03:250/250
P04:380/380
P05:318/318
P06:362/362
P07:410/410
P08:374/374
P09:275/275
P10:288/288
P11:165/165
P12:301/301
P13:207/207
P14:152/152
P15:237/237
P16:222/222
P17:413/413
P18:284/284
P19:223/223
P20:185/185
P21:170/170
P22:175/175
P23:253/253
P24:237/237
P25:173/173
P26:232/232
P27:297/297
P28:176/176
P29:279/279
P30:126/126
P31:263/263
P32:234/234
P33:244/244
P34:176/176
P35:183/183
P36:215/215
P37:206/206
P38:261/261
P39:308/308
P40:303/303

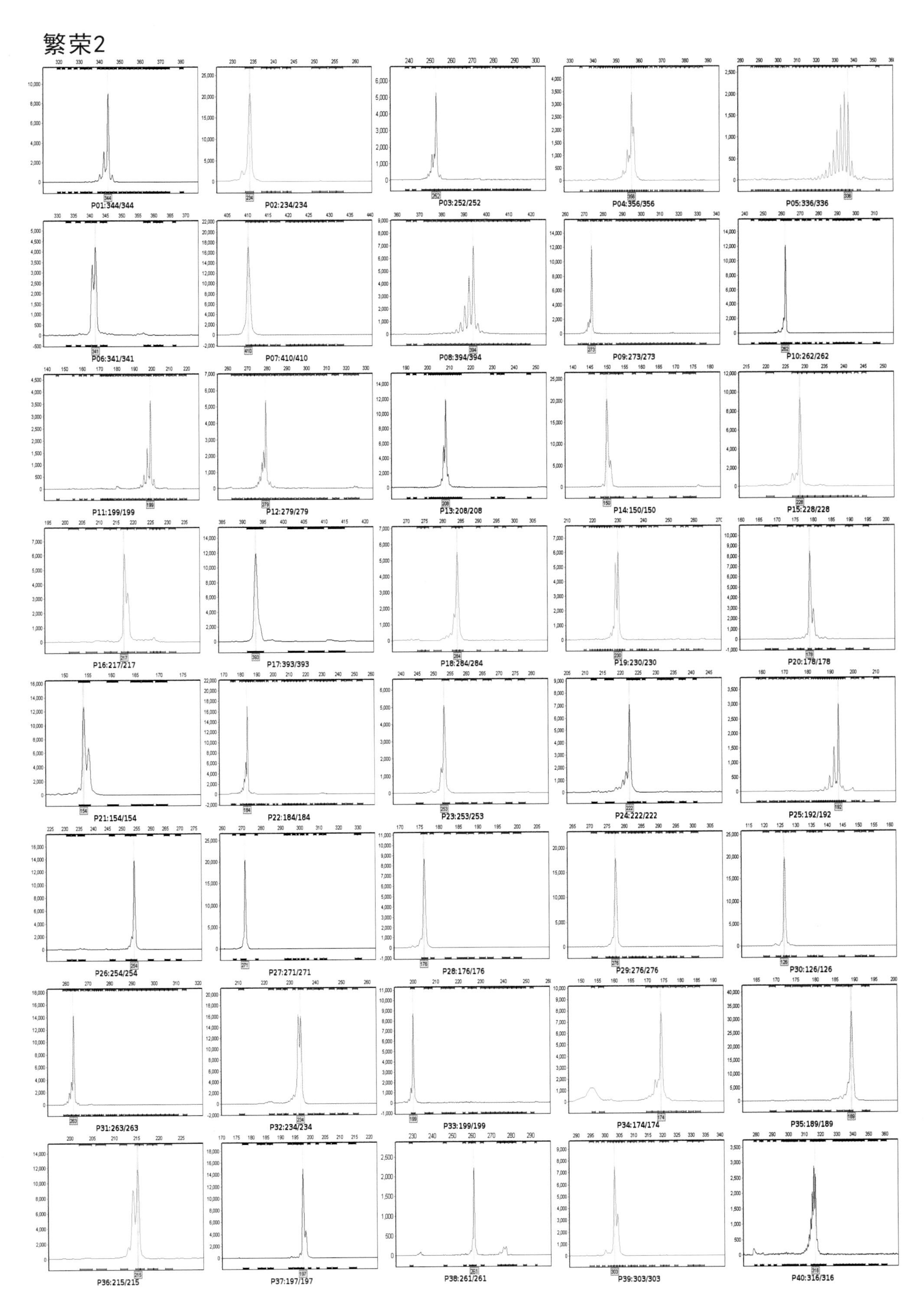
繁荣2
P01:344/344
P02:234/234
P03:252/252
P04:356/356
P05:336/336
P06:341/341
P07:410/410
P08:394/394
P09:273/273
P10:262/262
P11:199/199
P12:279/279
P13:208/208
P14:150/150
P15:228/228
P16:217/217
P17:393/393
P18:284/284
P19:230/230
P20:178/178
P21:154/154
P22:184/184
P23:253/253
P24:222/222
P25:192/192
P26:254/254
P27:271/271
P28:176/176
P29:276/276
P30:126/126
P31:263/263
P32:234/234
P33:199/199
P34:174/174
P35:189/189
P36:215/215
P37:197/197
P38:261/261
P39:303/303
P40:316/316

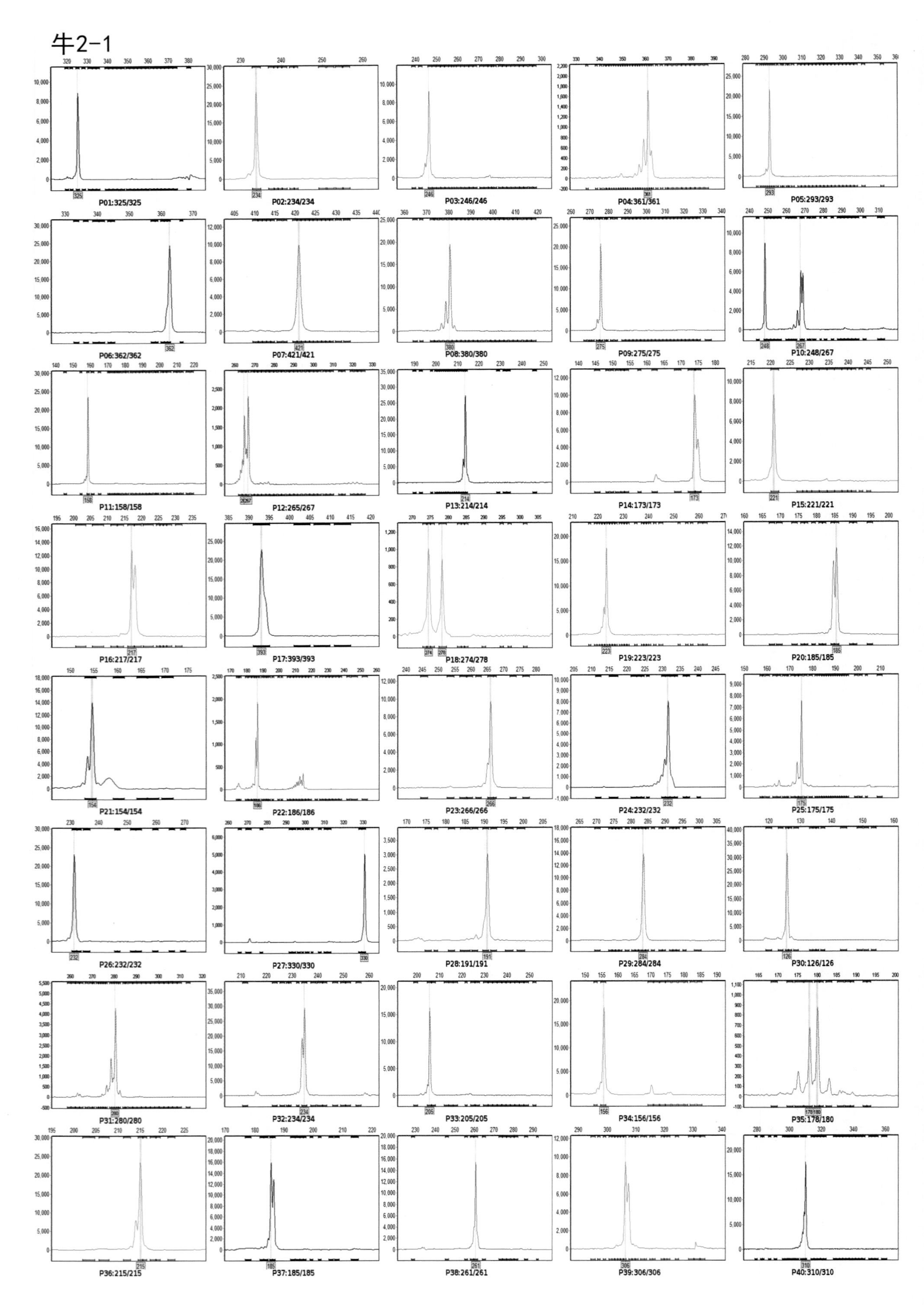
牛2-1
P01:325/325
P02:234/234
P03:246/246
P04:361/361
P05:293/293
P06:362/362
P07:421/421
P08:380/380
P09:275/275
P10:248/267
P11:158/158
P12:265/267
P13:214/214
P14:173/173
P15:221/221
P16:217/217
P17:393/393
P18:274/278
P19:223/223
P20:185/185
P21:154/154
P22:186/186
P23:266/266
P24:232/232
P25:175/175
P26:232/232
P27:330/330
P28:191/191
P29:284/284
P30:126/126
P31:280/280
P32:234/234
P33:205/205
P34:156/156
P35:178/180
P36:215/215
P37:185/185
P38:261/261
P39:306/306
P40:310/310

早709

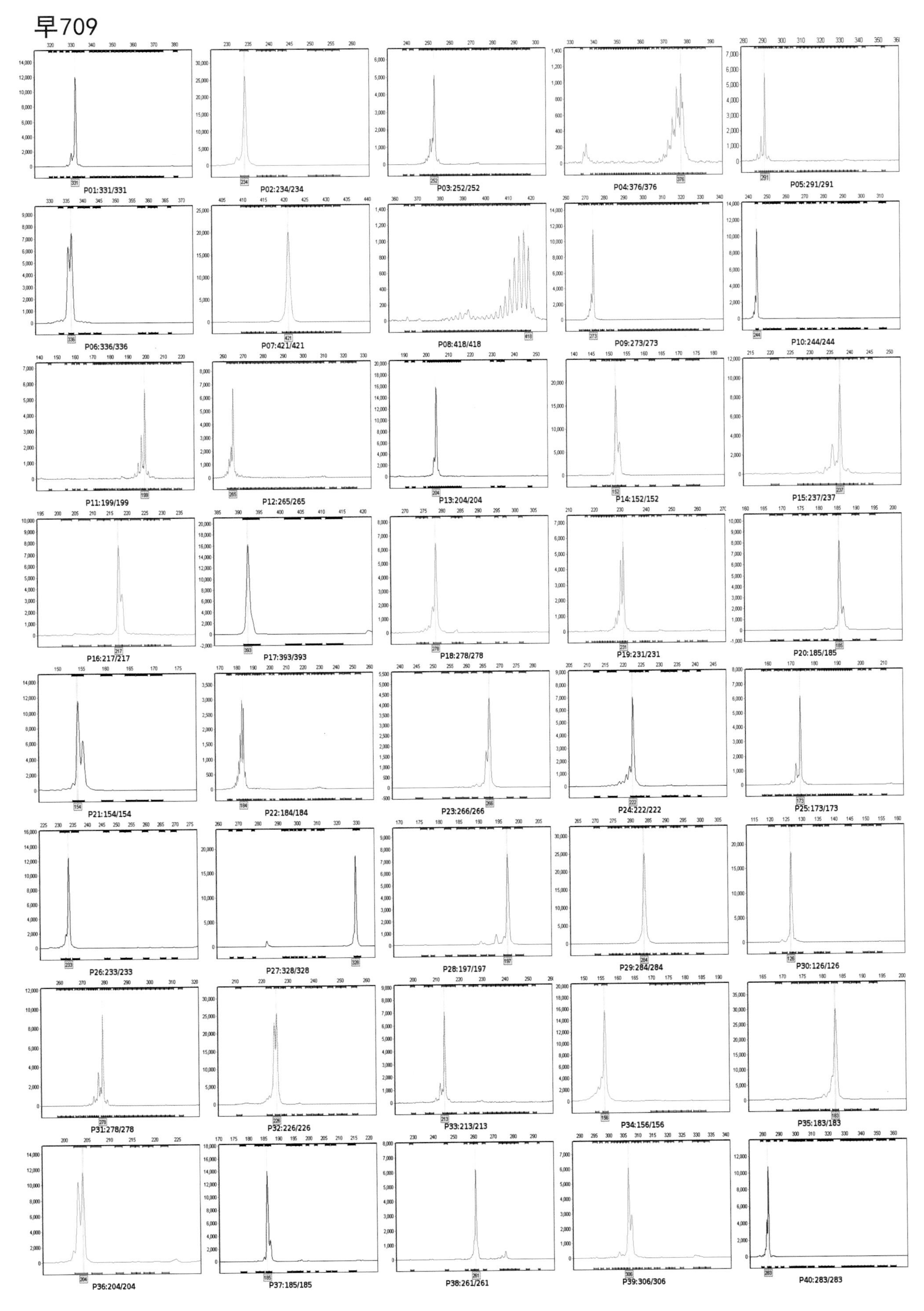

P01:331/331
P02:234/234
P03:252/252
P04:376/376
P05:291/291
P06:336/336
P07:421/421
P08:418/418
P09:273/273
P10:244/244
P11:199/199
P12:265/265
P13:204/204
P14:152/152
P15:237/237
P16:217/217
P17:393/393
P18:278/278
P19:231/231
P20:185/185
P21:154/154
P22:184/184
P23:266/266
P24:222/222
P25:173/173
P26:233/233
P27:328/328
P28:197/197
P29:284/284
P30:126/126
P31:278/278
P32:226/226
P33:213/213
P34:156/156
P35:183/183
P36:204/204
P37:185/185
P38:261/261
P39:306/306
P40:283/283

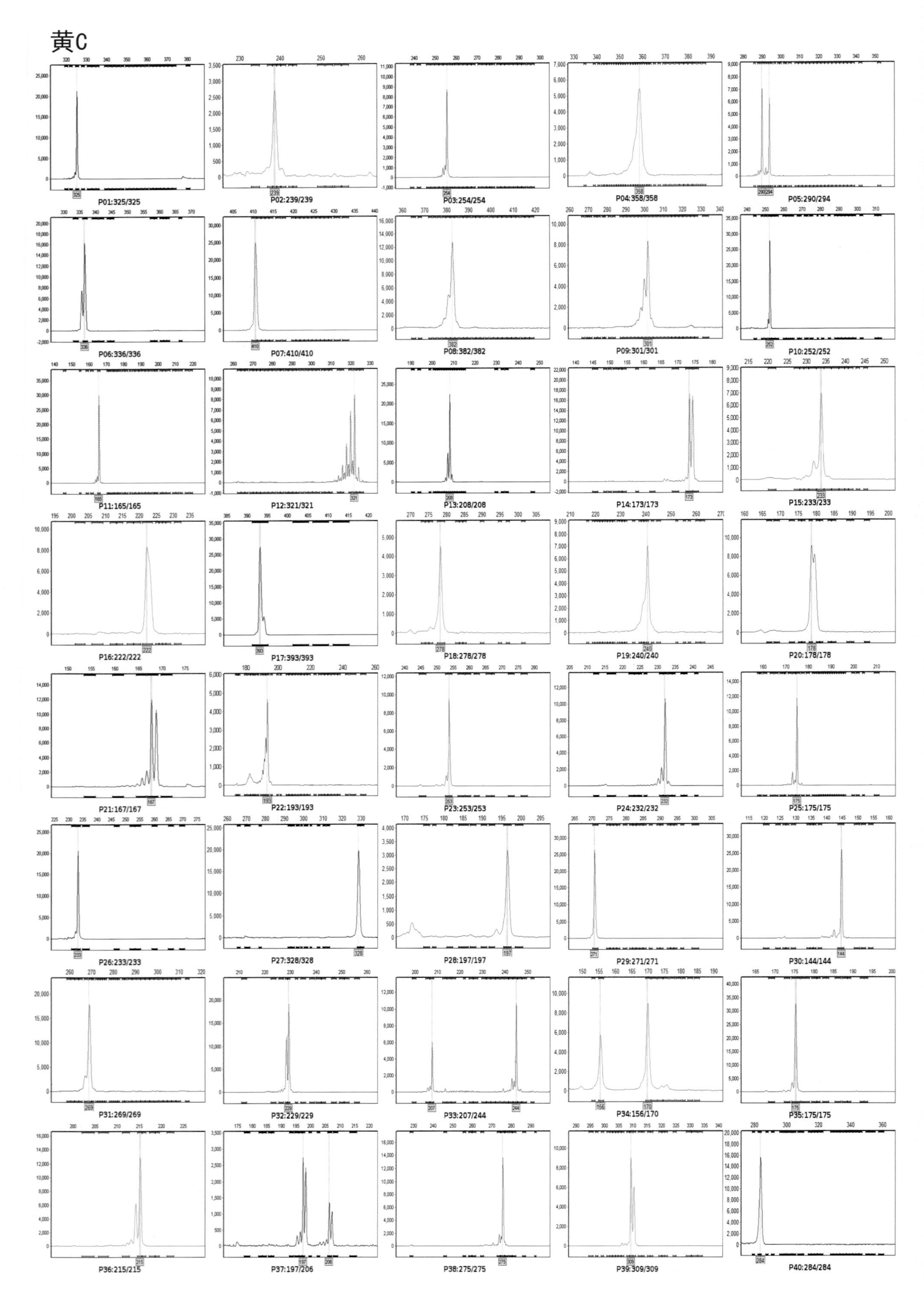
黄C
P01:325/325
P02:239/239
P03:254/254
P04:358/358
P05:290/294
P06:336/336
P07:410/410
P08:382/382
P09:301/301
P10:252/252
P11:165/165
P12:321/321
P13:208/208
P14:173/173
P15:233/233
P16:222/222
P17:393/393
P18:278/278
P19:240/240
P20:178/178
P21:167/167
P22:193/193
P23:253/253
P24:232/232
P25:175/175
P26:233/233
P27:328/328
P28:197/197
P29:271/271
P30:144/144
P31:269/269
P32:229/229
P33:207/244
P34:156/170
P35:175/175
P36:215/215
P37:197/206
P38:275/275
P39:309/309
P40:284/284

沈5003

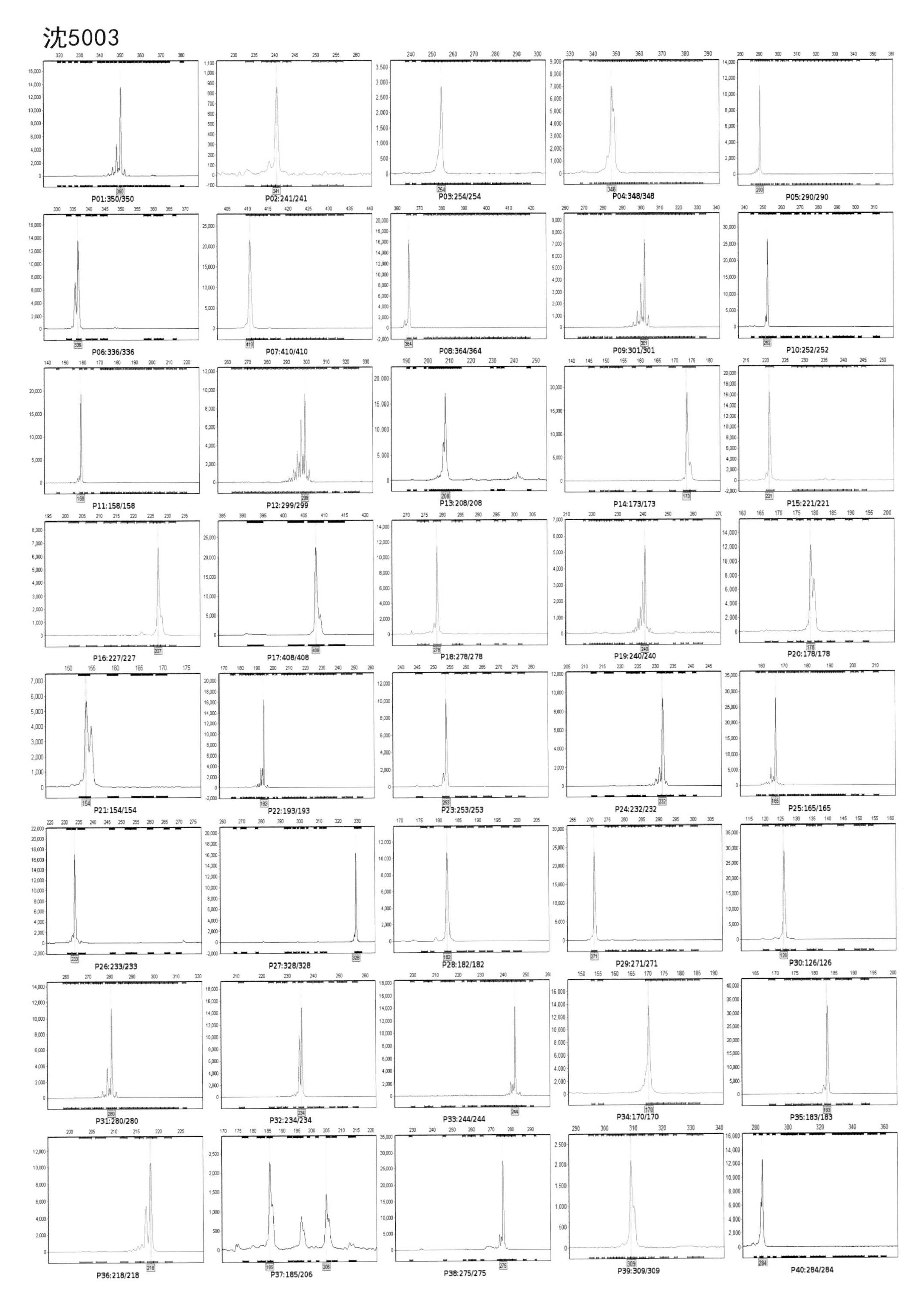
P01:350/350
P02:241/241
P03:254/254
P04:348/348
P05:290/290
P06:336/336
P07:410/410
P08:364/364
P09:301/301
P10:252/252
P11:158/158
P12:299/299
P13:208/208
P14:173/173
P15:221/221
P16:227/227
P17:408/408
P18:278/278
P19:240/240
P20:178/178
P21:154/154
P22:193/193
P23:253/253
P24:232/232
P25:165/165
P26:233/233
P27:328/328
P28:182/182
P29:271/271
P30:126/126
P31:280/280
P32:234/234
P33:244/244
P34:170/170
P35:183/183
P36:218/218
P37:185/206
P38:275/275
P39:309/309
P40:284/284

丹9046

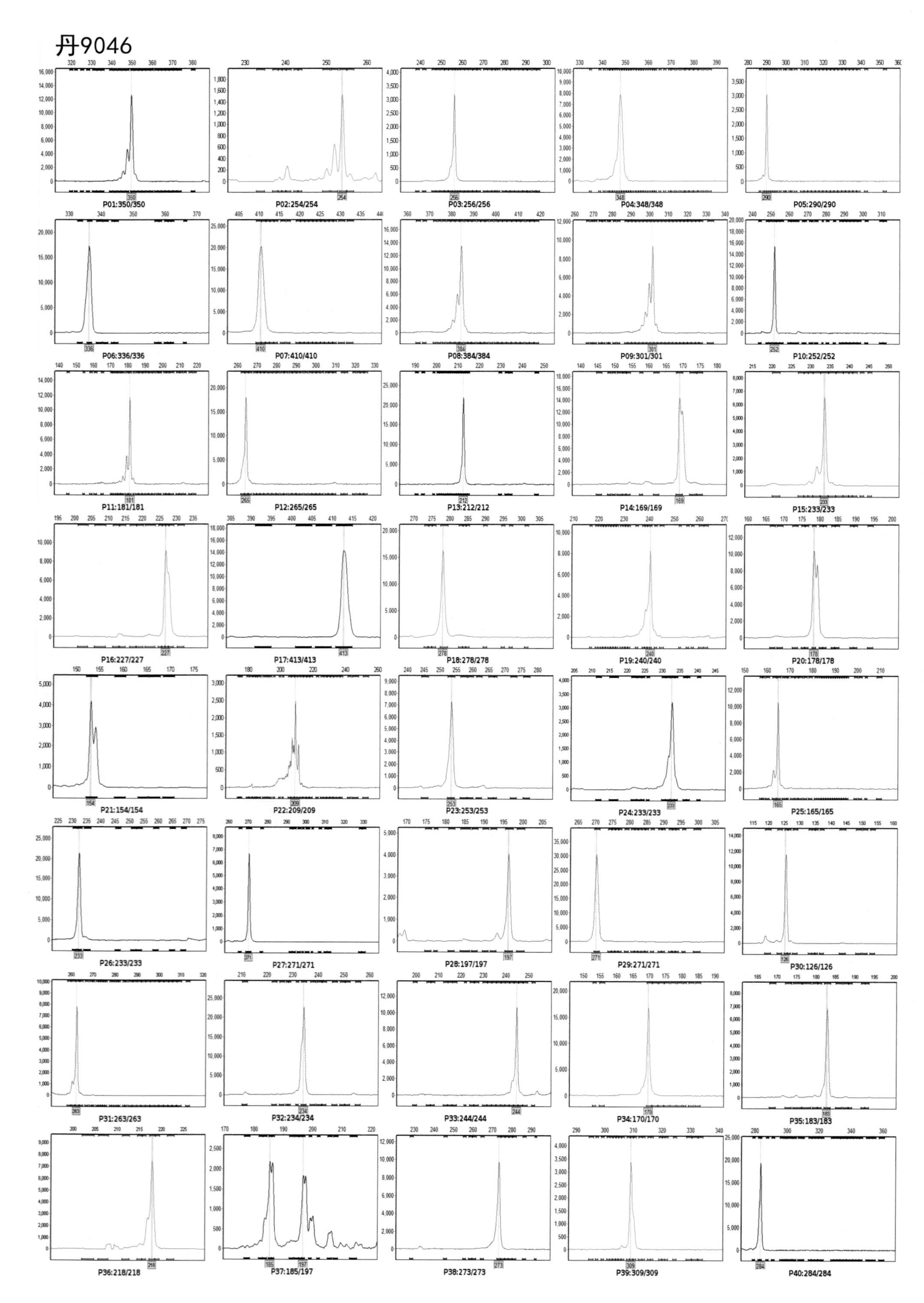
P01:350/350
P02:254/254
P03:256/256
P04:348/348
P05:290/290
P06:336/336
P07:410/410
P08:384/384
P09:301/301
P10:252/252
P11:181/181
P12:265/265
P13:212/212
P14:169/169
P15:233/233
P16:227/227
P17:413/413
P18:278/278
P19:240/240
P20:178/178
P21:154/154
P22:209/209
P23:253/253
P24:233/233
P25:165/165
P26:233/233
P27:271/271
P28:197/197
P29:271/271
P30:126/126
P31:263/263
P32:234/234
P33:244/244
P34:170/170
P35:183/183
P36:218/218
P37:185/197
P38:273/273
P39:309/309
P40:284/284

掖478

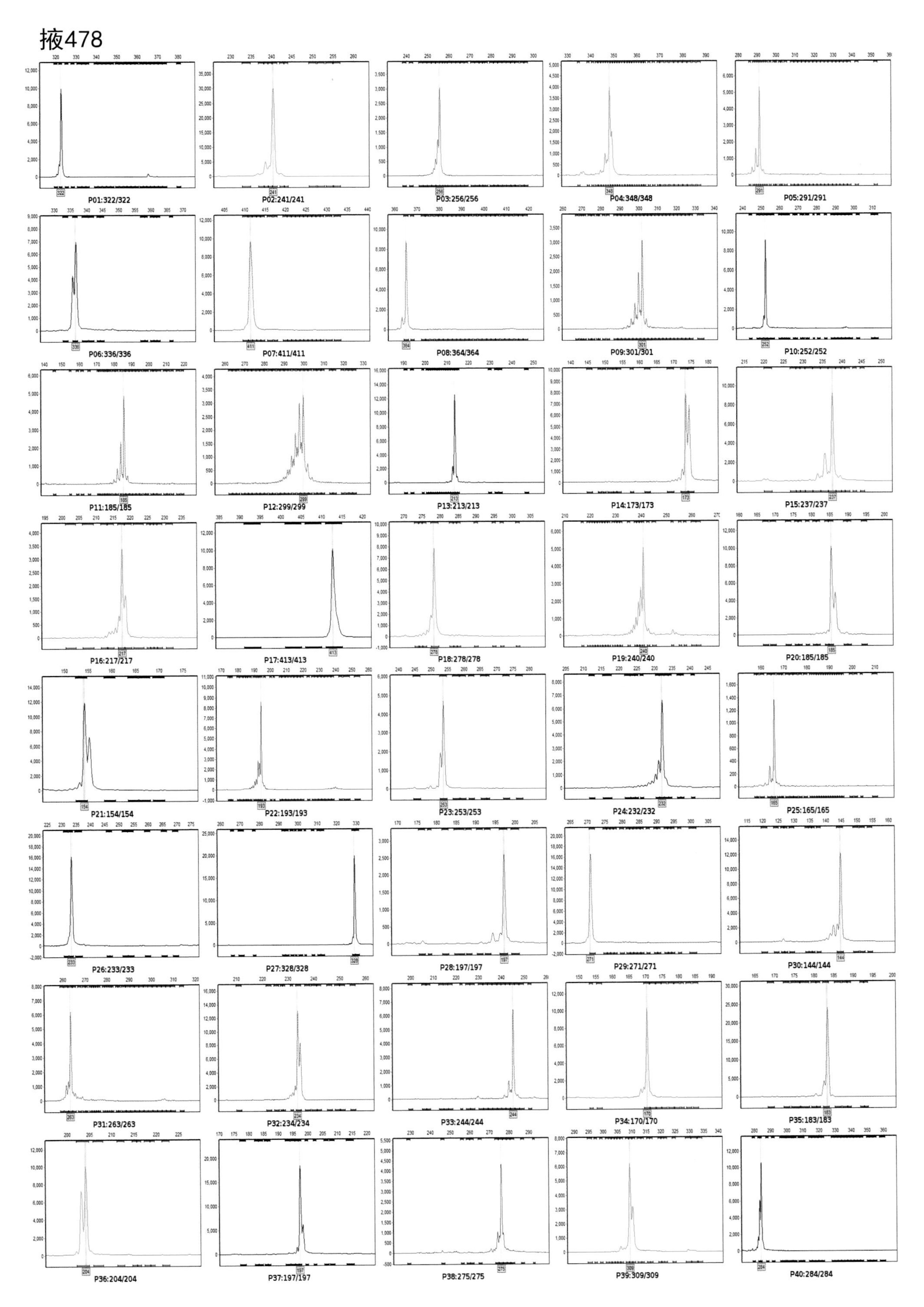
P01:322/322
P02:241/241
P03:256/256
P04:348/348
P05:291/291
P06:336/336
P07:411/411
P08:364/364
P09:301/301
P10:252/252
P11:185/185
P12:299/299
P13:213/213
P14:173/173
P15:237/237
P16:217/217
P17:413/413
P18:278/278
P19:240/240
P20:185/185
P21:154/154
P22:193/193
P23:253/253
P24:232/232
P25:165/165
P26:233/233
P27:328/328
P28:197/197
P29:271/271
P30:144/144
P31:263/263
P32:234/234
P33:244/244
P34:170/170
P35:183/183
P36:204/204
P37:197/197
P38:275/275
P39:309/309
P40:284/284

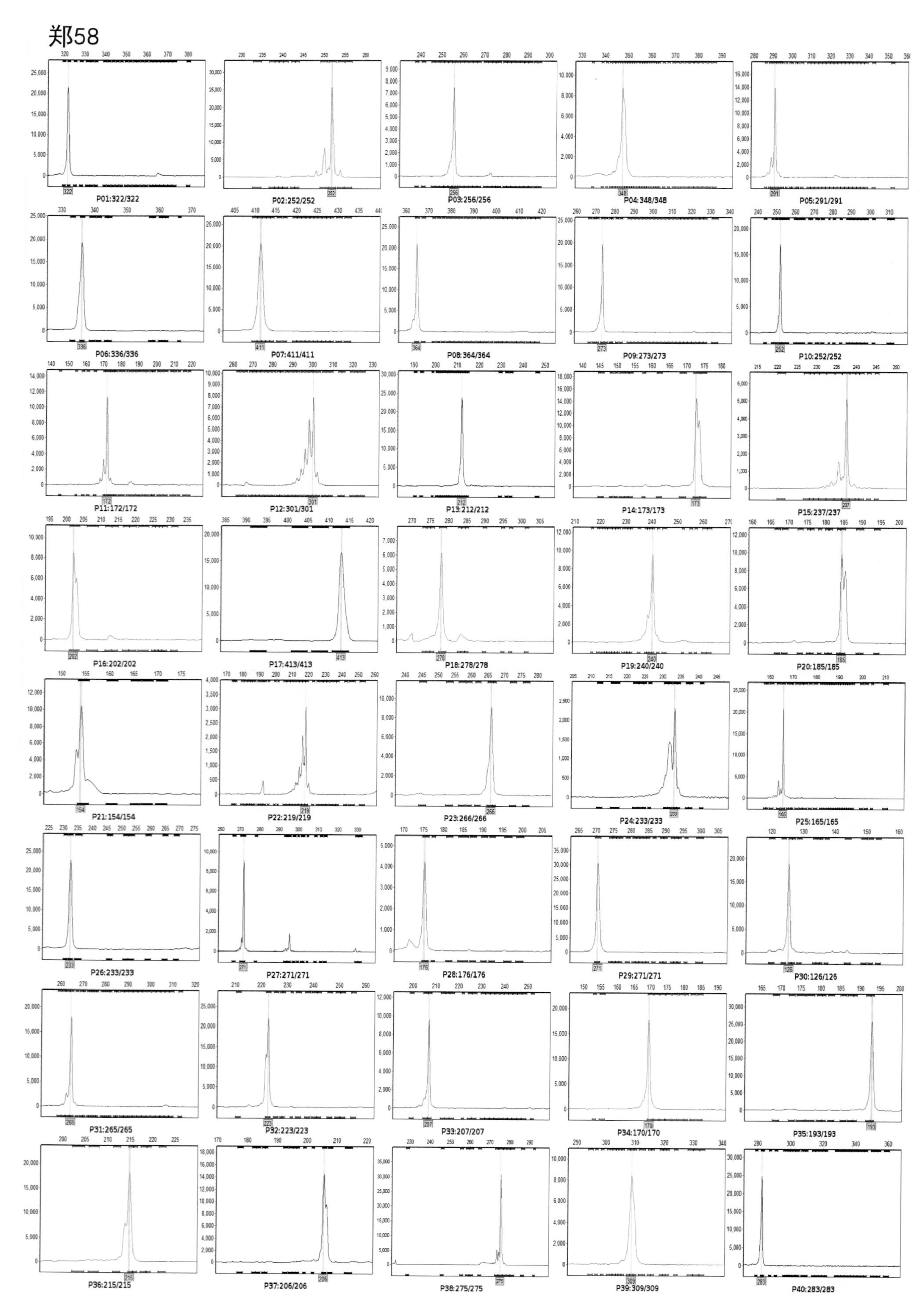
郑58
P01:322/322
P02:252/252
P03:256/256
P04:348/348
P05:291/291
P06:336/336
P07:411/411
P08:364/364
P09:273/273
P10:252/252
P11:172/172
P12:301/301
P13:212/212
P14:173/173
P15:237/237
P16:202/202
P17:413/413
P18:278/278
P19:240/240
P20:185/185
P21:154/154
P22:219/219
P23:266/266
P24:233/233
P25:165/165
P26:233/233
P27:271/271
P28:176/176
P29:271/271
P30:126/126
P31:265/265
P32:223/223
P33:207/207
P34:170/170
P35:193/193
P36:215/215
P37:206/206
P38:275/275
P39:309/309
P40:283/283

京89

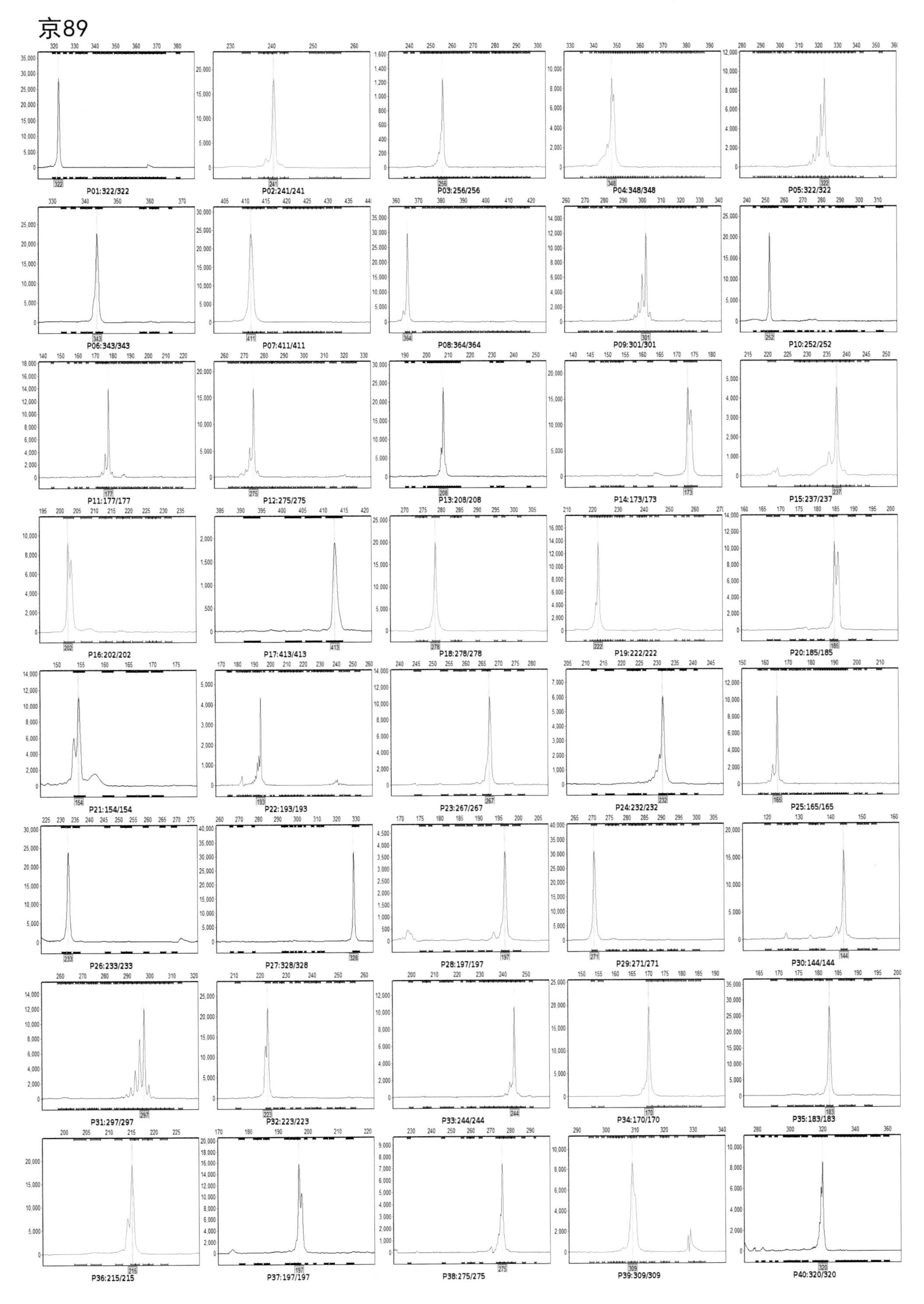

P01:322/322
P02:241/241
P03:256/256
P04:348/348
P05:322/322
P06:343/343
P07:411/411
P08:364/364
P09:301/301
P10:252/252
P11:177/177
P12:275/275
P13:208/208
P14:173/173
P15:237/237
P16:202/202
P17:413/413
P18:278/278
P19:222/222
P20:185/185
P21:154/154
P22:193/193
P23:267/267
P24:232/232
P25:165/165
P26:233/233
P27:328/328
P28:197/197
P29:271/271
P30:144/144
P31:297/297
P32:223/223
P33:244/244
P34:170/170
P35:183/183
P36:215/215
P37:197/197
P38:275/275
P39:309/309
P40:320/320

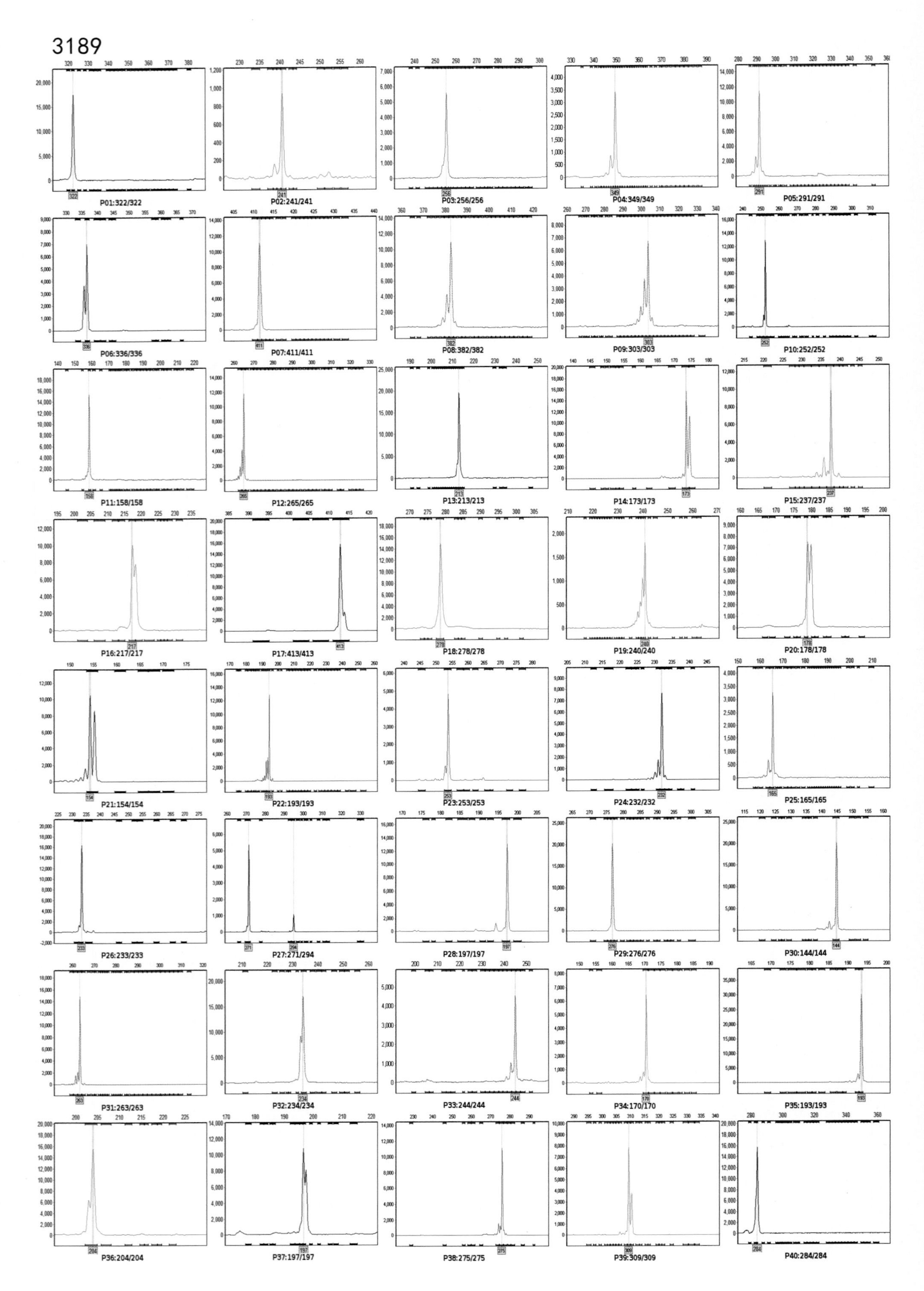
3189
P01:322/322
P02:241/241
P03:256/256
P04:349/349
P05:291/291
P06:336/336
P07:411/411
P08:382/382
P09:303/303
P10:252/252
P11:158/158
P12:265/265
P13:213/213
P14:173/173
P15:237/237
P16:217/217
P17:413/413
P18:278/278
P19:240/240
P20:178/178
P21:154/154
P22:193/193
P23:253/253
P24:232/232
P25:165/165
P26:233/233
P27:271/294
P28:197/197
P29:276/276
P30:144/144
P31:263/263
P32:234/234
P33:244/244
P34:170/170
P35:193/193
P36:204/204
P37:197/197
P38:275/275
P39:309/309
P40:284/284

吉7162

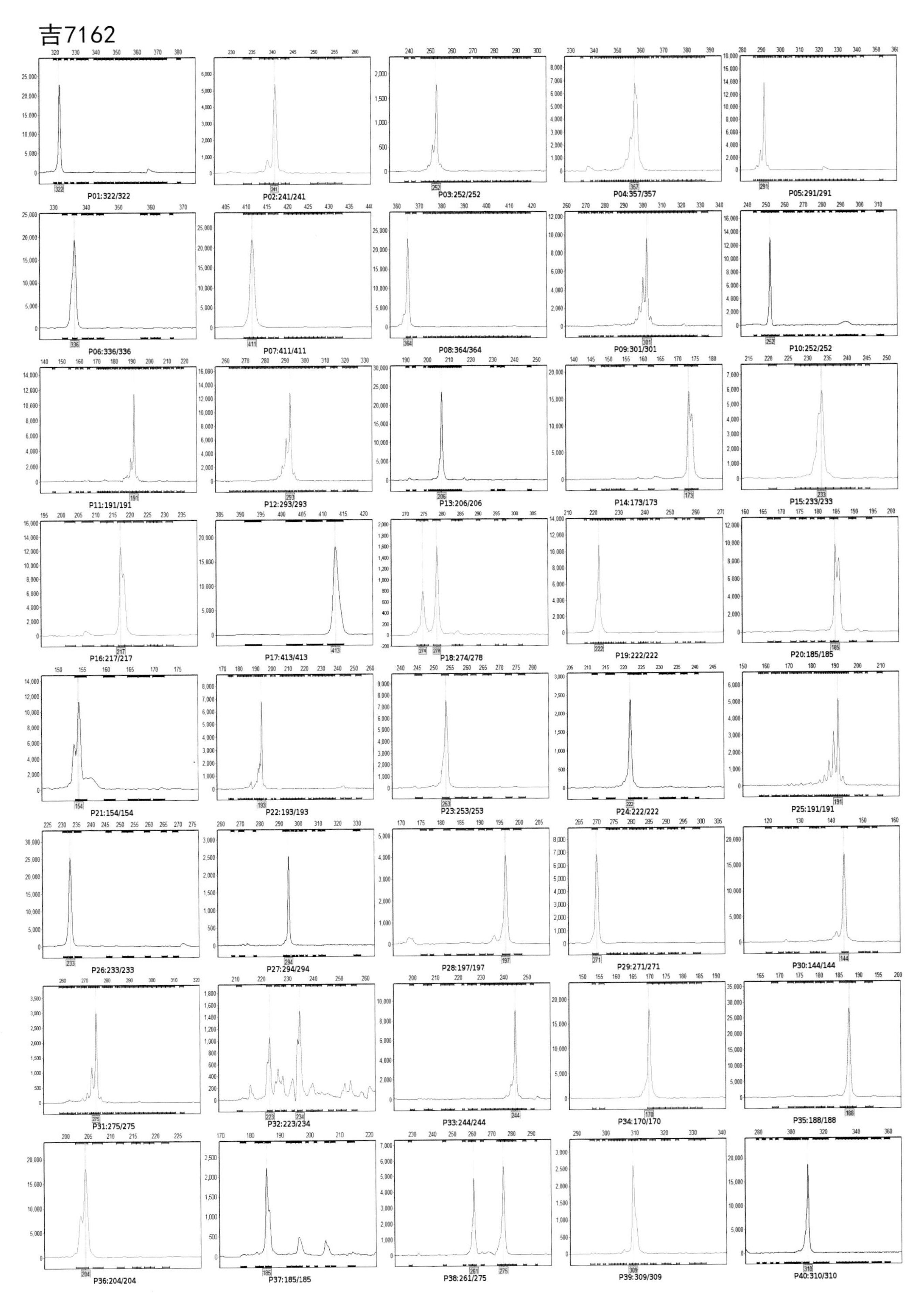
P01:322/322
P02:241/241
P03:252/252
P04:357/357
P05:291/291
P06:336/336
P07:411/411
P08:364/364
P09:301/301
P10:252/252
P11:191/191
P12:293/293
P13:206/206
P14:173/173
P15:233/233
P16:217/217
P17:413/413
P18:274/278
P19:222/222
P20:185/185
P21:154/154
P22:193/193
P23:253/253
P24:222/222
P25:191/191
P26:233/233
P27:294/294
P28:197/197
P29:271/271
P30:144/144
P31:275/275
P32:223/234
P33:244/244
P34:170/170
P35:188/188
P36:204/204
P37:185/185
P38:261/275
P39:309/309
P40:310/310

冲72

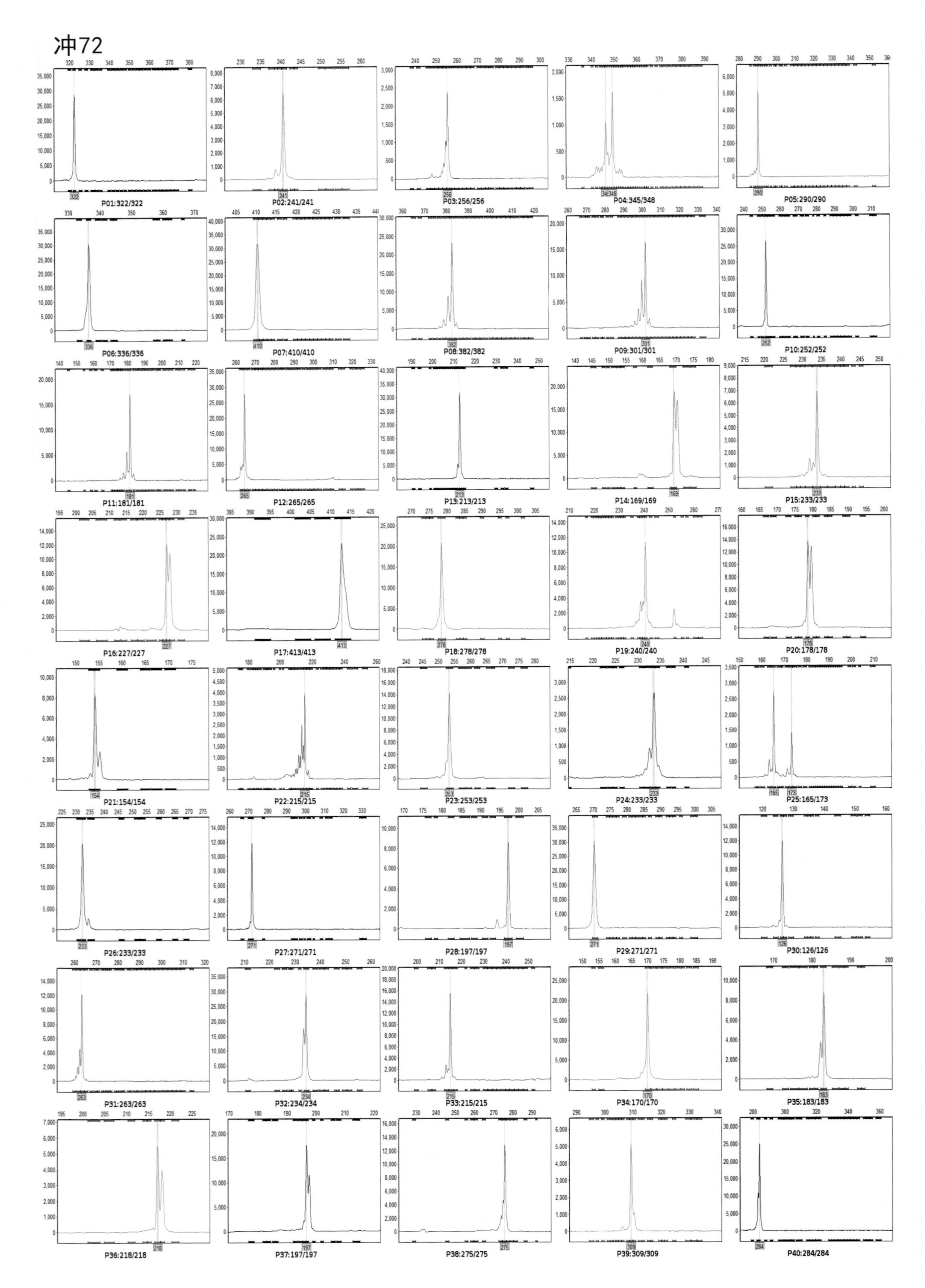
P01:322/322
P02:241/241
P03:256/256
P04:345/348
P05:290/290
P06:336/336
P07:410/410
P08:382/382
P09:301/301
P10:252/252
P11:181/181
P12:265/265
P13:213/213
P14:169/169
P15:233/233
P16:227/227
P17:413/413
P18:278/278
P19:240/240
P20:178/178
P21:154/154
P22:215/215
P23:253/253
P24:233/233
P25:165/173
P26:233/233
P27:271/271
P28:197/197
P29:271/271
P30:126/126
P31:263/263
P32:234/234
P33:215/215
P34:170/170
P35:183/183
P36:218/218
P37:197/197
P38:275/275
P39:309/309
P40:284/284

矮311

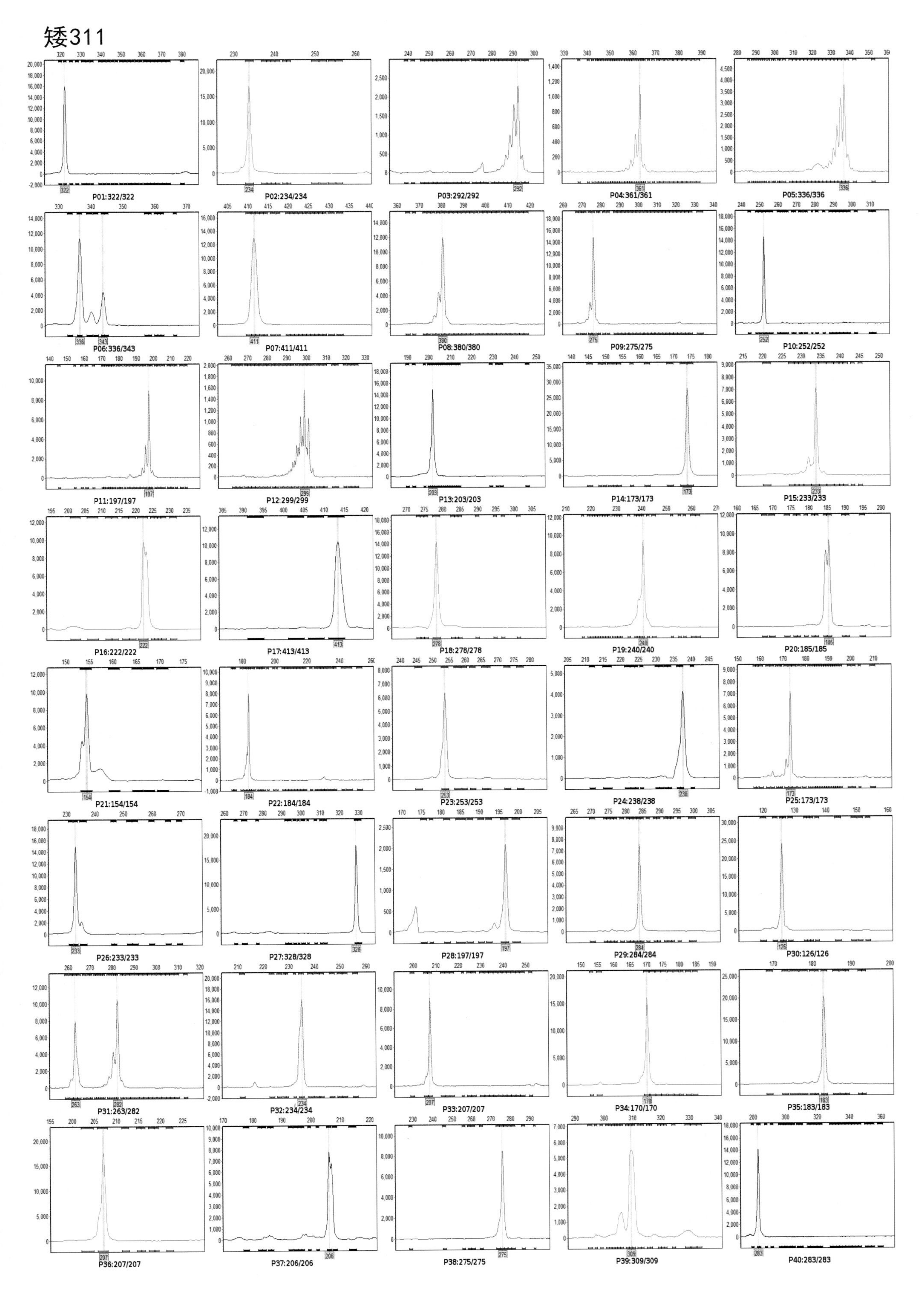
P01:322/322
P02:234/234
P03:292/292
P04:361/361
P05:336/336
P06:336/343
P07:411/411
P08:380/380
P09:275/275
P10:252/252
P11:197/197
P12:299/299
P13:203/203
P14:173/173
P15:233/233
P16:222/222
P17:413/413
P18:278/278
P19:240/240
P20:185/185
P21:154/154
P22:184/184
P23:253/253
P24:238/238
P25:173/173
P26:233/233
P27:328/328
P28:197/197
P29:284/284
P30:126/126
P31:263/282
P32:234/234
P33:207/207
P34:170/170
P35:183/183
P36:207/207
P37:206/206
P38:275/275
P39:309/309
P40:283/283

廊系-1

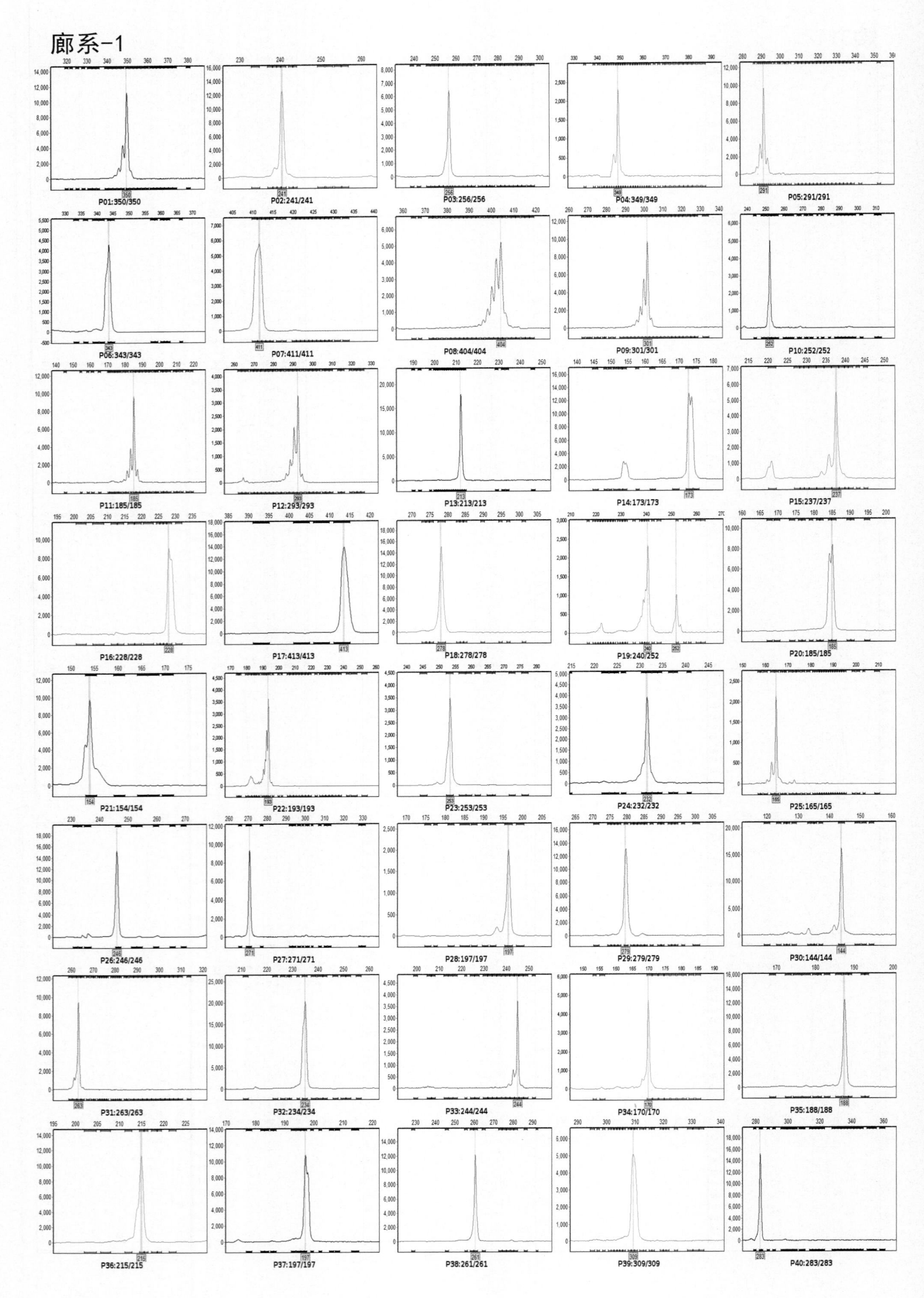
P01:350/350
P02:241/241
P03:256/256
P04:349/349
P05:291/291
P06:343/343
P07:411/411
P08:404/404
P09:301/301
P10:252/252
P11:185/185
P12:293/293
P13:213/213
P14:173/173
P15:237/237
P16:228/228
P17:413/413
P18:278/278
P19:240/252
P20:185/185
P21:154/154
P22:193/193
P23:253/253
P24:232/232
P25:165/165
P26:246/246
P27:271/271
P28:197/197
P29:279/279
P30:144/144
P31:263/263
P32:234/234
P33:244/244
P34:170/170
P35:188/188
P36:215/215
P37:197/197
P38:261/261
P39:309/309
P40:283/283

丹717

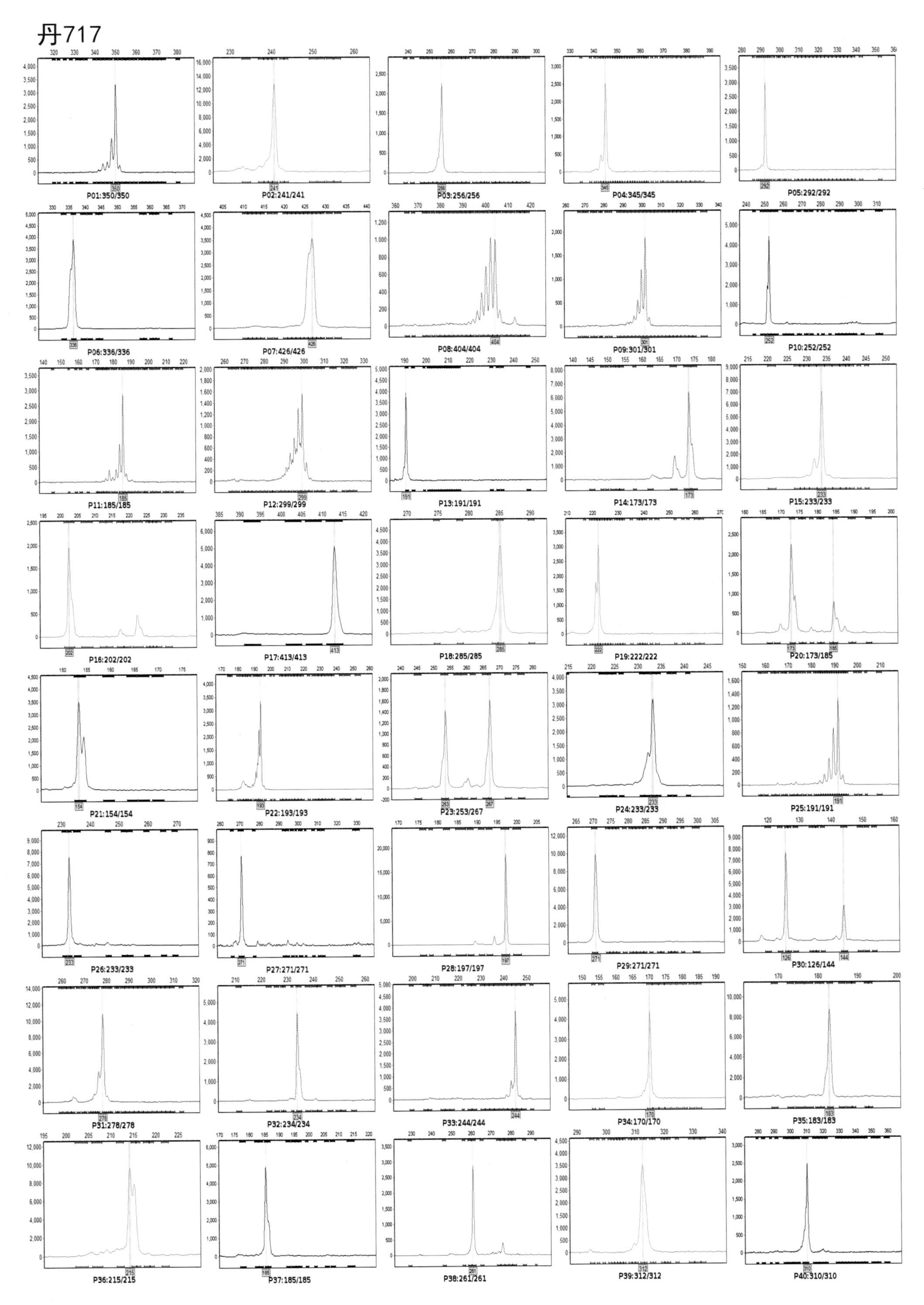
P01:350/350
P02:241/241
P03:256/256
P04:345/345
P05:292/292
P06:336/336
P07:426/426
P08:404/404
P09:301/301
P10:252/252
P11:185/185
P12:299/299
P13:191/191
P14:173/173
P15:233/233
P16:202/202
P17:413/413
P18:285/285
P19:222/222
P20:173/185
P21:154/154
P22:193/193
P23:253/267
P24:233/233
P25:191/191
P26:233/233
P27:271/271
P28:197/197
P29:271/271
P30:126/144
P31:278/278
P32:234/234
P33:244/244
P34:170/170
P35:183/183
P36:215/215
P37:185/185
P38:261/261
P39:312/312
P40:310/310

丹黄17

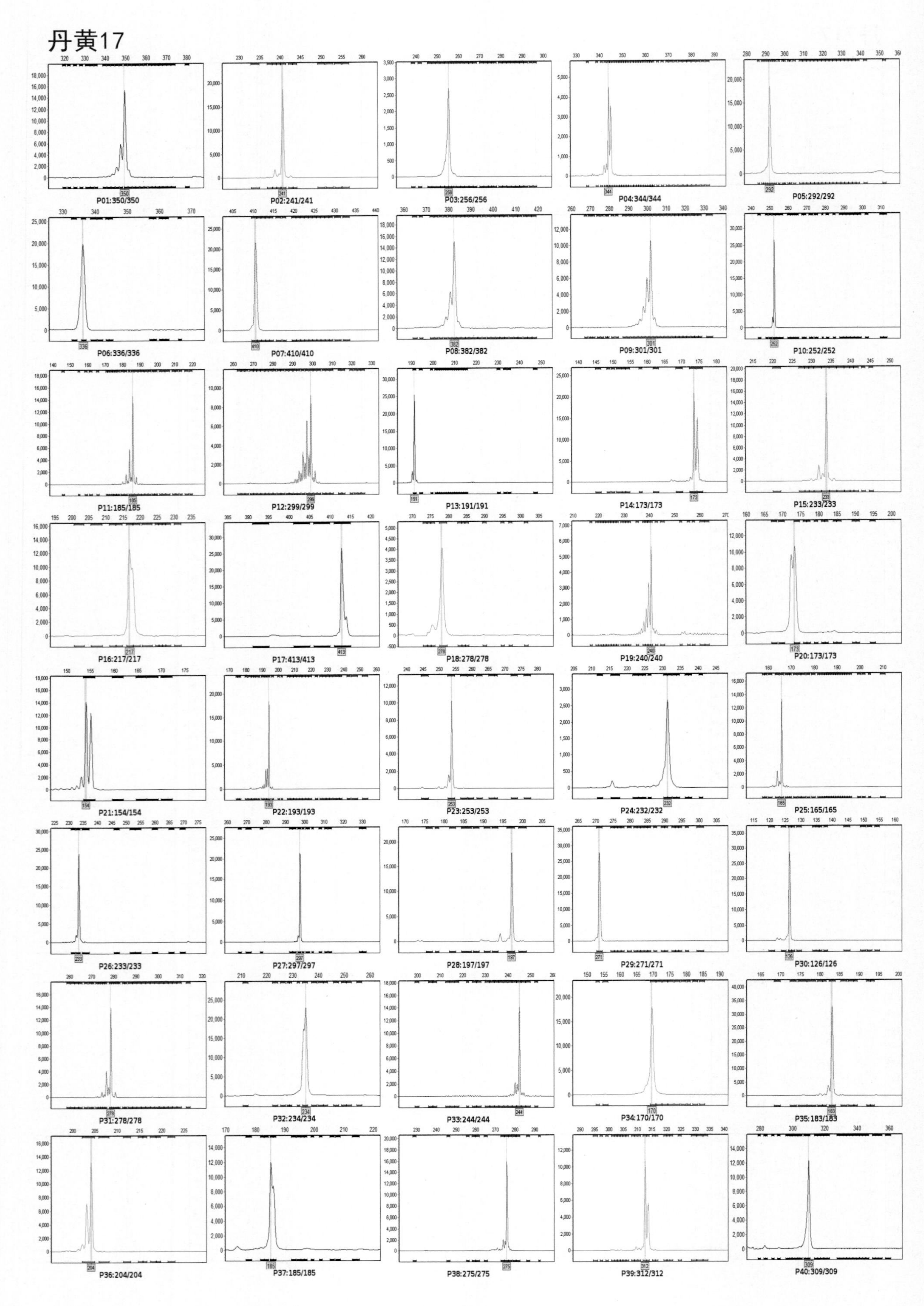

P01:350/350
P02:241/241
P03:256/256
P04:344/344
P05:292/292
P06:336/336
P07:410/410
P08:382/382
P09:301/301
P10:252/252
P11:185/185
P12:299/299
P13:191/191
P14:173/173
P15:233/233
P16:217/217
P17:413/413
P18:278/278
P19:240/240
P20:173/173
P21:154/154
P22:193/193
P23:253/253
P24:232/232
P25:165/165
P26:233/233
P27:297/297
P28:197/197
P29:271/271
P30:126/126
P31:278/278
P32:234/234
P33:244/244
P34:170/170
P35:183/183
P36:204/204
P37:185/185
P38:275/275
P39:312/312
P40:309/309

488

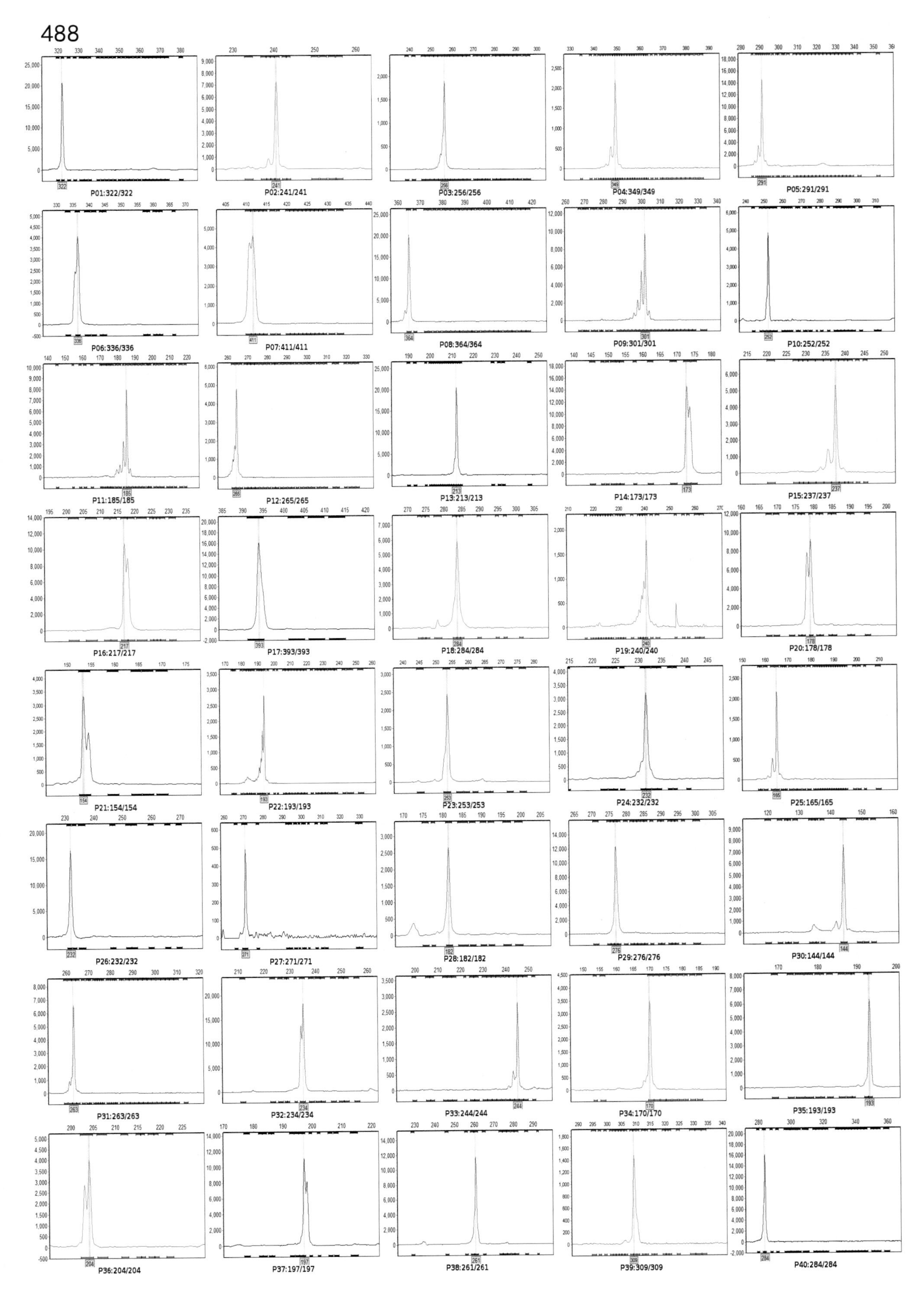
P01:322/322
P02:241/241
P03:256/256
P04:349/349
P05:291/291
P06:336/336
P07:411/411
P08:364/364
P09:301/301
P10:252/252
P11:185/185
P12:265/265
P13:213/213
P14:173/173
P15:237/237
P16:217/217
P17:393/393
P18:284/284
P19:240/240
P20:178/178
P21:154/154
P22:193/193
P23:253/253
P24:232/232
P25:165/165
P26:232/232
P27:271/271
P28:182/182
P29:276/276
P30:144/144
P31:263/263
P32:234/234
P33:244/244
P34:170/170
P35:193/193
P36:204/204
P37:197/197
P38:261/261
P39:309/309
P40:284/284

新冲72

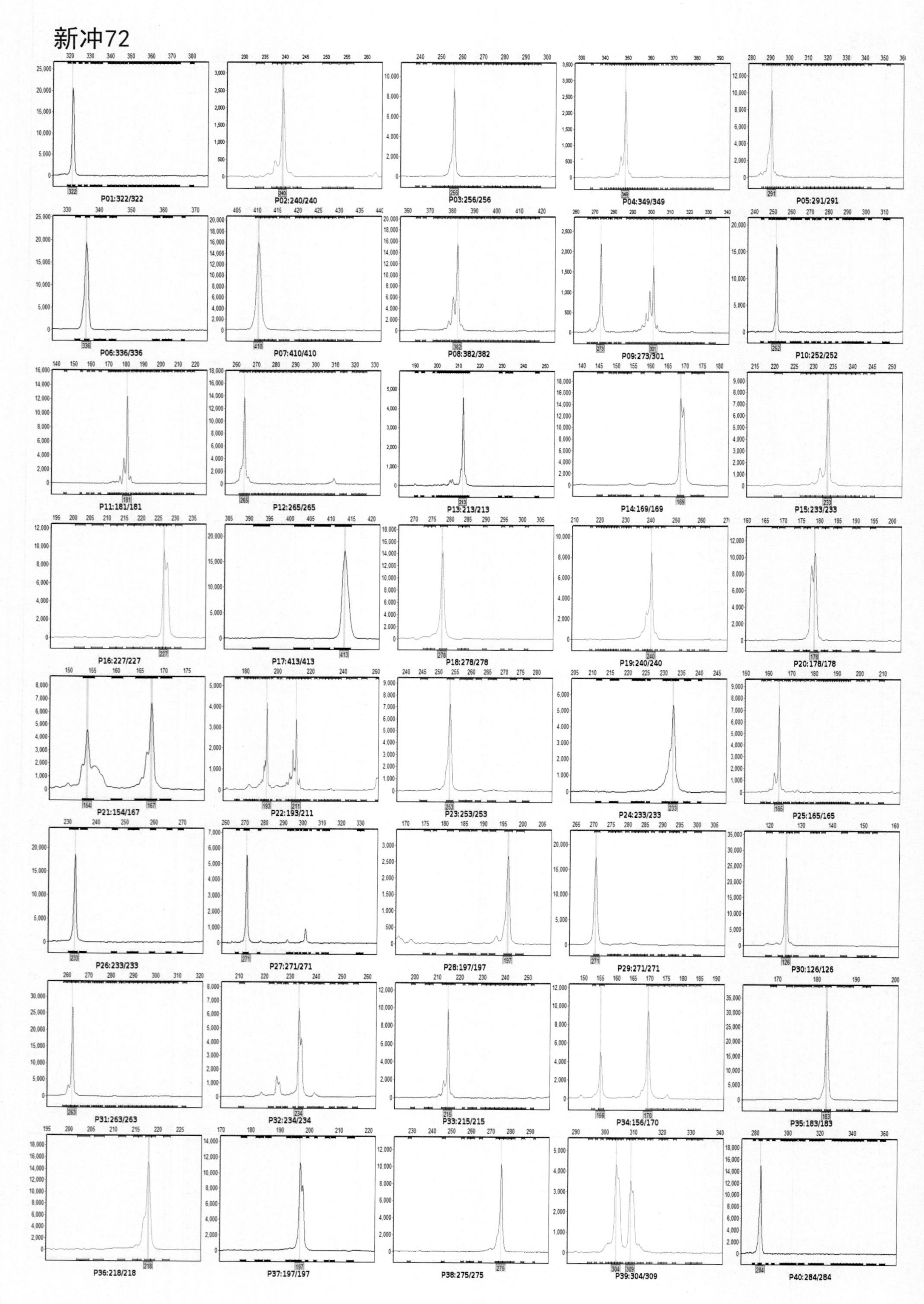

P01:322/322
P02:240/240
P03:256/256
P04:349/349
P05:291/291
P06:336/336
P07:410/410
P08:382/382
P09:273/301
P10:252/252
P11:181/181
P12:265/265
P13:213/213
P14:169/169
P15:233/233
P16:227/227
P17:413/413
P18:278/278
P19:240/240
P20:178/178
P21:154/167
P22:193/211
P23:253/253
P24:233/233
P25:165/165
P26:233/233
P27:271/271
P28:197/197
P29:271/271
P30:126/126
P31:263/263
P32:234/234
P33:215/215
P34:156/170
P35:183/183
P36:218/218
P37:197/197
P38:275/275
P39:304/309
P40:284/284

A244

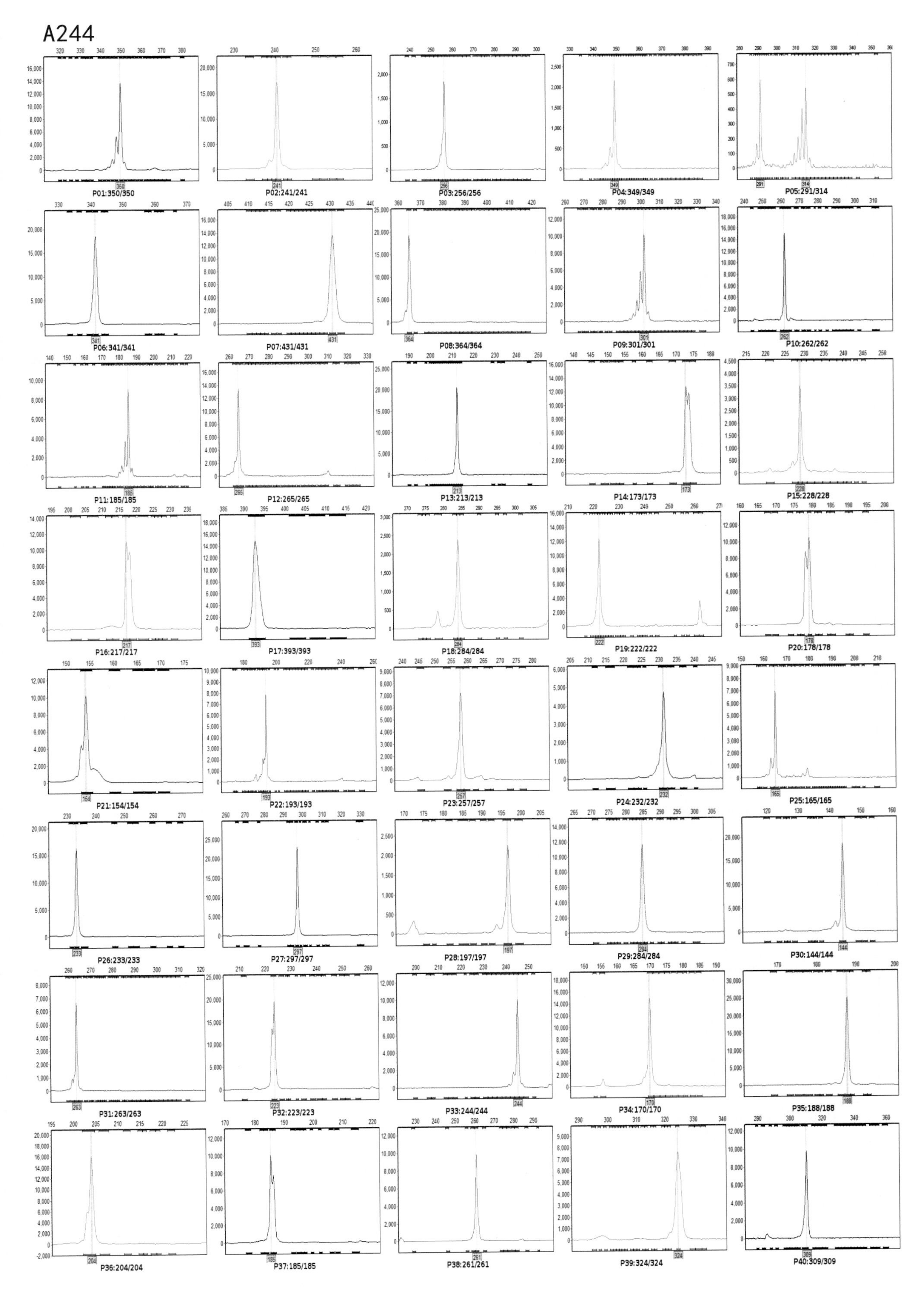
P01:350/350
P02:241/241
P03:256/256
P04:349/349
P05:291/314
P06:341/341
P07:431/431
P08:364/364
P09:301/301
P10:262/262
P11:185/185
P12:265/265
P13:213/213
P14:173/173
P15:228/228
P16:217/217
P17:393/393
P18:284/284
P19:222/222
P20:178/178
P21:154/154
P22:193/193
P23:257/257
P24:232/232
P25:165/165
P26:233/233
P27:297/297
P28:197/197
P29:284/284
P30:144/144
P31:263/263
P32:223/223
P33:244/244
P34:170/170
P35:188/188
P36:204/204
P37:185/185
P38:261/261
P39:324/324
P40:309/309

前进

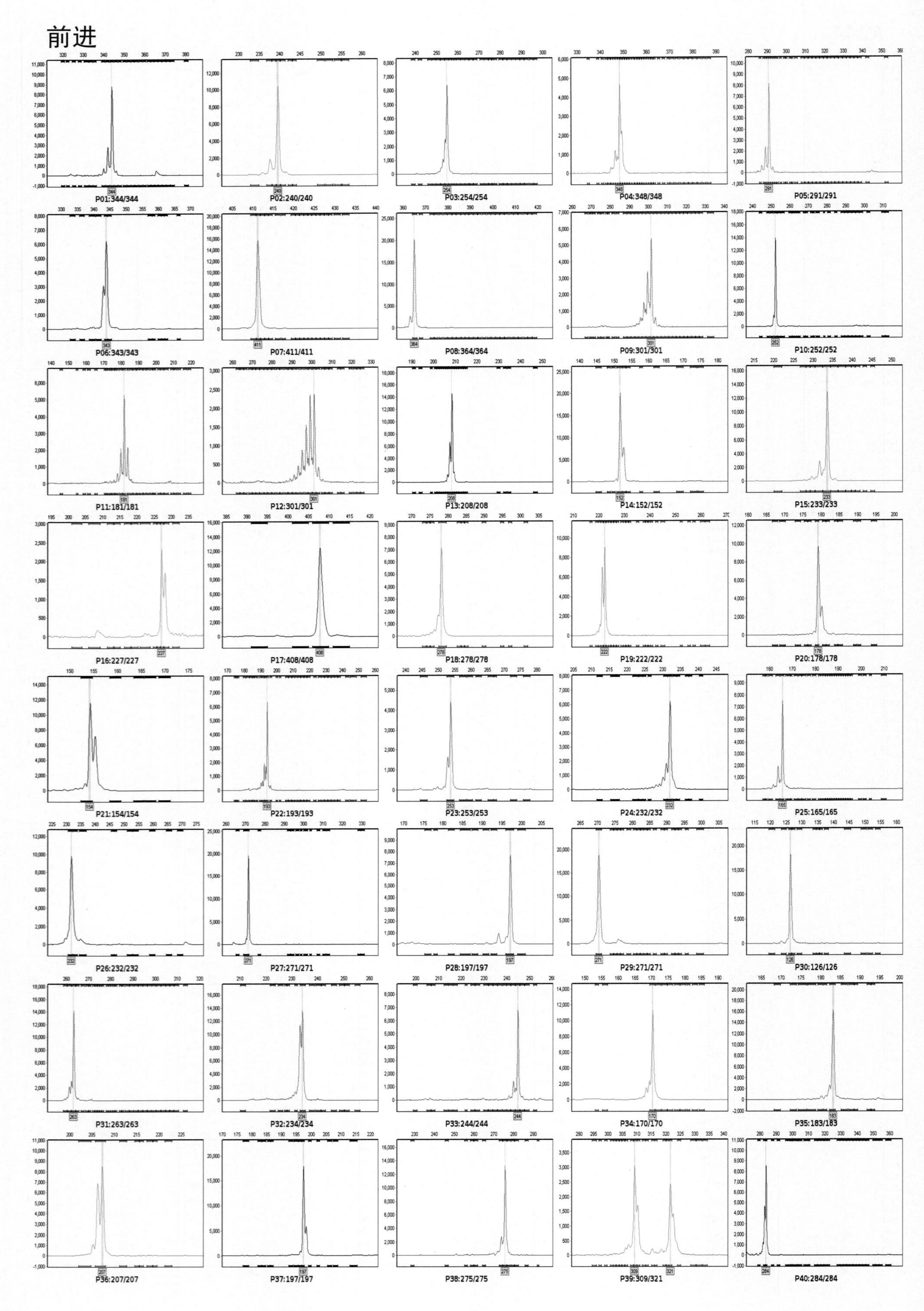
P01:344/344
P02:240/240
P03:254/254
P04:348/348
P05:291/291
P06:343/343
P07:411/411
P08:364/364
P09:301/301
P10:252/252
P11:181/181
P12:301/301
P13:208/208
P14:152/152
P15:233/233
P16:227/227
P17:408/408
P18:278/278
P19:222/222
P20:178/178
P21:154/154
P22:193/193
P23:253/253
P24:232/232
P25:165/165
P26:232/232
P27:271/271
P28:197/197
P29:271/271
P30:126/126
P31:263/263
P32:234/234
P33:244/244
P34:170/170
P35:183/183
P36:207/207
P37:197/197
P38:275/275
P39:309/321
P40:284/284

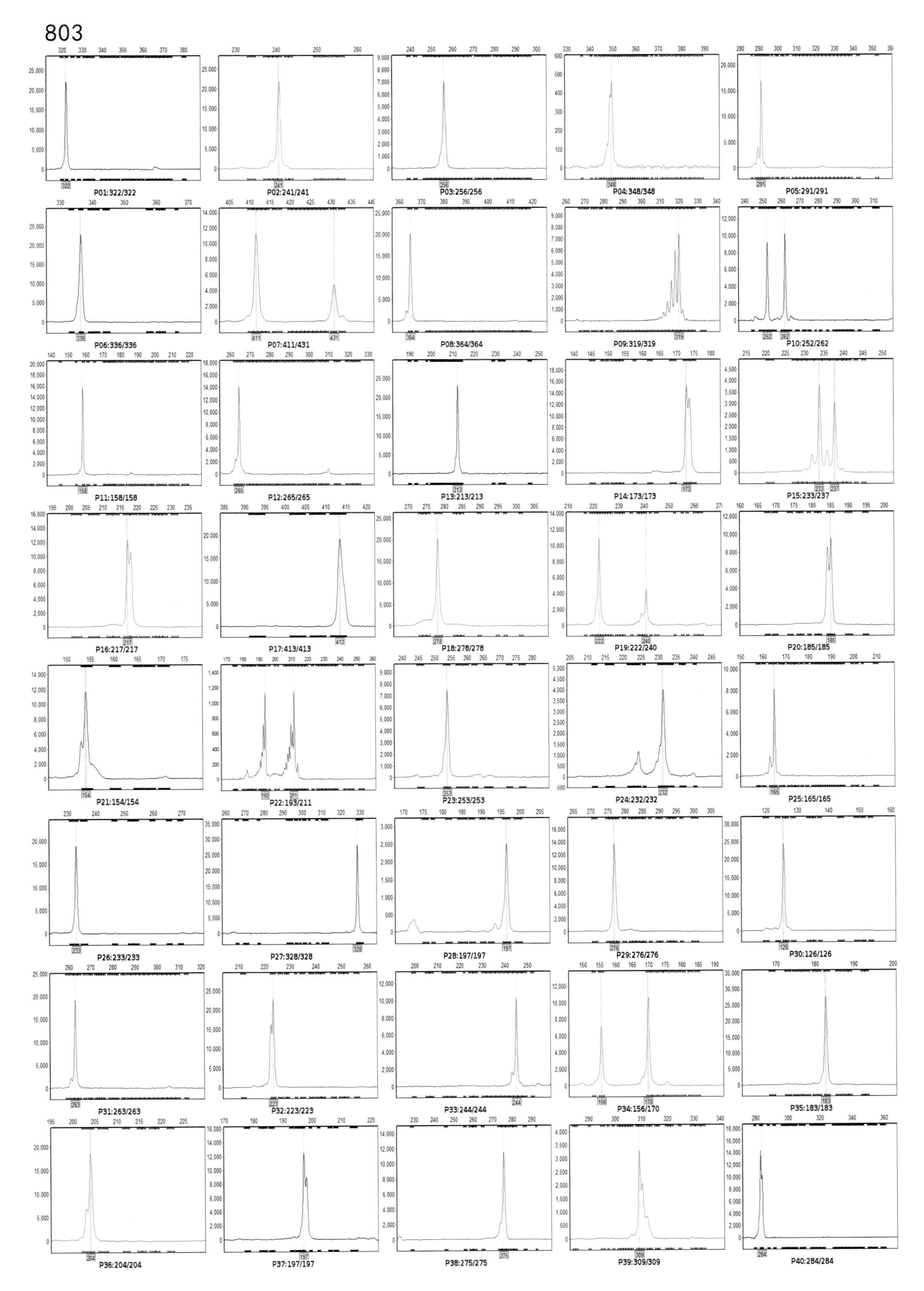
803
P01:322/322
P02:241/241
P03:256/256
P04:348/348
P05:291/291
P06:336/336
P07:411/431
P08:364/364
P09:319/319
P10:252/262
P11:158/158
P12:265/265
P13:213/213
P14:173/173
P15:233/237
P16:217/217
P17:413/413
P18:278/278
P19:222/240
P20:185/185
P21:154/154
P22:193/211
P23:253/253
P24:232/232
P25:165/165
P26:233/233
P27:328/328
P28:197/197
P29:276/276
P30:126/126
P31:263/263
P32:223/223
P33:244/244
P34:156/170
P35:183/183
P36:204/204
P37:197/197
P38:275/275
P39:309/309
P40:284/284

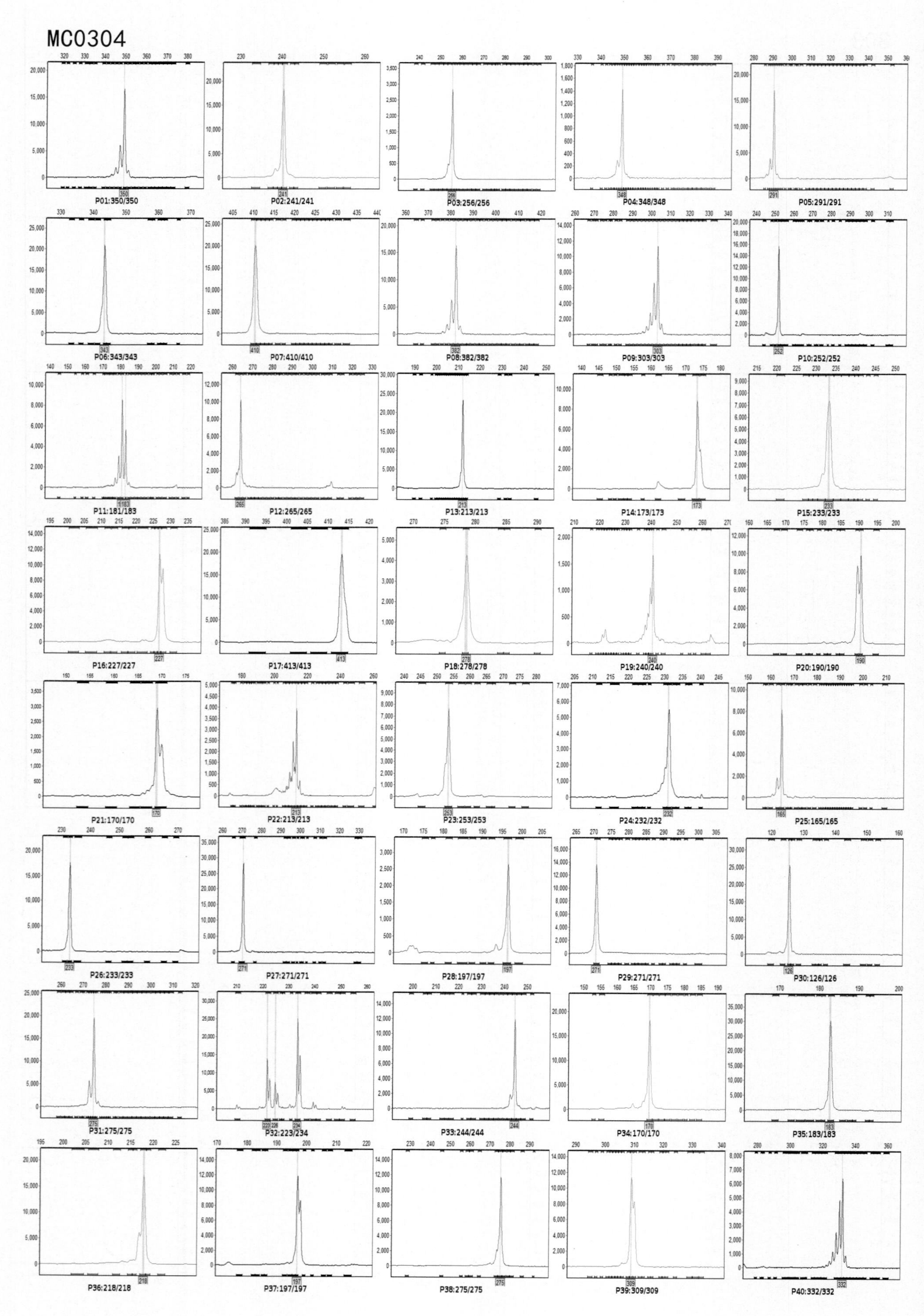
MC0304
P01:350/350
P02:241/241
P03:256/256
P04:348/348
P05:291/291
P06:343/343
P07:410/410
P08:382/382
P09:303/303
P10:252/252
P11:181/183
P12:265/265
P13:213/213
P14:173/173
P15:233/233
P16:227/227
P17:413/413
P18:278/278
P19:240/240
P20:190/190
P21:170/170
P22:213/213
P23:253/253
P24:232/232
P25:165/165
P26:233/233
P27:271/271
P28:197/197
P29:271/271
P30:126/126
P31:275/275
P32:223/234
P33:244/244
P34:170/170
P35:183/183
P36:218/218
P37:197/197
P38:275/275
P39:309/309
P40:332/332

C8605

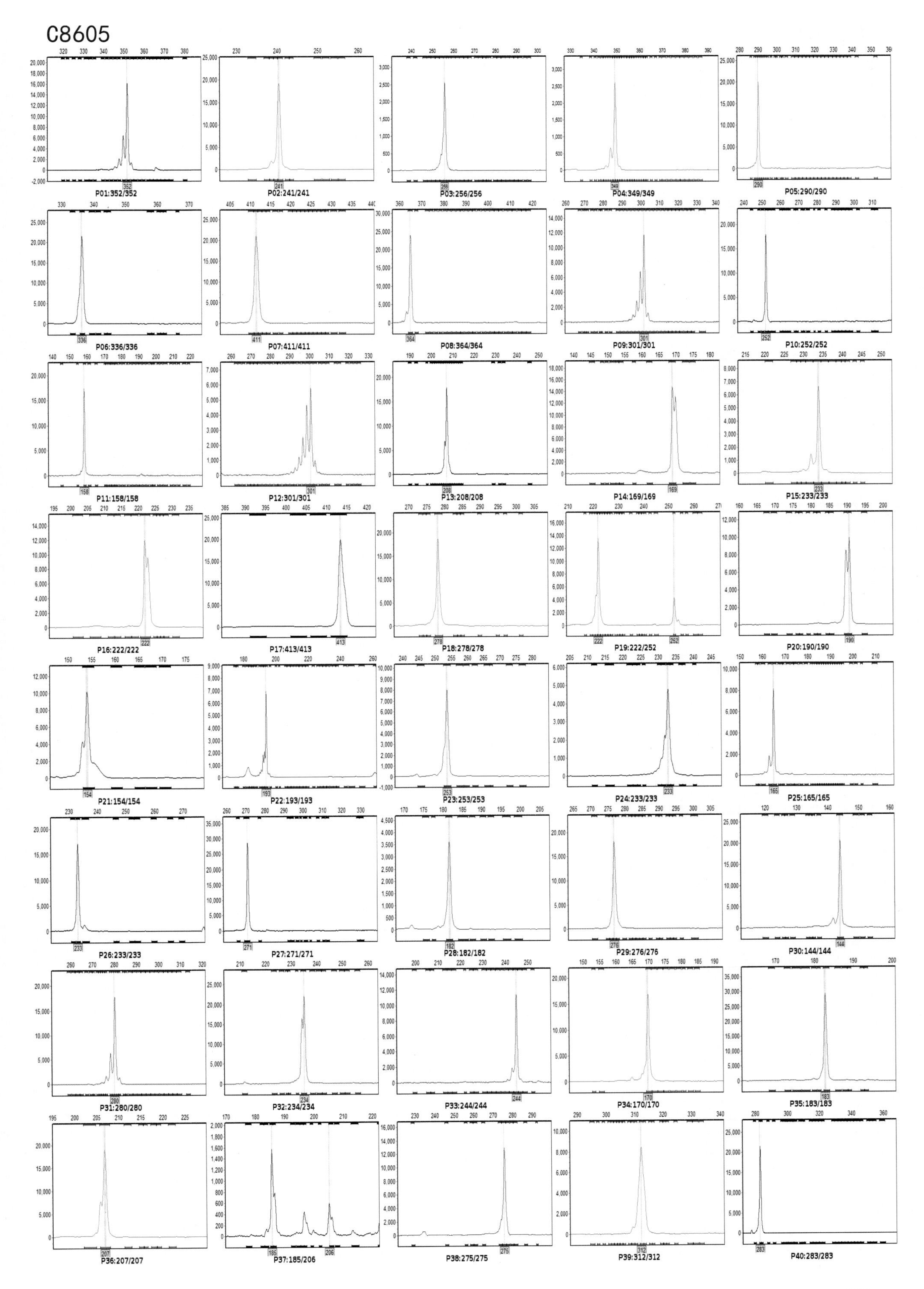
P01:352/352 P02:241/241 P03:256/256 P04:349/349 P05:290/290

P06:336/336 P07:411/411 P08:364/364 P09:301/301 P10:252/252

P11:158/158 P12:301/301 P13:208/208 P14:169/169 P15:233/233

P16:222/222 P17:413/413 P18:278/278 P19:222/252 P20:190/190

P21:154/154 P22:193/193 P23:253/253 P24:233/233 P25:165/165

P26:233/233 P27:271/271 P28:182/182 P29:276/276 P30:144/144

P31:280/280 P32:234/234 P33:244/244 P34:170/170 P35:183/183

P36:207/207 P37:185/206 P38:275/275 P39:312/312 P40:283/283

大八趟

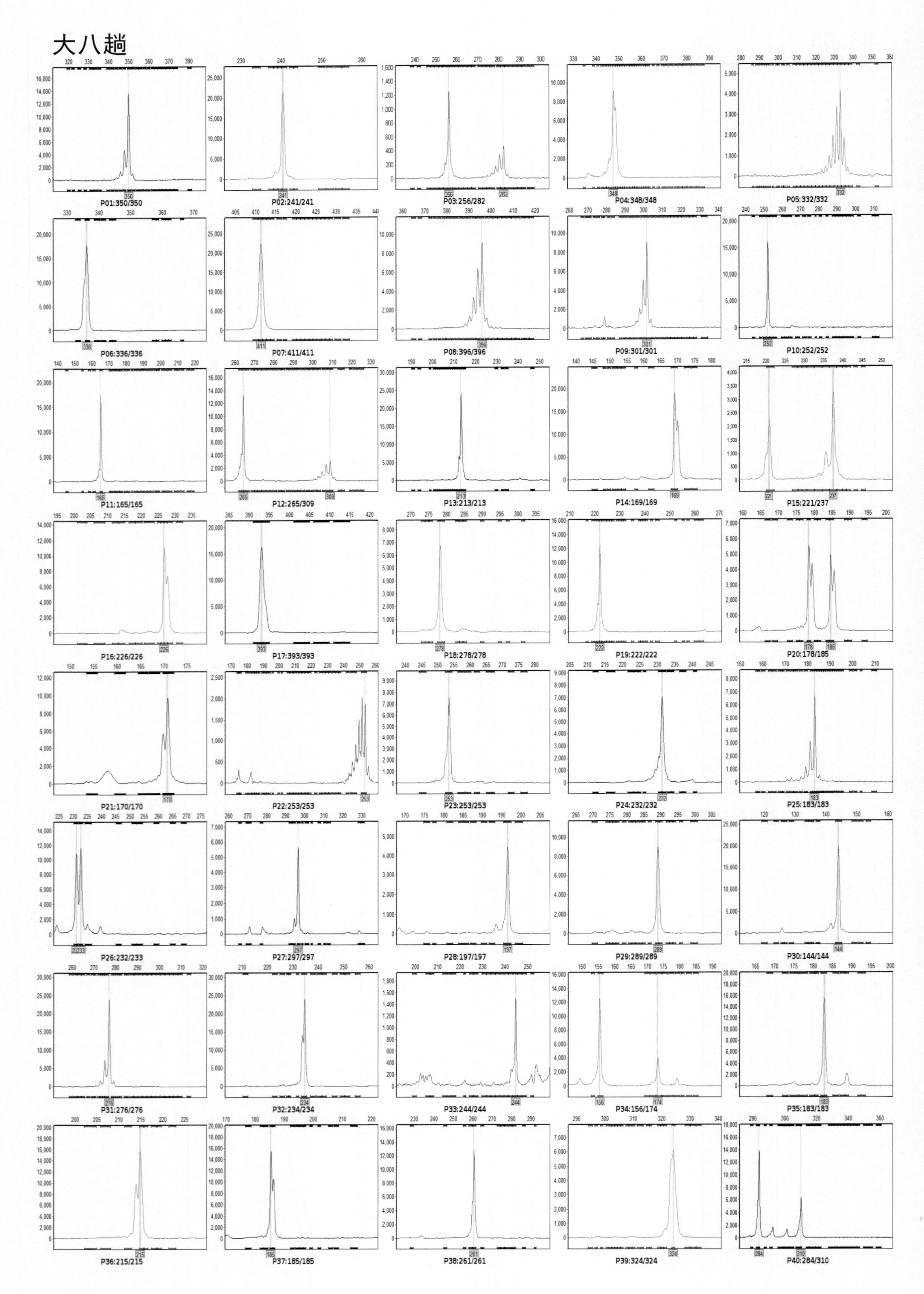
P01:350/350
P02:241/241
P03:256/282
P04:348/348
P05:332/332
P06:336/336
P07:411/411
P08:396/396
P09:301/301
P10:252/252
P11:165/165
P12:265/309
P13:213/213
P14:169/169
P15:221/237
P16:226/226
P17:393/393
P18:278/278
P19:222/222
P20:178/185
P21:170/170
P22:253/253
P23:253/253
P24:232/232
P25:183/183
P26:232/233
P27:297/297
P28:197/197
P29:289/289
P30:144/144
P31:276/276
P32:234/234
P33:244/244
P34:156/174
P35:183/183
P36:215/215
P37:185/185
P38:261/261
P39:324/324
P40:284/310

8001

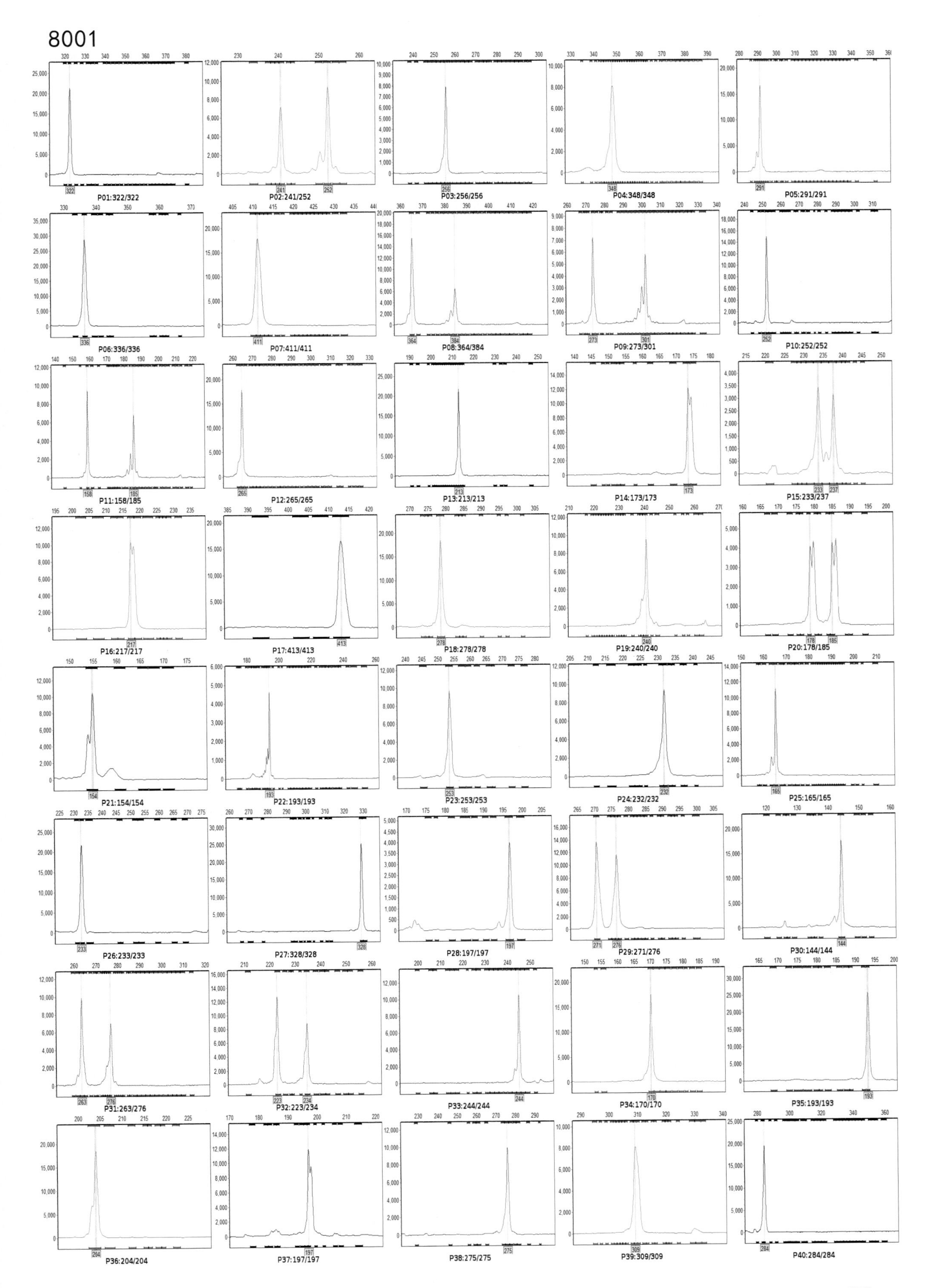

P01:322/322
P02:241/252
P03:256/256
P04:348/348
P05:291/291
P06:336/336
P07:411/411
P08:364/384
P09:273/301
P10:252/252
P11:158/185
P12:265/265
P13:213/213
P14:173/173
P15:233/237
P16:217/217
P17:413/413
P18:278/278
P19:240/240
P20:178/185
P21:154/154
P22:193/193
P23:253/253
P24:232/232
P25:165/165
P26:233/233
P27:328/328
P28:197/197
P29:271/276
P30:144/144
P31:263/276
P32:223/234
P33:244/244
P34:170/170
P35:193/193
P36:204/204
P37:197/197
P38:275/275
P39:309/309
P40:284/284

MC0303

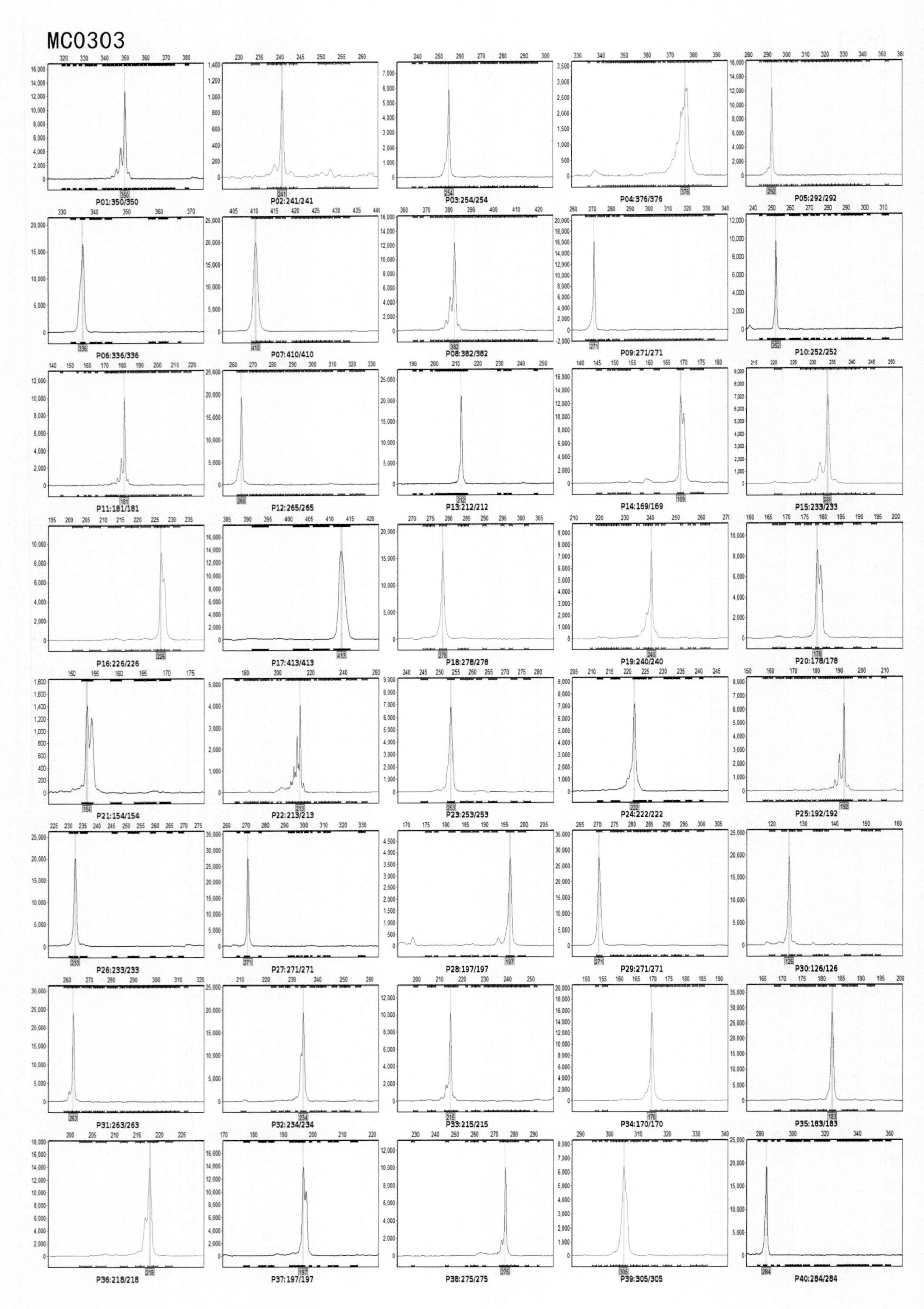
P01:350/350
P02:241/241
P03:254/254
P04:376/376
P05:292/292
P06:336/336
P07:410/410
P08:382/382
P09:271/271
P10:252/252
P11:181/181
P12:265/265
P13:212/212
P14:169/169
P15:233/233
P16:226/226
P17:413/413
P18:278/278
P19:240/240
P20:178/178
P21:154/154
P22:213/213
P23:253/253
P24:222/222
P25:192/192
P26:233/233
P27:271/271
P28:197/197
P29:271/271
P30:126/126
P31:263/263
P32:234/234
P33:215/215
P34:170/170
P35:183/183
P36:218/218
P37:197/197
P38:275/275
P39:305/305
P40:284/284

5005

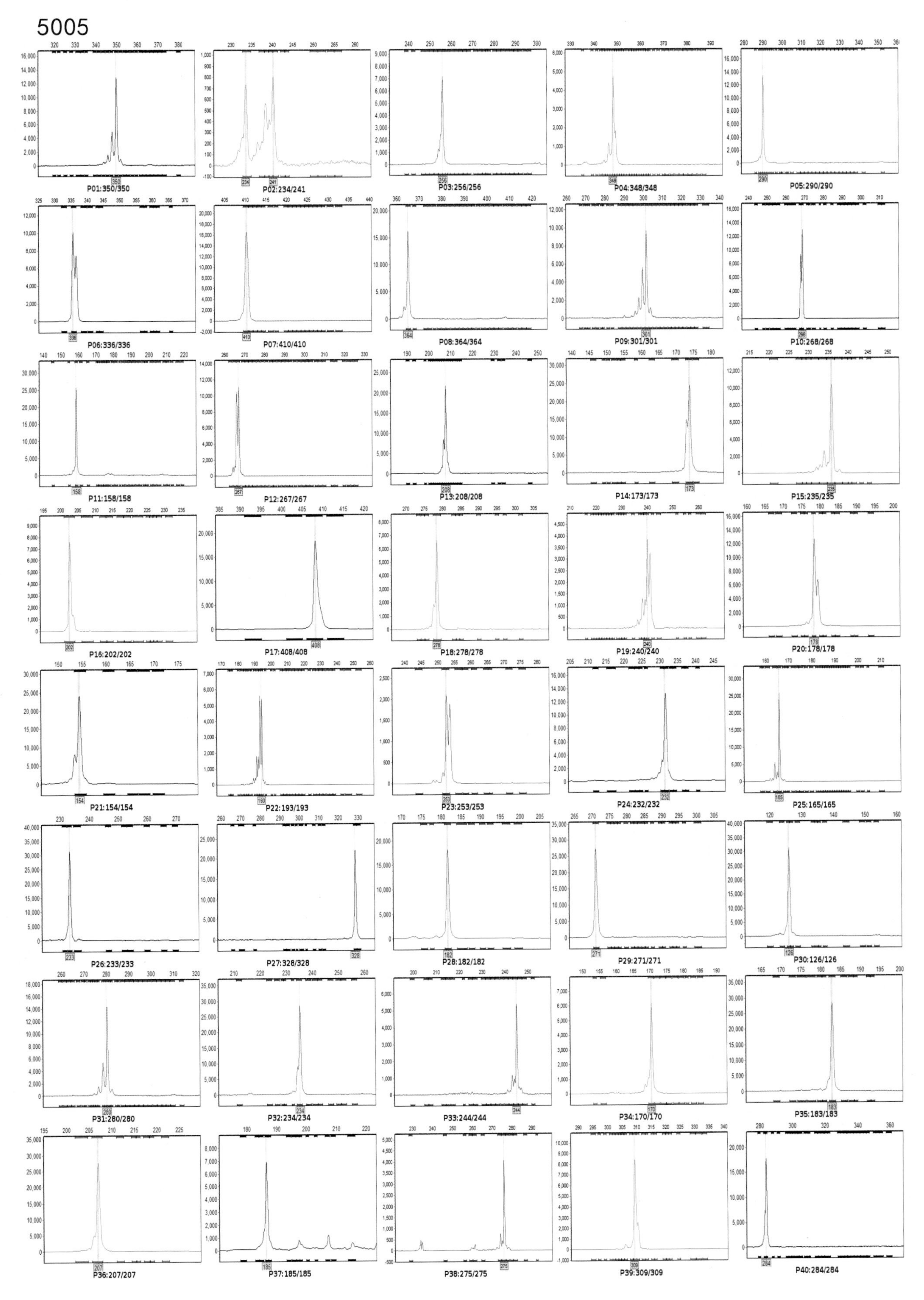
P01:350/350
P02:234/241
P03:256/256
P04:348/348
P05:290/290
P06:336/336
P07:410/410
P08:364/364
P09:301/301
P10:268/268
P11:158/158
P12:267/267
P13:208/208
P14:173/173
P15:235/235
P16:202/202
P17:408/408
P18:278/278
P19:240/240
P20:178/178
P21:154/154
P22:193/193
P23:253/253
P24:232/232
P25:165/165
P26:233/233
P27:328/328
P28:182/182
P29:271/271
P30:126/126
P31:280/280
P32:234/234
P33:244/244
P34:170/170
P35:183/183
P36:207/207
P37:185/185
P38:275/275
P39:309/309
P40:284/284

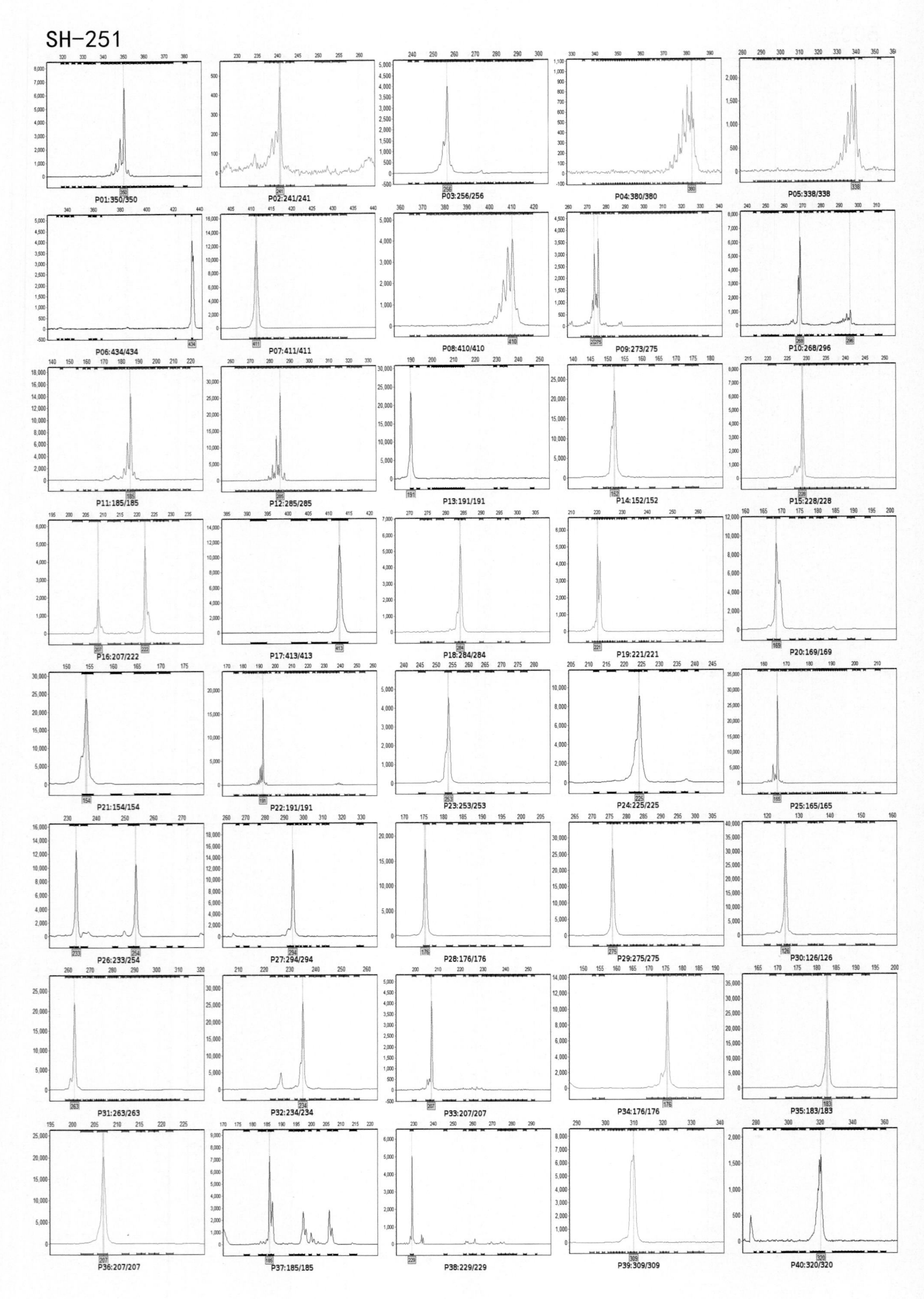
SH-251
P01:350/350
P02:241/241
P03:256/256
P04:380/380
P05:338/338
P06:434/434
P07:411/411
P08:410/410
P09:273/275
P10:268/296
P11:185/185
P12:285/285
P13:191/191
P14:152/152
P15:228/228
P16:207/222
P17:413/413
P18:284/284
P19:221/221
P20:169/169
P21:154/154
P22:191/191
P23:253/253
P24:225/225
P25:165/165
P26:233/254
P27:294/294
P28:176/176
P29:275/275
P30:126/126
P31:263/263
P32:234/234
P33:207/207
P34:176/176
P35:183/183
P36:207/207
P37:185/185
P38:229/229
P39:309/309
P40:320/320

B234

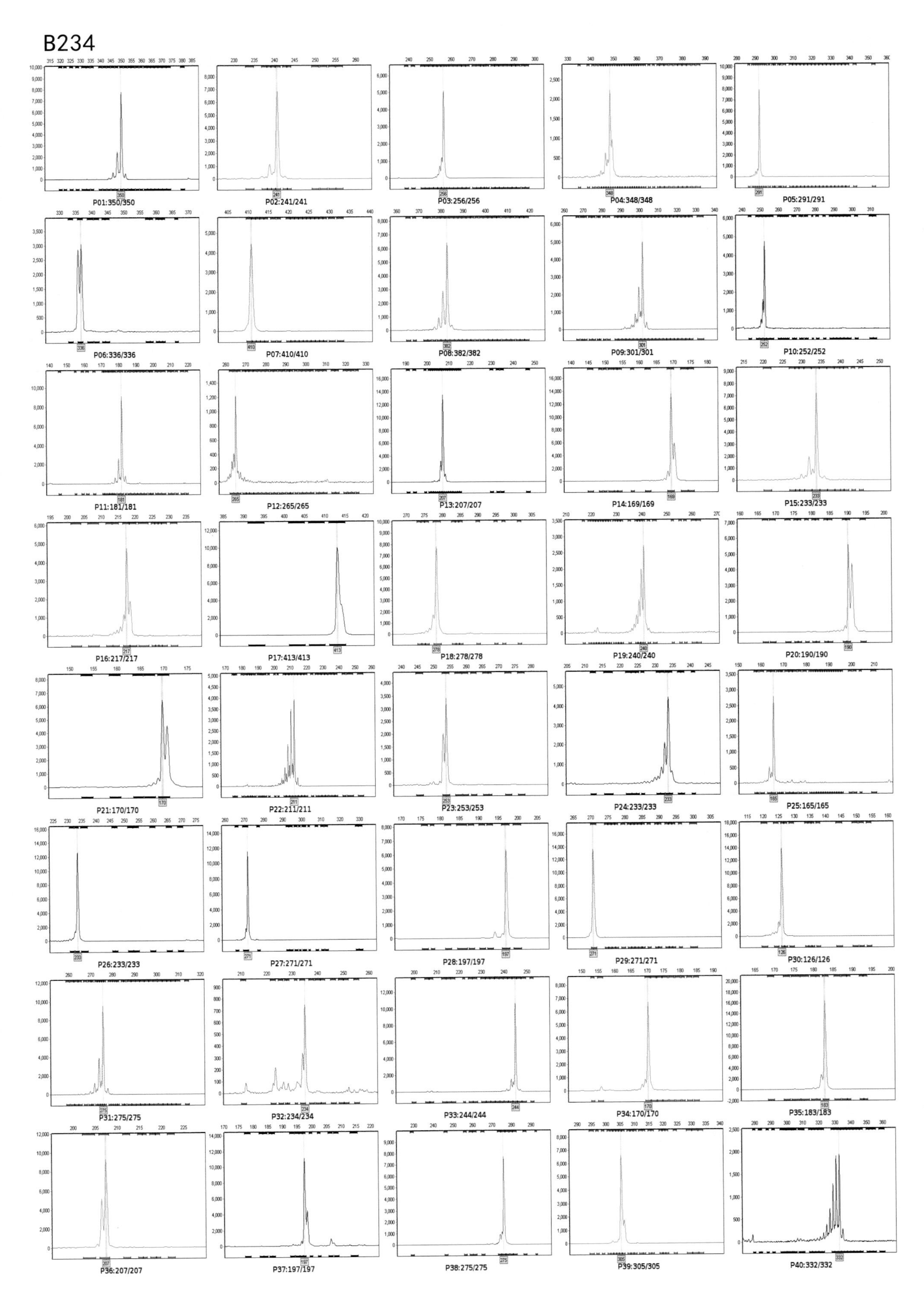
P01:350/350
P02:241/241
P03:256/256
P04:348/348
P05:291/291
P06:336/336
P07:410/410
P08:382/382
P09:301/301
P10:252/252
P11:181/181
P12:265/265
P13:207/207
P14:169/169
P15:233/233
P16:217/217
P17:413/413
P18:278/278
P19:240/240
P20:190/190
P21:170/170
P22:211/211
P23:253/253
P24:233/233
P25:165/165
P26:233/233
P27:271/271
P28:197/197
P29:271/271
P30:126/126
P31:275/275
P32:234/234
P33:244/244
P34:170/170
P35:183/183
P36:207/207
P37:197/197
P38:275/275
P39:305/305
P40:332/332

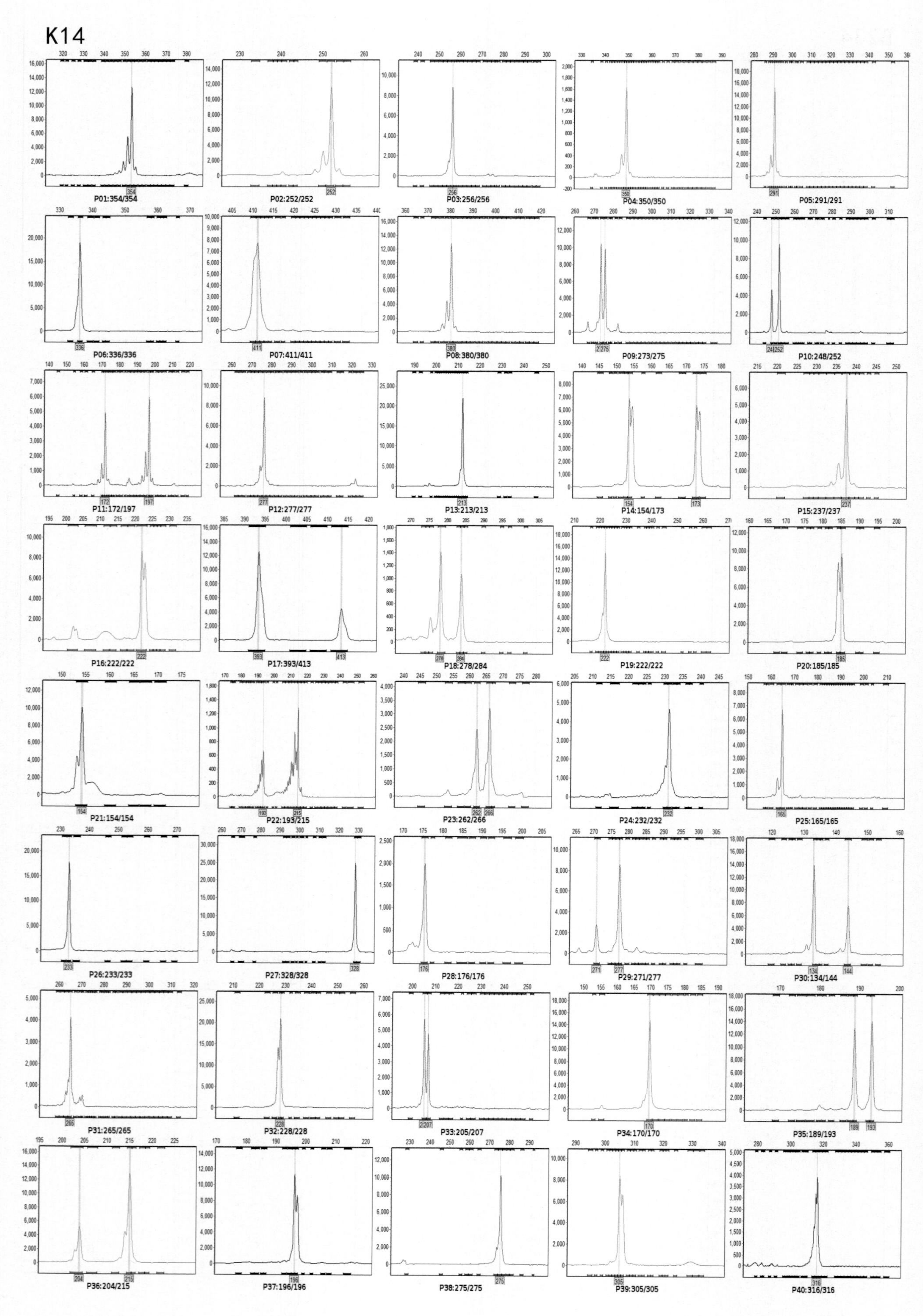
K14
P01:354/354
P02:252/252
P03:256/256
P04:350/350
P05:291/291
P06:336/336
P07:411/411
P08:380/380
P09:273/275
P10:248/252
P11:172/197
P12:277/277
P13:213/213
P14:154/173
P15:237/237
P16:222/222
P17:393/413
P18:278/284
P19:222/222
P20:185/185
P21:154/154
P22:193/215
P23:262/266
P24:232/232
P25:165/165
P26:233/233
P27:328/328
P28:176/176
P29:271/277
P30:134/144
P31:265/265
P32:228/228
P33:205/207
P34:170/170
P35:189/193
P36:204/215
P37:196/196
P38:275/275
P39:305/305
P40:316/316

美扬

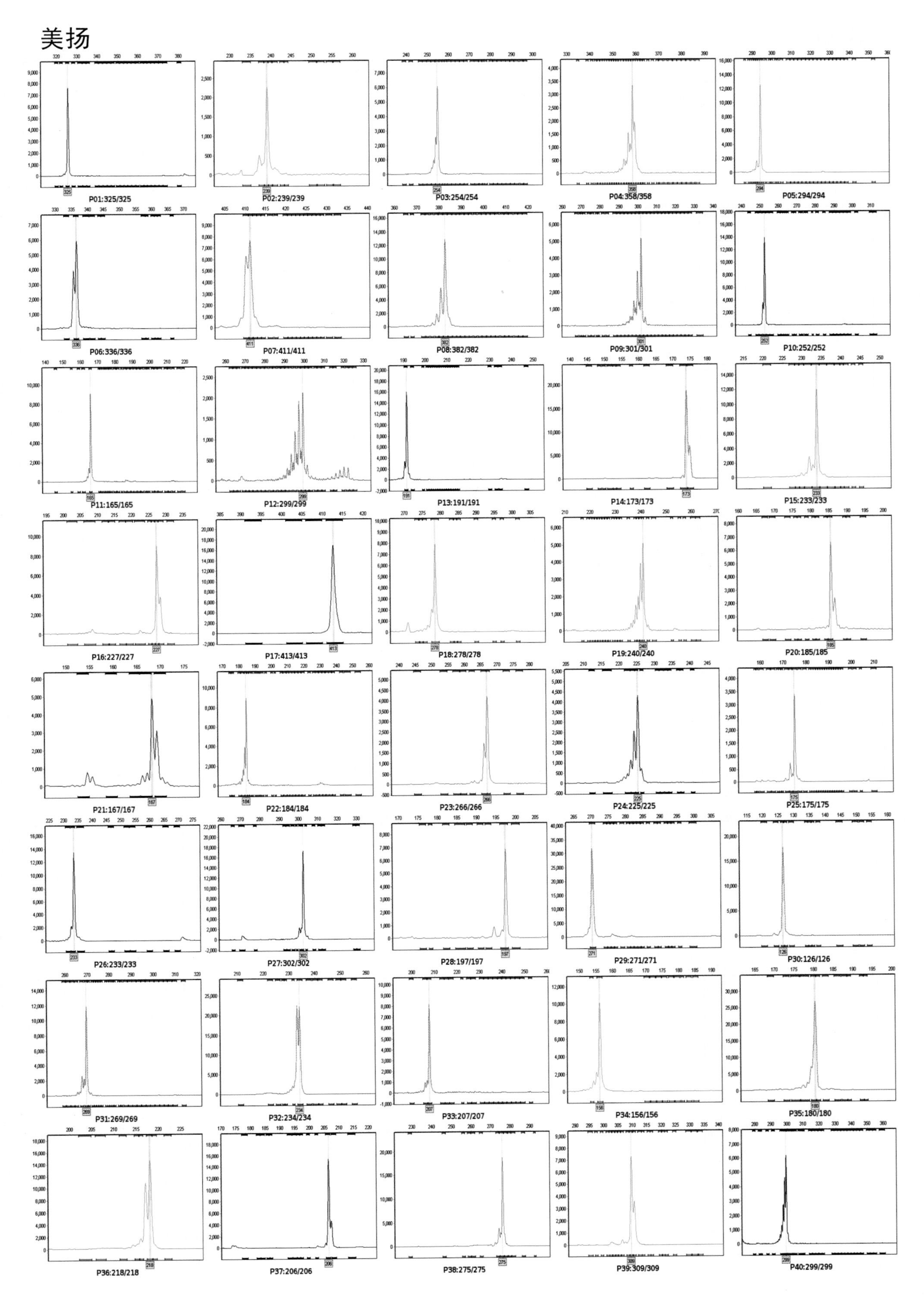
P01:325/325
P02:239/239
P03:254/254
P04:358/358
P05:294/294
P06:336/336
P07:411/411
P08:382/382
P09:301/301
P10:252/252
P11:165/165
P12:299/299
P13:191/191
P14:173/173
P15:233/233
P16:227/227
P17:413/413
P18:278/278
P19:240/240
P20:185/185
P21:167/167
P22:184/184
P23:266/266
P24:225/225
P25:175/175
P26:233/233
P27:302/302
P28:197/197
P29:271/271
P30:126/126
P31:269/269
P32:234/234
P33:207/207
P34:156/156
P35:180/180
P36:218/218
P37:206/206
P38:275/275
P39:309/309
P40:299/299

本7884-7

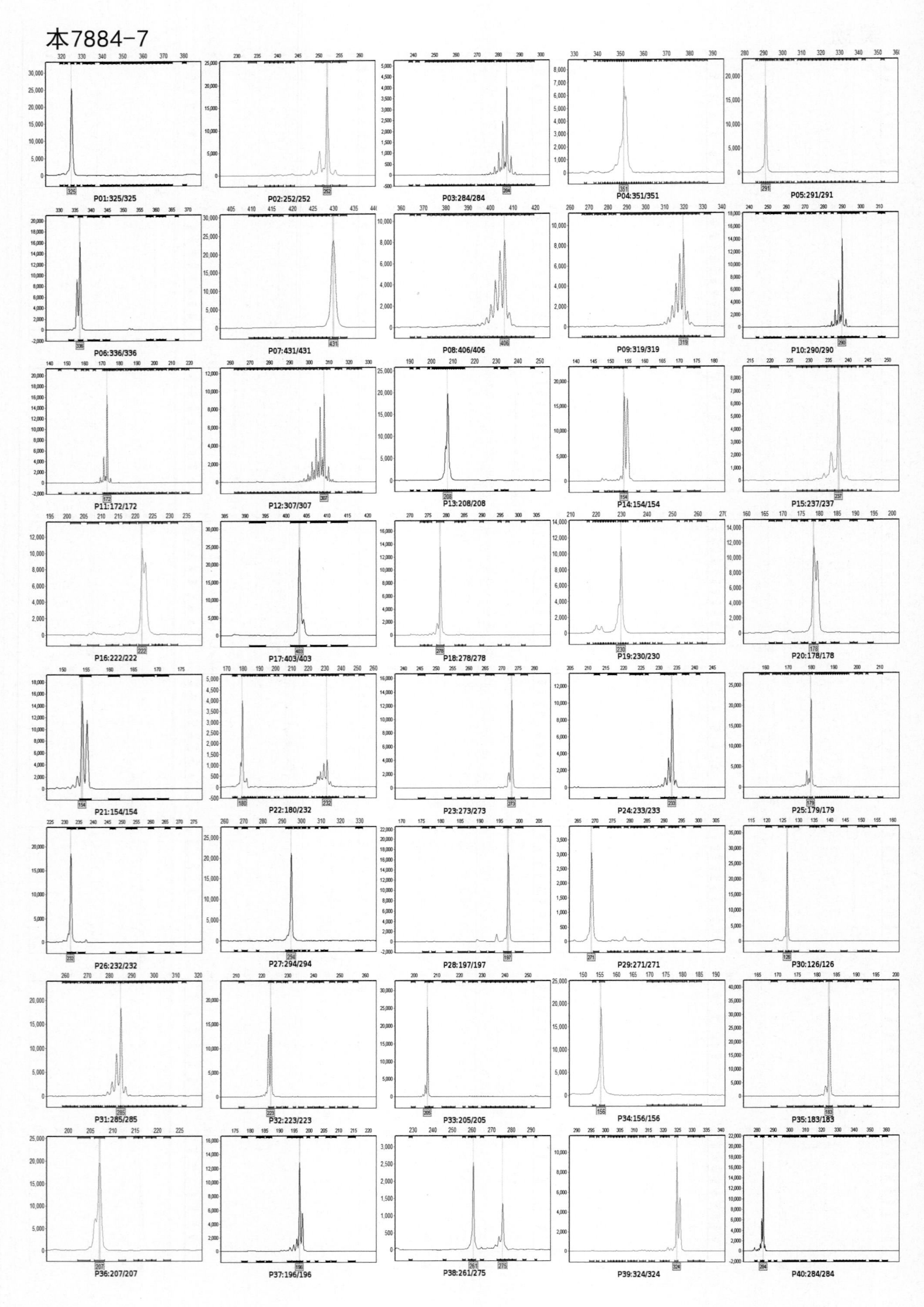

P01:325/325
P02:252/252
P03:284/284
P04:351/351
P05:291/291
P06:336/336
P07:431/431
P08:406/406
P09:319/319
P10:290/290
P11:172/172
P12:307/307
P13:208/208
P14:154/154
P15:237/237
P16:222/222
P17:403/403
P18:278/278
P19:230/230
P20:178/178
P21:154/154
P22:180/232
P23:273/273
P24:233/233
P25:179/179
P26:232/232
P27:294/294
P28:197/197
P29:271/271
P30:126/126
P31:285/285
P32:223/223
P33:205/205
P34:156/156
P35:183/183
P36:207/207
P37:196/196
P38:261/275
P39:324/324
P40:284/284

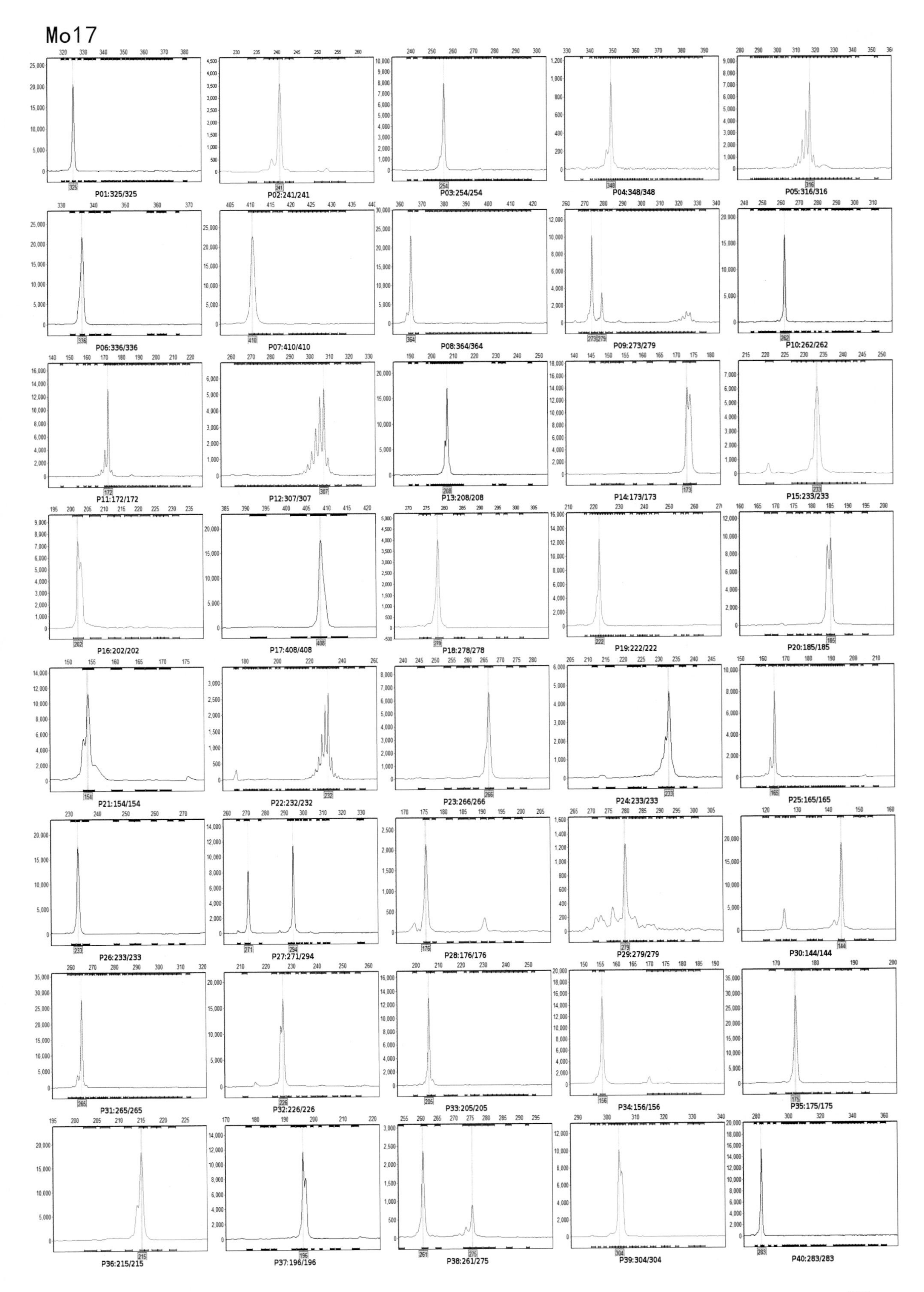
Mo17
P01:325/325
P02:241/241
P03:254/254
P04:348/348
P05:316/316
P06:336/336
P07:410/410
P08:364/364
P09:273/279
P10:262/262
P11:172/172
P12:307/307
P13:208/208
P14:173/173
P15:233/233
P16:202/202
P17:408/408
P18:278/278
P19:222/222
P20:185/185
P21:154/154
P22:232/232
P23:266/266
P24:233/233
P25:165/165
P26:233/233
P27:271/294
P28:176/176
P29:279/279
P30:144/144
P31:265/265
P32:226/226
P33:205/205
P34:156/156
P35:175/175
P36:215/215
P37:196/196
P38:261/275
P39:304/304
P40:283/283

4F1

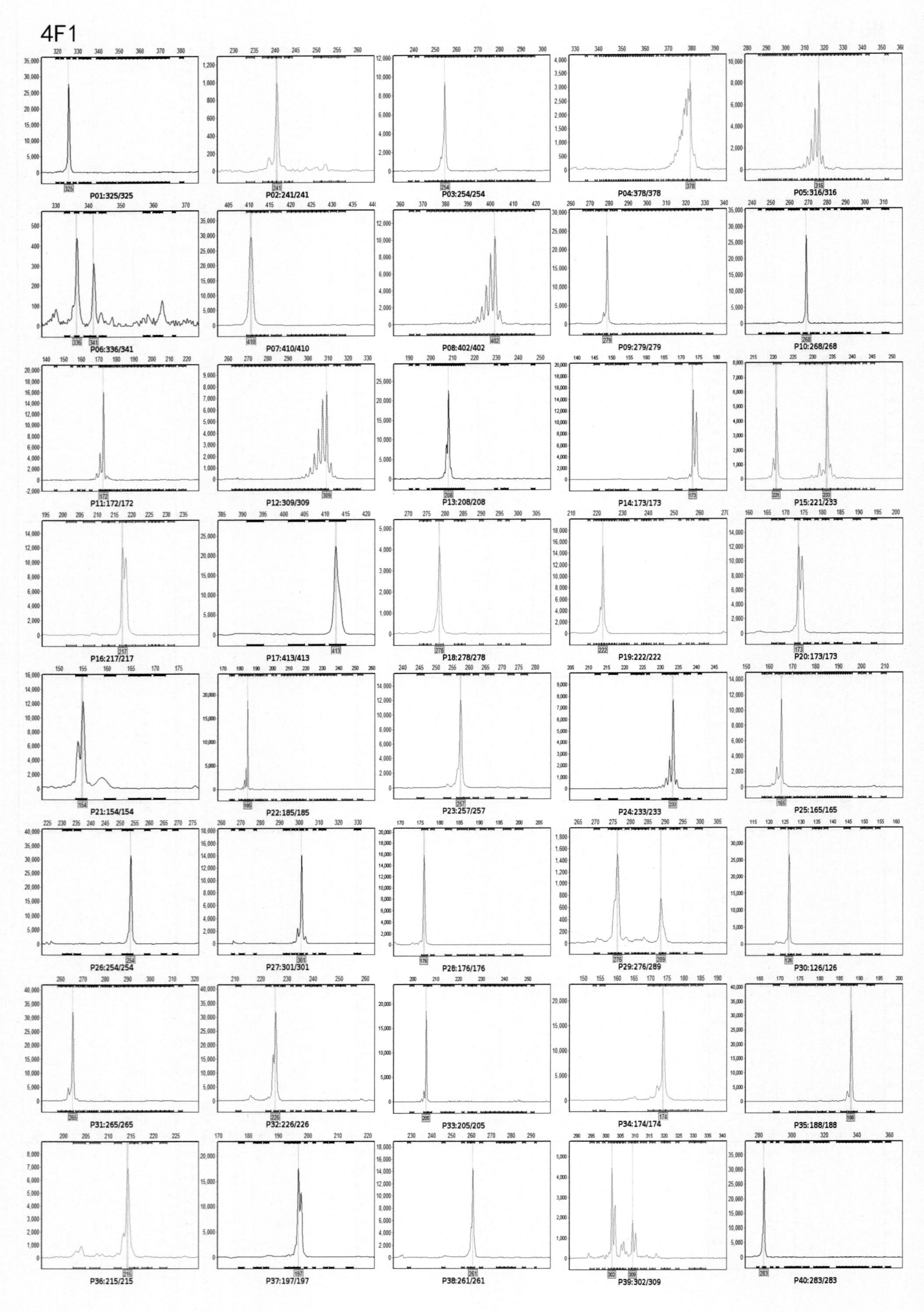
P01:325/325
P02:241/241
P03:254/254
P04:378/378
P05:316/316
P06:336/341
P07:410/410
P08:402/402
P09:279/279
P10:268/268
P11:172/172
P12:309/309
P13:208/208
P14:173/173
P15:221/233
P16:217/217
P17:413/413
P18:278/278
P19:222/222
P20:173/173
P21:154/154
P22:185/185
P23:257/257
P24:233/233
P25:165/165
P26:254/254
P27:301/301
P28:176/176
P29:276/289
P30:126/126
P31:265/265
P32:226/226
P33:205/205
P34:174/174
P35:188/188
P36:215/215
P37:197/197
P38:261/261
P39:302/309
P40:283/283

杂G546

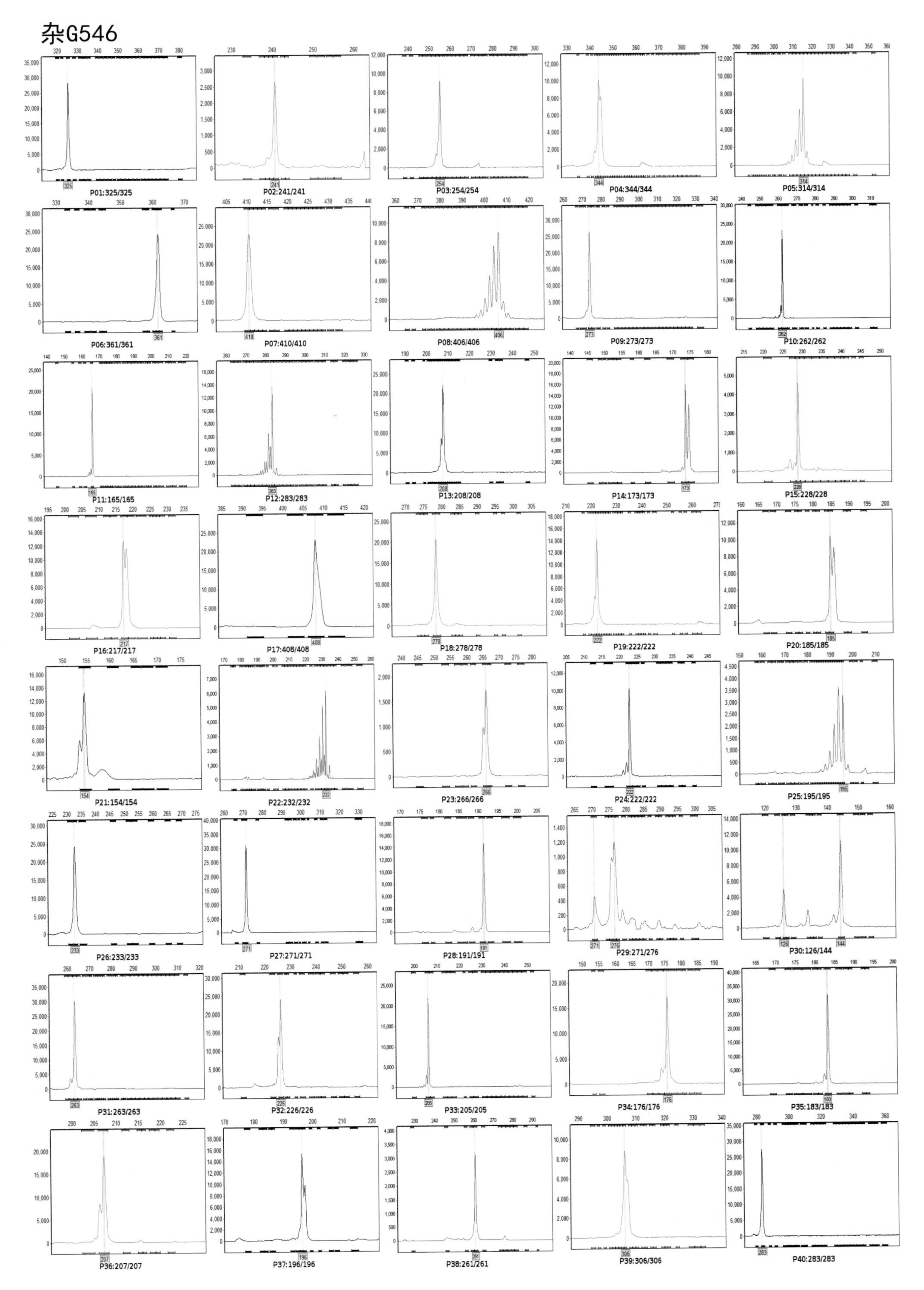
P01:325/325
P02:241/241
P03:254/254
P04:344/344
P05:314/314
P06:361/361
P07:410/410
P08:406/406
P09:273/273
P10:262/262
P11:165/165
P12:283/283
P13:208/208
P14:173/173
P15:228/228
P16:217/217
P17:408/408
P18:278/278
P19:222/222
P20:185/185
P21:154/154
P22:232/232
P23:266/266
P24:222/222
P25:195/195
P26:233/233
P27:271/271
P28:191/191
P29:271/276
P30:126/144
P31:263/263
P32:226/226
P33:205/205
P34:176/176
P35:183/183
P36:207/207
P37:196/196
P38:261/261
P39:306/306
P40:283/283

合344

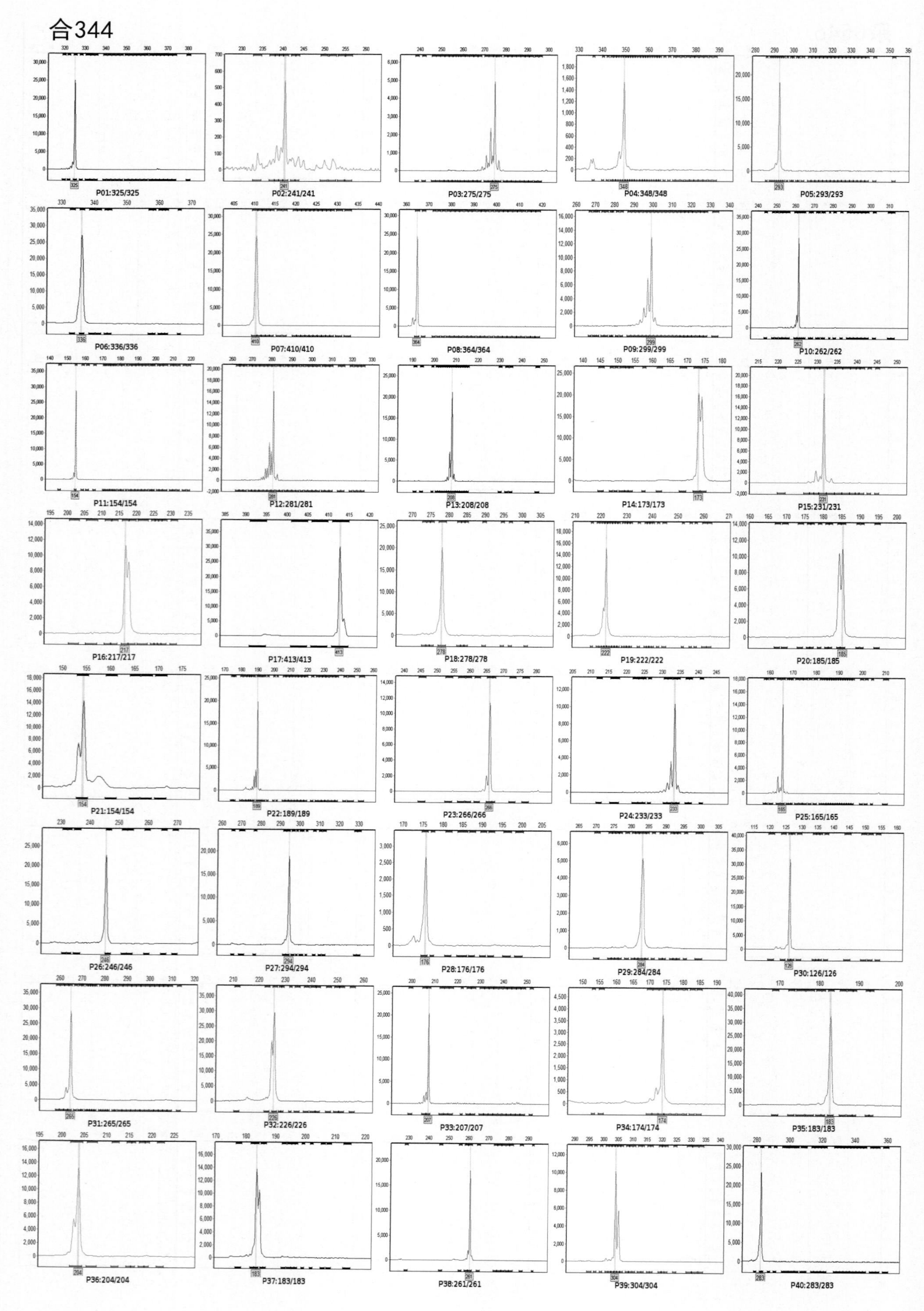

P01:325/325
P02:241/241
P03:275/275
P04:348/348
P05:293/293
P06:336/336
P07:410/410
P08:364/364
P09:299/299
P10:262/262
P11:154/154
P12:281/281
P13:208/208
P14:173/173
P15:231/231
P16:217/217
P17:413/413
P18:278/278
P19:222/222
P20:185/185
P21:154/154
P22:189/189
P23:266/266
P24:233/233
P25:165/165
P26:246/246
P27:294/294
P28:176/176
P29:284/284
P30:126/126
P31:265/265
P32:226/226
P33:207/207
P34:174/174
P35:183/183
P36:204/204
P37:183/183
P38:261/261
P39:304/304
P40:283/283

双741

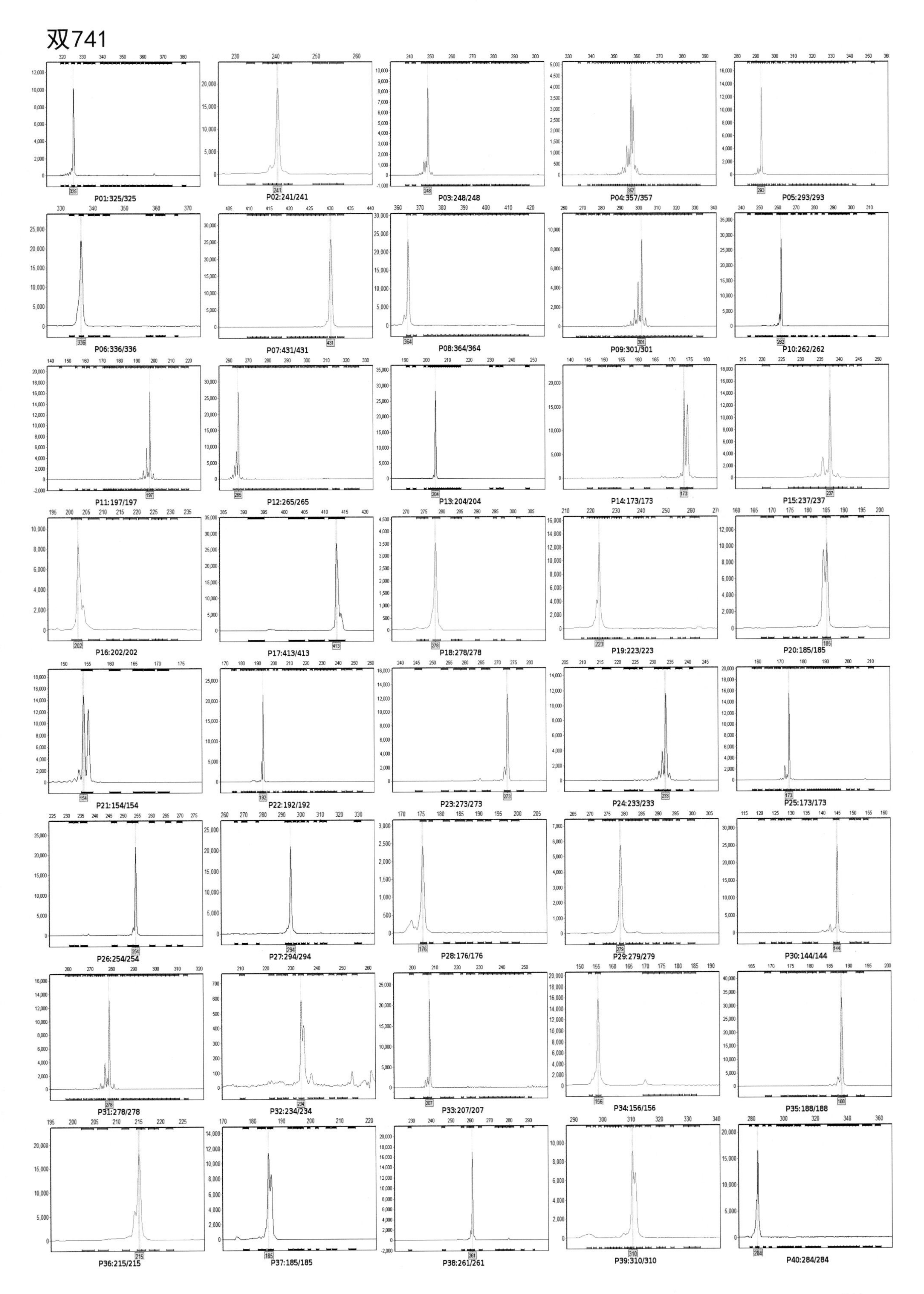
P01:325/325
P02:241/241
P03:248/248
P04:357/357
P05:293/293
P06:336/336
P07:431/431
P08:364/364
P09:301/301
P10:262/262
P11:197/197
P12:265/265
P13:204/204
P14:173/173
P15:237/237
P16:202/202
P17:413/413
P18:278/278
P19:223/223
P20:185/185
P21:154/154
P22:192/192
P23:273/273
P24:233/233
P25:173/173
P26:254/254
P27:294/294
P28:176/176
P29:279/279
P30:144/144
P31:278/278
P32:234/234
P33:207/207
P34:156/156
P35:188/188
P36:215/215
P37:185/185
P38:261/261
P39:310/310
P40:284/284

中白11

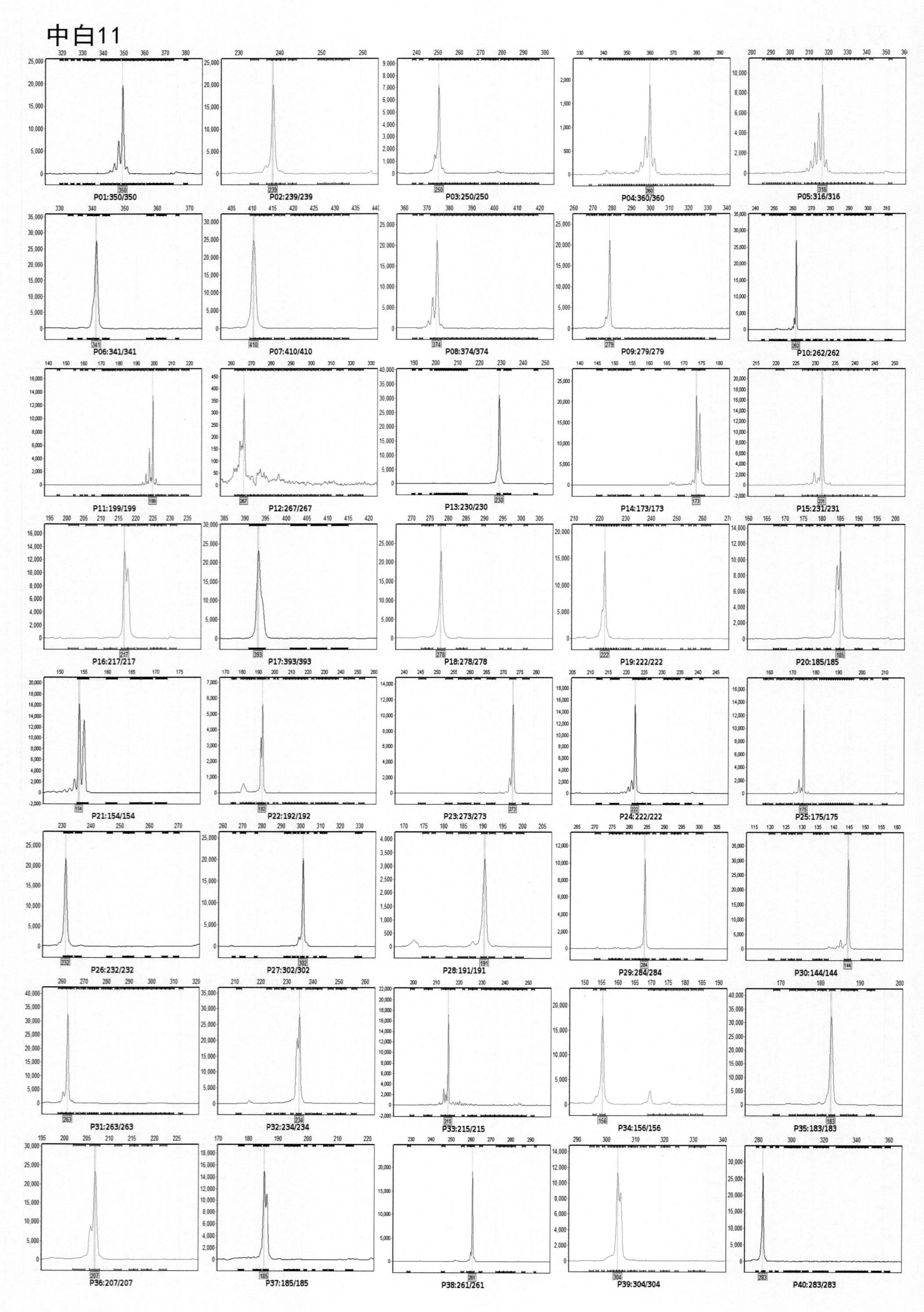
P01:350/350
P02:239/239
P03:250/250
P04:360/360
P05:316/316
P06:341/341
P07:410/410
P08:374/374
P09:279/279
P10:262/262
P11:199/199
P12:267/267
P13:230/230
P14:173/173
P15:231/231
P16:217/217
P17:393/393
P18:278/278
P19:222/222
P20:185/185
P21:154/154
P22:192/192
P23:273/273
P24:222/222
P25:175/175
P26:232/232
P27:302/302
P28:191/191
P29:284/284
P30:144/144
P31:263/263
P32:234/234
P33:215/215
P34:156/156
P35:183/183
P36:207/207
P37:185/185
P38:261/261
P39:304/304
P40:283/283

荻唐黄

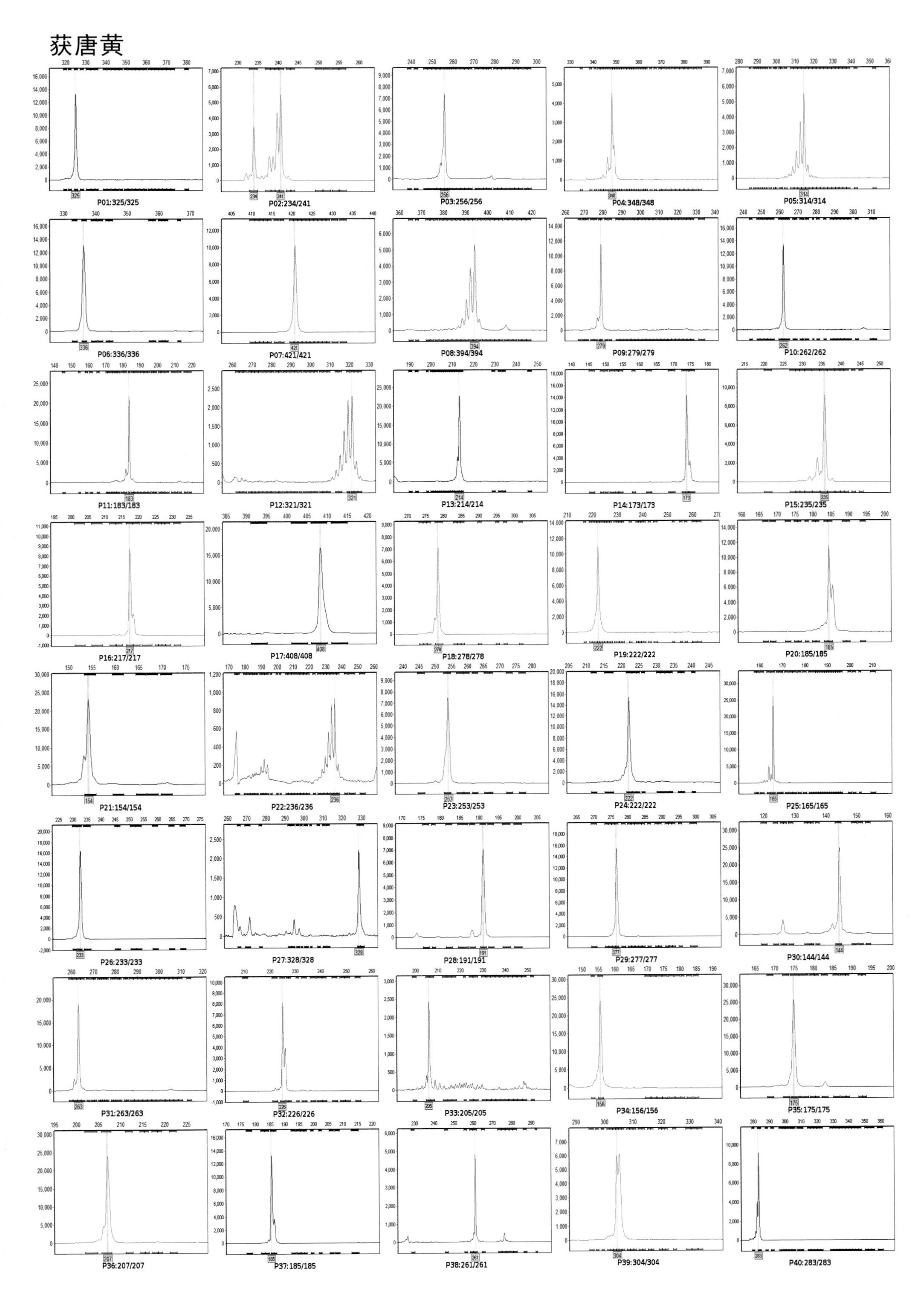

P01:325/325
P02:234/241
P03:256/256
P04:348/348
P05:314/314
P06:336/336
P07:421/421
P08:394/394
P09:279/279
P10:262/262
P11:183/183
P12:321/321
P13:214/214
P14:173/173
P15:235/235
P16:217/217
P17:408/408
P18:278/278
P19:222/222
P20:185/185
P21:154/154
P22:236/236
P23:253/253
P24:222/222
P25:165/165
P26:233/233
P27:328/328
P28:191/191
P29:277/277
P30:144/144
P31:263/263
P32:226/226
P33:205/205
P34:156/156
P35:175/175
P36:207/207
P37:185/185
P38:261/261
P39:304/304
P40:283/283

吉1037

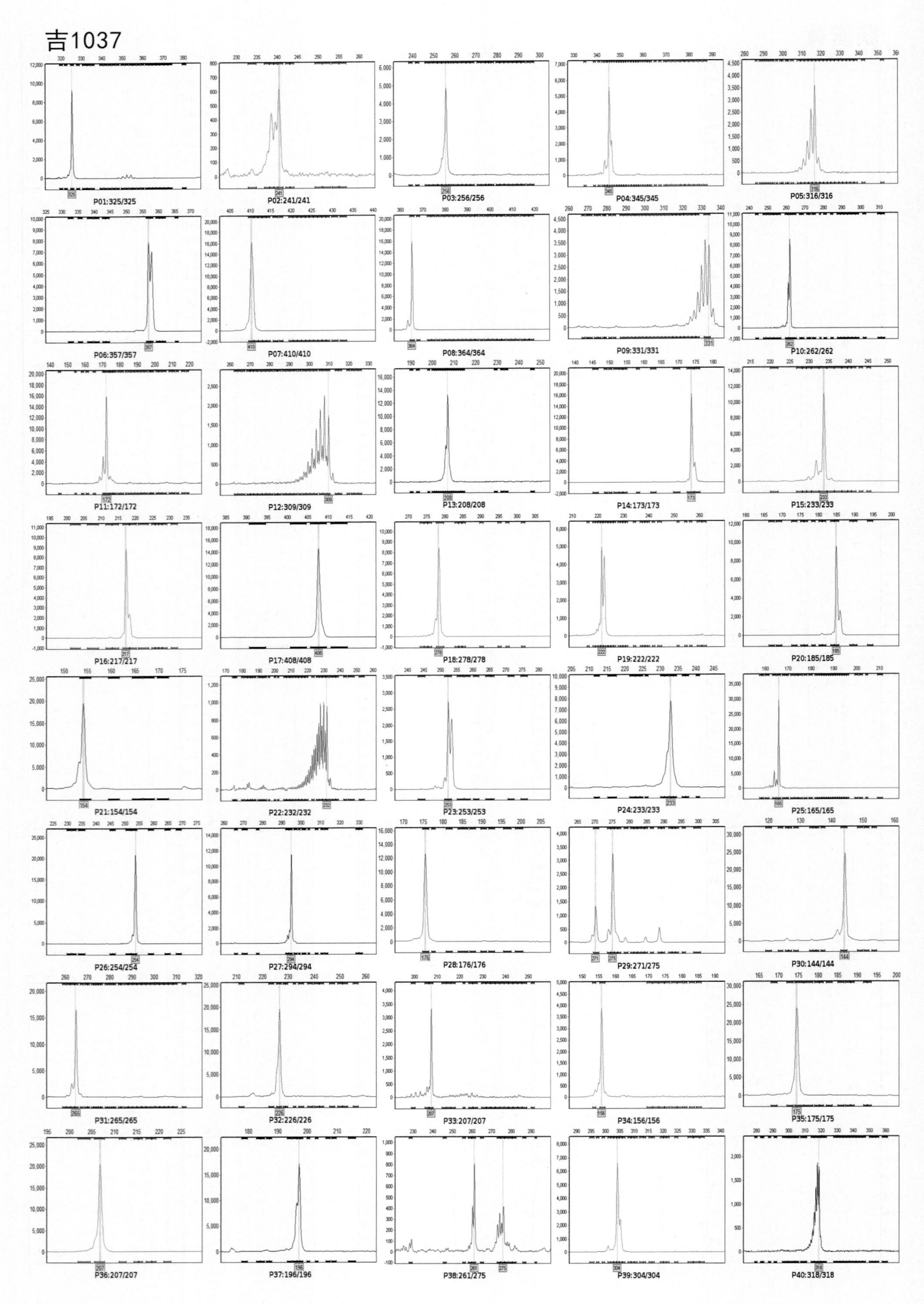
P01:325/325
P02:241/241
P03:256/256
P04:345/345
P05:316/316
P06:357/357
P07:410/410
P08:364/364
P09:331/331
P10:262/262
P11:172/172
P12:309/309
P13:208/208
P14:173/173
P15:233/233
P16:217/217
P17:408/408
P18:278/278
P19:222/222
P20:185/185
P21:154/154
P22:232/232
P23:253/253
P24:233/233
P25:165/165
P26:254/254
P27:294/294
P28:176/176
P29:271/275
P30:144/144
P31:265/265
P32:226/226
P33:207/207
P34:156/156
P35:175/175
P36:207/207
P37:196/196
P38:261/275
P39:304/304
P40:318/318

吉842

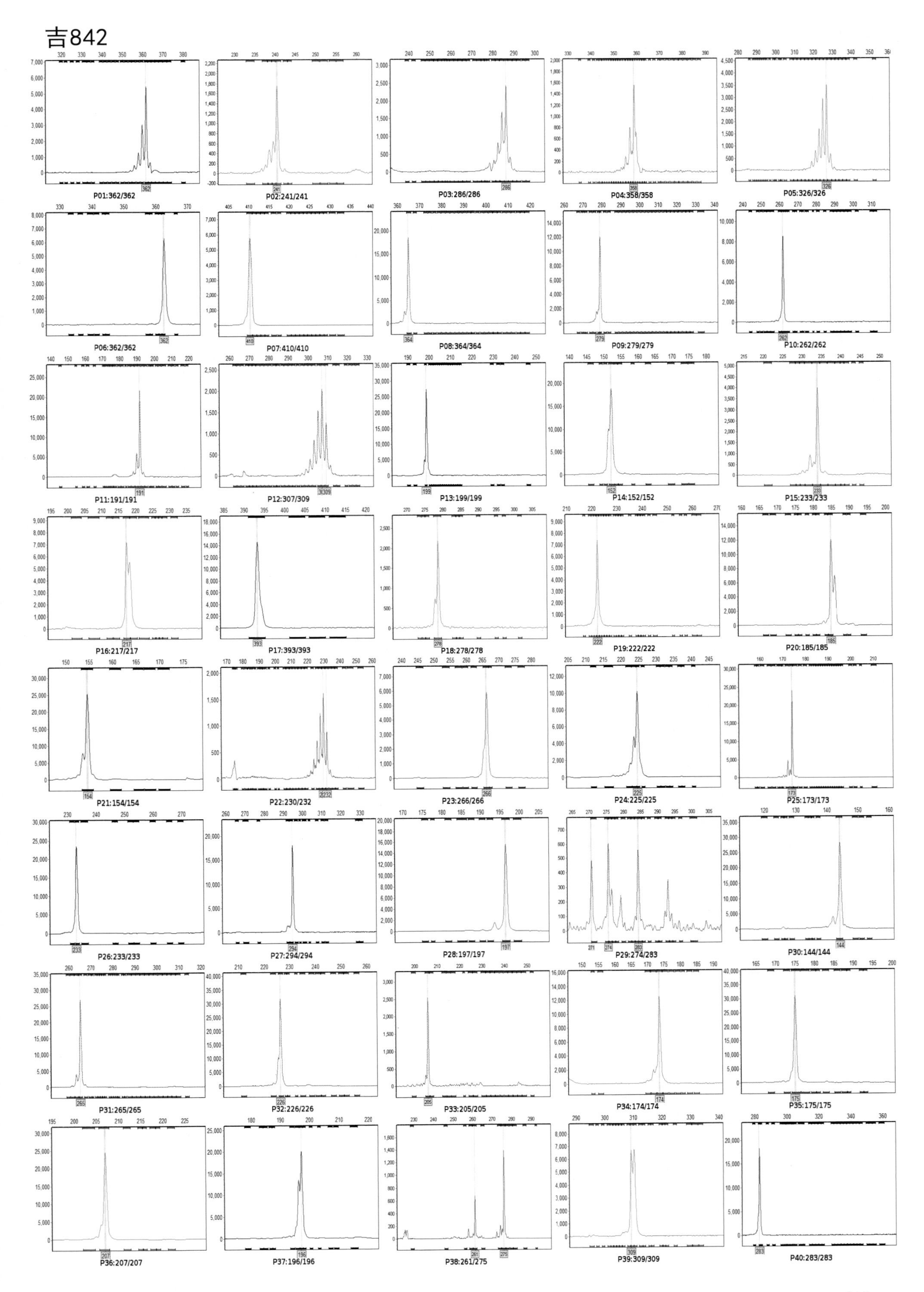
P01:362/362
P02:241/241
P03:286/286
P04:358/358
P05:326/326
P06:362/362
P07:410/410
P08:364/364
P09:279/279
P10:262/262
P11:191/191
P12:307/309
P13:199/199
P14:152/152
P15:233/233
P16:217/217
P17:393/393
P18:278/278
P19:222/222
P20:185/185
P21:154/154
P22:230/232
P23:266/266
P24:225/225
P25:173/173
P26:233/233
P27:294/294
P28:197/197
P29:274/283
P30:144/144
P31:265/265
P32:226/226
P33:205/205
P34:174/174
P35:175/175
P36:207/207
P37:196/196
P38:261/275
P39:309/309
P40:283/283

吉846

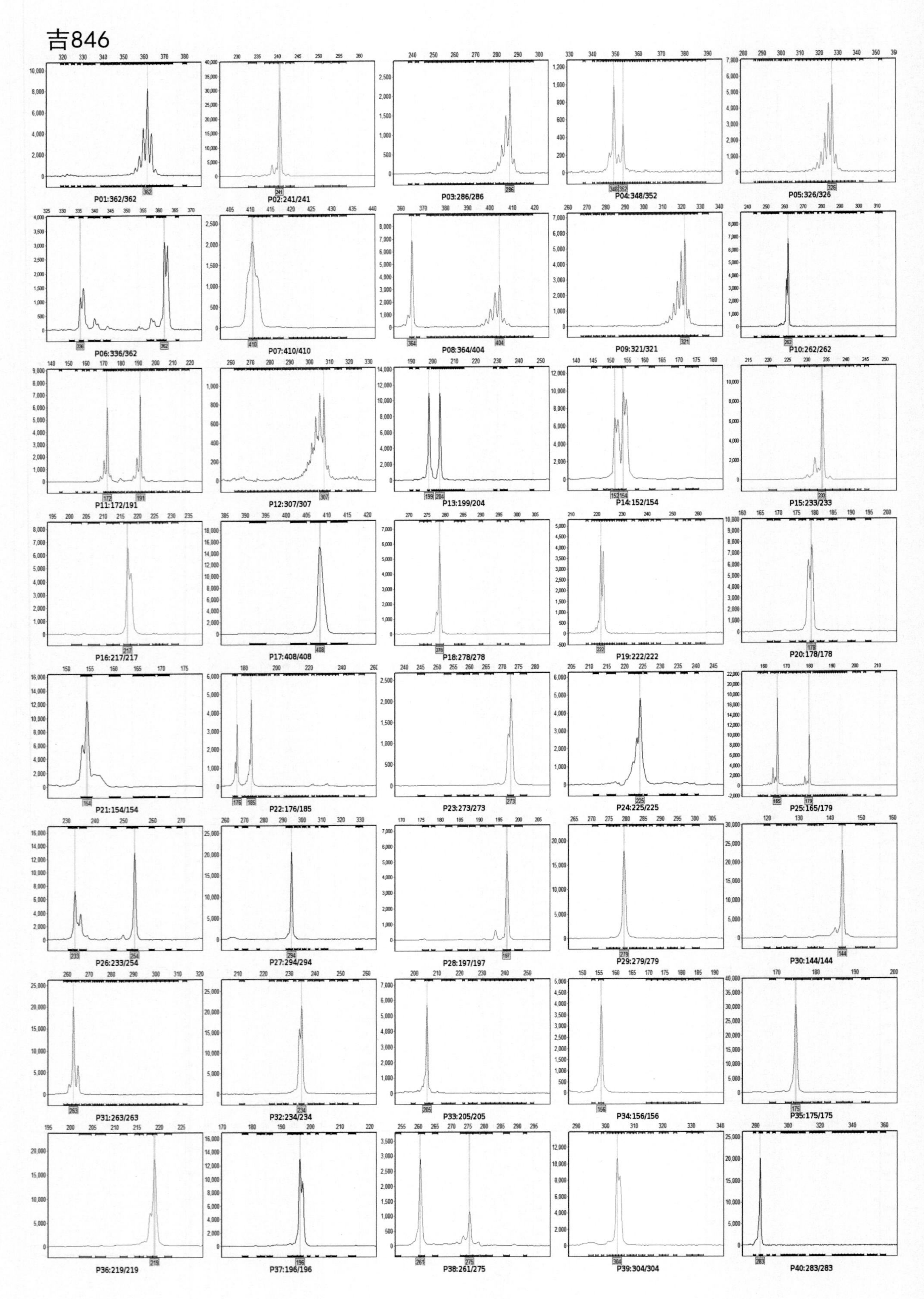

P01:362/362
P02:241/241
P03:286/286
P04:348/352
P05:326/326
P06:336/362
P07:410/410
P08:364/404
P09:321/321
P10:262/262
P11:172/191
P12:307/307
P13:199/204
P14:152/154
P15:233/233
P16:217/217
P17:408/408
P18:278/278
P19:222/222
P20:178/178
P21:154/154
P22:176/185
P23:273/273
P24:225/225
P25:165/179
P26:233/254
P27:294/294
P28:197/197
P29:279/279
P30:144/144
P31:263/263
P32:234/234
P33:205/205
P34:156/156
P35:175/175
P36:219/219
P37:196/196
P38:261/275
P39:304/304
P40:283/283

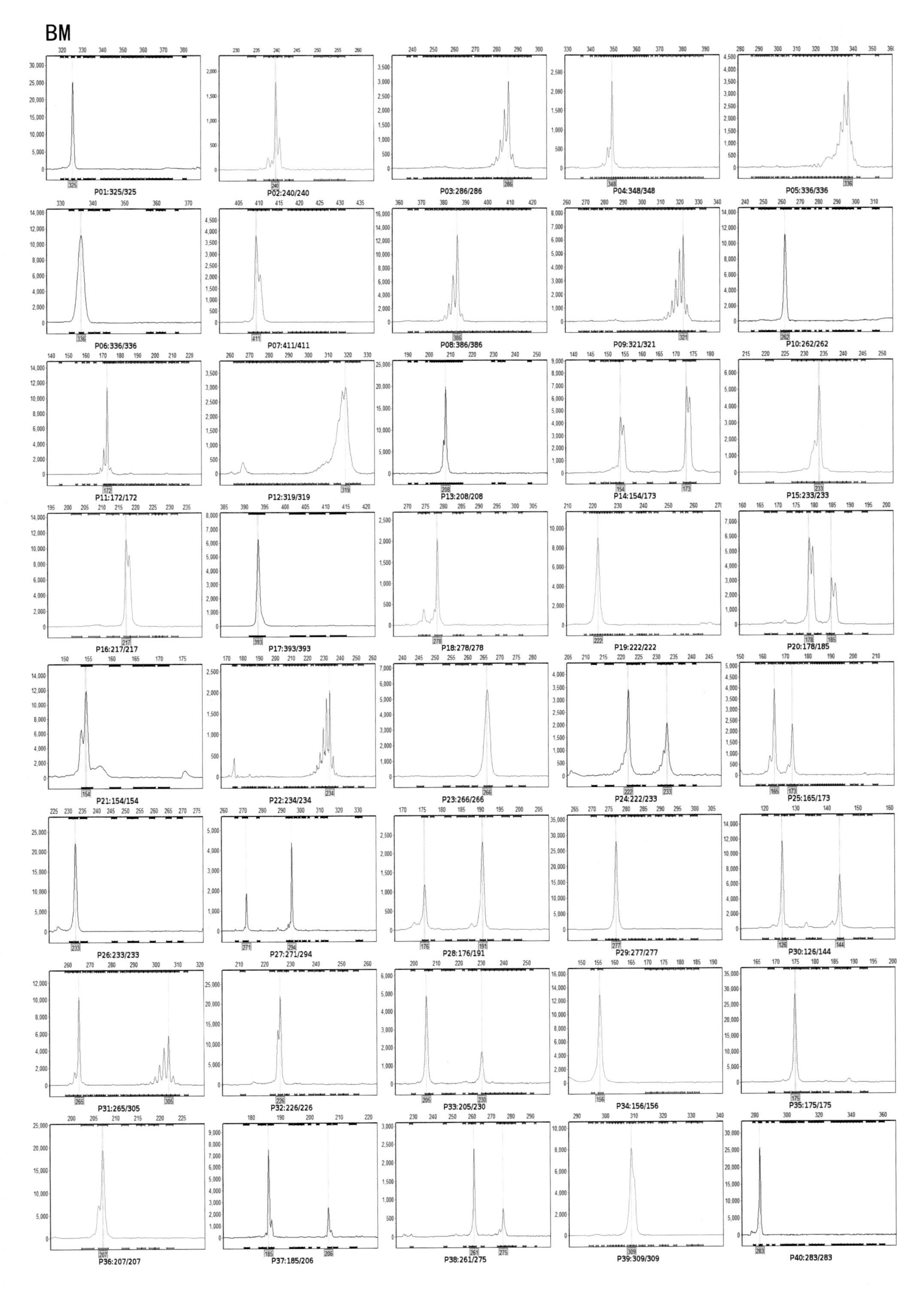
BM
P01:325/325
P02:240/240
P03:286/286
P04:348/348
P05:336/336
P06:336/336
P07:411/411
P08:386/386
P09:321/321
P10:262/262
P11:172/172
P12:319/319
P13:208/208
P14:154/173
P15:233/233
P16:217/217
P17:393/393
P18:278/278
P19:222/222
P20:178/185
P21:154/154
P22:234/234
P23:266/266
P24:222/233
P25:165/173
P26:233/233
P27:271/294
P28:176/191
P29:277/277
P30:126/144
P31:265/305
P32:226/226
P33:205/230
P34:156/156
P35:175/175
P36:207/207
P37:185/206
P38:261/275
P39:309/309
P40:283/283

阿049

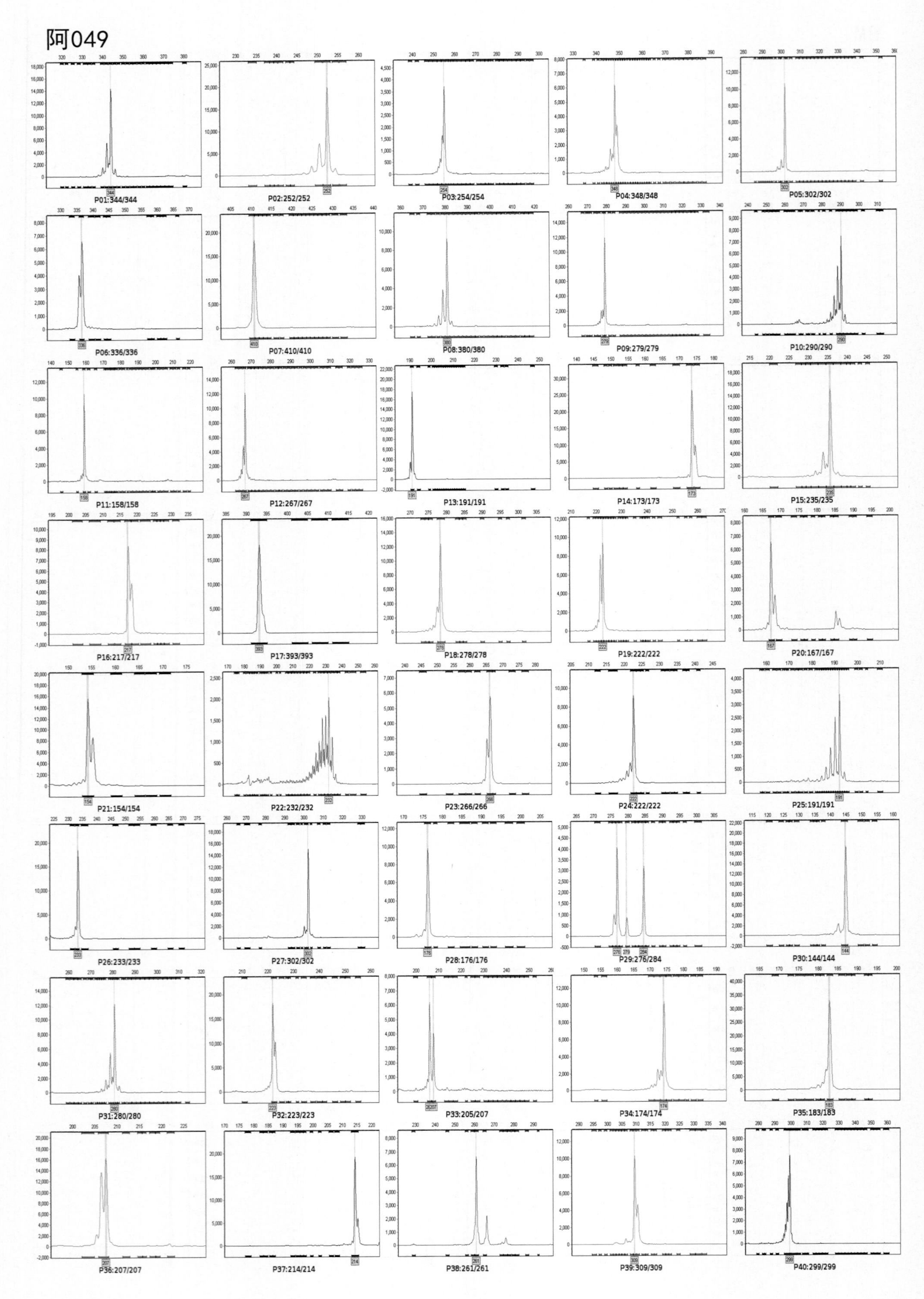
P01:344/344
P02:252/252
P03:254/254
P04:348/348
P05:302/302
P06:336/336
P07:410/410
P08:380/380
P09:279/279
P10:290/290
P11:158/158
P12:267/267
P13:191/191
P14:173/173
P15:235/235
P16:217/217
P17:393/393
P18:278/278
P19:222/222
P20:167/167
P21:154/154
P22:232/232
P23:266/266
P24:222/222
P25:191/191
P26:233/233
P27:302/302
P28:176/176
P29:276/284
P30:144/144
P31:280/280
P32:223/223
P33:205/207
P34:174/174
P35:183/183
P36:207/207
P37:214/214
P38:261/261
P39:309/309
P40:299/299

K10

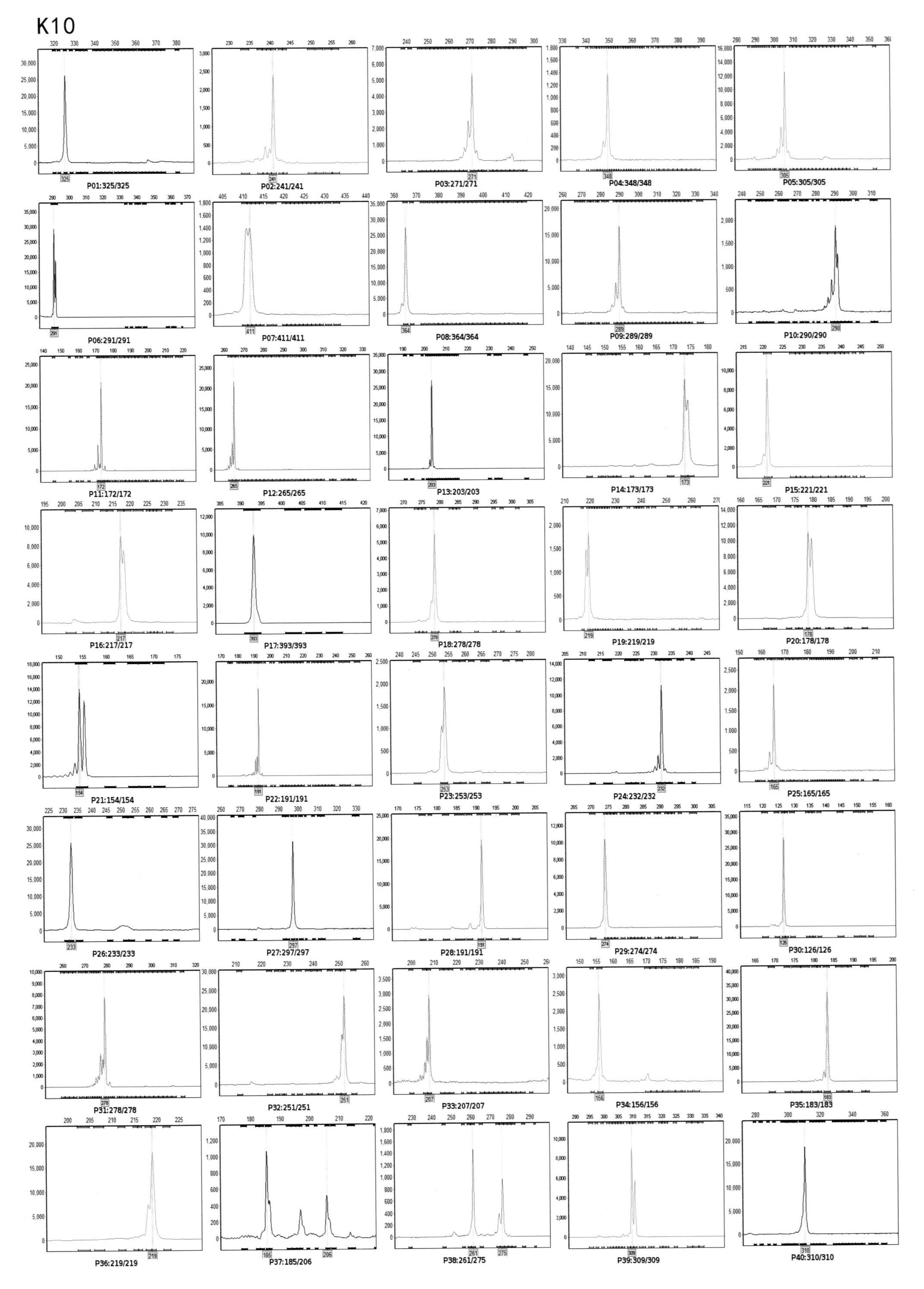
P01:325/325
P02:241/241
P03:271/271
P04:348/348
P05:305/305
P06:291/291
P07:411/411
P08:364/364
P09:289/289
P10:290/290
P11:172/172
P12:265/265
P13:203/203
P14:173/173
P15:221/221
P16:217/217
P17:393/393
P18:278/278
P19:219/219
P20:178/178
P21:154/154
P22:191/191
P23:253/253
P24:232/232
P25:165/165
P26:233/233
P27:297/297
P28:191/191
P29:274/274
P30:126/126
P31:278/278
P32:251/251
P33:207/207
P34:156/156
P35:183/183
P36:219/219
P37:185/206
P38:261/275
P39:309/309
P40:310/310

辽轮10732

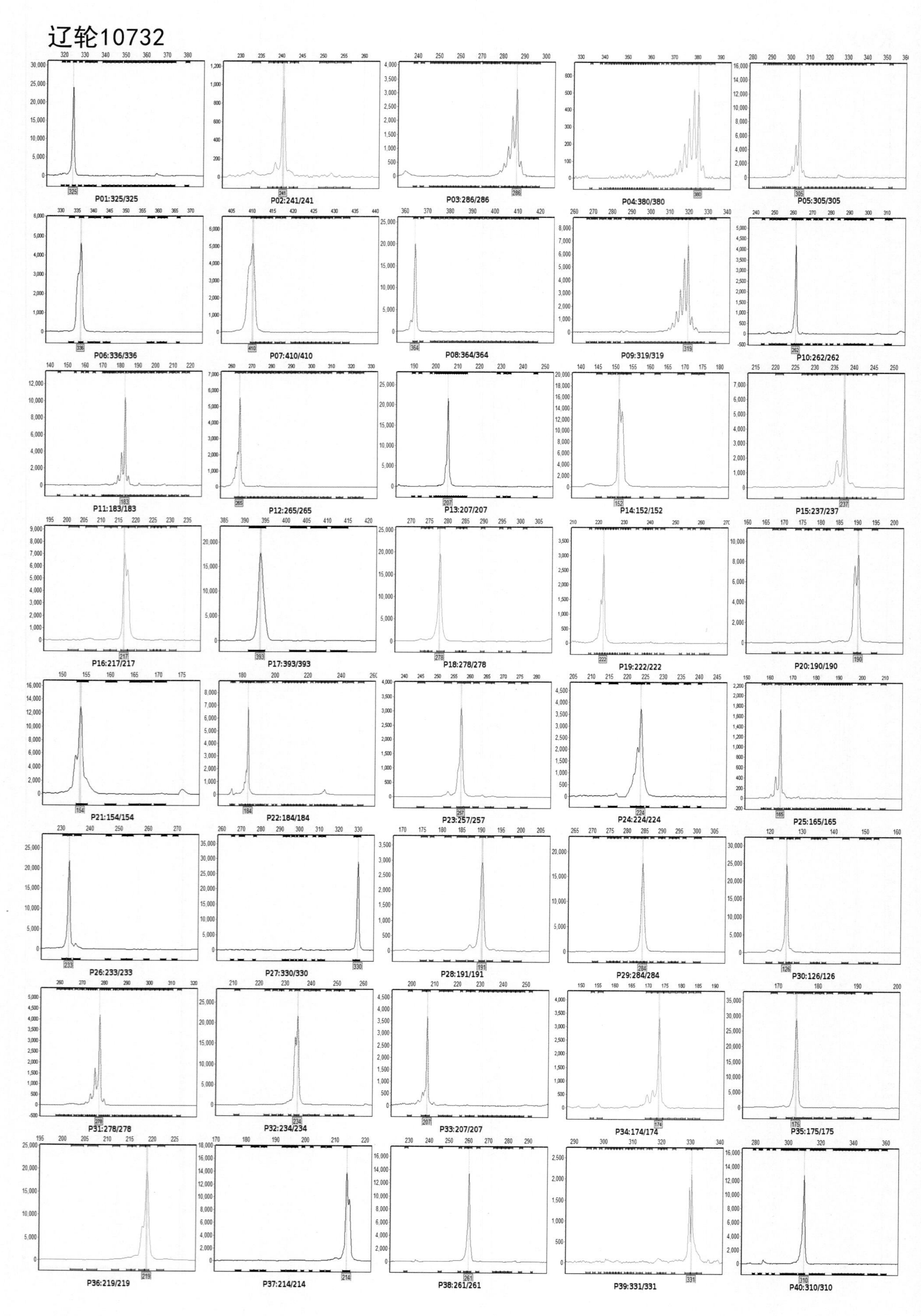

P01:325/325
P02:241/241
P03:286/286
P04:380/380
P05:305/305
P06:336/336
P07:410/410
P08:364/364
P09:319/319
P10:262/262
P11:183/183
P12:265/265
P13:207/207
P14:152/152
P15:237/237
P16:217/217
P17:393/393
P18:278/278
P19:222/222
P20:190/190
P21:154/154
P22:184/184
P23:257/257
P24:224/224
P25:165/165
P26:233/233
P27:330/330
P28:191/191
P29:284/284
P30:126/126
P31:278/278
P32:234/234
P33:207/207
P34:174/174
P35:175/175
P36:219/219
P37:214/214
P38:261/261
P39:331/331
P40:310/310

D375

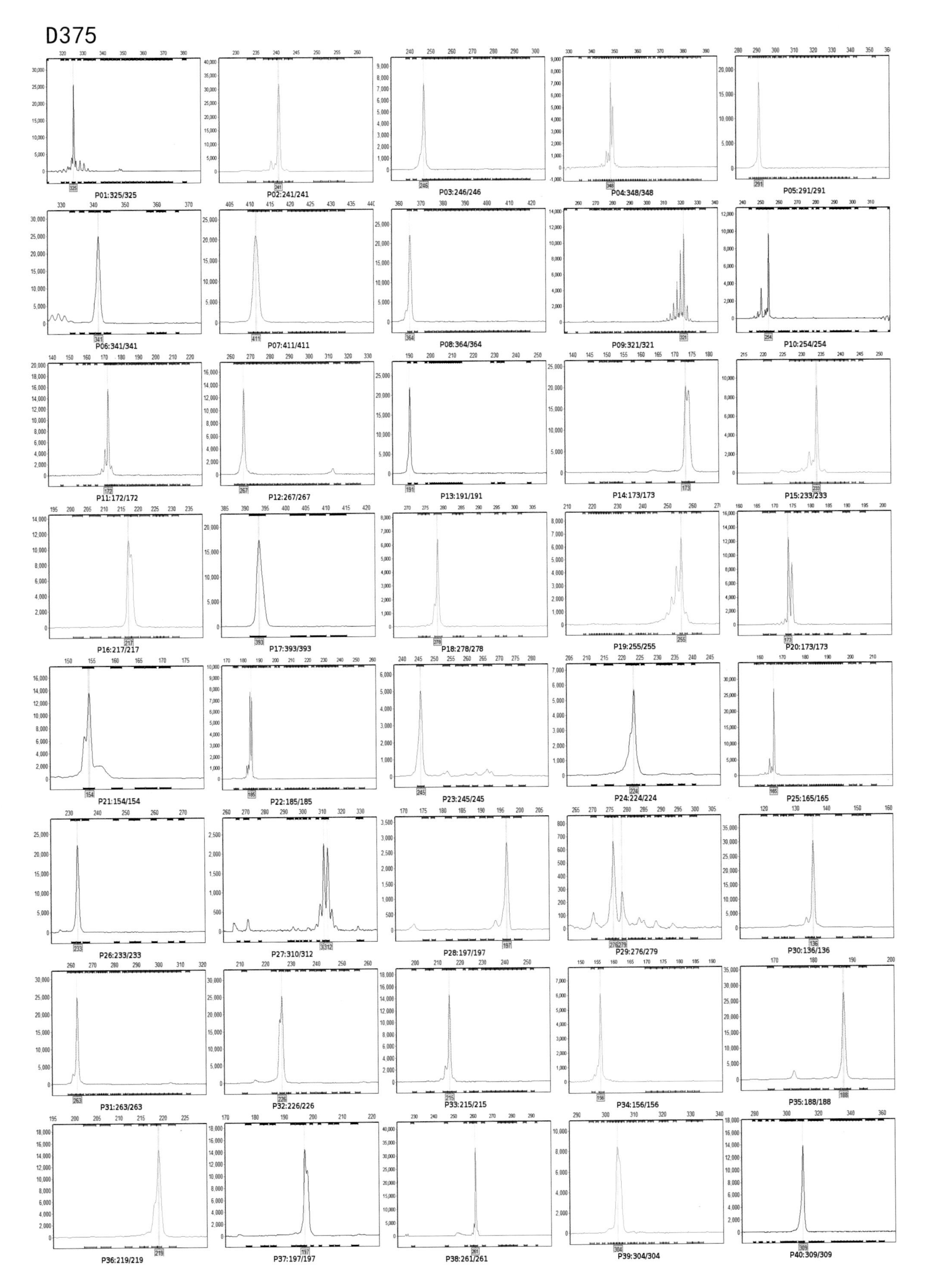
P01:325/325
P02:241/241
P03:246/246
P04:348/348
P05:291/291
P06:341/341
P07:411/411
P08:364/364
P09:321/321
P10:254/254
P11:172/172
P12:267/267
P13:191/191
P14:173/173
P15:233/233
P16:217/217
P17:393/393
P18:278/278
P19:255/255
P20:173/173
P21:154/154
P22:185/185
P23:245/245
P24:224/224
P25:165/165
P26:233/233
P27:310/312
P28:197/197
P29:276/279
P30:136/136
P31:263/263
P32:226/226
P33:215/215
P34:156/156
P35:188/188
P36:219/219
P37:197/197
P38:261/261
P39:304/304
P40:309/309

双金-11

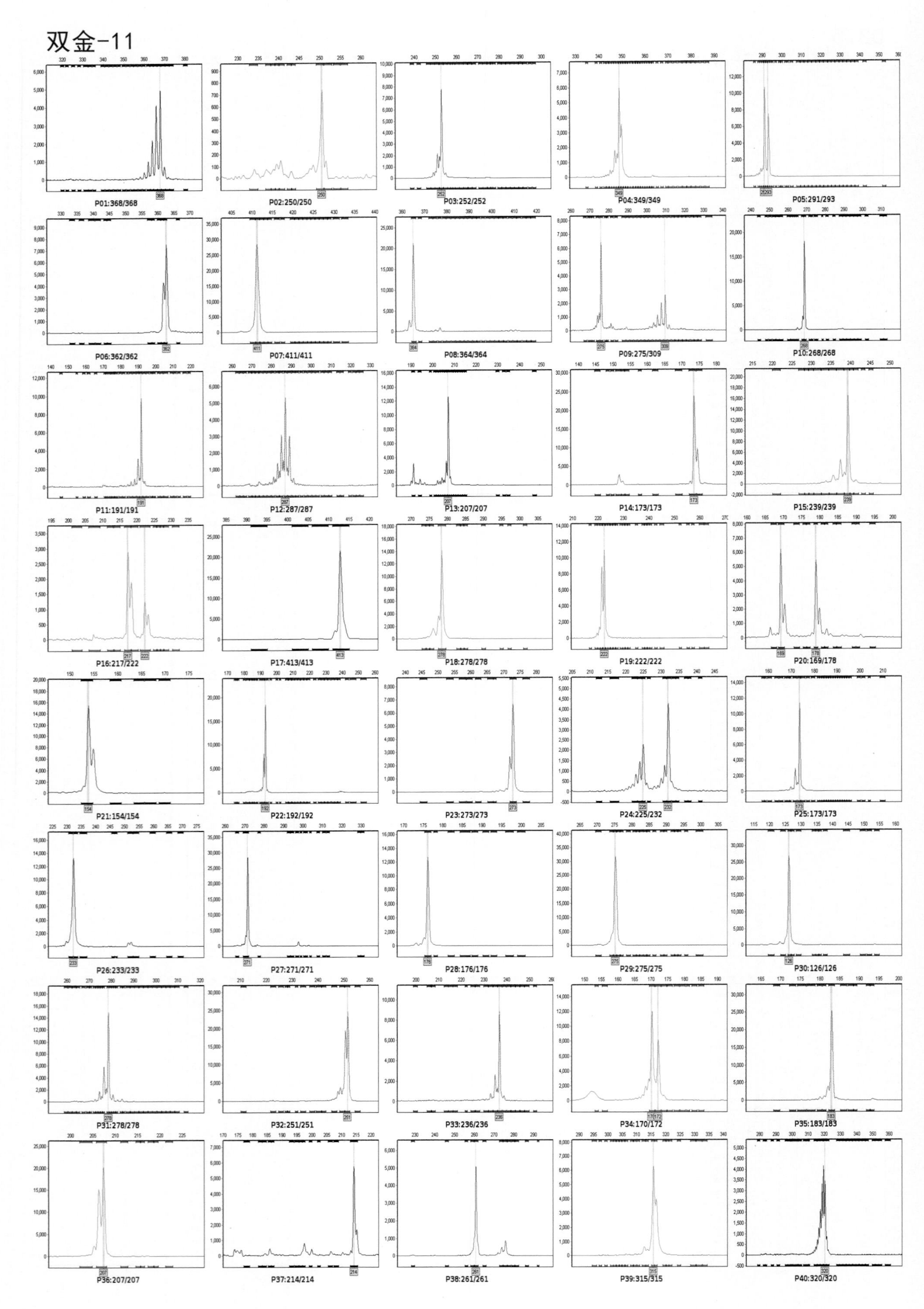
P01:368/368
P02:250/250
P03:252/252
P04:349/349
P05:291/293
P06:362/362
P07:411/411
P08:364/364
P09:275/309
P10:268/268
P11:191/191
P12:287/287
P13:207/207
P14:173/173
P15:239/239
P16:217/222
P17:413/413
P18:278/278
P19:222/222
P20:169/178
P21:154/154
P22:192/192
P23:273/273
P24:225/232
P25:173/173
P26:233/233
P27:271/271
P28:176/176
P29:275/275
P30:126/126
P31:278/278
P32:251/251
P33:236/236
P34:170/172
P35:183/183
P36:207/207
P37:214/214
P38:261/261
P39:315/315
P40:320/320

中85

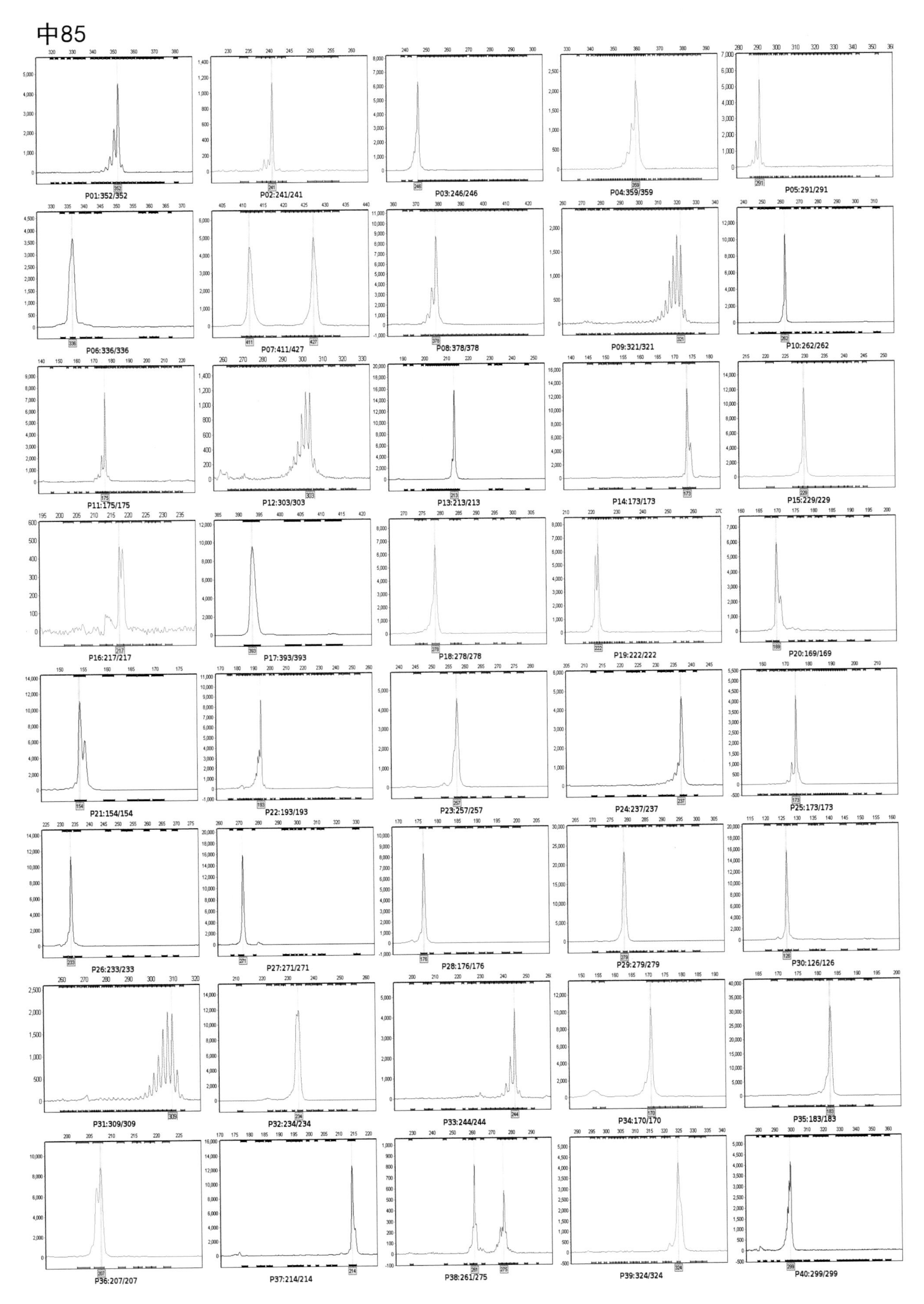
P01:352/352
P02:241/241
P03:246/246
P04:359/359
P05:291/291
P06:336/336
P07:411/427
P08:378/378
P09:321/321
P10:262/262
P11:175/175
P12:303/303
P13:213/213
P14:173/173
P15:229/229
P16:217/217
P17:393/393
P18:278/278
P19:222/222
P20:169/169
P21:154/154
P22:193/193
P23:257/257
P24:237/237
P25:173/173
P26:233/233
P27:271/271
P28:176/176
P29:279/279
P30:126/126
P31:309/309
P32:234/234
P33:244/244
P34:170/170
P35:183/183
P36:207/207
P37:214/214
P38:261/275
P39:324/324
P40:299/299

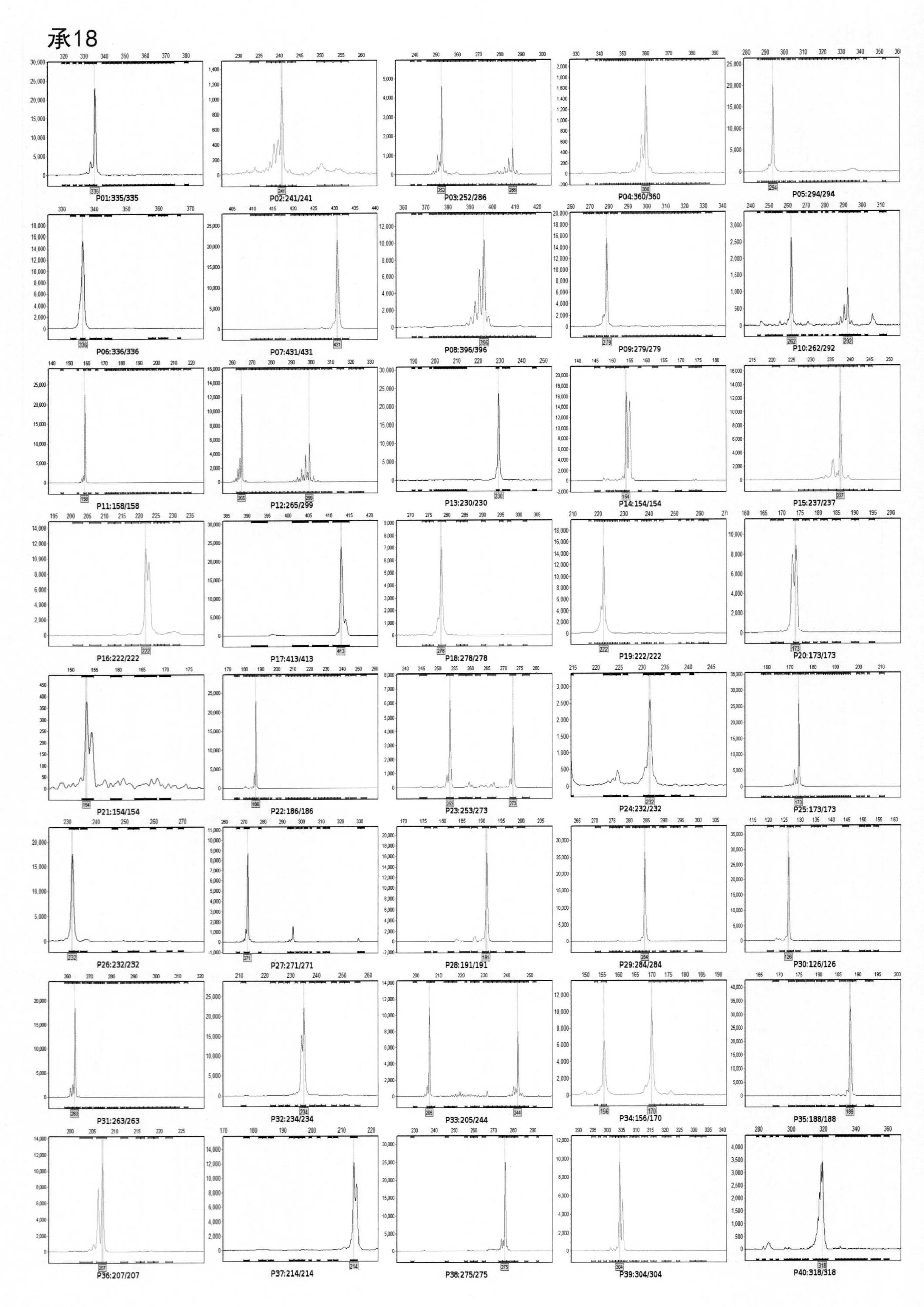
承18
P01:335/335
P02:241/241
P03:252/286
P04:360/360
P05:294/294
P06:336/336
P07:431/431
P08:396/396
P09:279/279
P10:262/292
P11:158/158
P12:265/299
P13:230/230
P14:154/154
P15:237/237
P16:222/222
P17:413/413
P18:278/278
P19:222/222
P20:173/173
P21:154/154
P22:186/186
P23:253/273
P24:232/232
P25:173/173
P26:232/232
P27:271/271
P28:191/191
P29:284/284
P30:126/126
P31:263/263
P32:234/234
P33:205/244
P34:156/170
P35:188/188
P36:207/207
P37:214/214
P38:275/275
P39:304/304
P40:318/318

龙抗11

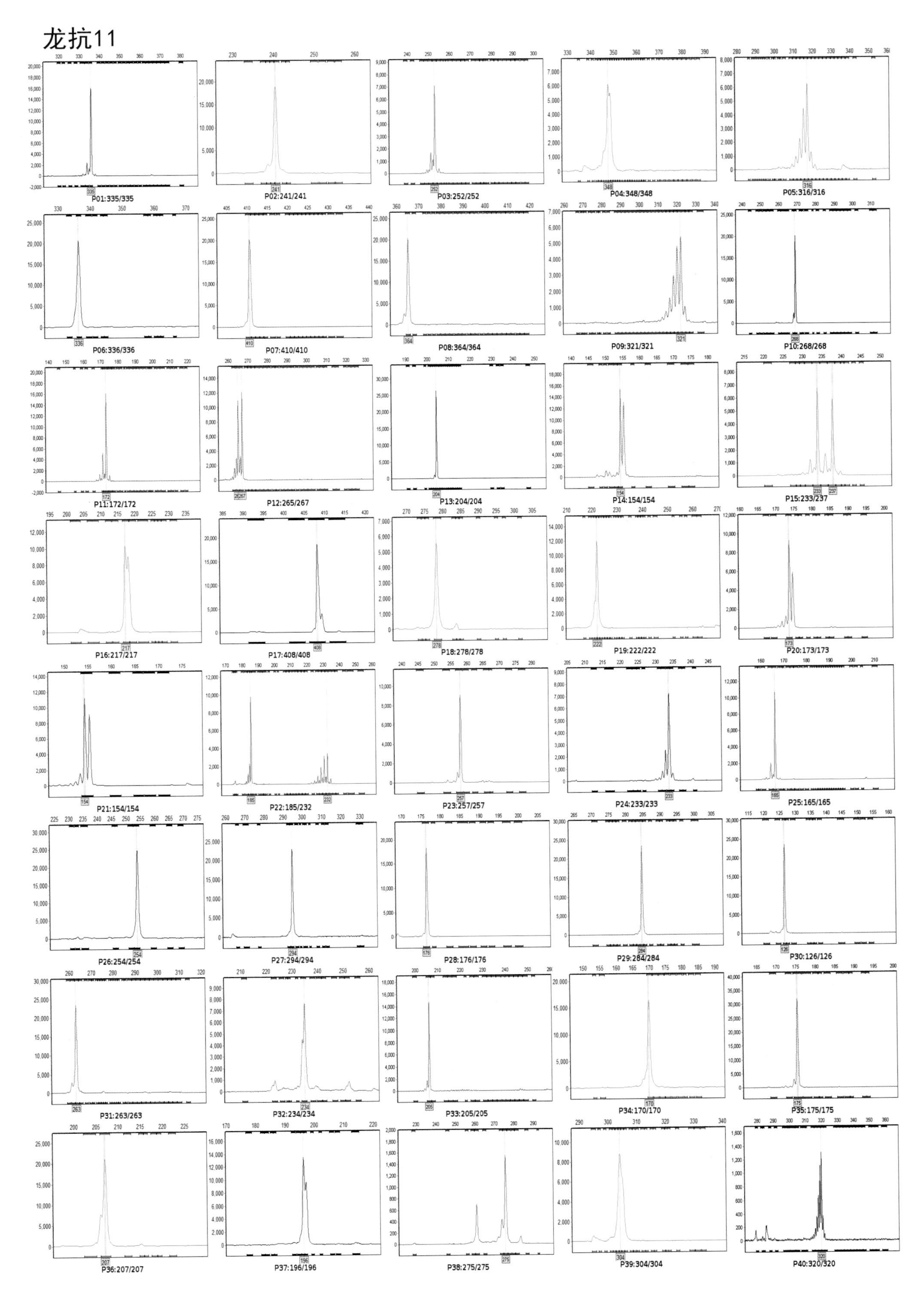

P01:335/335
P02:241/241
P03:252/252
P04:348/348
P05:316/316
P06:336/336
P07:410/410
P08:364/364
P09:321/321
P10:268/268
P11:172/172
P12:265/267
P13:204/204
P14:154/154
P15:233/237
P16:217/217
P17:408/408
P18:278/278
P19:222/222
P20:173/173
P21:154/154
P22:185/232
P23:257/257
P24:233/233
P25:165/165
P26:254/254
P27:294/294
P28:176/176
P29:284/284
P30:126/126
P31:263/263
P32:234/234
P33:205/205
P34:170/170
P35:175/175
P36:207/207
P37:196/196
P38:275/275
P39:304/304
P40:320/320

428

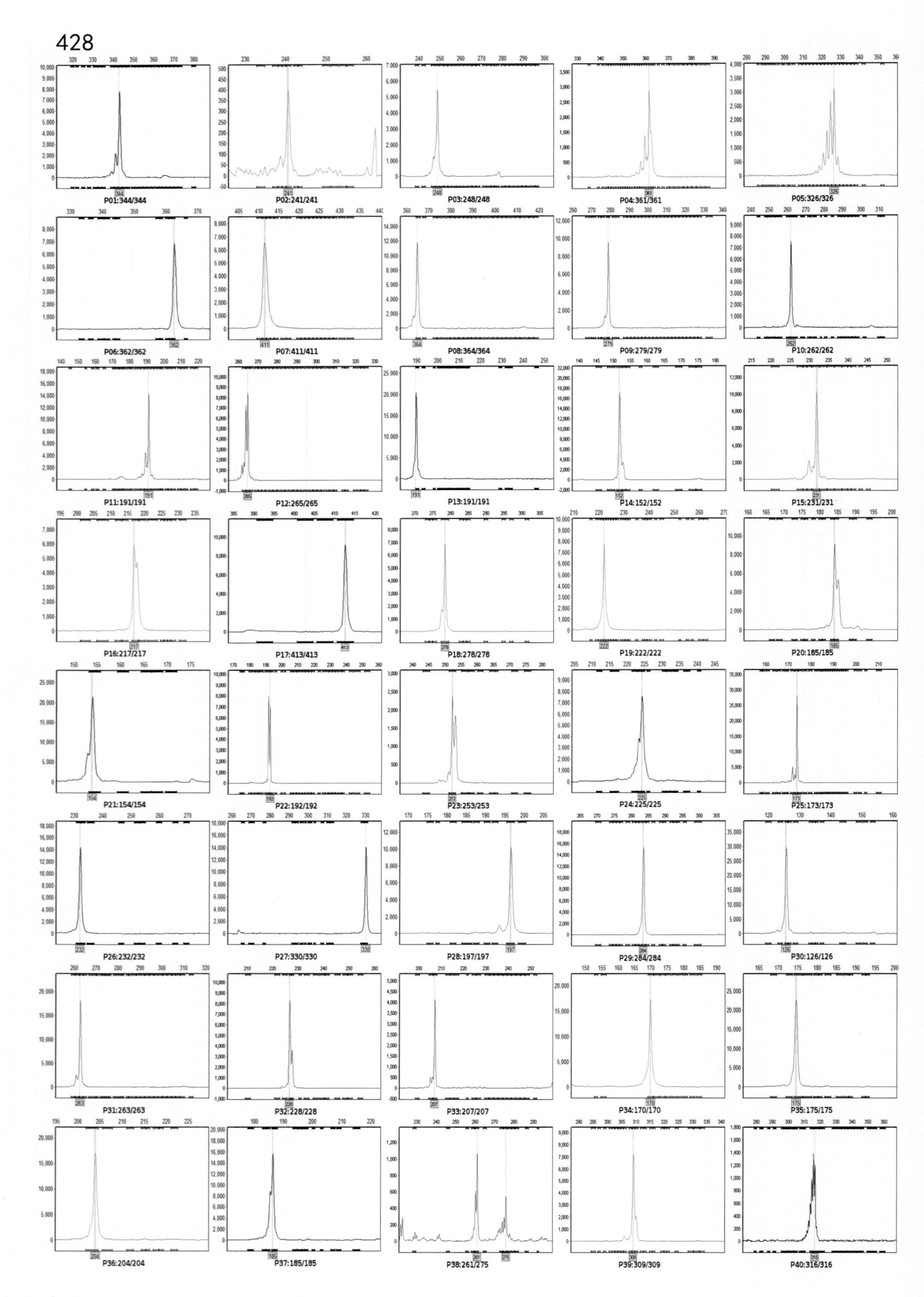

P01:344/344
P02:241/241
P03:248/248
P04:361/361
P05:326/326
P06:362/362
P07:411/411
P08:364/364
P09:279/279
P10:262/262
P11:191/191
P12:265/265
P13:191/191
P14:152/152
P15:231/231
P16:217/217
P17:413/413
P18:278/278
P19:222/222
P20:185/185
P21:154/154
P22:192/192
P23:253/253
P24:225/225
P25:173/173
P26:232/232
P27:330/330
P28:197/197
P29:284/284
P30:126/126
P31:263/263
P32:228/228
P33:207/207
P34:170/170
P35:175/175
P36:204/204
P37:185/185
P38:261/275
P39:309/309
P40:316/316

高八

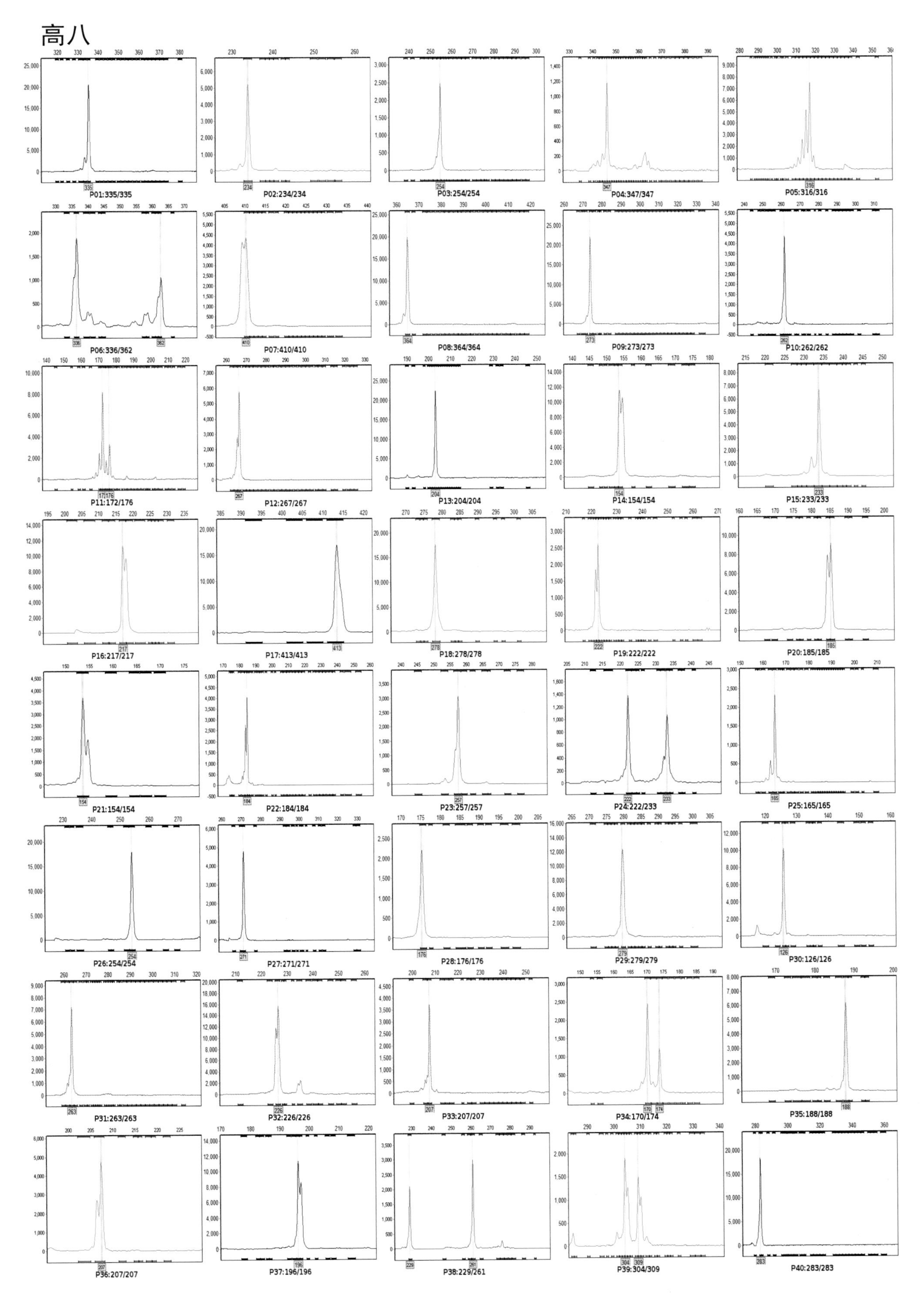
P01:335/335
P02:234/234
P03:254/254
P04:347/347
P05:316/316
P06:336/362
P07:410/410
P08:364/364
P09:273/273
P10:262/262
P11:172/176
P12:267/267
P13:204/204
P14:154/154
P15:233/233
P16:217/217
P17:413/413
P18:278/278
P19:222/222
P20:185/185
P21:154/154
P22:184/184
P23:257/257
P24:222/233
P25:165/165
P26:254/254
P27:271/271
P28:176/176
P29:279/279
P30:126/126
P31:263/263
P32:226/226
P33:207/207
P34:170/174
P35:188/188
P36:207/207
P37:196/196
P38:229/261
P39:304/309
P40:283/283

135

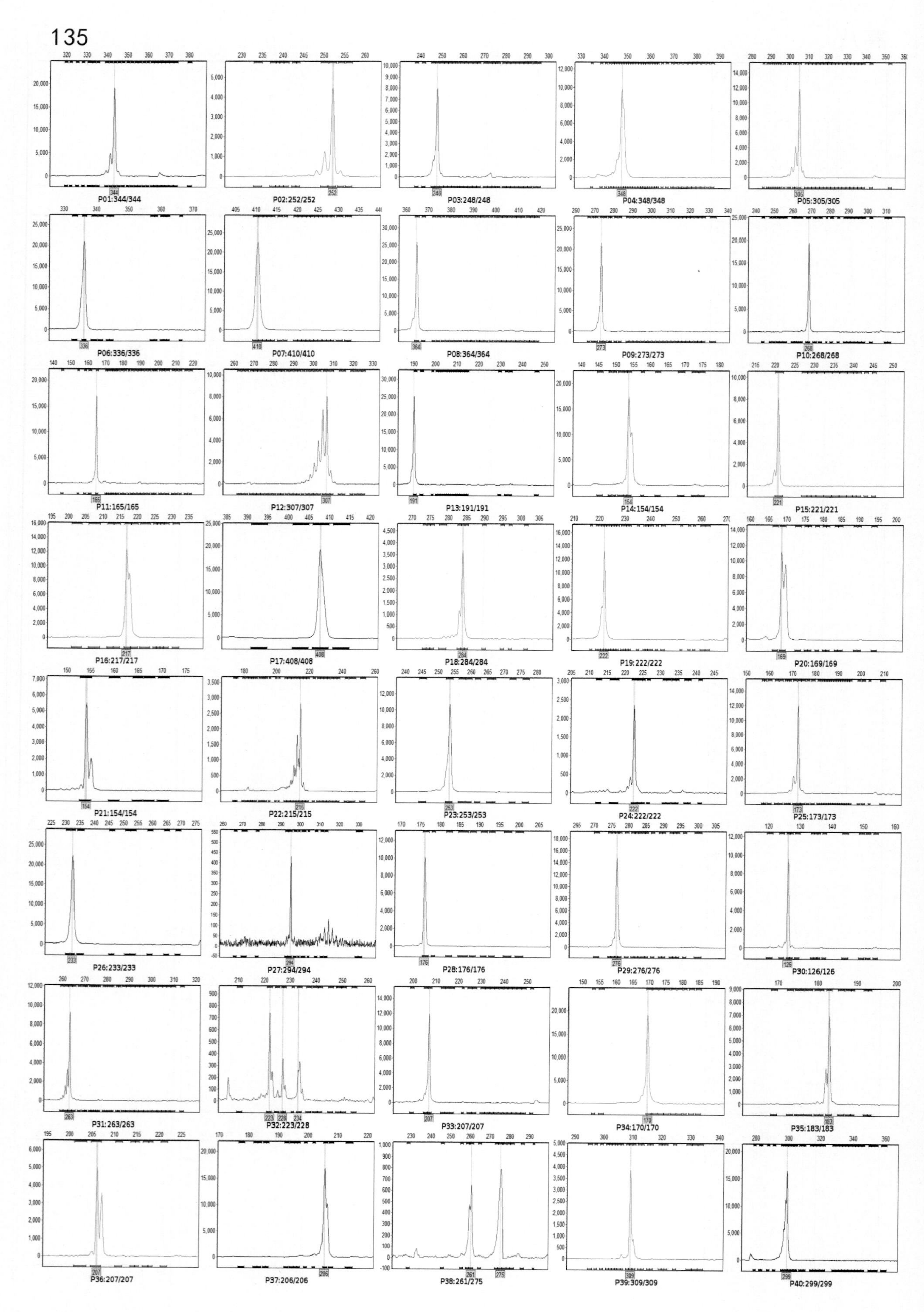

P01:344/344
P02:252/252
P03:248/248
P04:348/348
P05:305/305
P06:336/336
P07:410/410
P08:364/364
P09:273/273
P10:268/268
P11:165/165
P12:307/307
P13:191/191
P14:154/154
P15:221/221
P16:217/217
P17:408/408
P18:284/284
P19:222/222
P20:169/169
P21:154/154
P22:215/215
P23:253/253
P24:222/222
P25:173/173
P26:233/233
P27:294/294
P28:176/176
P29:276/276
P30:126/126
P31:263/263
P32:223/228
P33:207/207
P34:170/170
P35:183/183
P36:207/207
P37:206/206
P38:261/275
P39:309/309
P40:299/299

冀53

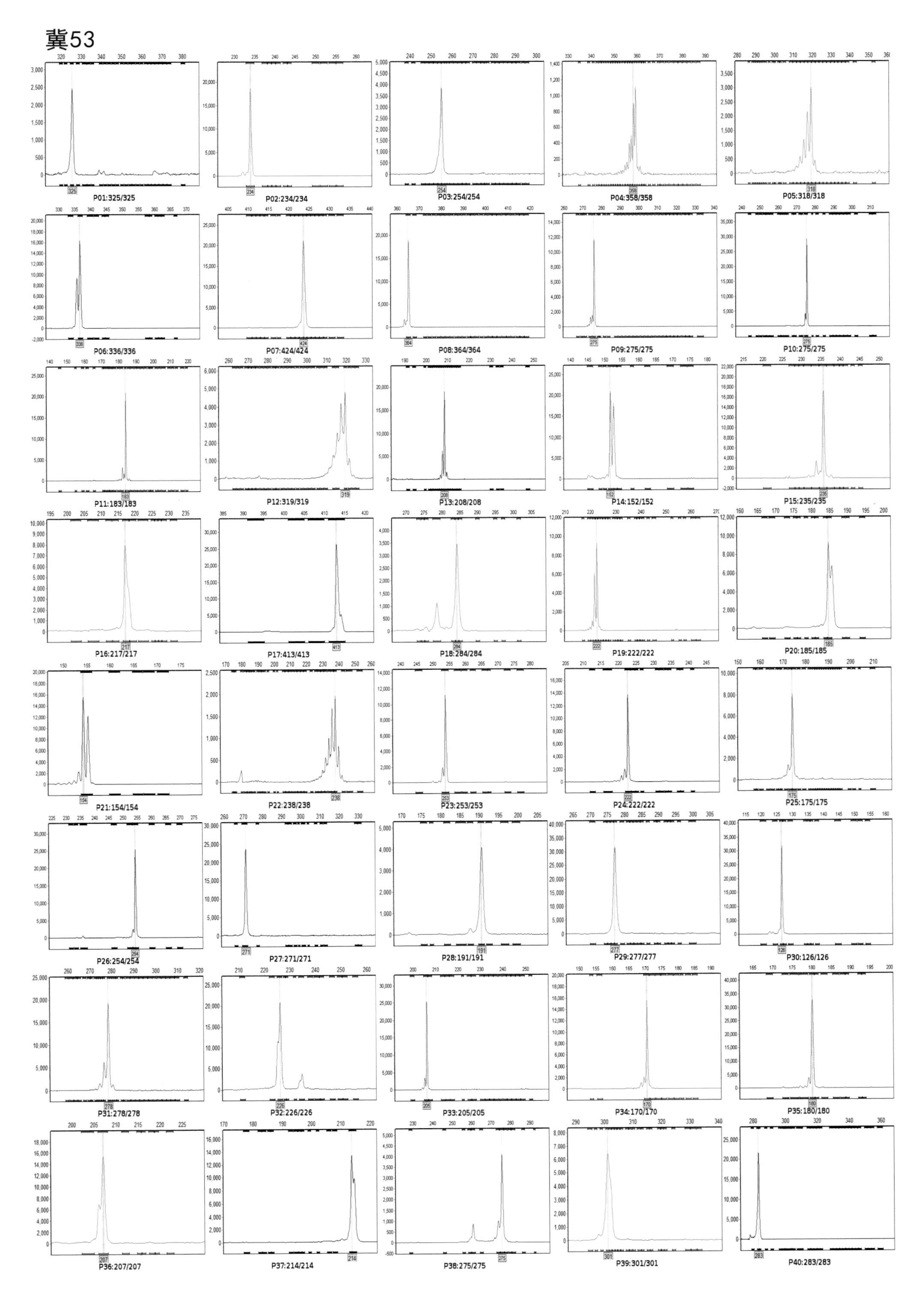

P01:325/325
P02:234/234
P03:254/254
P04:358/358
P05:318/318
P06:336/336
P07:424/424
P08:364/364
P09:275/275
P10:275/275
P11:183/183
P12:319/319
P13:208/208
P14:152/152
P15:235/235
P16:217/217
P17:413/413
P18:284/284
P19:222/222
P20:185/185
P21:154/154
P22:238/238
P23:253/253
P24:222/222
P25:175/175
P26:254/254
P27:271/271
P28:191/191
P29:277/277
P30:126/126
P31:278/278
P32:226/226
P33:205/205
P34:170/170
P35:180/180
P36:207/207
P37:214/214
P38:275/275
P39:301/301
P40:283/283

辐80

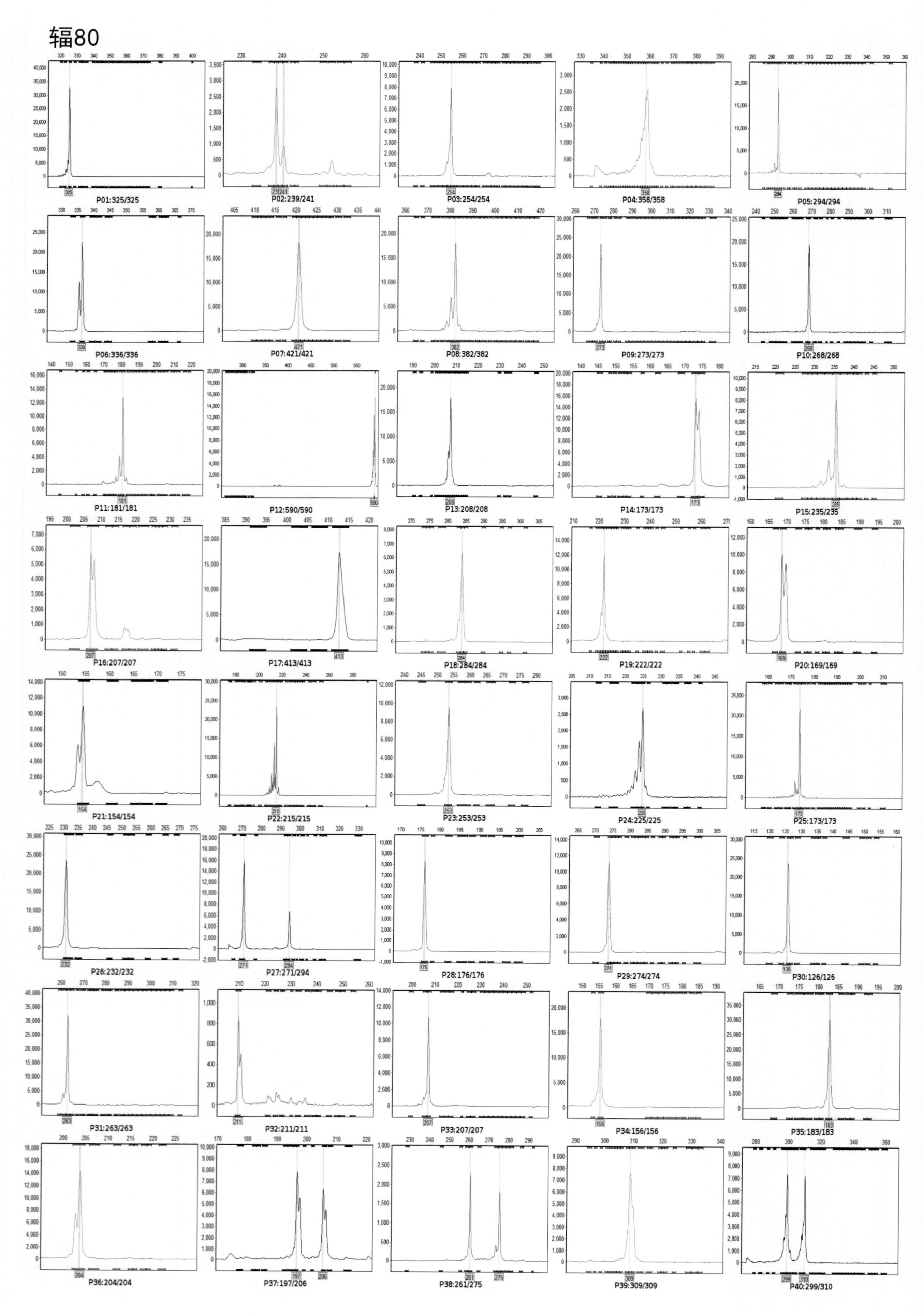
P01:325/325
P02:239/241
P03:254/254
P04:358/358
P05:294/294
P06:336/336
P07:421/421
P08:382/382
P09:273/273
P10:268/268
P11:181/181
P12:590/590
P13:208/208
P14:173/173
P15:235/235
P16:207/207
P17:413/413
P18:284/284
P19:222/222
P20:169/169
P21:154/154
P22:215/215
P23:253/253
P24:225/225
P25:173/173
P26:232/232
P27:271/294
P28:176/176
P29:274/274
P30:126/126
P31:263/263
P32:211/211
P33:207/207
P34:156/156
P35:183/183
P36:204/204
P37:197/206
P38:261/275
P39:309/309
P40:299/310

苏80-1

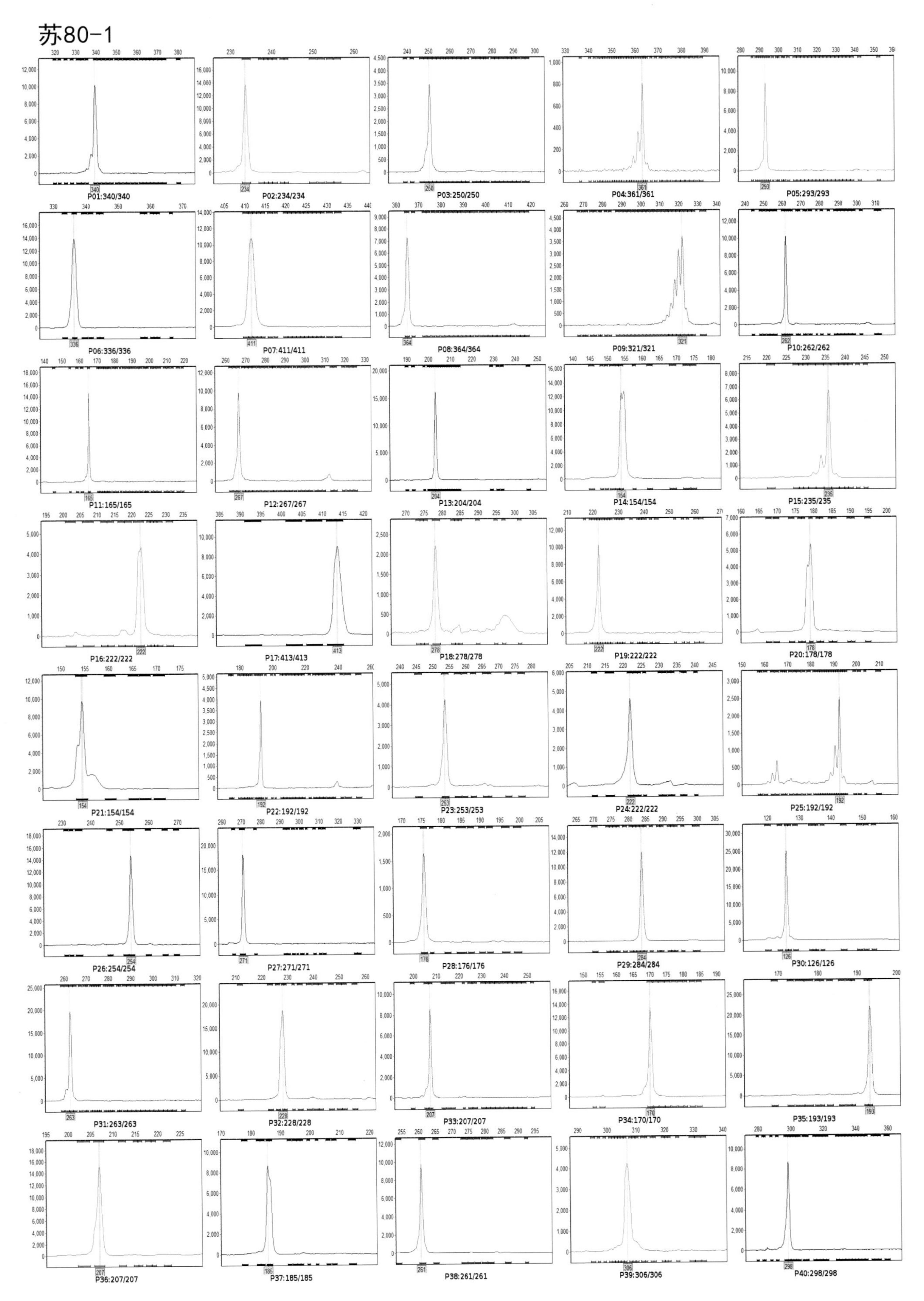
P01:340/340
P02:234/234
P03:250/250
P04:361/361
P05:293/293
P06:336/336
P07:411/411
P08:364/364
P09:321/321
P10:262/262
P11:165/165
P12:267/267
P13:204/204
P14:154/154
P15:235/235
P16:222/222
P17:413/413
P18:278/278
P19:222/222
P20:178/178
P21:154/154
P22:192/192
P23:253/253
P24:222/222
P25:192/192
P26:254/254
P27:271/271
P28:176/176
P29:284/284
P30:126/126
P31:263/263
P32:228/228
P33:207/207
P34:170/170
P35:193/193
P36:207/207
P37:185/185
P38:261/261
P39:306/306
P40:298/298

S121

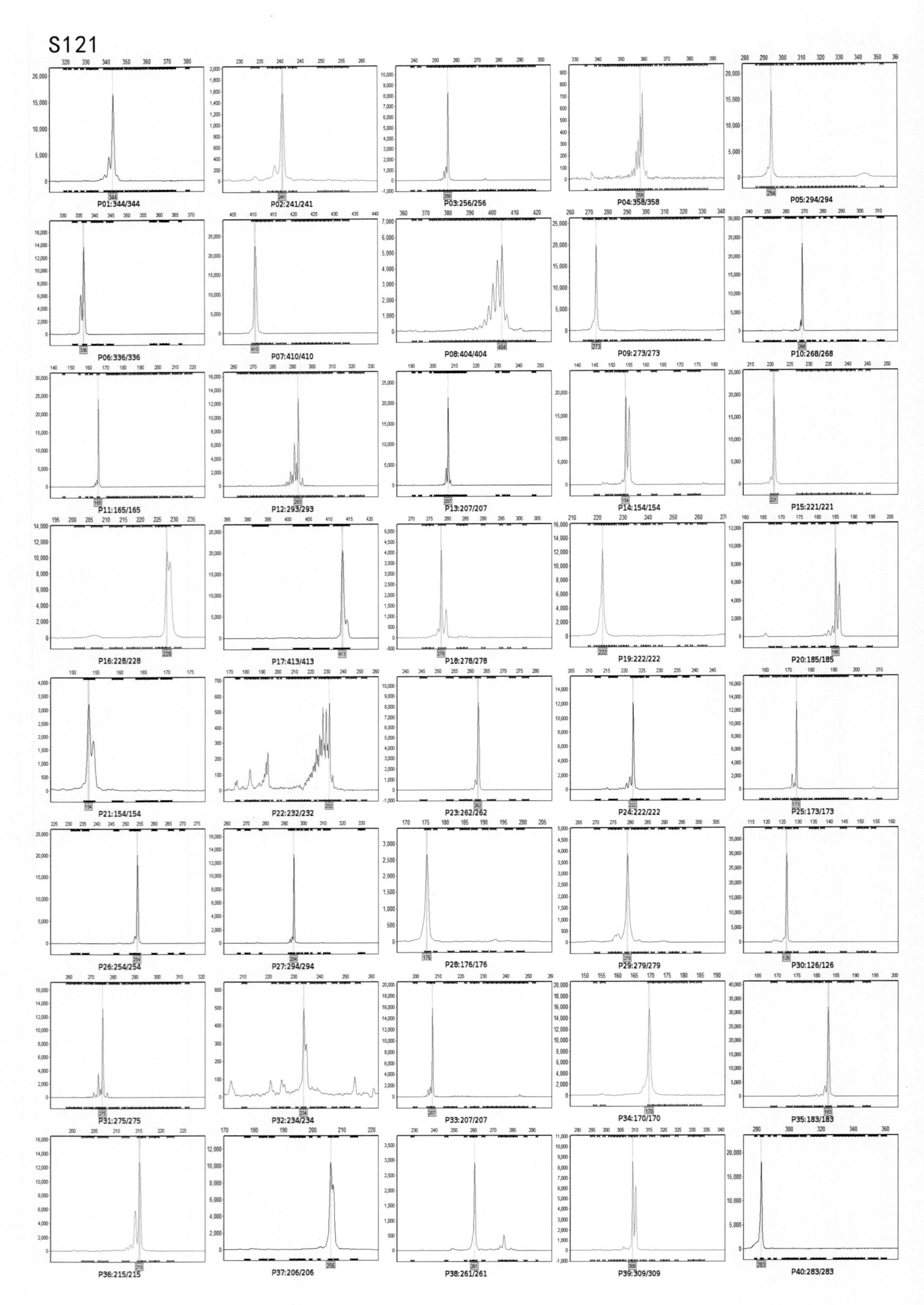
P01:344/344
P02:241/241
P03:256/256
P04:358/358
P05:294/294
P06:336/336
P07:410/410
P08:404/404
P09:273/273
P10:268/268
P11:165/165
P12:293/293
P13:207/207
P14:154/154
P15:221/221
P16:228/228
P17:413/413
P18:278/278
P19:222/222
P20:185/185
P21:154/154
P22:232/232
P23:262/262
P24:222/222
P25:173/173
P26:254/254
P27:294/294
P28:176/176
P29:279/279
P30:126/126
P31:275/275
P32:234/234
P33:207/207
P34:170/170
P35:183/183
P36:215/215
P37:206/206
P38:261/261
P39:309/309
P40:283/283

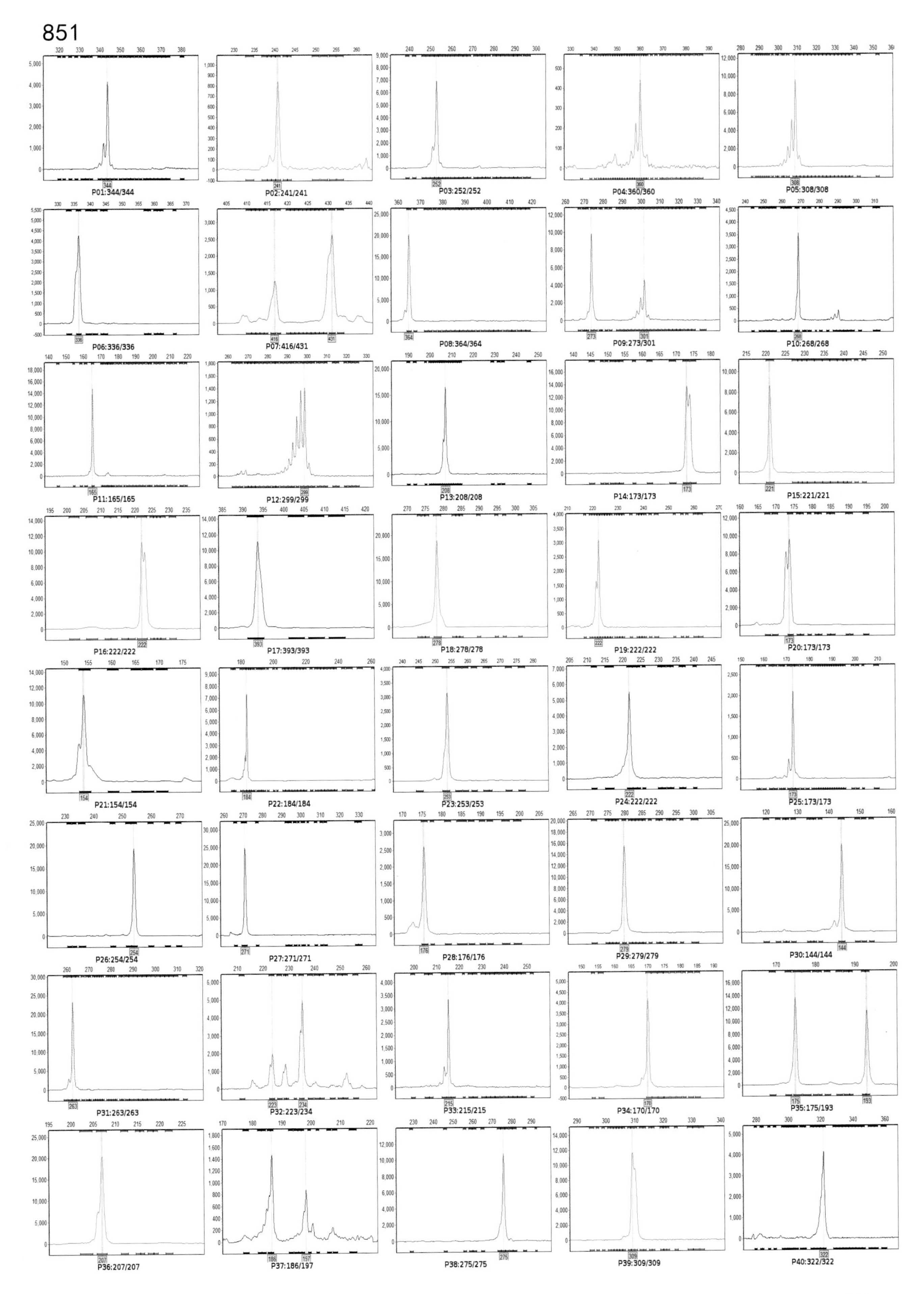
851
P01:344/344
P02:241/241
P03:252/252
P04:360/360
P05:308/308
P06:336/336
P07:416/431
P08:364/364
P09:273/301
P10:268/268
P11:165/165
P12:299/299
P13:208/208
P14:173/173
P15:221/221
P16:222/222
P17:393/393
P18:278/278
P19:222/222
P20:173/173
P21:154/154
P22:184/184
P23:253/253
P24:222/222
P25:173/173
P26:254/254
P27:271/271
P28:176/176
P29:279/279
P30:144/144
P31:263/263
P32:223/234
P33:215/215
P34:170/170
P35:175/193
P36:207/207
P37:186/197
P38:275/275
P39:309/309
P40:322/322

直29321

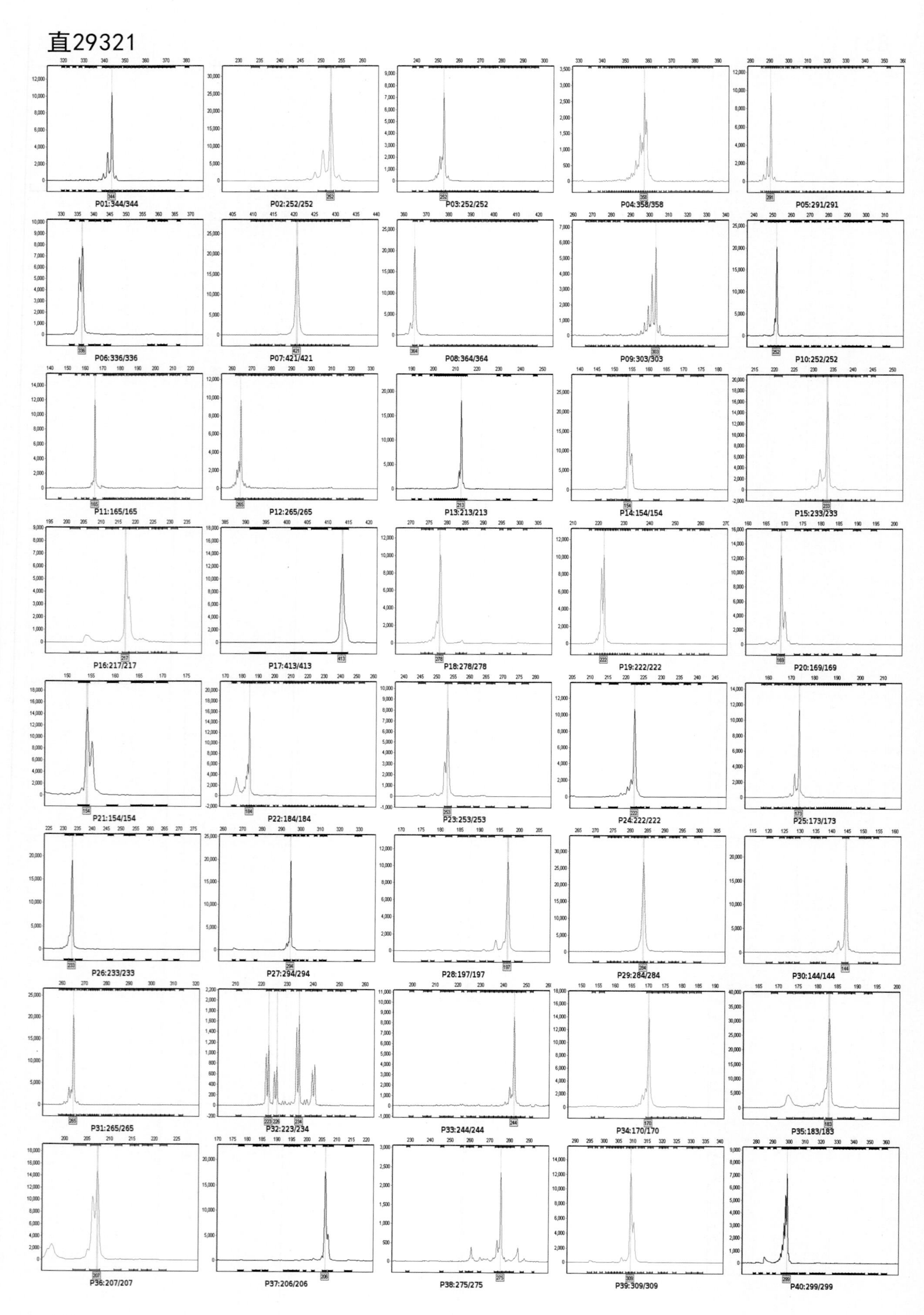

P01:344/344
P02:252/252
P03:252/252
P04:358/358
P05:291/291
P06:336/336
P07:421/421
P08:364/364
P09:303/303
P10:252/252
P11:165/165
P12:265/265
P13:213/213
P14:154/154
P15:233/233
P16:217/217
P17:413/413
P18:278/278
P19:222/222
P20:169/169
P21:154/154
P22:184/184
P23:253/253
P24:222/222
P25:173/173
P26:233/233
P27:294/294
P28:197/197
P29:284/284
P30:144/144
P31:265/265
P32:223/234
P33:244/244
P34:170/170
P35:183/183
P36:207/207
P37:206/206
P38:275/275
P39:309/309
P40:299/299

直29

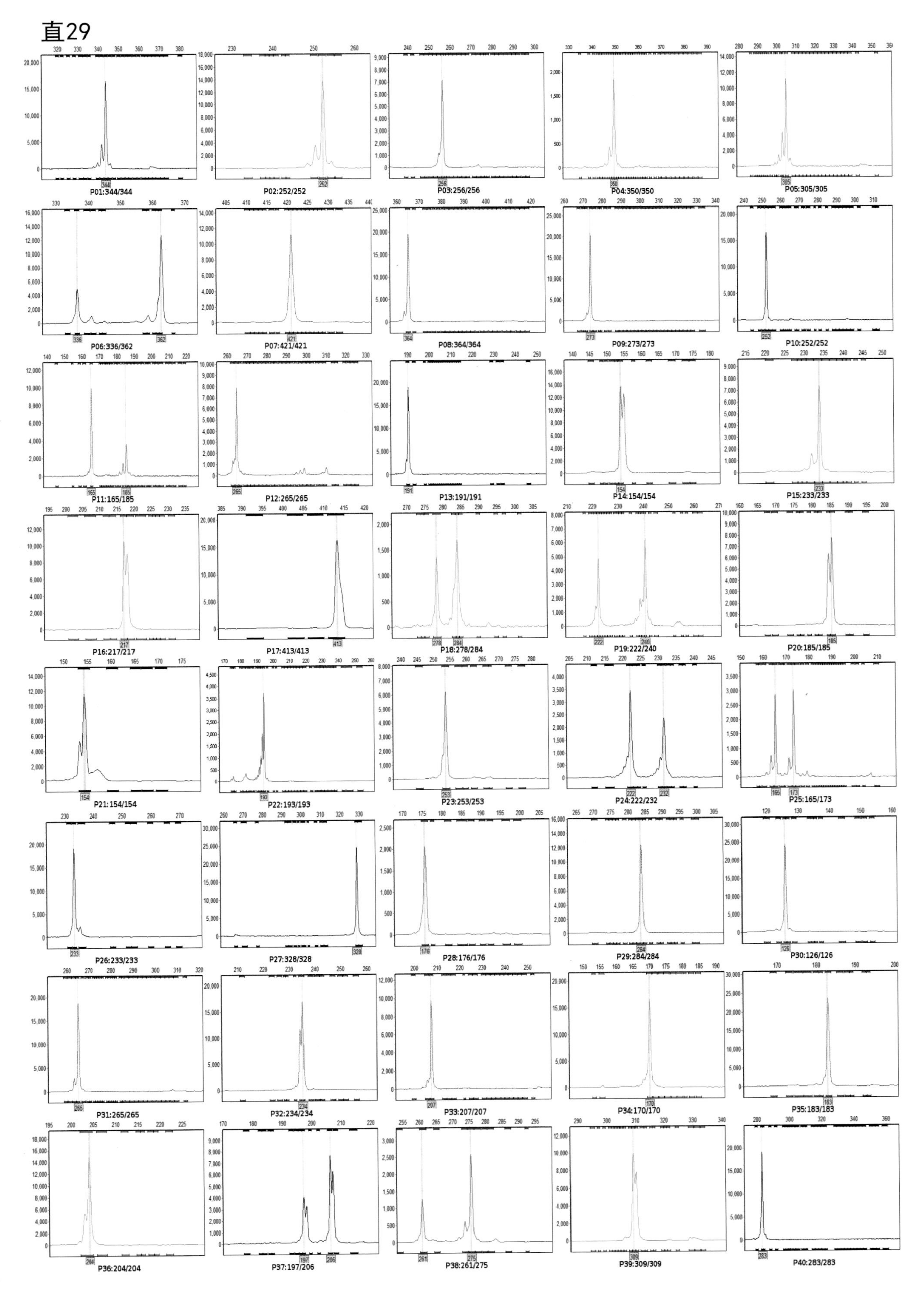
P01:344/344
P02:252/252
P03:256/256
P04:350/350
P05:305/305
P06:336/362
P07:421/421
P08:364/364
P09:273/273
P10:252/252
P11:165/185
P12:265/265
P13:191/191
P14:154/154
P15:233/233
P16:217/217
P17:413/413
P18:278/284
P19:222/240
P20:185/185
P21:154/154
P22:193/193
P23:253/253
P24:222/232
P25:165/173
P26:233/233
P27:328/328
P28:176/176
P29:284/284
P30:126/126
P31:265/265
P32:234/234
P33:207/207
P34:170/170
P35:183/183
P36:204/204
P37:197/206
P38:261/275
P39:309/309
P40:283/283

茭白

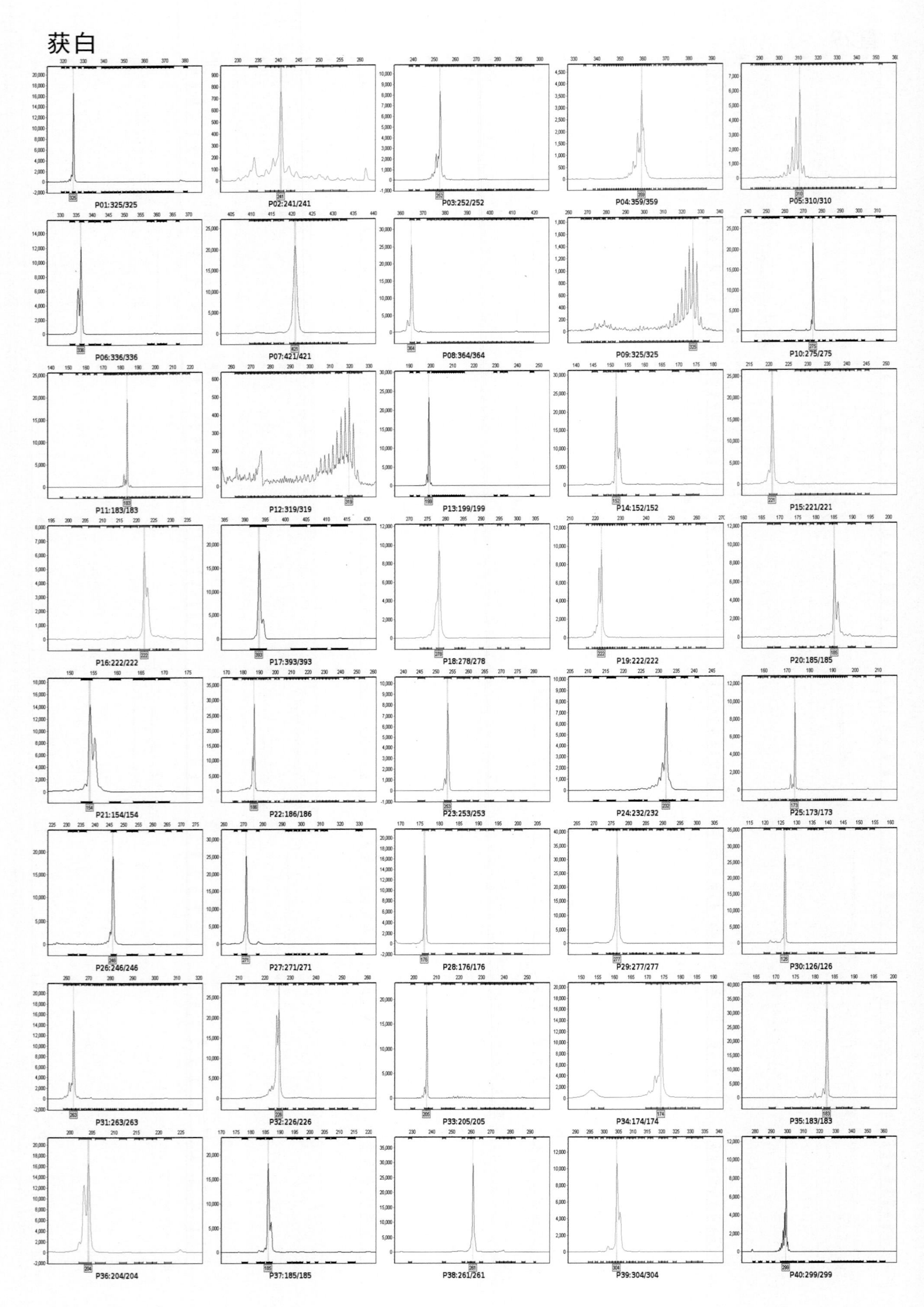

P01:325/325
P02:241/241
P03:252/252
P04:359/359
P05:310/310
P06:336/336
P07:421/421
P08:364/364
P09:325/325
P10:275/275
P11:183/183
P12:319/319
P13:199/199
P14:152/152
P15:221/221
P16:222/222
P17:393/393
P18:278/278
P19:222/222
P20:185/185
P21:154/154
P22:186/186
P23:253/253
P24:232/232
P25:173/173
P26:246/246
P27:271/271
P28:176/176
P29:277/277
P30:126/126
P31:263/263
P32:226/226
P33:205/205
P34:174/174
P35:183/183
P36:204/204
P37:185/185
P38:261/261
P39:304/304
P40:299/299

获107

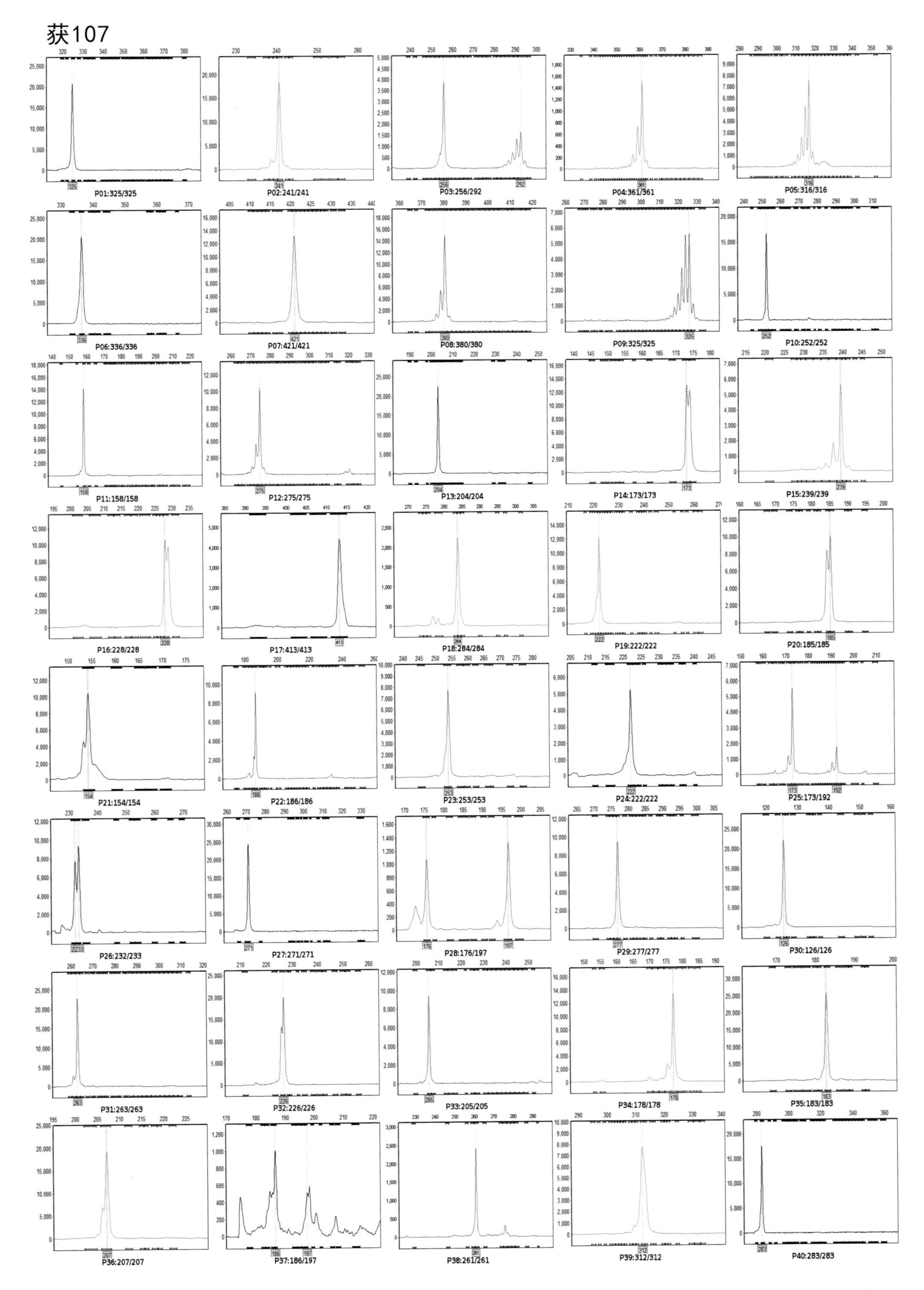
P01:325/325
P02:241/241
P03:256/292
P04:361/361
P05:316/316
P06:336/336
P07:421/421
P08:380/380
P09:325/325
P10:252/252
P11:158/158
P12:275/275
P13:204/204
P14:173/173
P15:239/239
P16:228/228
P17:413/413
P18:284/284
P19:222/222
P20:185/185
P21:154/154
P22:186/186
P23:253/253
P24:222/222
P25:173/192
P26:232/233
P27:271/271
P28:176/197
P29:277/277
P30:126/126
P31:263/263
P32:226/226
P33:205/205
P34:178/178
P35:183/183
P36:207/207
P37:186/197
P38:261/261
P39:312/312
P40:283/283

冀35

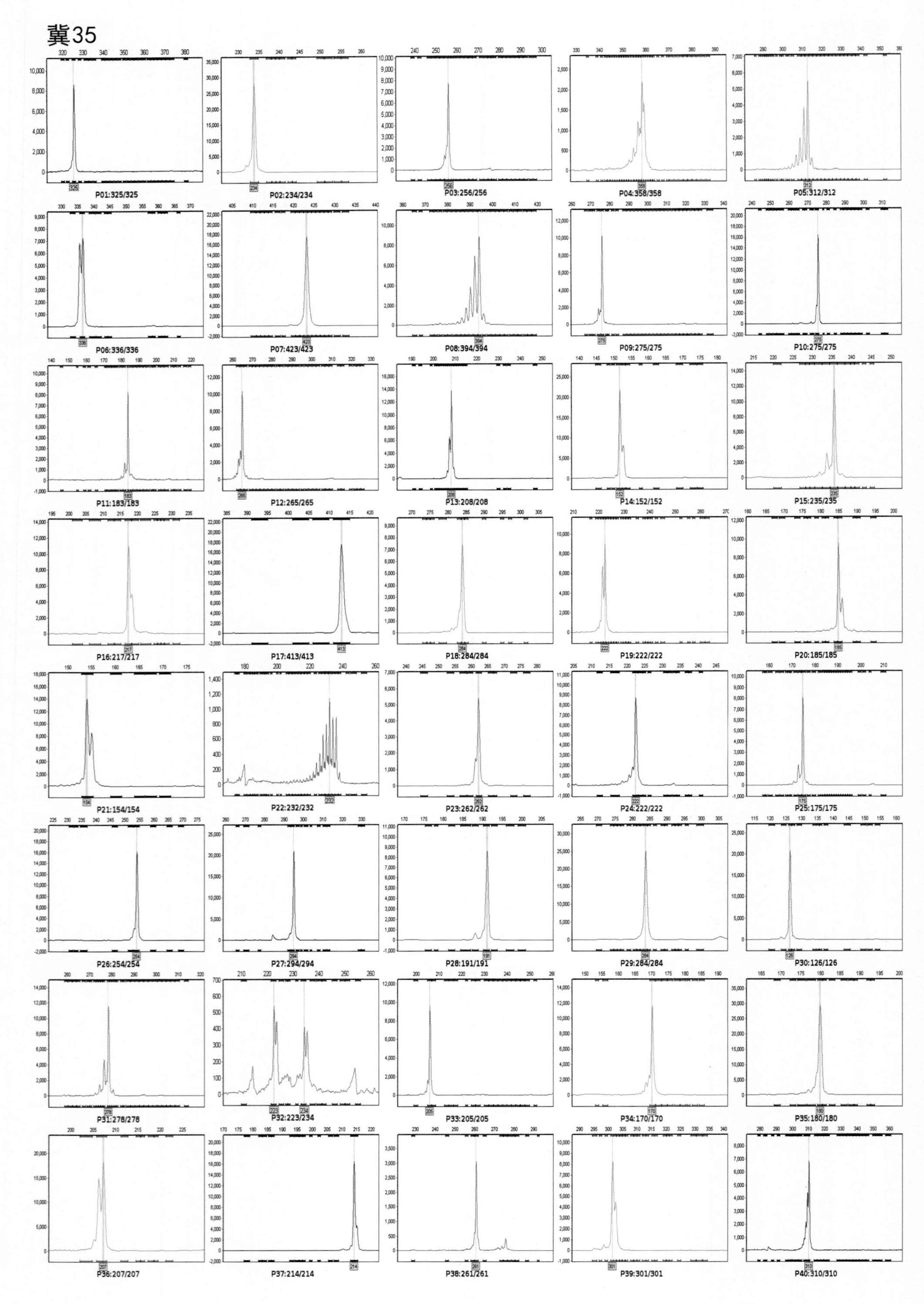
P01:325/325
P02:234/234
P03:256/256
P04:358/358
P05:312/312
P06:336/336
P07:423/423
P08:394/394
P09:275/275
P10:275/275
P11:183/183
P12:265/265
P13:208/208
P14:152/152
P15:235/235
P16:217/217
P17:413/413
P18:284/284
P19:222/222
P20:185/185
P21:154/154
P22:232/232
P23:262/262
P24:222/222
P25:175/175
P26:254/254
P27:294/294
P28:191/191
P29:284/284
P30:126/126
P31:278/278
P32:223/234
P33:205/205
P34:170/170
P35:180/180
P36:207/207
P37:214/214
P38:261/261
P39:301/301
P40:310/310

太411

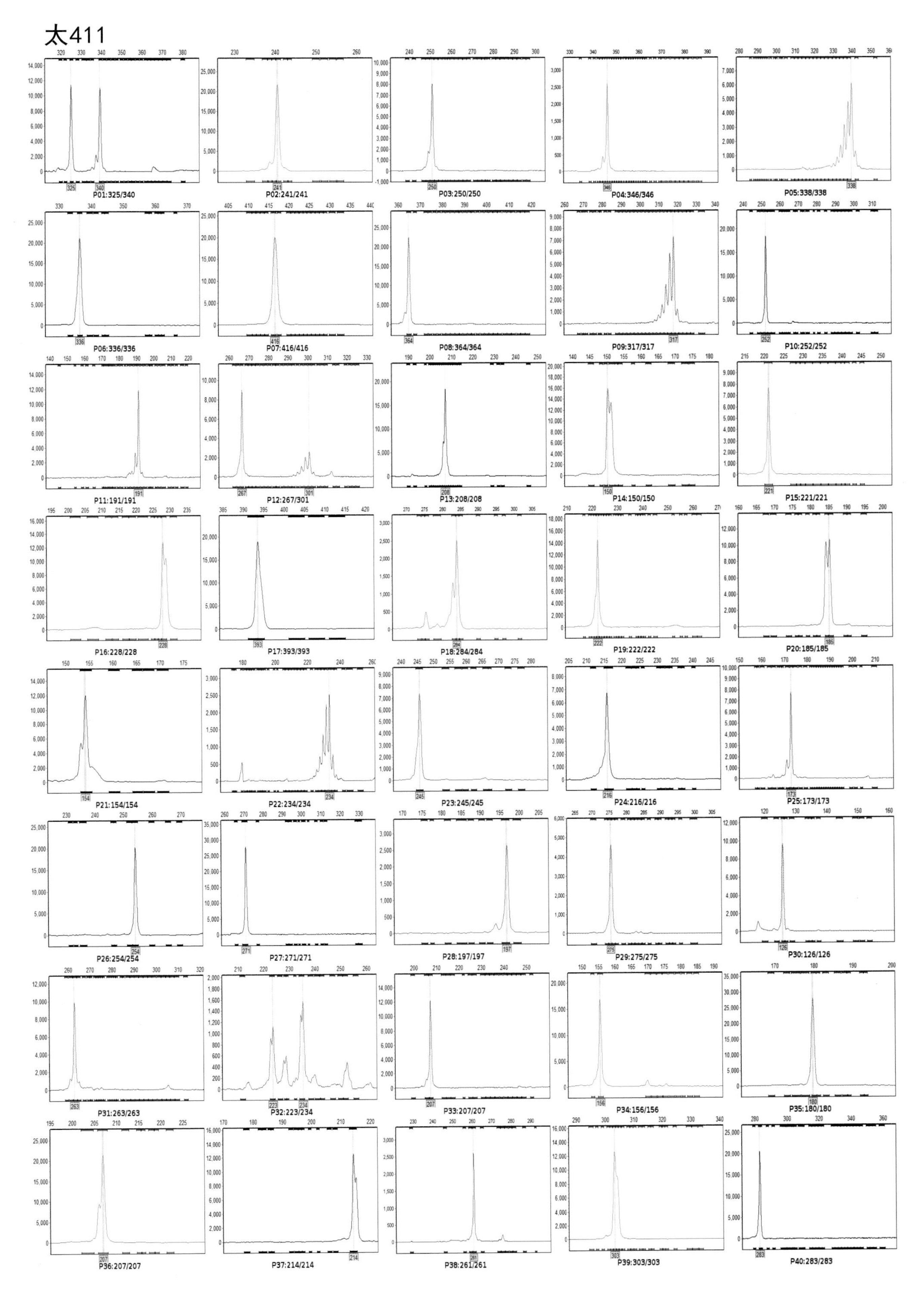

P01:325/340
P02:241/241
P03:250/250
P04:346/346
P05:338/338
P06:336/336
P07:416/416
P08:364/364
P09:317/317
P10:252/252
P11:191/191
P12:267/301
P13:208/208
P14:150/150
P15:221/221
P16:228/228
P17:393/393
P18:284/284
P19:222/222
P20:185/185
P21:154/154
P22:234/234
P23:245/245
P24:216/216
P25:173/173
P26:254/254
P27:271/271
P28:197/197
P29:275/275
P30:126/126
P31:263/263
P32:223/234
P33:207/207
P34:156/156
P35:180/180
P36:207/207
P37:214/214
P38:261/261
P39:303/303
P40:283/283

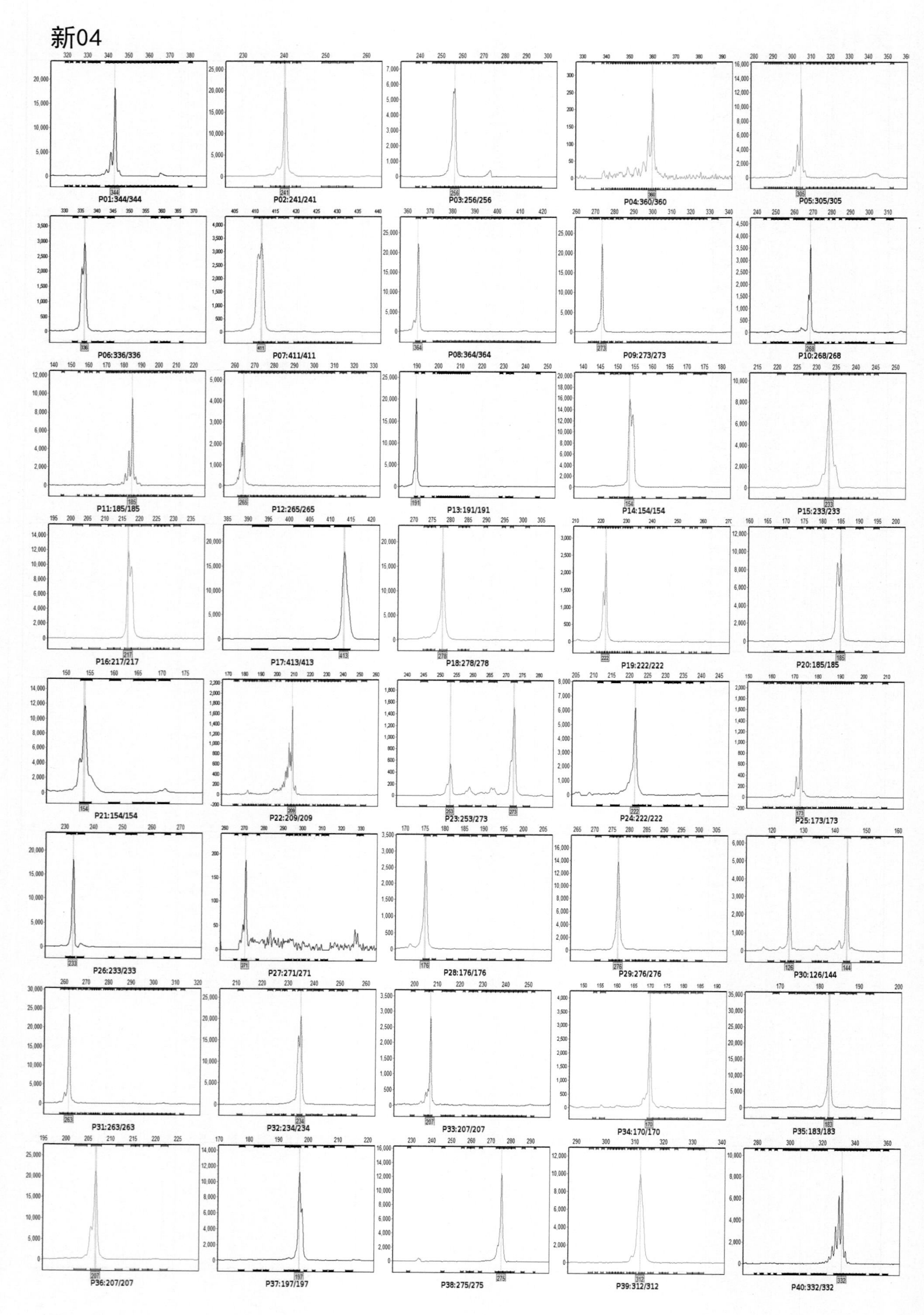
新04
P01:344/344
P02:241/241
P03:256/256
P04:360/360
P05:305/305
P06:336/336
P07:411/411
P08:364/364
P09:273/273
P10:268/268
P11:185/185
P12:265/265
P13:191/191
P14:154/154
P15:233/233
P16:217/217
P17:413/413
P18:278/278
P19:222/222
P20:185/185
P21:154/154
P22:209/209
P23:253/273
P24:222/222
P25:173/173
P26:233/233
P27:271/271
P28:176/176
P29:276/276
P30:126/144
P31:263/263
P32:234/234
P33:207/207
P34:170/170
P35:183/183
P36:207/207
P37:197/197
P38:275/275
P39:312/312
P40:332/332

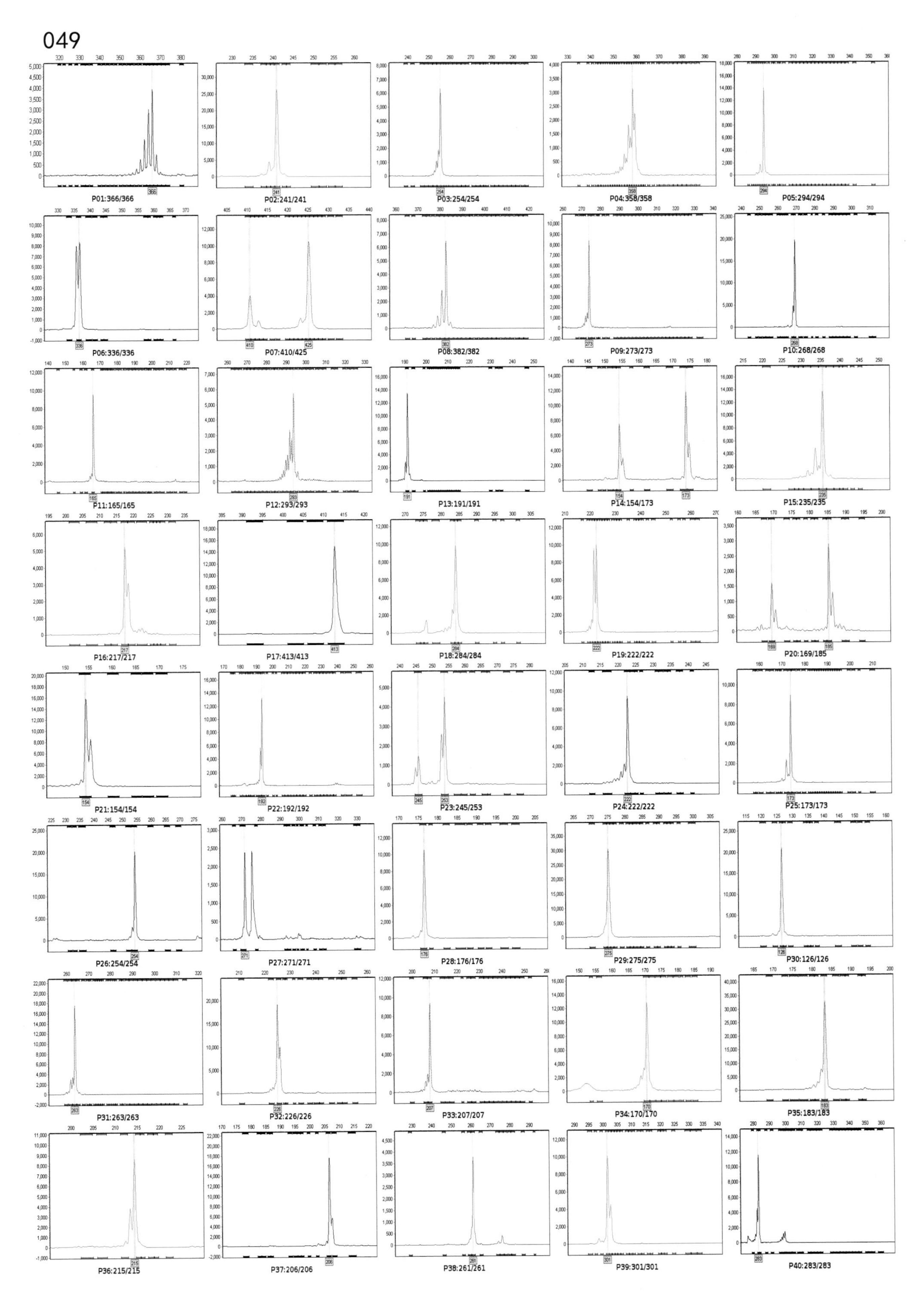
049
P01:366/366
P02:241/241
P03:254/254
P04:358/358
P05:294/294
P06:336/336
P07:410/425
P08:382/382
P09:273/273
P10:268/268
P11:165/165
P12:293/293
P13:191/191
P14:154/173
P15:235/235
P16:217/217
P17:413/413
P18:284/284
P19:222/222
P20:169/185
P21:154/154
P22:192/192
P23:245/253
P24:222/222
P25:173/173
P26:254/254
P27:271/271
P28:176/176
P29:275/275
P30:126/126
P31:263/263
P32:226/226
P33:207/207
P34:170/170
P35:183/183
P36:215/215
P37:206/206
P38:261/261
P39:301/301
P40:283/283

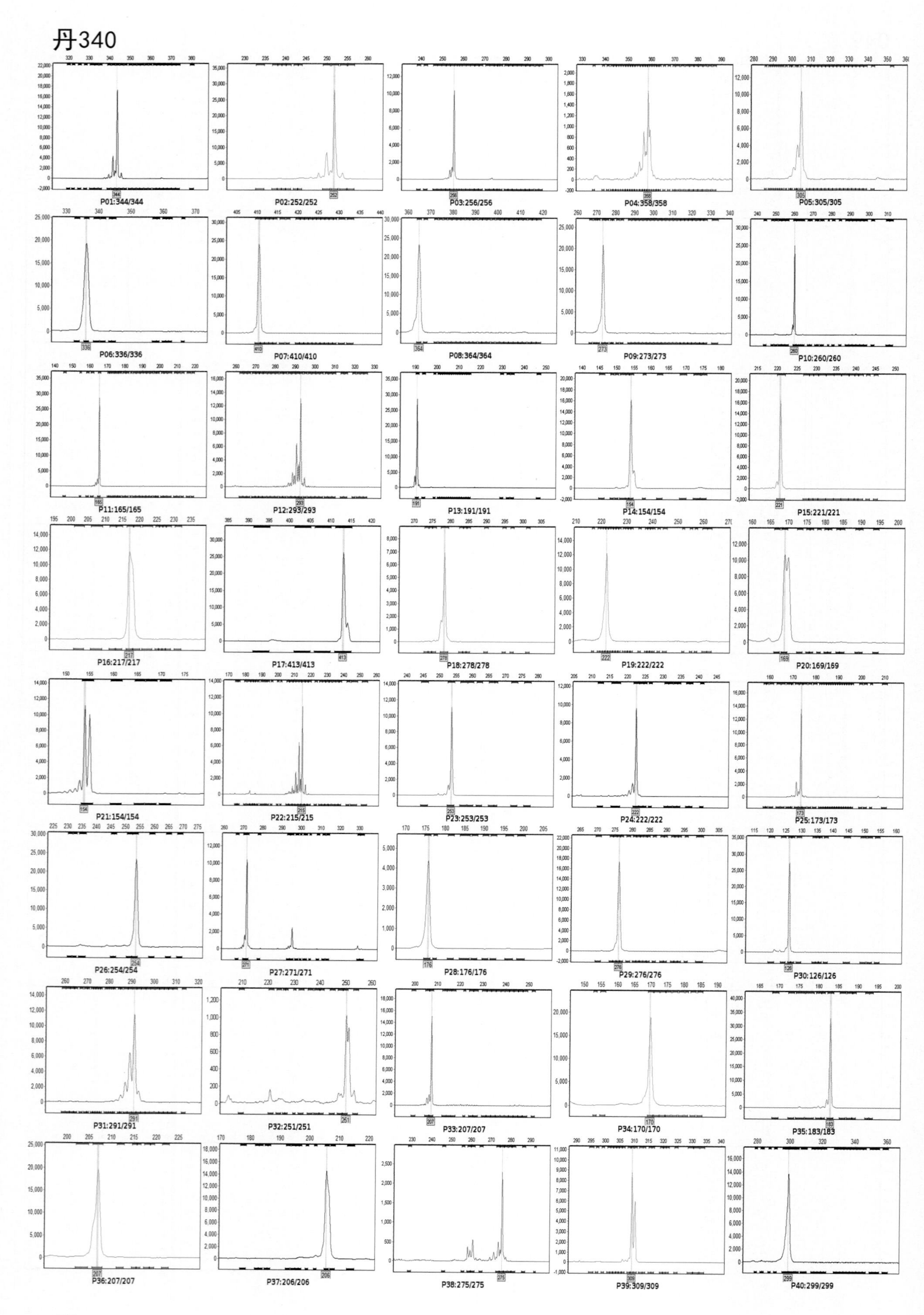
丹340
P01:344/344
P02:252/252
P03:256/256
P04:358/358
P05:305/305
P06:336/336
P07:410/410
P08:364/364
P09:273/273
P10:260/260
P11:165/165
P12:293/293
P13:191/191
P14:154/154
P15:221/221
P16:217/217
P17:413/413
P18:278/278
P19:222/222
P20:169/169
P21:154/154
P22:215/215
P23:253/253
P24:222/222
P25:173/173
P26:254/254
P27:271/271
P28:176/176
P29:276/276
P30:126/126
P31:291/291
P32:251/251
P33:207/207
P34:170/170
P35:183/183
P36:207/207
P37:206/206
P38:275/275
P39:309/309
P40:299/299

连87

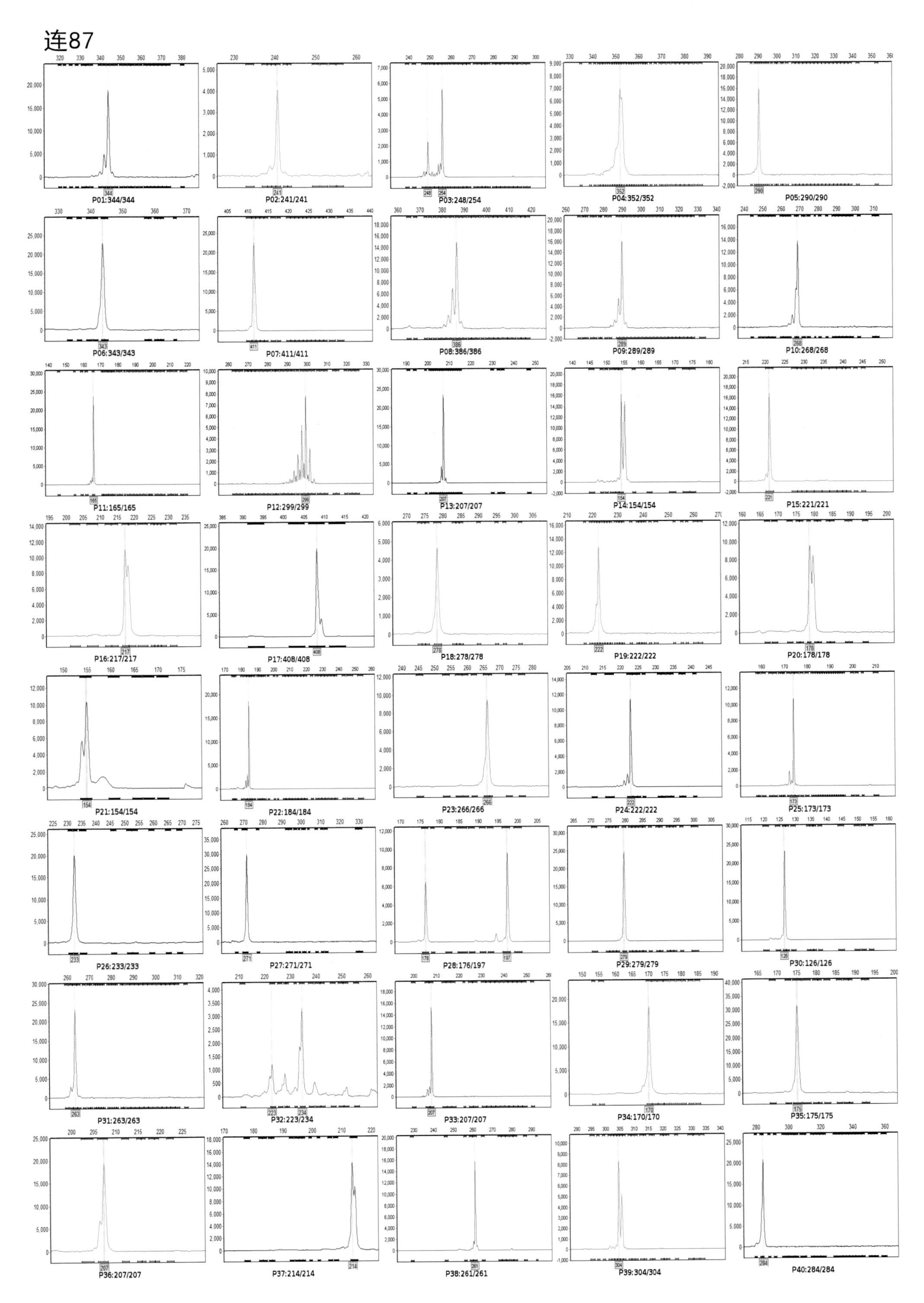
P01:344/344
P02:241/241
P03:248/254
P04:352/352
P05:290/290
P06:343/343
P07:411/411
P08:386/386
P09:289/289
P10:268/268
P11:165/165
P12:299/299
P13:207/207
P14:154/154
P15:221/221
P16:217/217
P17:408/408
P18:278/278
P19:222/222
P20:178/178
P21:154/154
P22:184/184
P23:266/266
P24:222/222
P25:173/173
P26:233/233
P27:271/271
P28:176/197
P29:279/279
P30:126/126
P31:263/263
P32:223/234
P33:207/207
P34:170/170
P35:175/175
P36:207/207
P37:214/214
P38:261/261
P39:304/304
P40:284/284

金96

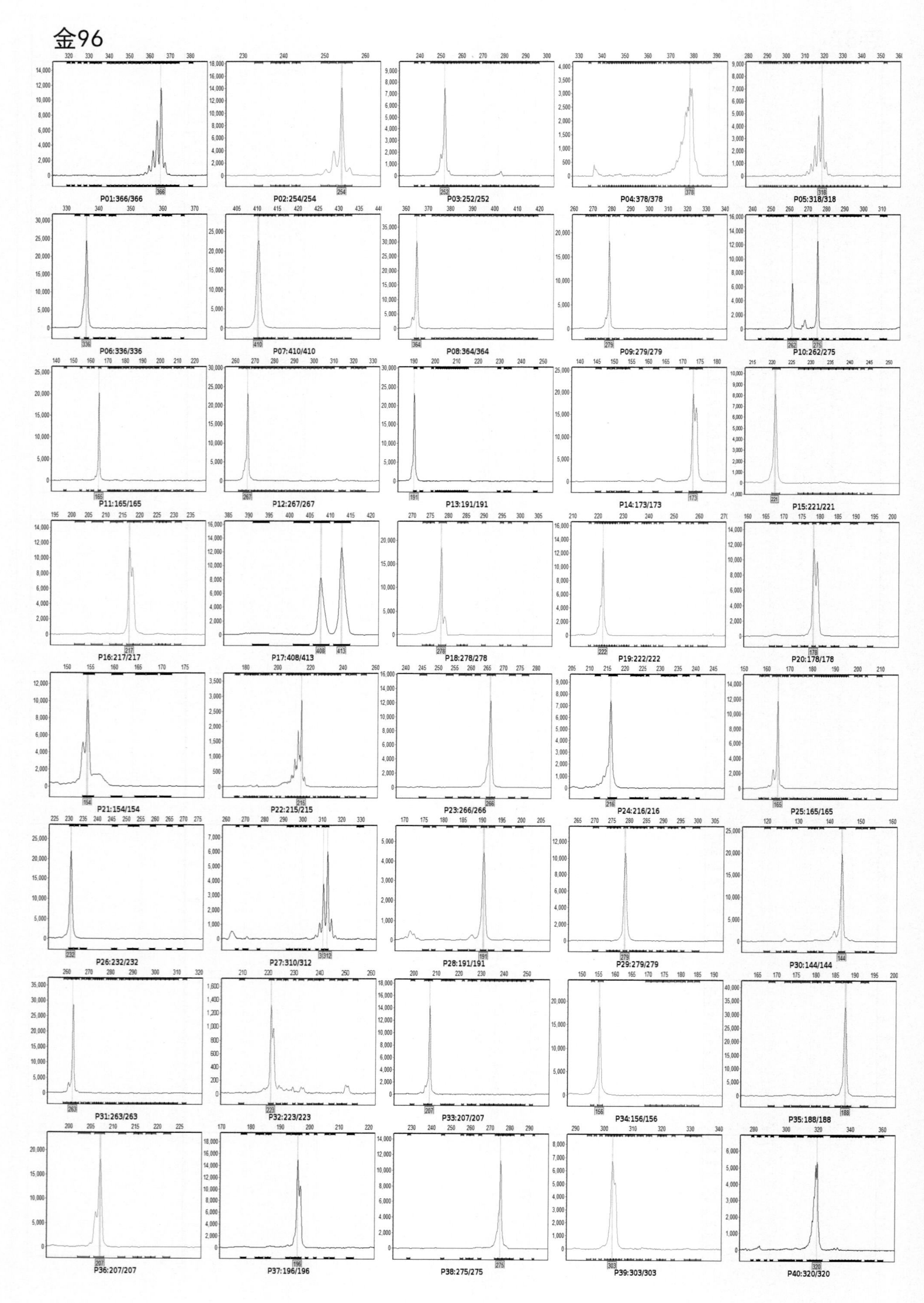
P01:366/366
P02:254/254
P03:252/252
P04:378/378
P05:318/318
P06:336/336
P07:410/410
P08:364/364
P09:279/279
P10:262/275
P11:165/165
P12:267/267
P13:191/191
P14:173/173
P15:221/221
P16:217/217
P17:408/413
P18:278/278
P19:222/222
P20:178/178
P21:154/154
P22:215/215
P23:266/266
P24:216/216
P25:165/165
P26:232/232
P27:310/312
P28:191/191
P29:279/279
P30:144/144
P31:263/263
P32:223/223
P33:207/207
P34:156/156
P35:188/188
P36:207/207
P37:196/196
P38:275/275
P39:303/303
P40:320/320

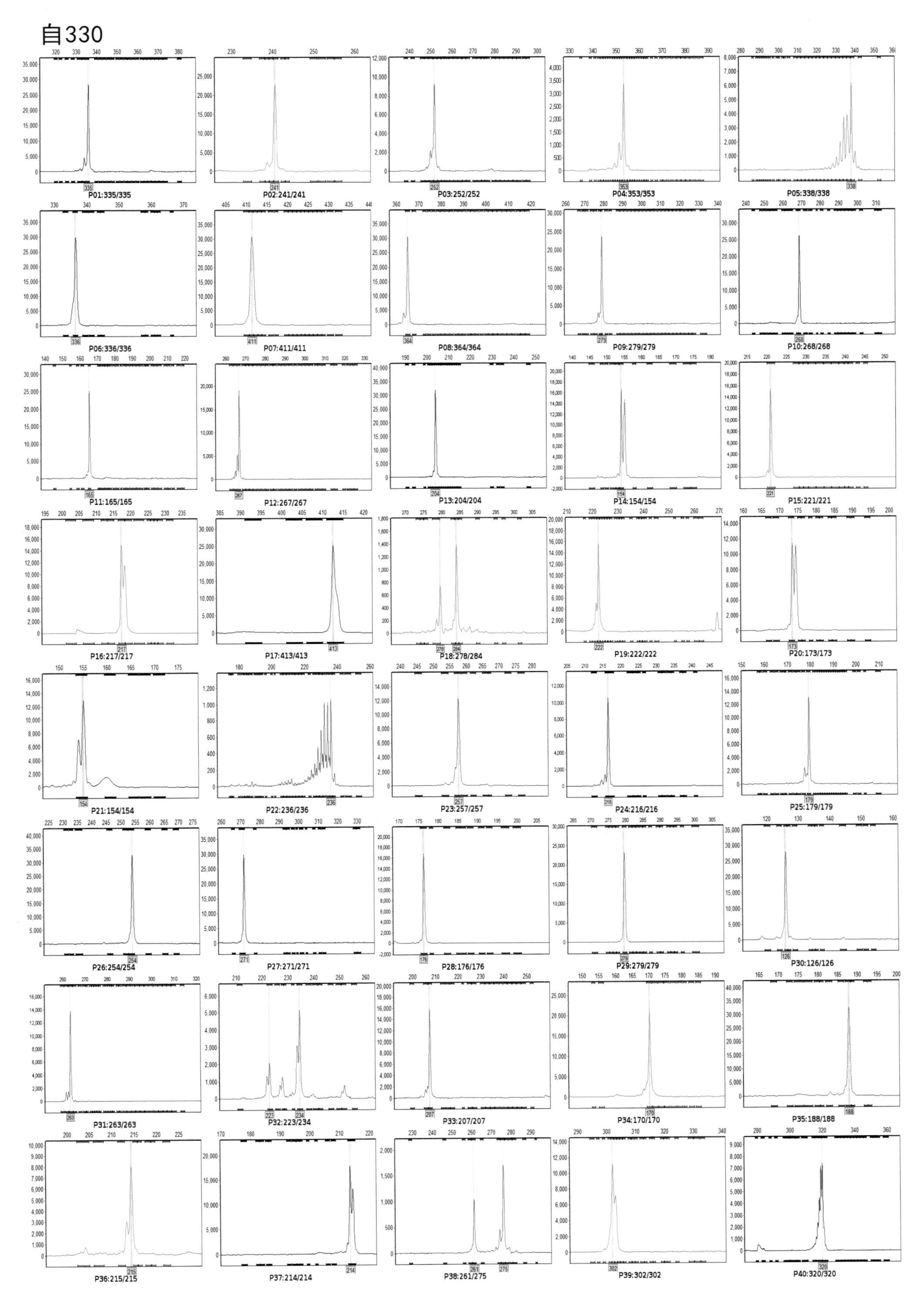
自330
P01:335/335
P02:241/241
P03:252/252
P04:353/353
P05:338/338
P06:336/336
P07:411/411
P08:364/364
P09:279/279
P10:268/268
P11:165/165
P12:267/267
P13:204/204
P14:154/154
P15:221/221
P16:217/217
P17:413/413
P18:278/284
P19:222/222
P20:173/173
P21:154/154
P22:236/236
P23:257/257
P24:216/216
P25:179/179
P26:254/254
P27:271/271
P28:176/176
P29:279/279
P30:126/126
P31:263/263
P32:223/234
P33:207/207
P34:170/170
P35:188/188
P36:215/215
P37:214/214
P38:261/275
P39:302/302
P40:320/320

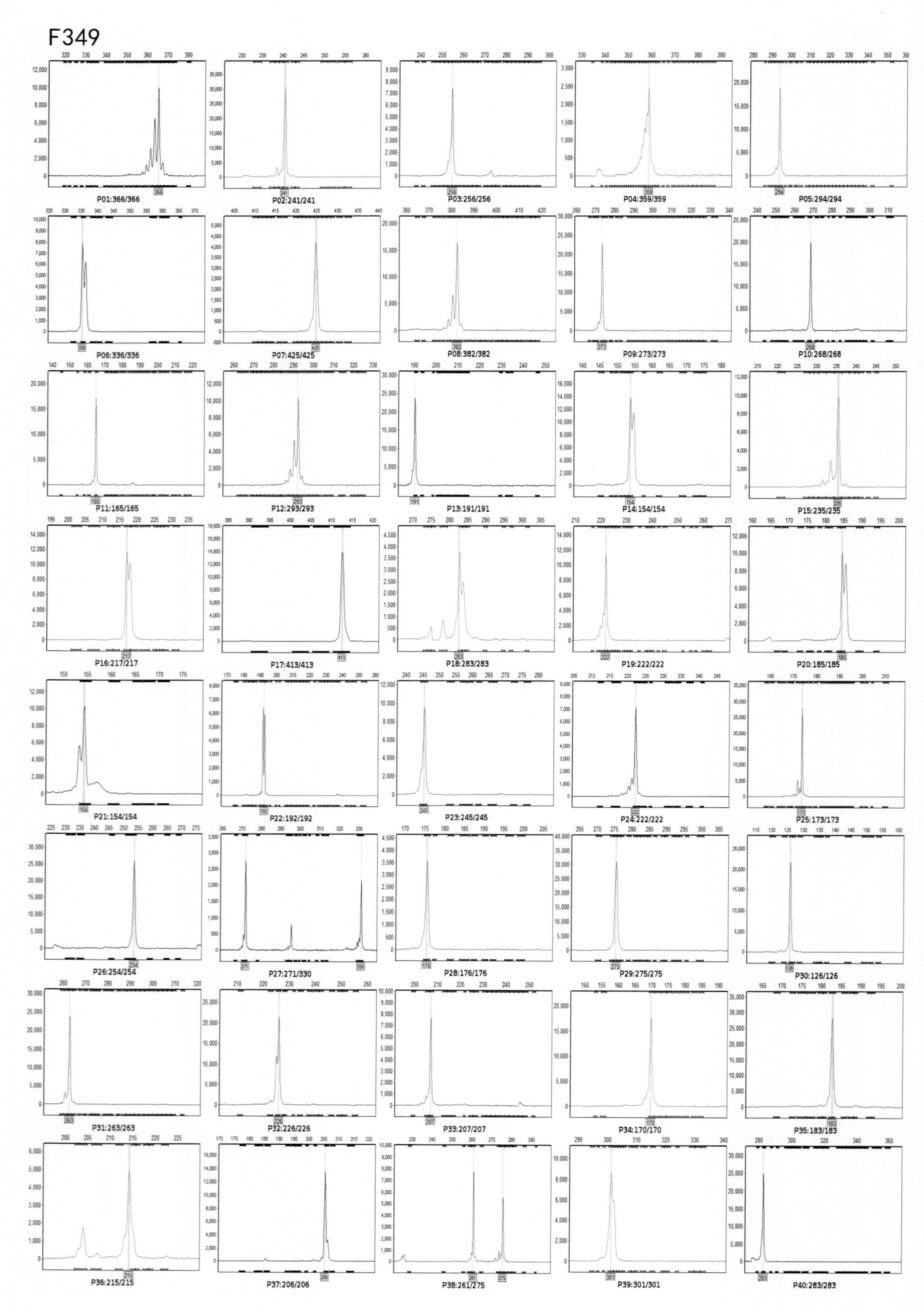
F349
P01:366/366
P02:241/241
P03:256/256
P04:359/359
P05:294/294
P06:336/336
P07:425/425
P08:382/382
P09:273/273
P10:268/268
P11:165/165
P12:293/293
P13:191/191
P14:154/154
P15:235/235
P16:217/217
P17:413/413
P18:283/283
P19:222/222
P20:185/185
P21:154/154
P22:192/192
P23:245/245
P24:222/222
P25:173/173
P26:254/254
P27:271/330
P28:176/176
P29:275/275
P30:126/126
P31:263/263
P32:226/226
P33:207/207
P34:170/170
P35:183/183
P36:215/215
P37:206/206
P38:261/275
P39:301/301
P40:283/283

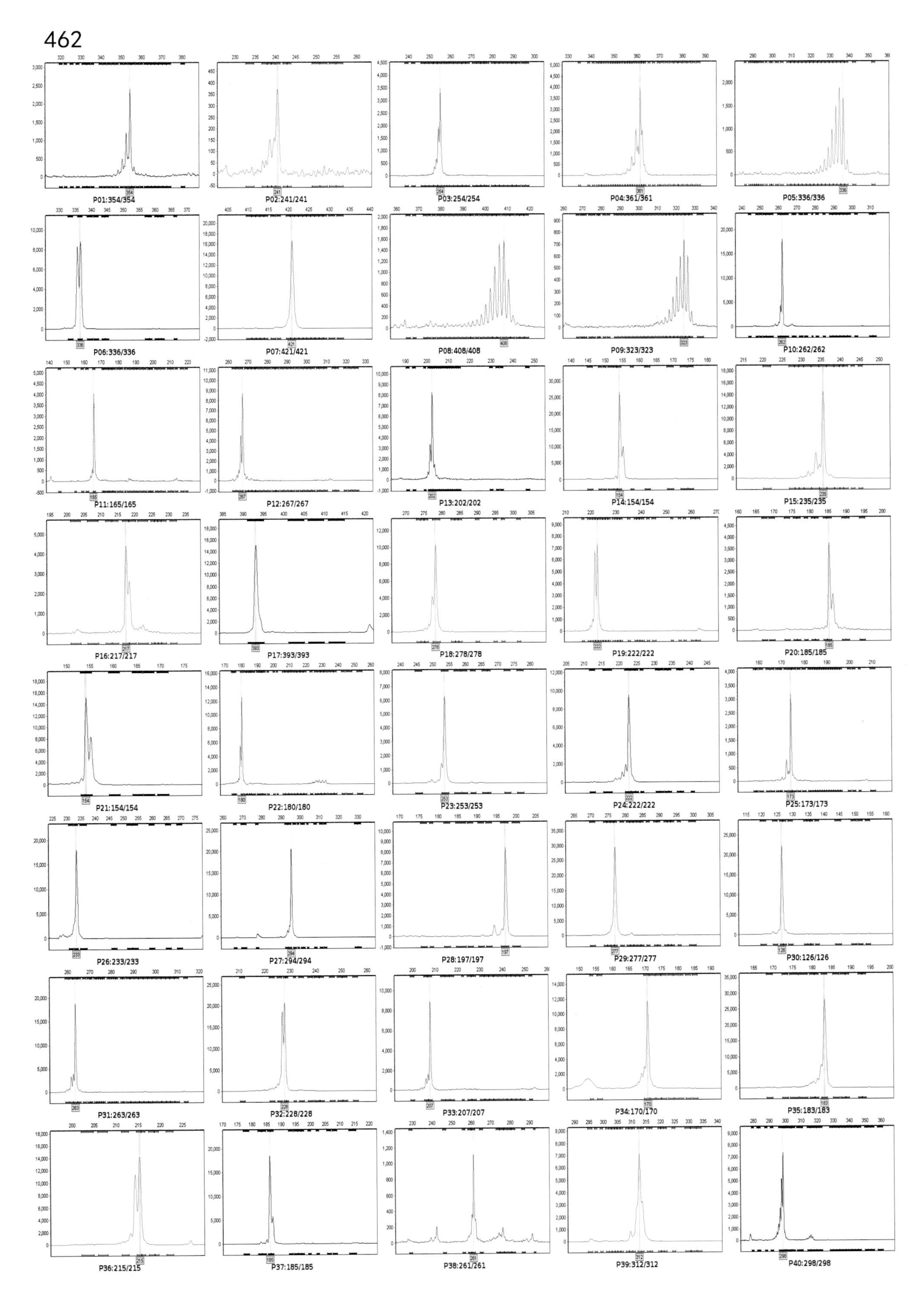
462
P01:354/354
P02:241/241
P03:254/254
P04:361/361
P05:336/336
P06:336/336
P07:421/421
P08:408/408
P09:323/323
P10:262/262
P11:165/165
P12:267/267
P13:202/202
P14:154/154
P15:235/235
P16:217/217
P17:393/393
P18:278/278
P19:222/222
P20:185/185
P21:154/154
P22:180/180
P23:253/253
P24:222/222
P25:173/173
P26:233/233
P27:294/294
P28:197/197
P29:277/277
P30:126/126
P31:263/263
P32:228/228
P33:207/207
P34:170/170
P35:183/183
P36:215/215
P37:185/185
P38:261/261
P39:312/312
P40:298/298

综31

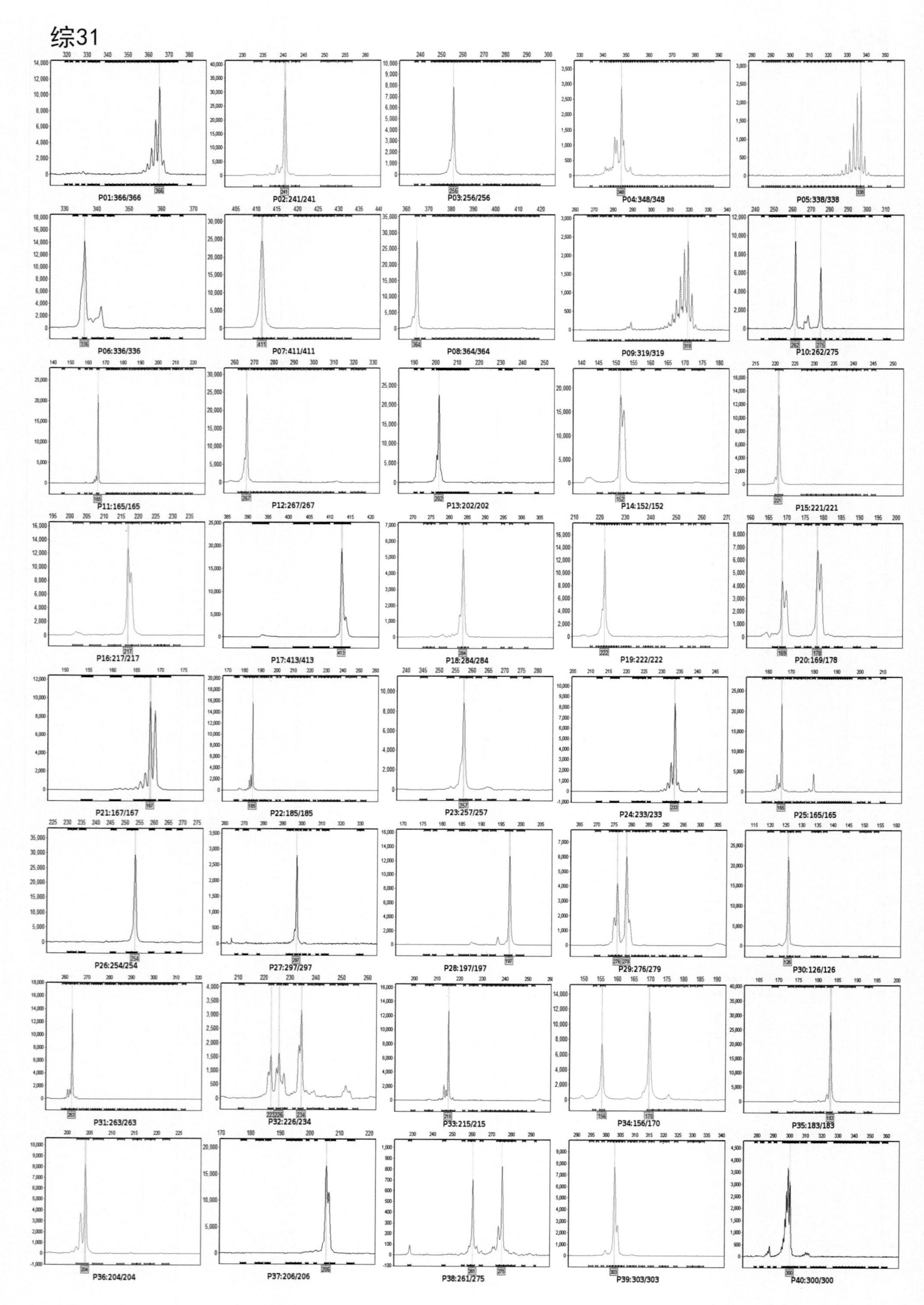
P01:366/366
P02:241/241
P03:256/256
P04:348/348
P05:338/338
P06:336/336
P07:411/411
P08:364/364
P09:319/319
P10:262/275
P11:165/165
P12:267/267
P13:202/202
P14:152/152
P15:221/221
P16:217/217
P17:413/413
P18:284/284
P19:222/222
P20:169/178
P21:167/167
P22:185/185
P23:257/257
P24:233/233
P25:165/165
P26:254/254
P27:297/297
P28:197/197
P29:276/279
P30:126/126
P31:263/263
P32:226/234
P33:215/215
P34:156/170
P35:183/183
P36:204/204
P37:206/206
P38:261/275
P39:303/303
P40:300/300

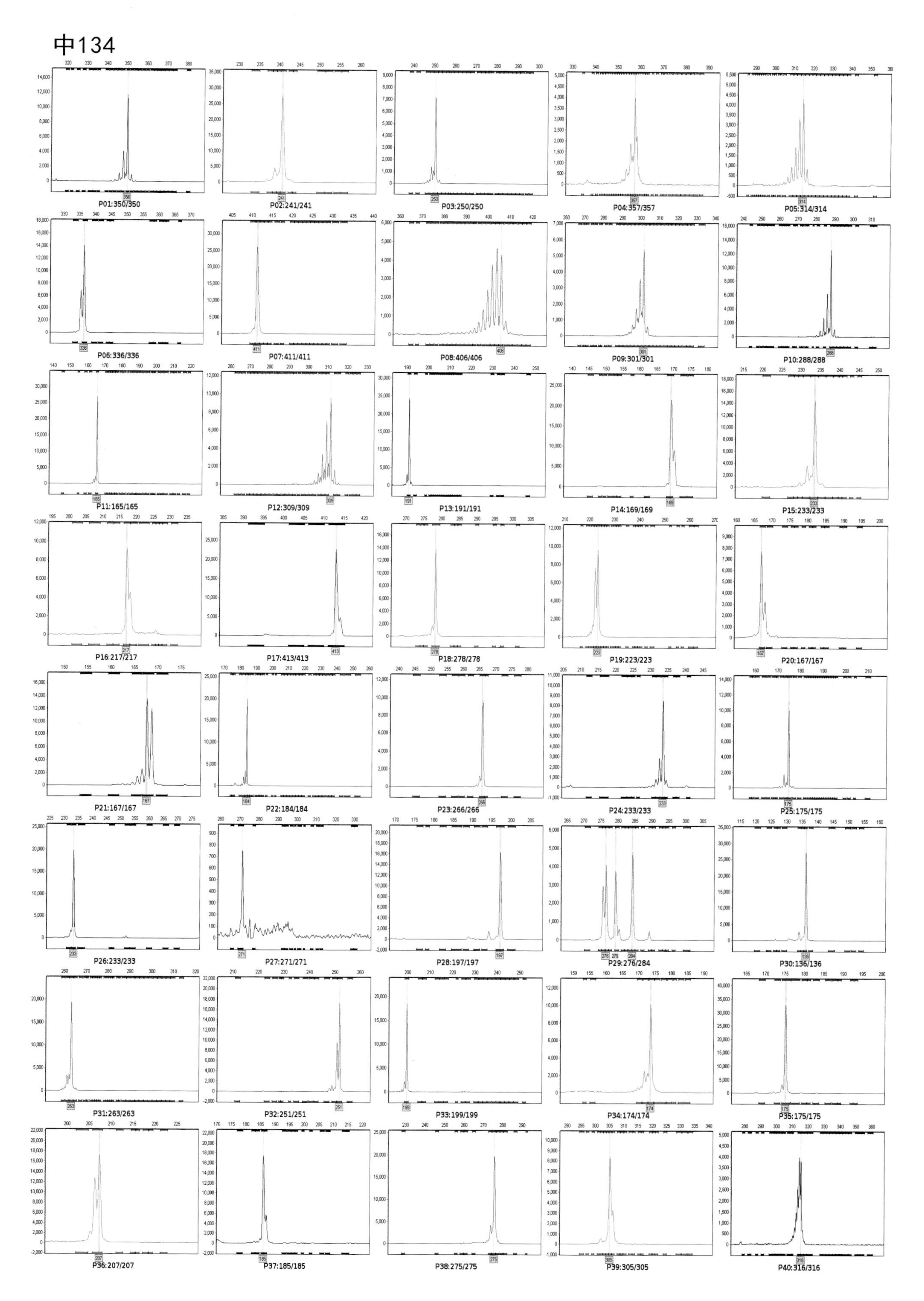
中134
P01:350/350
P02:241/241
P03:250/250
P04:357/357
P05:314/314
P06:336/336
P07:411/411
P08:406/406
P09:301/301
P10:288/288
P11:165/165
P12:309/309
P13:191/191
P14:169/169
P15:233/233
P16:217/217
P17:413/413
P18:278/278
P19:223/223
P20:167/167
P21:167/167
P22:184/184
P23:266/266
P24:233/233
P25:175/175
P26:233/233
P27:271/271
P28:197/197
P29:276/284
P30:136/136
P31:263/263
P32:251/251
P33:199/199
P34:174/174
P35:175/175
P36:207/207
P37:185/185
P38:275/275
P39:305/305
P40:316/316

阿032

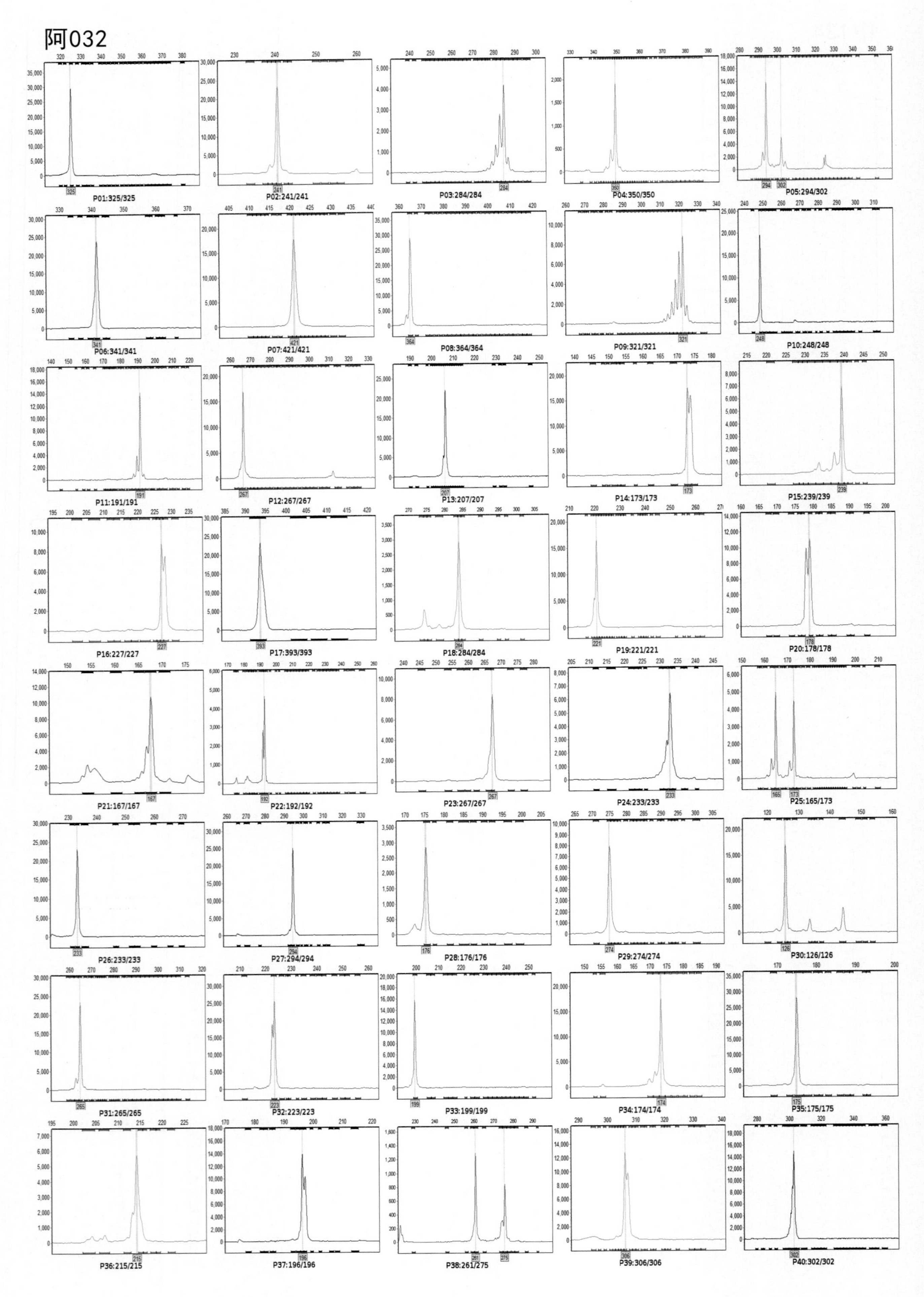

P01:325/325
P02:241/241
P03:284/284
P04:350/350
P05:294/302
P06:341/341
P07:421/421
P08:364/364
P09:321/321
P10:248/248
P11:191/191
P12:267/267
P13:207/207
P14:173/173
P15:239/239
P16:227/227
P17:393/393
P18:284/284
P19:221/221
P20:178/178
P21:167/167
P22:192/192
P23:267/267
P24:233/233
P25:165/173
P26:233/233
P27:294/294
P28:176/176
P29:274/274
P30:126/126
P31:265/265
P32:223/223
P33:199/199
P34:174/174
P35:175/175
P36:215/215
P37:196/196
P38:261/275
P39:306/306
P40:302/302

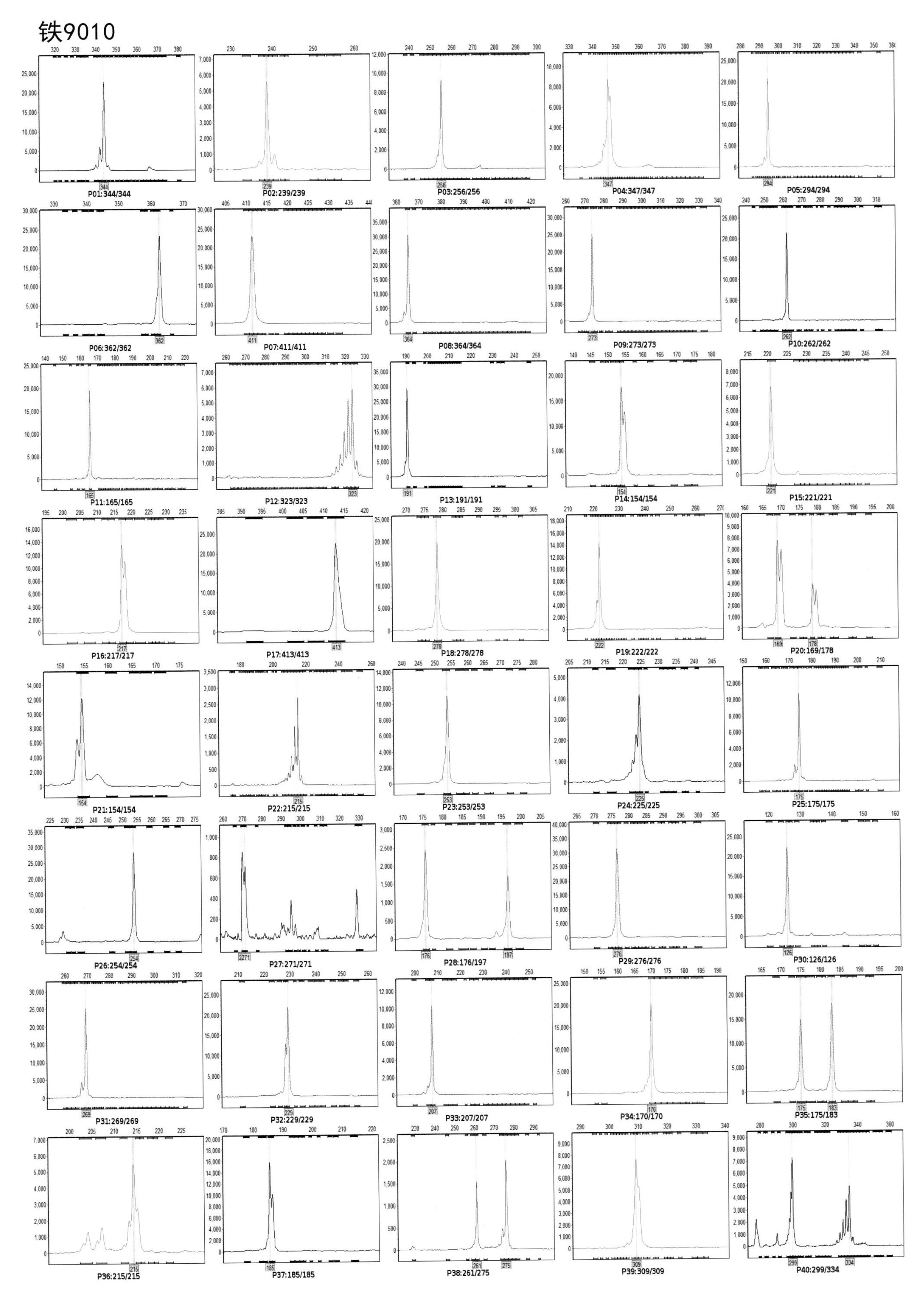
铁9010
P01:344/344
P02:239/239
P03:256/256
P04:347/347
P05:294/294
P06:362/362
P07:411/411
P08:364/364
P09:273/273
P10:262/262
P11:165/165
P12:323/323
P13:191/191
P14:154/154
P15:221/221
P16:217/217
P17:413/413
P18:278/278
P19:222/222
P20:169/178
P21:154/154
P22:215/215
P23:253/253
P24:225/225
P25:175/175
P26:254/254
P27:271/271
P28:176/197
P29:276/276
P30:126/126
P31:269/269
P32:229/229
P33:207/207
P34:170/170
P35:175/183
P36:215/215
P37:185/185
P38:261/275
P39:309/309
P40:299/334

丹598

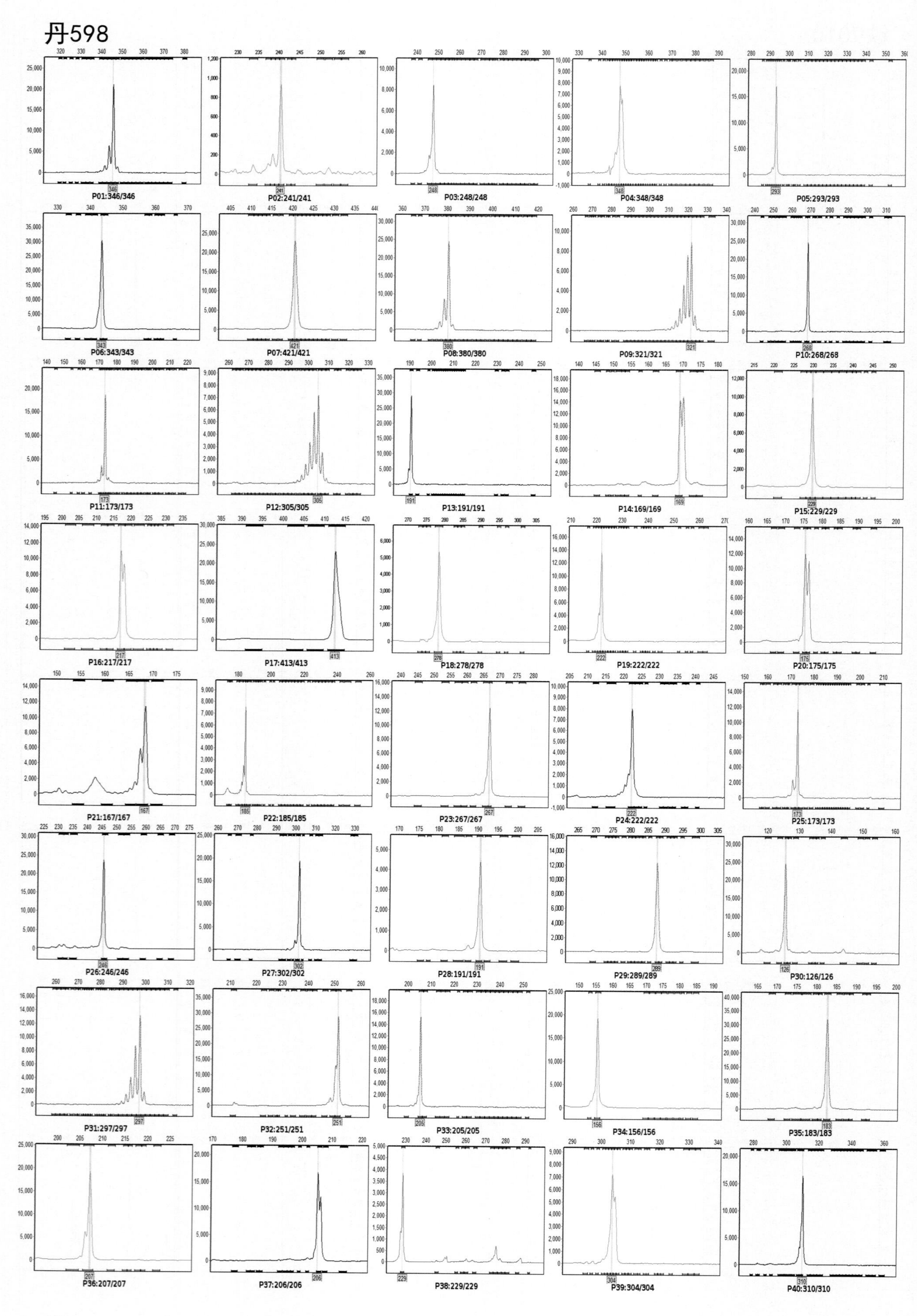
P01:346/346
P02:241/241
P03:248/248
P04:348/348
P05:293/293
P06:343/343
P07:421/421
P08:380/380
P09:321/321
P10:268/268
P11:173/173
P12:305/305
P13:191/191
P14:169/169
P15:229/229
P16:217/217
P17:413/413
P18:278/278
P19:222/222
P20:175/175
P21:167/167
P22:185/185
P23:267/267
P24:222/222
P25:173/173
P26:246/246
P27:302/302
P28:191/191
P29:289/289
P30:126/126
P31:297/297
P32:251/251
P33:205/205
P34:156/156
P35:183/183
P36:207/207
P37:206/206
P38:229/229
P39:304/304
P40:310/310

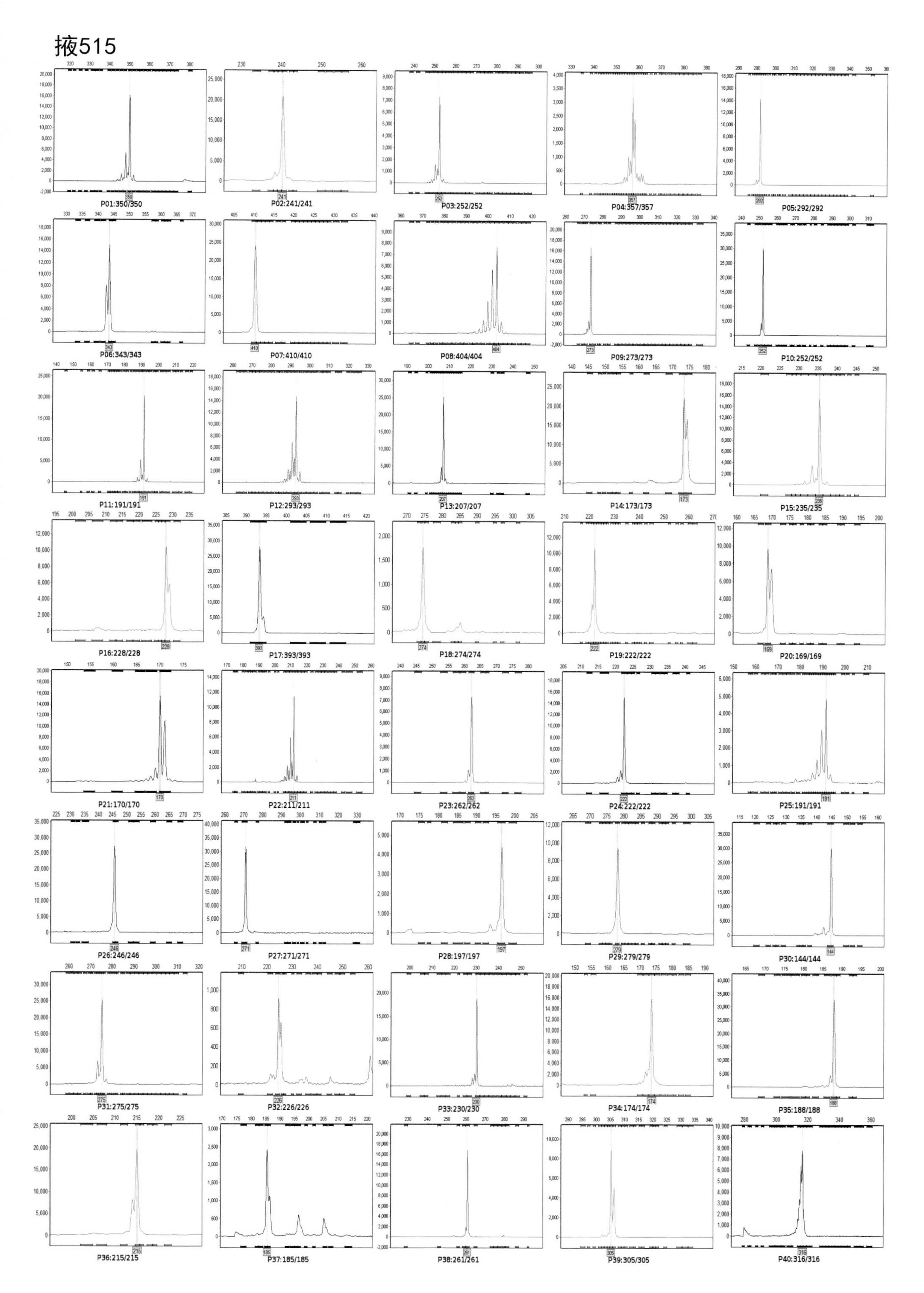
掖515
P01:350/350
P02:241/241
P03:252/252
P04:357/357
P05:292/292
P06:343/343
P07:410/410
P08:404/404
P09:273/273
P10:252/252
P11:191/191
P12:293/293
P13:207/207
P14:173/173
P15:235/235
P16:228/228
P17:393/393
P18:274/274
P19:222/222
P20:169/169
P21:170/170
P22:211/211
P23:262/262
P24:222/222
P25:191/191
P26:246/246
P27:271/271
P28:197/197
P29:279/279
P30:144/144
P31:275/275
P32:226/226
P33:230/230
P34:174/174
P35:188/188
P36:215/215
P37:185/185
P38:261/261
P39:305/305
P40:316/316

E28

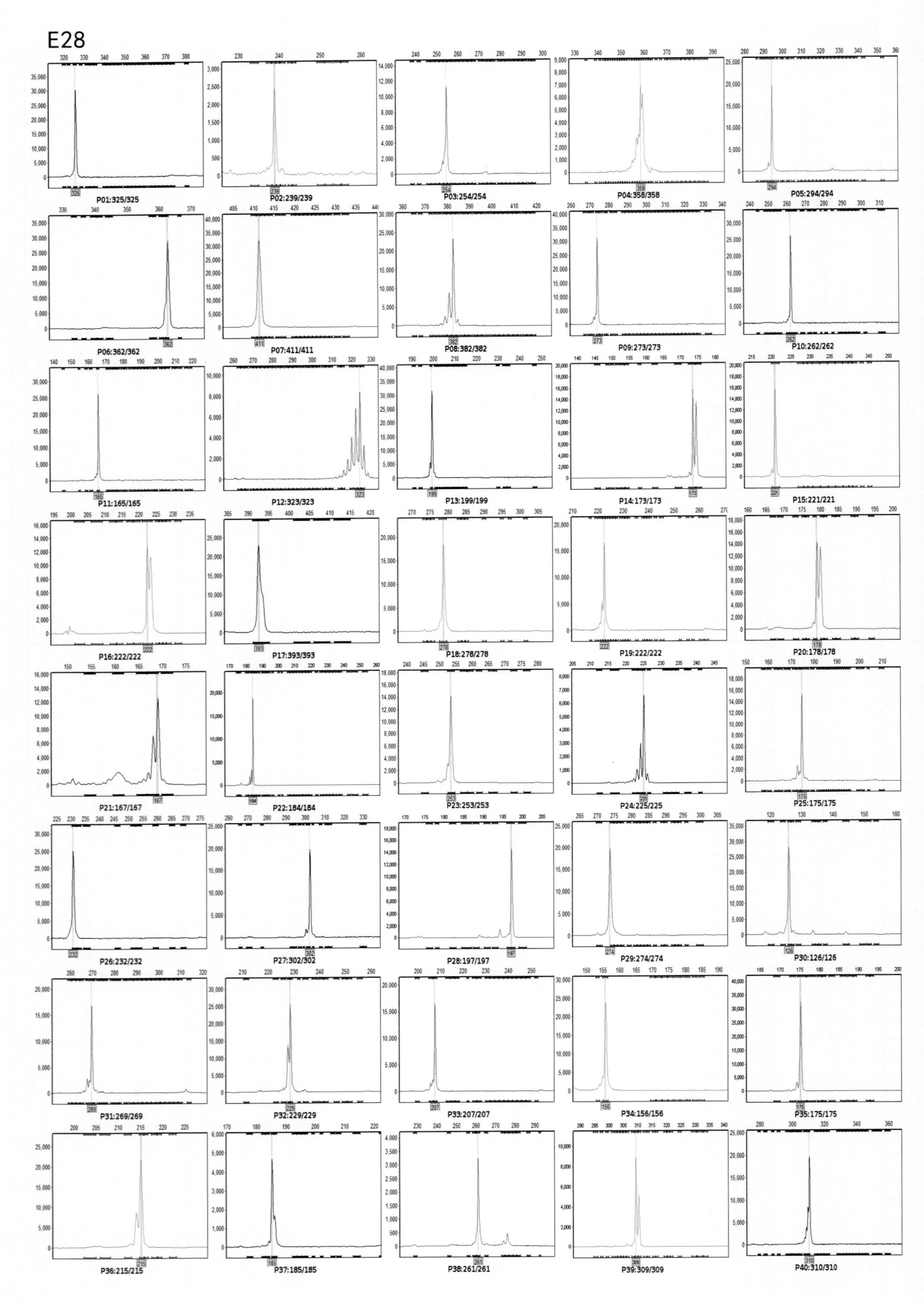
P01:325/325
P02:239/239
P03:254/254
P04:358/358
P05:294/294
P06:362/362
P07:411/411
P08:382/382
P09:273/273
P10:262/262
P11:165/165
P12:323/323
P13:199/199
P14:173/173
P15:221/221
P16:222/222
P17:393/393
P18:278/278
P19:222/222
P20:178/178
P21:167/167
P22:184/184
P23:253/253
P24:225/225
P25:175/175
P26:232/232
P27:302/302
P28:197/197
P29:274/274
P30:126/126
P31:269/269
P32:229/229
P33:207/207
P34:156/156
P35:175/175
P36:215/215
P37:185/185
P38:261/261
P39:309/309
P40:310/310

冀15-22

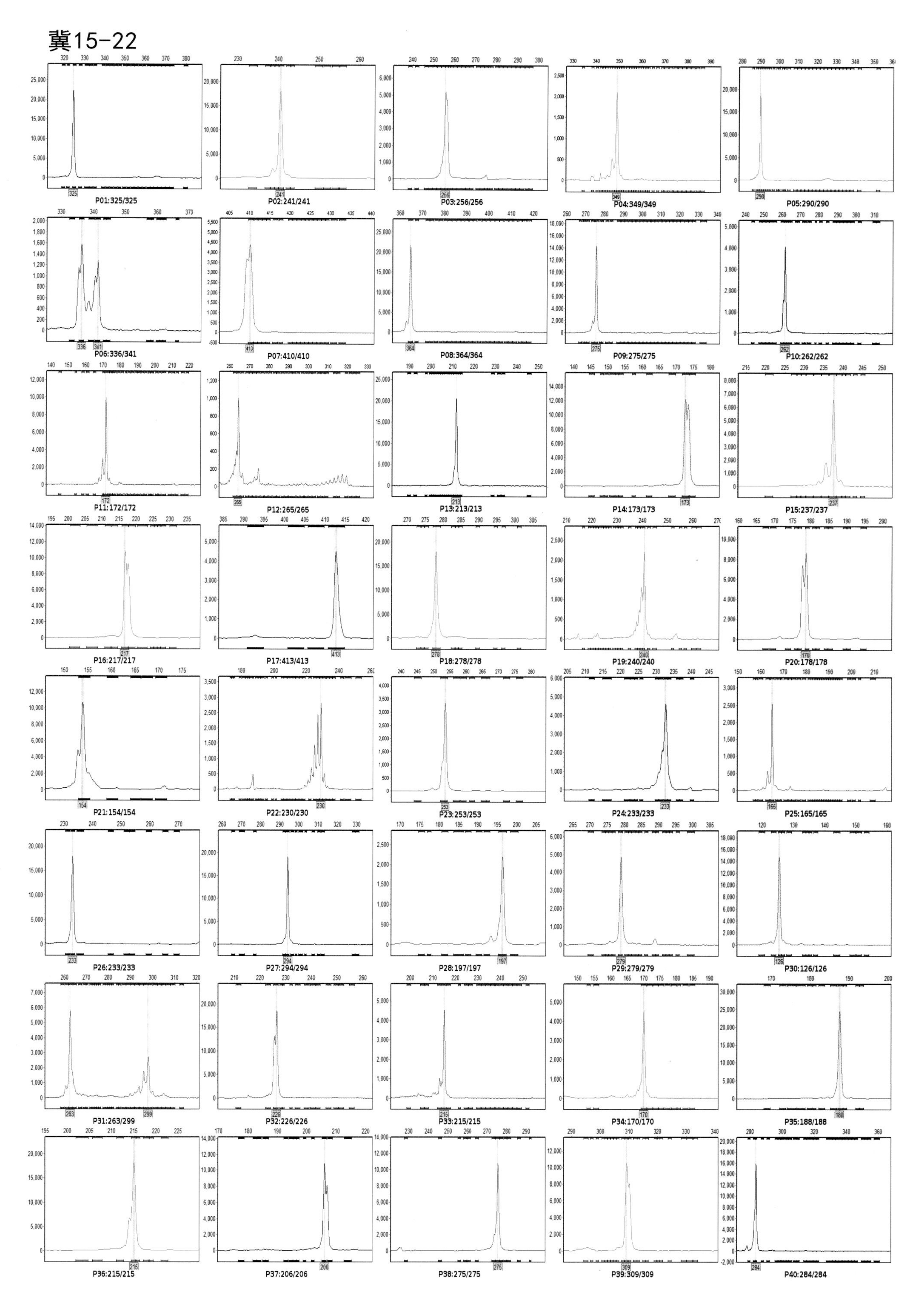
P01:325/325
P02:241/241
P03:256/256
P04:349/349
P05:290/290
P06:336/341
P07:410/410
P08:364/364
P09:275/275
P10:262/262
P11:172/172
P12:265/265
P13:213/213
P14:173/173
P15:237/237
P16:217/217
P17:413/413
P18:278/278
P19:240/240
P20:178/178
P21:154/154
P22:230/230
P23:253/253
P24:233/233
P25:165/165
P26:233/233
P27:294/294
P28:197/197
P29:279/279
P30:126/126
P31:263/299
P32:226/226
P33:215/215
P34:170/170
P35:188/188
P36:215/215
P37:206/206
P38:275/275
P39:309/309
P40:284/284

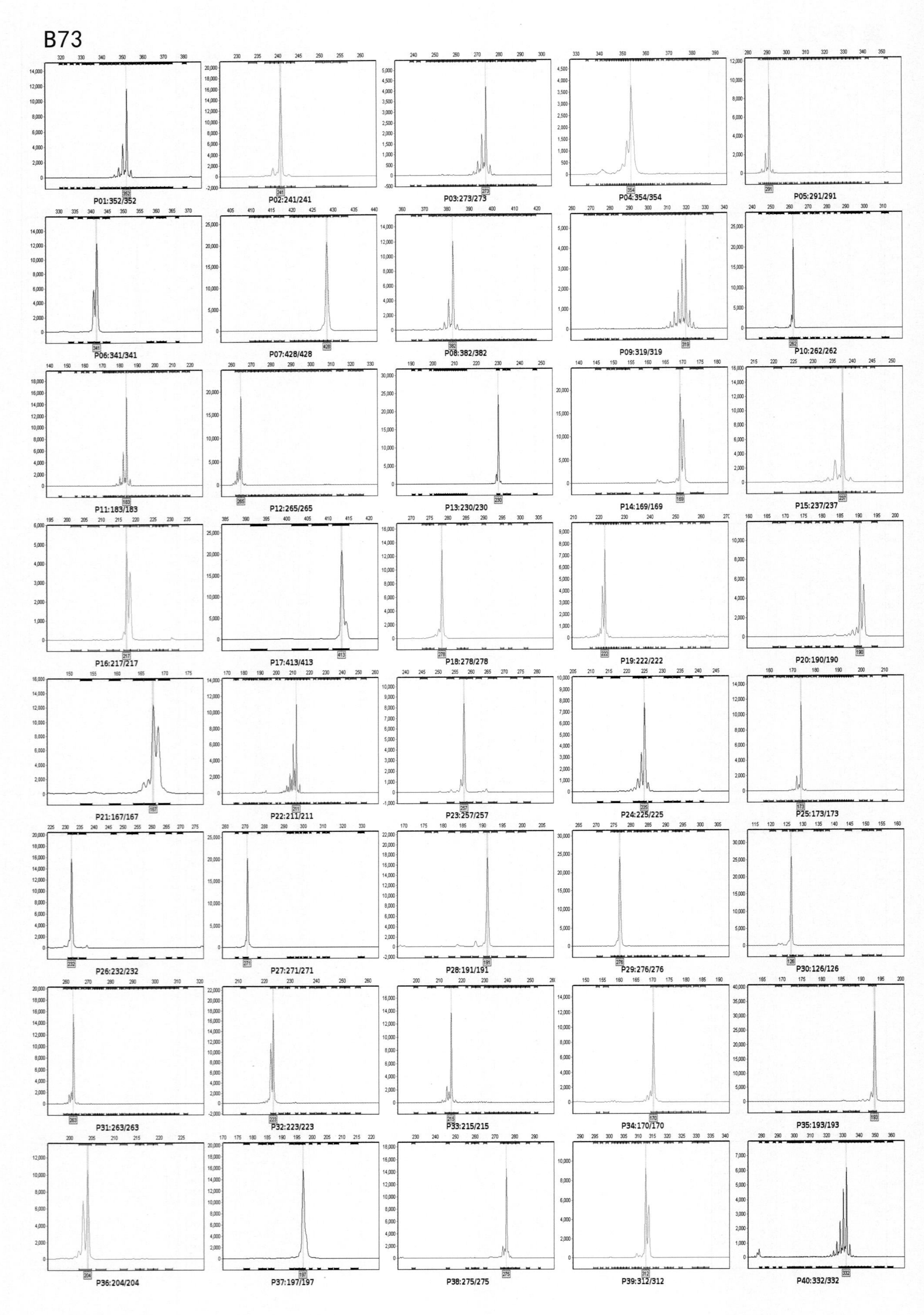
B73
P01:352/352
P02:241/241
P03:273/273
P04:354/354
P05:291/291
P06:341/341
P07:428/428
P08:382/382
P09:319/319
P10:262/262
P11:183/183
P12:265/265
P13:230/230
P14:169/169
P15:237/237
P16:217/217
P17:413/413
P18:278/278
P19:222/222
P20:190/190
P21:167/167
P22:211/211
P23:257/257
P24:225/225
P25:173/173
P26:232/232
P27:271/271
P28:191/191
P29:276/276
P30:126/126
P31:263/263
P32:223/223
P33:215/215
P34:170/170
P35:193/193
P36:204/204
P37:197/197
P38:275/275
P39:312/312
P40:332/332

铁7922

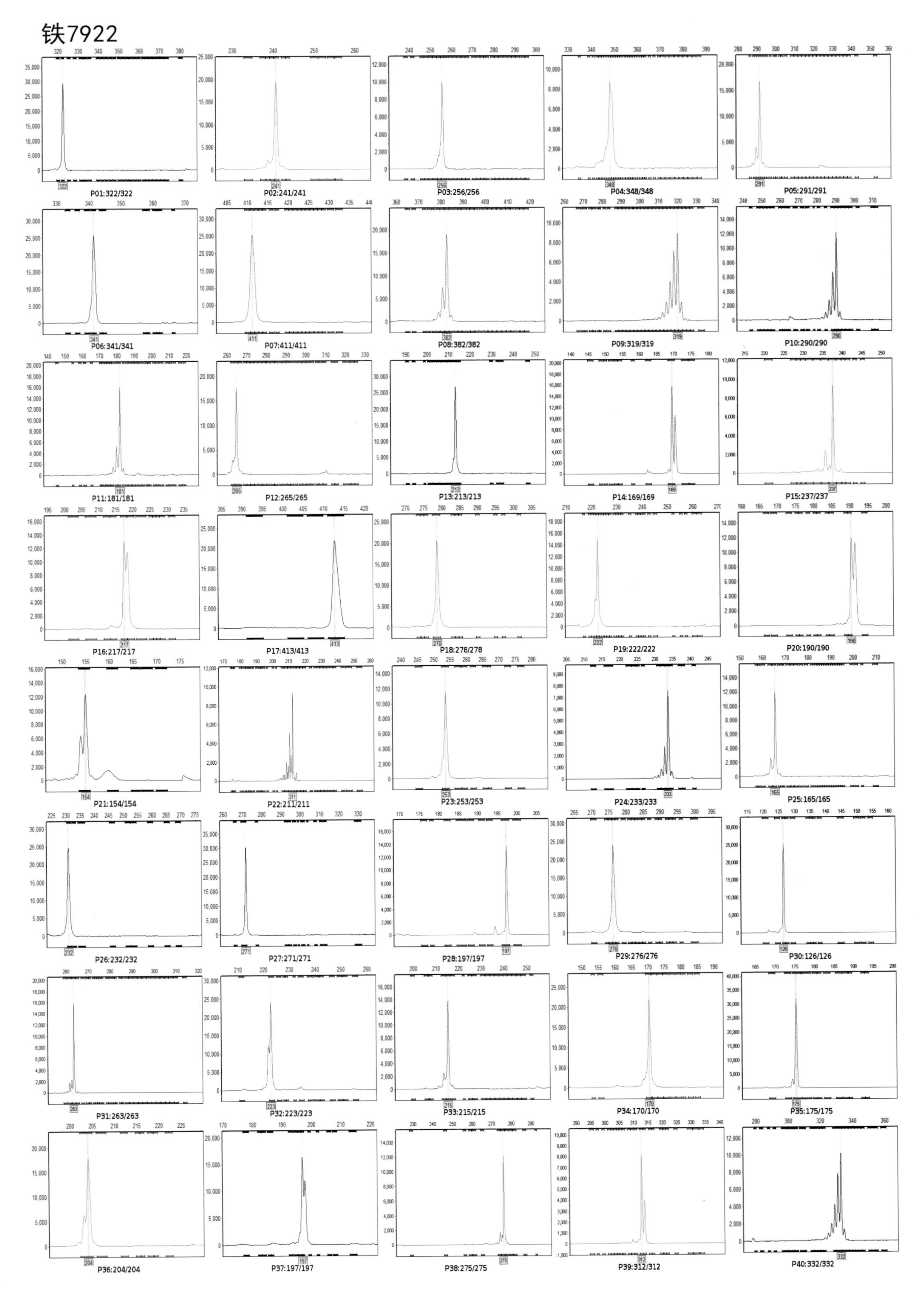
P01:322/322
P02:241/241
P03:256/256
P04:348/348
P05:291/291
P06:341/341
P07:411/411
P08:382/382
P09:319/319
P10:290/290
P11:181/181
P12:265/265
P13:213/213
P14:169/169
P15:237/237
P16:217/217
P17:413/413
P18:278/278
P19:222/222
P20:190/190
P21:154/154
P22:211/211
P23:253/253
P24:233/233
P25:165/165
P26:232/232
P27:271/271
P28:197/197
P29:276/276
P30:126/126
P31:263/263
P32:223/223
P33:215/215
P34:170/170
P35:175/175
P36:204/204
P37:197/197
P38:275/275
P39:312/312
P40:332/332

U8112

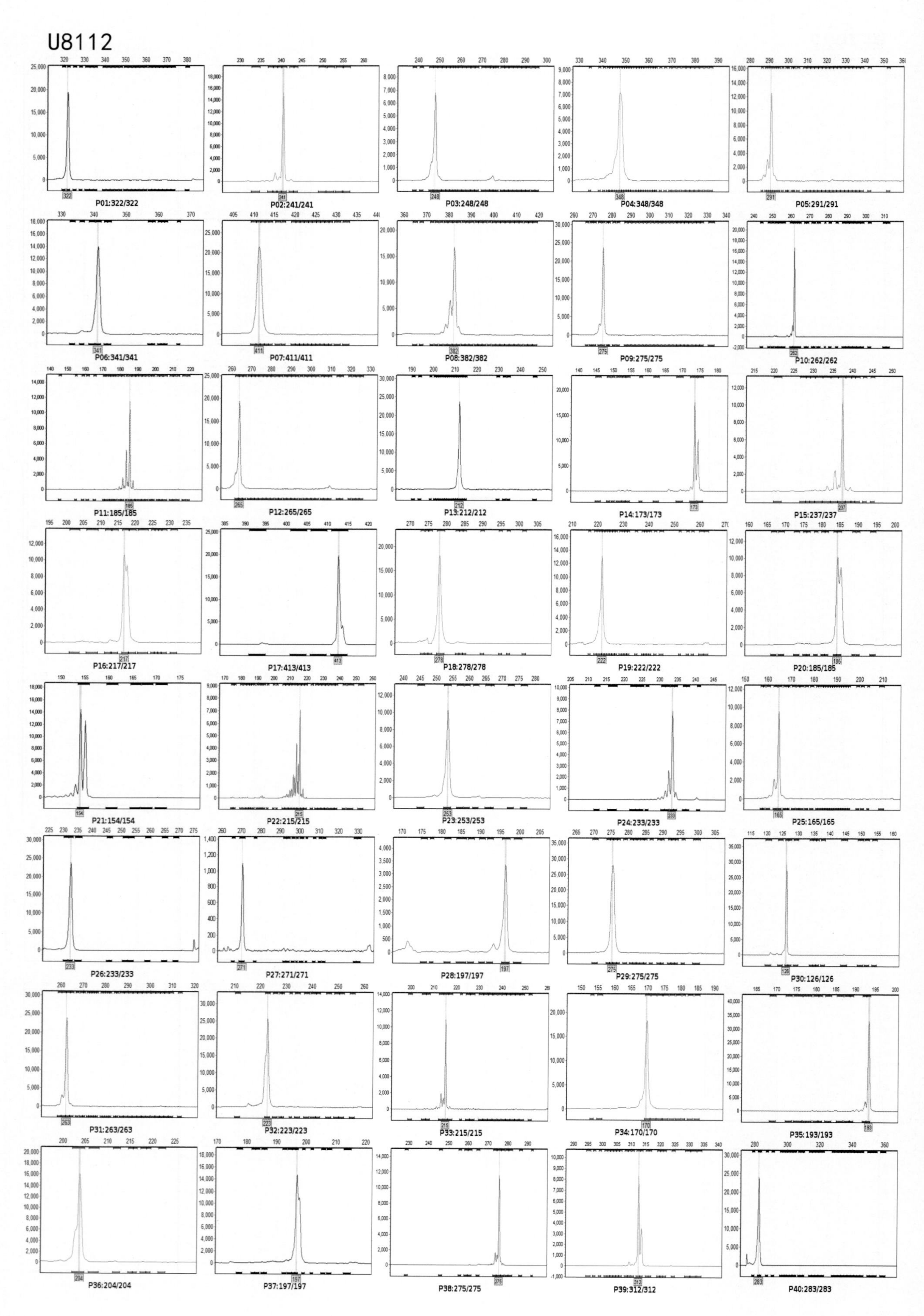
P01:322/322
P02:241/241
P03:248/248
P04:348/348
P05:291/291
P06:341/341
P07:411/411
P08:382/382
P09:275/275
P10:262/262
P11:185/185
P12:265/265
P13:212/212
P14:173/173
P15:237/237
P16:217/217
P17:413/413
P18:278/278
P19:222/222
P20:185/185
P21:154/154
P22:215/215
P23:253/253
P24:233/233
P25:165/165
P26:233/233
P27:271/271
P28:197/197
P29:275/275
P30:126/126
P31:263/263
P32:223/223
P33:215/215
P34:170/170
P35:193/193
P36:204/204
P37:197/197
P38:275/275
P39:312/312
P40:283/283

4112

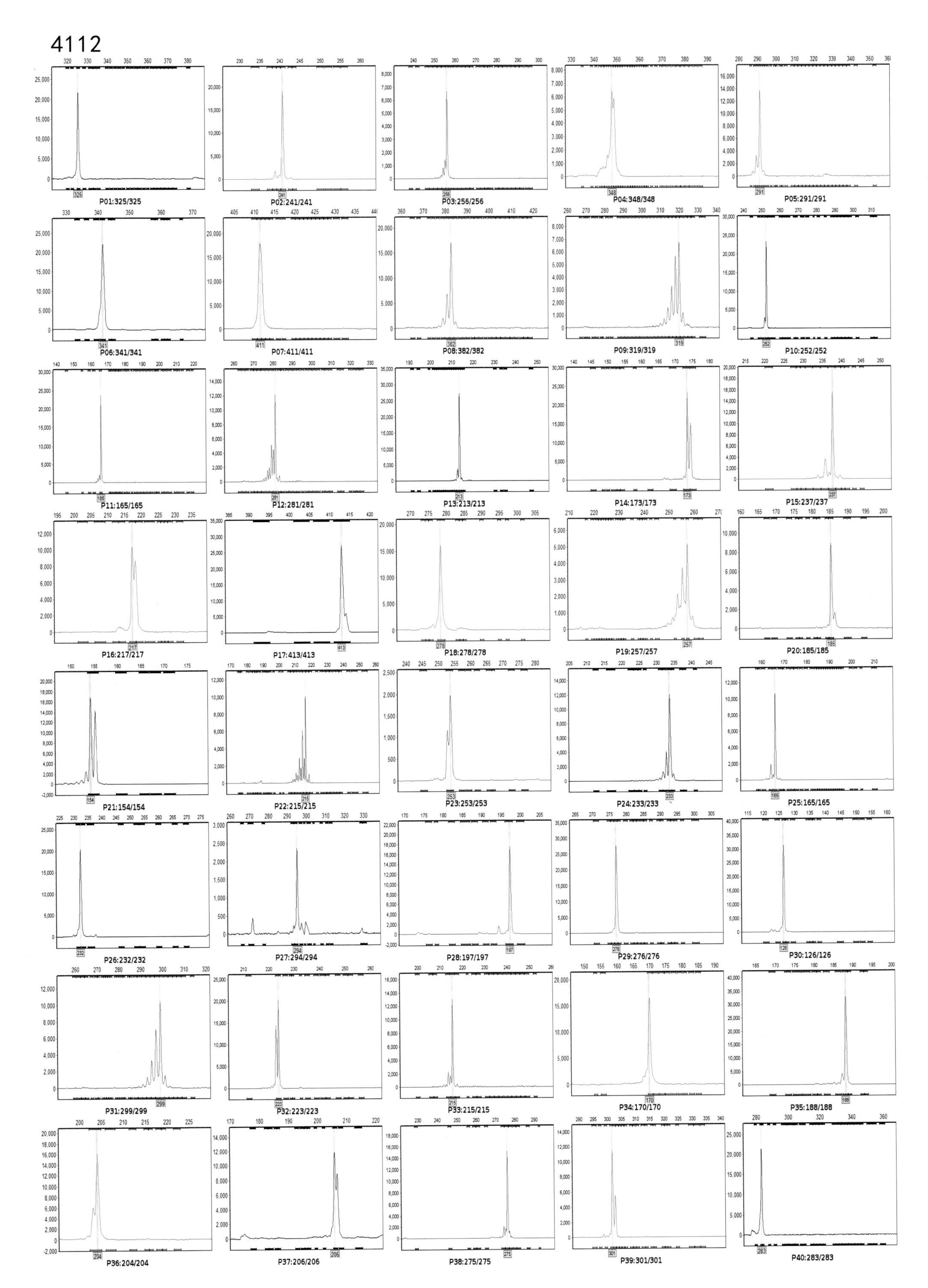
P01:325/325
P02:241/241
P03:256/256
P04:348/348
P05:291/291
P06:341/341
P07:411/411
P08:382/382
P09:319/319
P10:252/252
P11:165/165
P12:281/281
P13:213/213
P14:173/173
P15:237/237
P16:217/217
P17:413/413
P18:278/278
P19:257/257
P20:185/185
P21:154/154
P22:215/215
P23:253/253
P24:233/233
P25:165/165
P26:232/232
P27:294/294
P28:197/197
P29:276/276
P30:126/126
P31:299/299
P32:223/223
P33:215/215
P34:170/170
P35:188/188
P36:204/204
P37:206/206
P38:275/275
P39:301/301
P40:283/283

B尖8

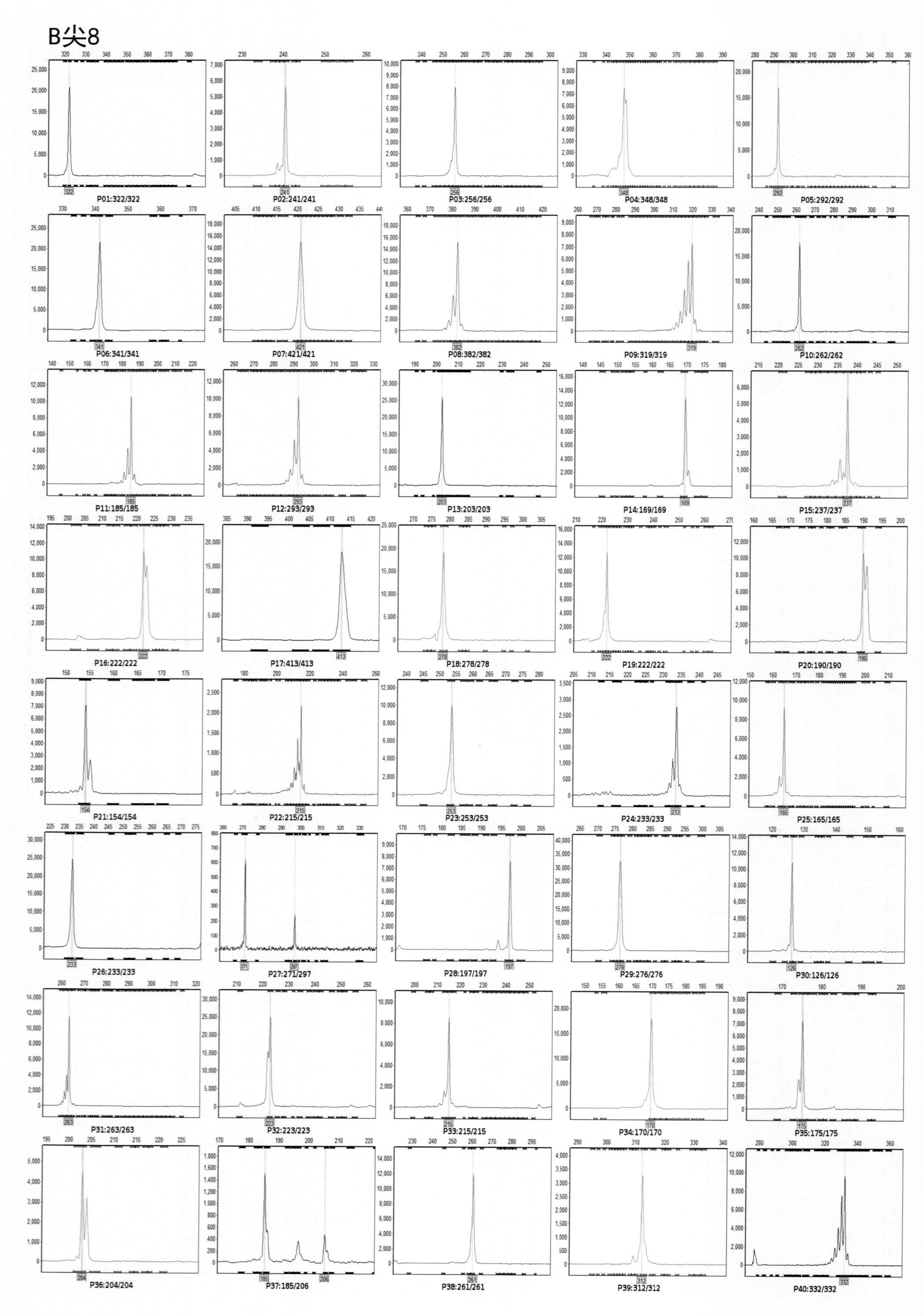
P01:322/322
P02:241/241
P03:256/256
P04:348/348
P05:292/292
P06:341/341
P07:421/421
P08:382/382
P09:319/319
P10:262/262
P11:185/185
P12:293/293
P13:203/203
P14:169/169
P15:237/237
P16:222/222
P17:413/413
P18:278/278
P19:222/222
P20:190/190
P21:154/154
P22:215/215
P23:253/253
P24:233/233
P25:165/165
P26:233/233
P27:271/297
P28:197/197
P29:276/276
P30:126/126
P31:263/263
P32:223/223
P33:215/215
P34:170/170
P35:175/175
P36:204/204
P37:185/206
P38:261/261
P39:312/312
P40:332/332

B771

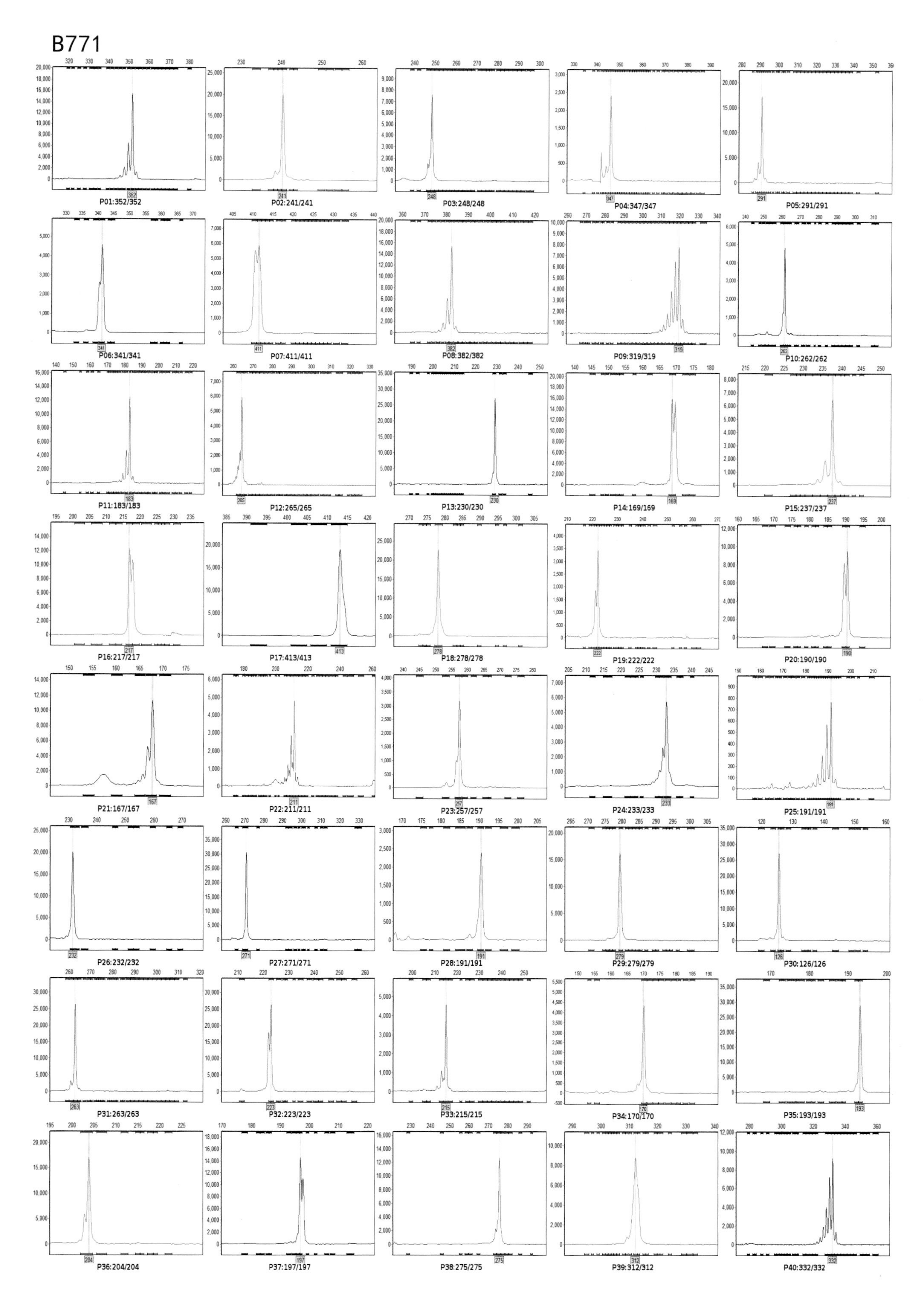
P01:352/352
P02:241/241
P03:248/248
P04:347/347
P05:291/291
P06:341/341
P07:411/411
P08:382/382
P09:319/319
P10:262/262
P11:183/183
P12:265/265
P13:230/230
P14:169/169
P15:237/237
P16:217/217
P17:413/413
P18:278/278
P19:222/222
P20:190/190
P21:167/167
P22:211/211
P23:257/257
P24:233/233
P25:191/191
P26:232/232
P27:271/271
P28:191/191
P29:279/279
P30:126/126
P31:263/263
P32:223/223
P33:215/215
P34:170/170
P35:193/193
P36:204/204
P37:197/197
P38:275/275
P39:312/312
P40:332/332

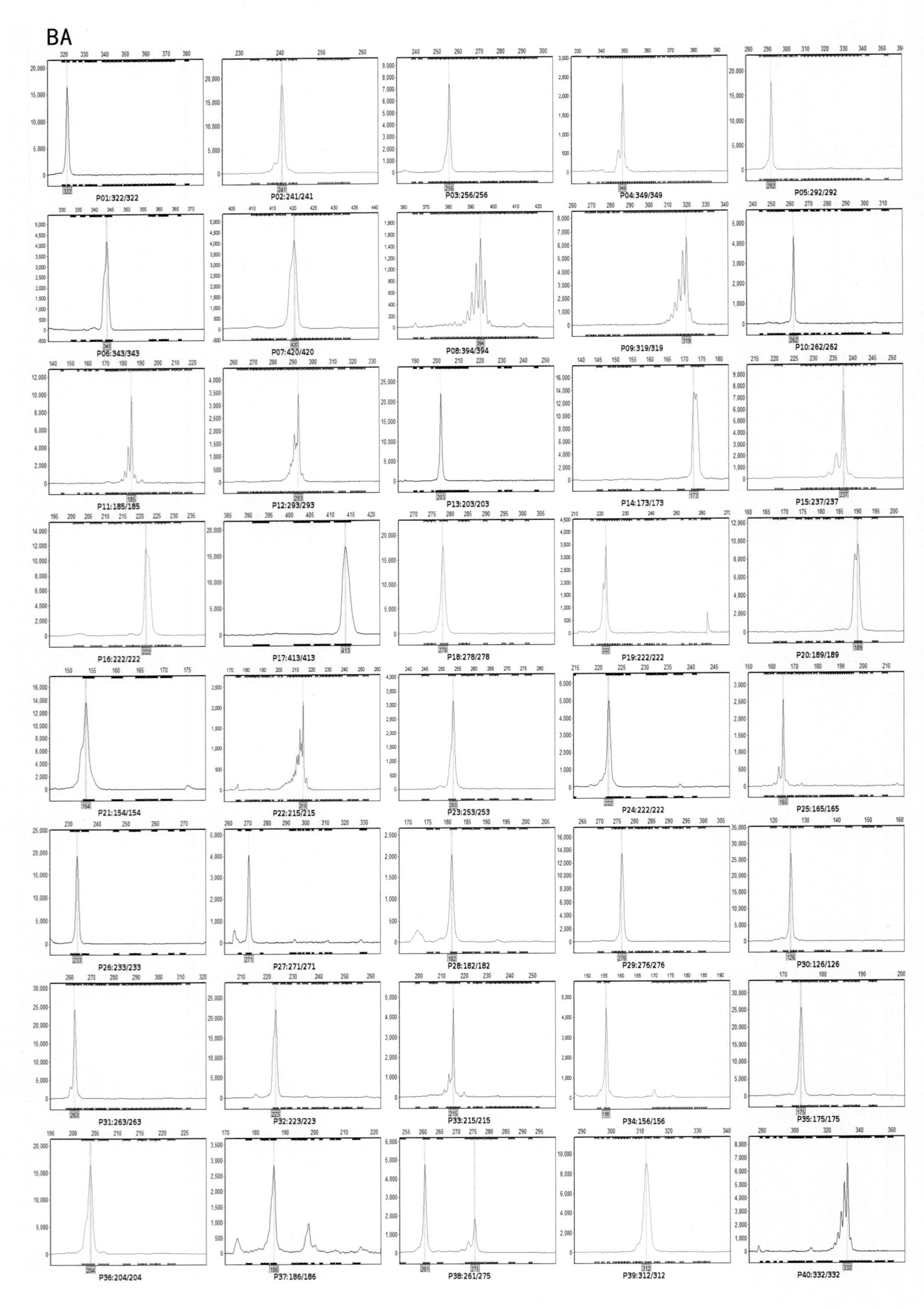
BA
P01:322/322
P02:241/241
P03:256/256
P04:349/349
P05:292/292
P06:343/343
P07:420/420
P08:394/394
P09:319/319
P10:262/262
P11:185/185
P12:293/293
P13:203/203
P14:173/173
P15:237/237
P16:222/222
P17:413/413
P18:278/278
P19:222/222
P20:189/189
P21:154/154
P22:215/215
P23:253/253
P24:222/222
P25:165/165
P26:233/233
P27:271/271
P28:182/182
P29:276/276
P30:126/126
P31:263/263
P32:223/223
P33:215/215
P34:156/156
P35:175/175
P36:204/204
P37:186/186
P38:261/275
P39:312/312
P40:332/332

BA18

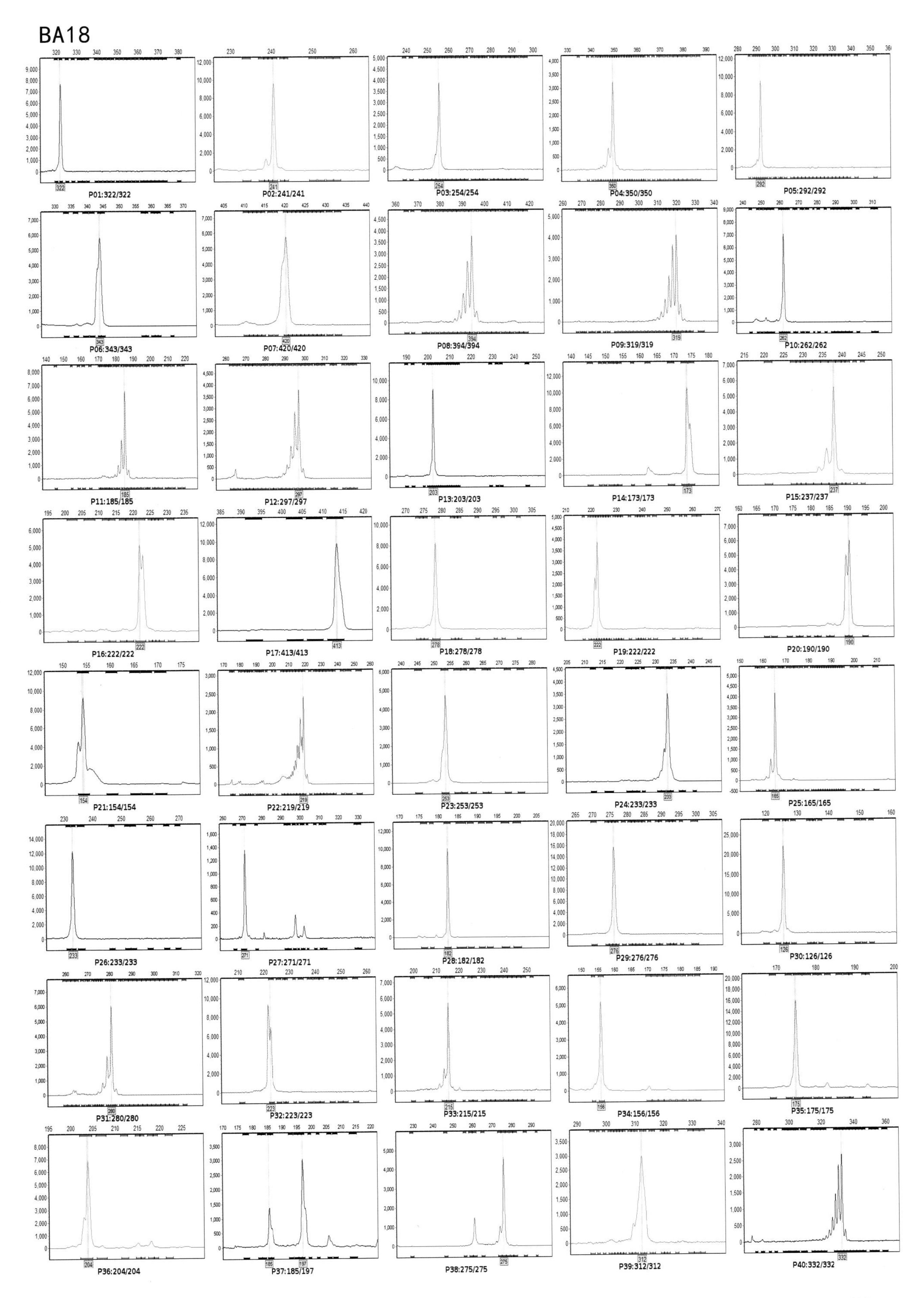
P01:322/322
P02:241/241
P03:254/254
P04:350/350
P05:292/292
P06:343/343
P07:420/420
P08:394/394
P09:319/319
P10:262/262
P11:185/185
P12:297/297
P13:203/203
P14:173/173
P15:237/237
P16:222/222
P17:413/413
P18:278/278
P19:222/222
P20:190/190
P21:154/154
P22:219/219
P23:253/253
P24:233/233
P25:165/165
P26:233/233
P27:271/271
P28:182/182
P29:276/276
P30:126/126
P31:280/280
P32:223/223
P33:215/215
P34:156/156
P35:175/175
P36:204/204
P37:185/197
P38:275/275
P39:312/312
P40:332/332

吉856

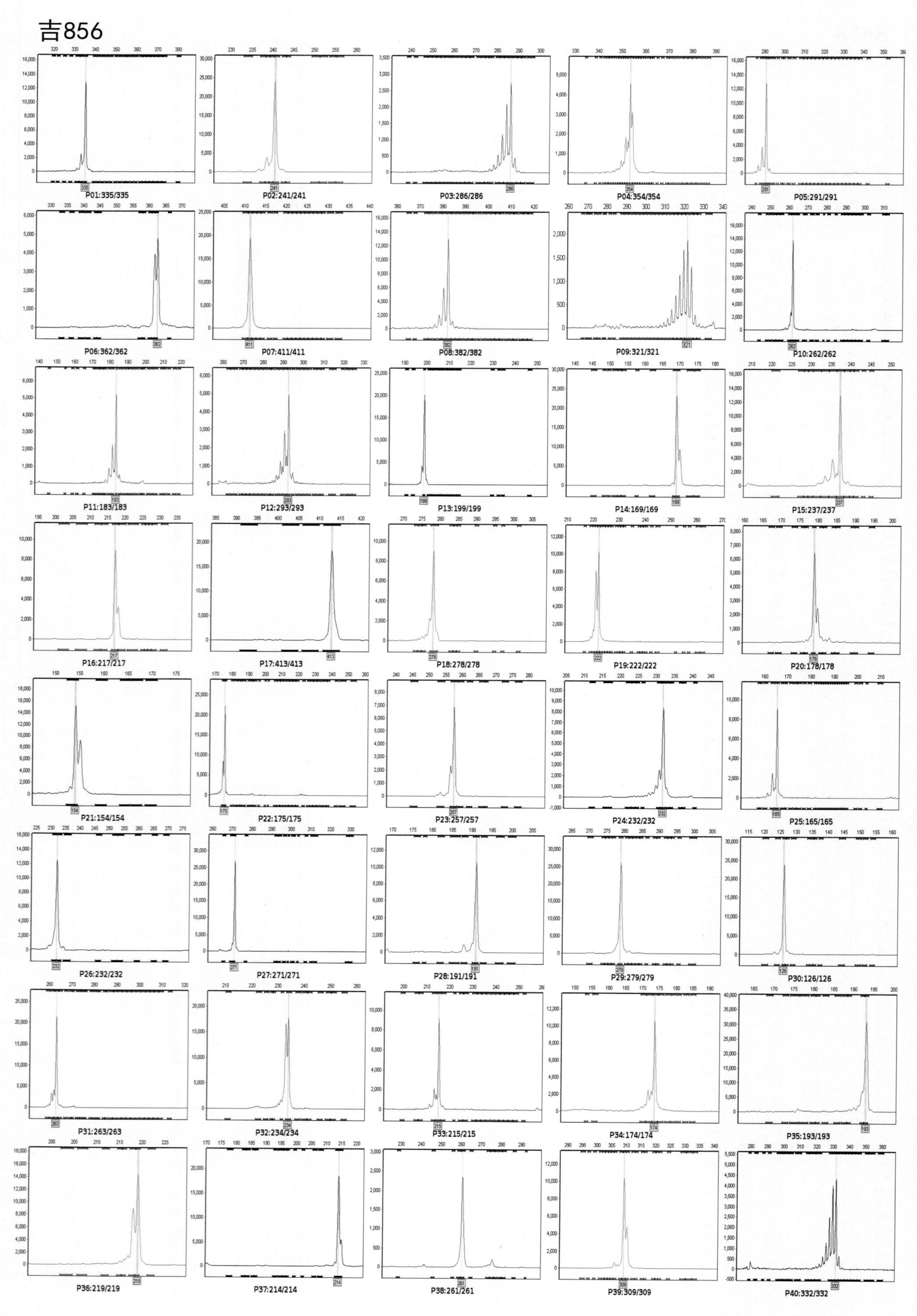
P01:335/335
P02:241/241
P03:286/286
P04:354/354
P05:291/291
P06:362/362
P07:411/411
P08:382/382
P09:321/321
P10:262/262
P11:183/183
P12:293/293
P13:199/199
P14:169/169
P15:237/237
P16:217/217
P17:413/413
P18:278/278
P19:222/222
P20:178/178
P21:154/154
P22:175/175
P23:257/257
P24:232/232
P25:165/165
P26:232/232
P27:271/271
P28:191/191
P29:279/279
P30:126/126
P31:263/263
P32:234/234
P33:215/215
P34:174/174
P35:193/193
P36:219/219
P37:214/214
P38:261/261
P39:309/309
P40:332/332

辽白

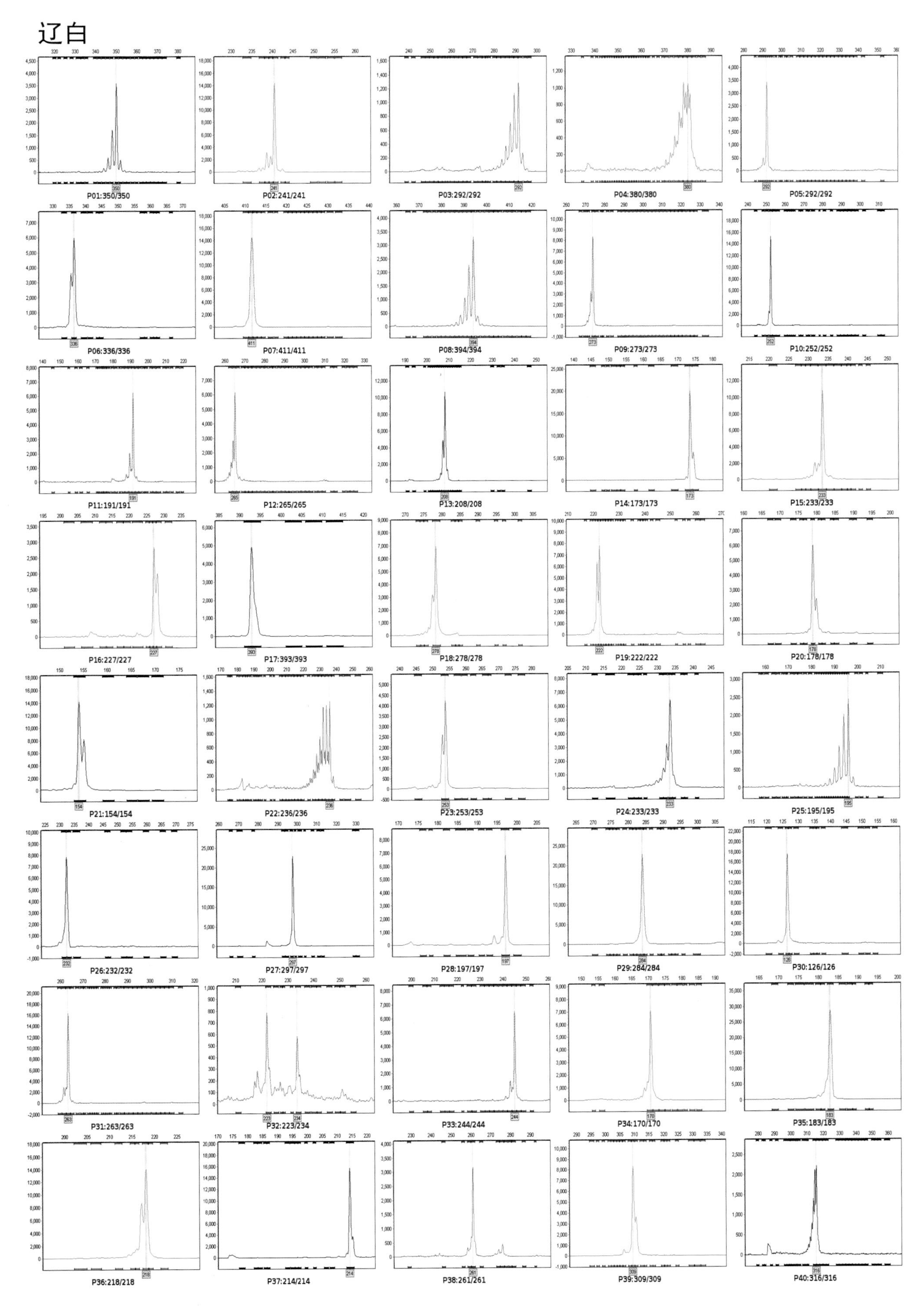

P01:350/350
P02:241/241
P03:292/292
P04:380/380
P05:292/292
P06:336/336
P07:411/411
P08:394/394
P09:273/273
P10:252/252
P11:191/191
P12:265/265
P13:208/208
P14:173/173
P15:233/233
P16:227/227
P17:393/393
P18:278/278
P19:222/222
P20:178/178
P21:154/154
P22:236/236
P23:253/253
P24:233/233
P25:195/195
P26:232/232
P27:297/297
P28:197/197
P29:284/284
P30:126/126
P31:263/263
P32:223/234
P33:244/244
P34:170/170
P35:183/183
P36:218/218
P37:214/214
P38:261/261
P39:309/309
P40:316/316

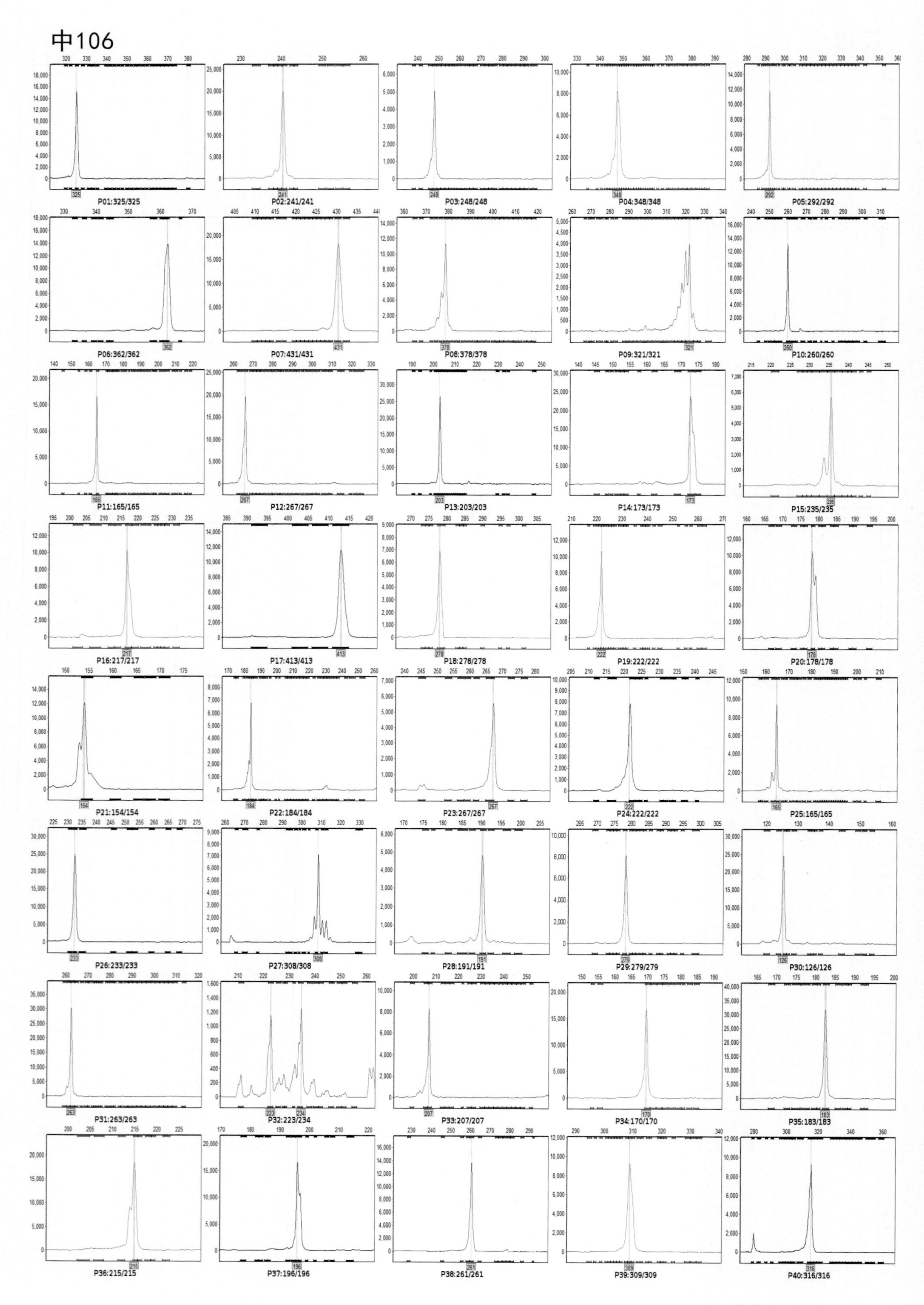
中106
P01:325/325
P02:241/241
P03:248/248
P04:348/348
P05:292/292
P06:362/362
P07:431/431
P08:378/378
P09:321/321
P10:260/260
P11:165/165
P12:267/267
P13:203/203
P14:173/173
P15:235/235
P16:217/217
P17:413/413
P18:278/278
P19:222/222
P20:178/178
P21:154/154
P22:184/184
P23:267/267
P24:222/222
P25:165/165
P26:233/233
P27:308/308
P28:191/191
P29:279/279
P30:126/126
P31:263/263
P32:223/234
P33:207/207
P34:170/170
P35:183/183
P36:215/215
P37:196/196
P38:261/261
P39:309/309
P40:316/316

掖107

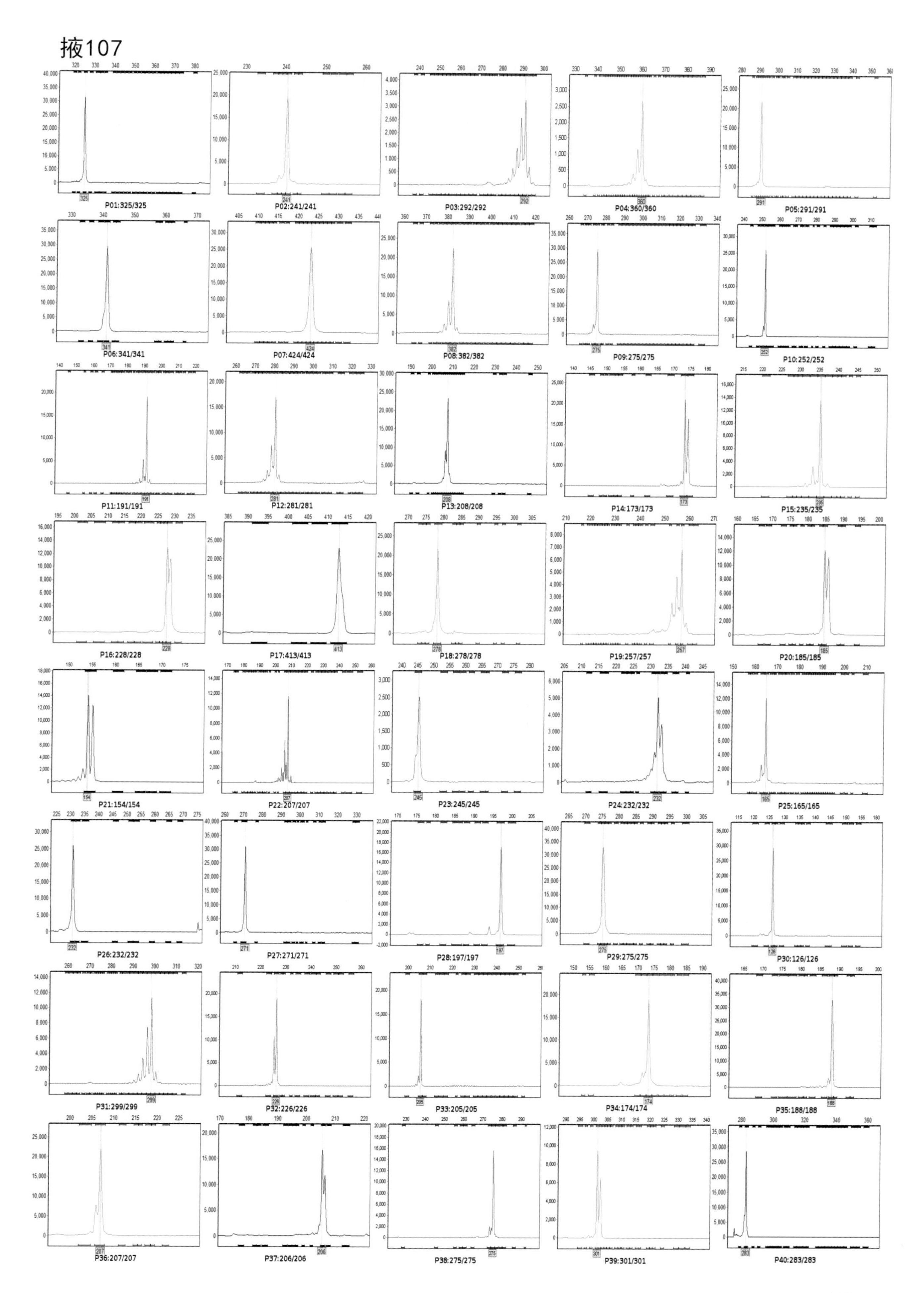

P01:325/325
P02:241/241
P03:292/292
P04:360/360
P05:291/291
P06:341/341
P07:424/424
P08:382/382
P09:275/275
P10:252/252
P11:191/191
P12:281/281
P13:208/208
P14:173/173
P15:235/235
P16:228/228
P17:413/413
P18:278/278
P19:257/257
P20:185/185
P21:154/154
P22:207/207
P23:245/245
P24:232/232
P25:165/165
P26:232/232
P27:271/271
P28:197/197
P29:275/275
P30:126/126
P31:299/299
P32:226/226
P33:205/205
P34:174/174
P35:188/188
P36:207/207
P37:206/206
P38:275/275
P39:301/301
P40:283/283

沈农92-67

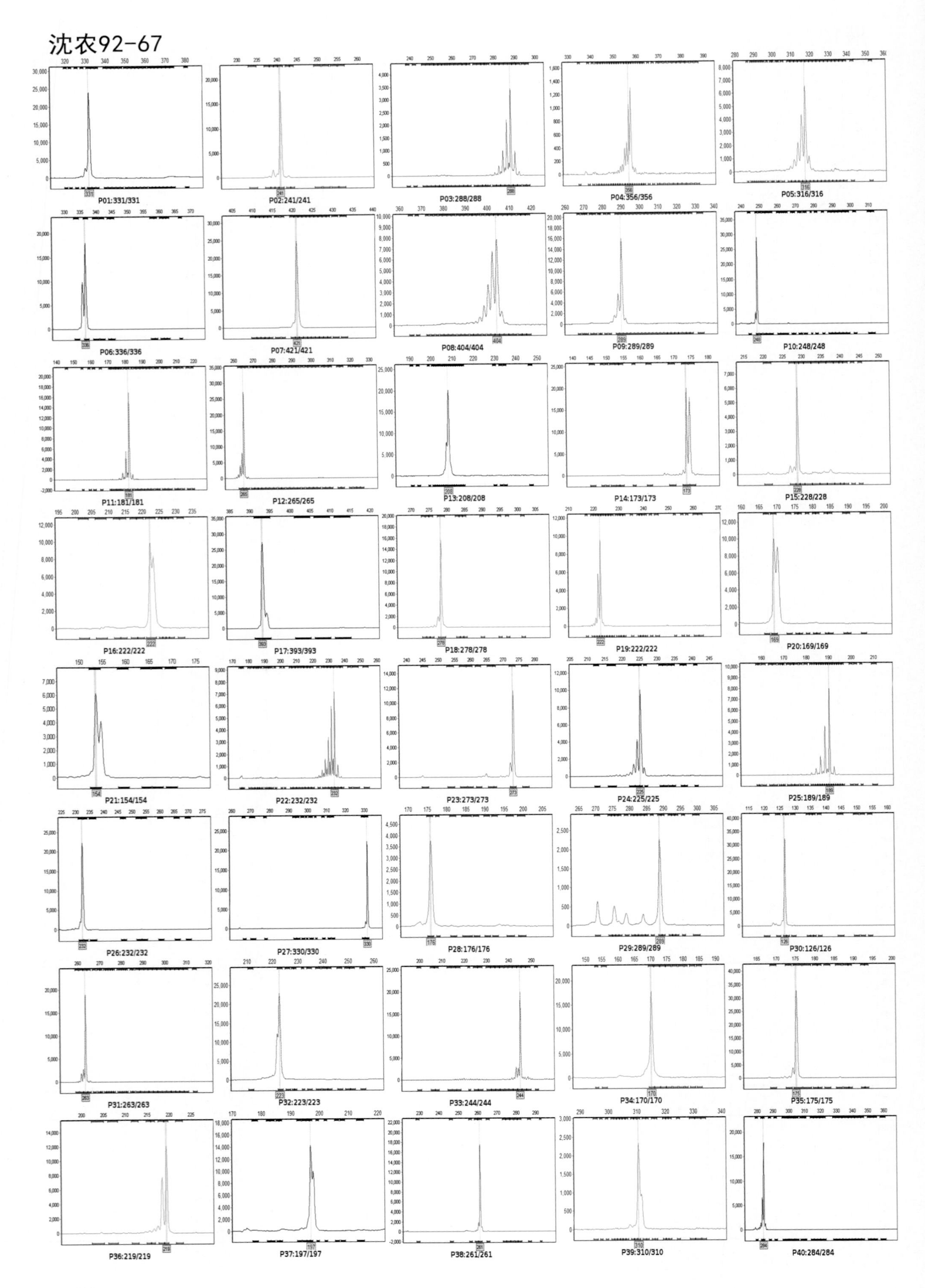
P01:331/331
P02:241/241
P03:288/288
P04:356/356
P05:316/316
P06:336/336
P07:421/421
P08:404/404
P09:289/289
P10:248/248
P11:181/181
P12:265/265
P13:208/208
P14:173/173
P15:228/228
P16:222/222
P17:393/393
P18:278/278
P19:222/222
P20:169/169
P21:154/154
P22:232/232
P23:273/273
P24:225/225
P25:189/189
P26:232/232
P27:330/330
P28:176/176
P29:289/289
P30:126/126
P31:263/263
P32:223/223
P33:244/244
P34:170/170
P35:175/175
P36:219/219
P37:197/197
P38:261/261
P39:310/310
P40:284/284

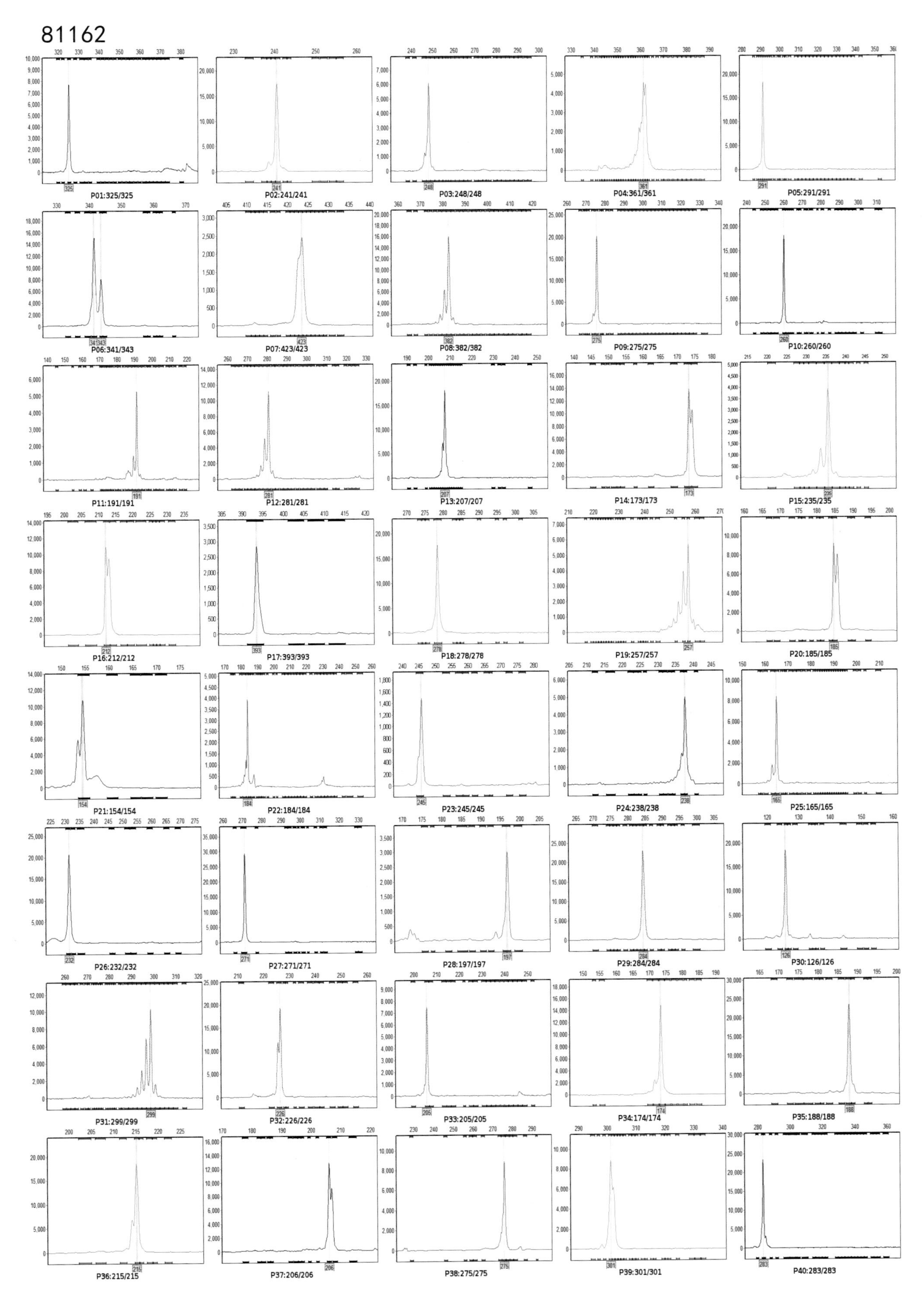
81162
P01:325/325
P02:241/241
P03:248/248
P04:361/361
P05:291/291
P06:341/343
P07:423/423
P08:382/382
P09:275/275
P10:260/260
P11:191/191
P12:281/281
P13:207/207
P14:173/173
P15:235/235
P16:212/212
P17:393/393
P18:278/278
P19:257/257
P20:185/185
P21:154/154
P22:184/184
P23:245/245
P24:238/238
P25:165/165
P26:232/232
P27:271/271
P28:197/197
P29:284/284
P30:126/126
P31:299/299
P32:226/226
P33:205/205
P34:174/174
P35:188/188
P36:215/215
P37:206/206
P38:275/275
P39:301/301
P40:283/283

GY246

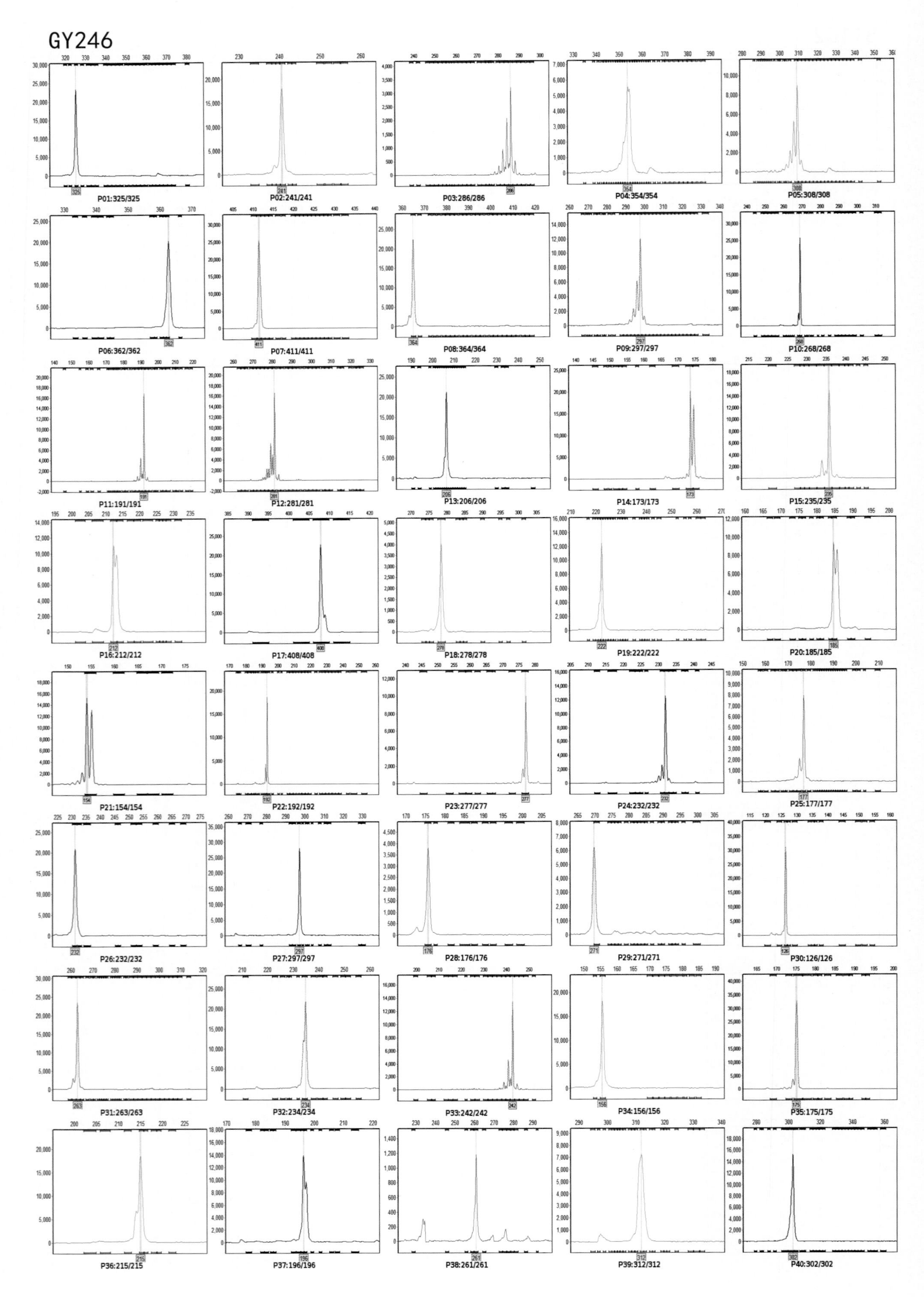
P01:325/325
P02:241/241
P03:286/286
P04:354/354
P05:308/308
P06:362/362
P07:411/411
P08:364/364
P09:297/297
P10:268/268
P11:191/191
P12:281/281
P13:206/206
P14:173/173
P15:235/235
P16:212/212
P17:408/408
P18:278/278
P19:222/222
P20:185/185
P21:154/154
P22:192/192
P23:277/277
P24:232/232
P25:177/177
P26:232/232
P27:297/297
P28:176/176
P29:271/271
P30:126/126
P31:263/263
P32:234/234
P33:242/242
P34:156/156
P35:175/175
P36:215/215
P37:196/196
P38:261/261
P39:312/312
P40:302/302

长3

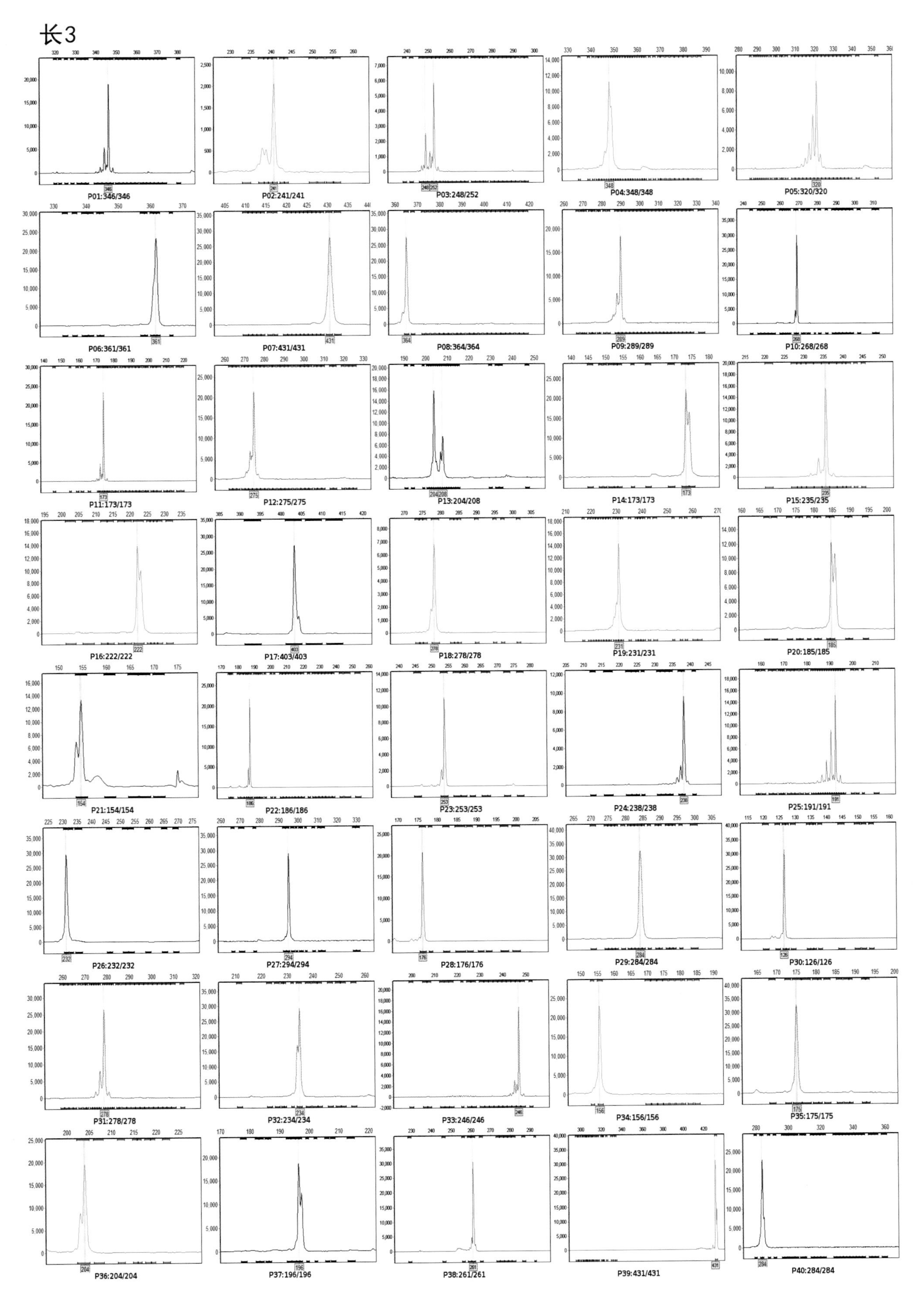
P01:346/346
P02:241/241
P03:248/252
P04:348/348
P05:320/320
P06:361/361
P07:431/431
P08:364/364
P09:289/289
P10:268/268
P11:173/173
P12:275/275
P13:204/208
P14:173/173
P15:235/235
P16:222/222
P17:403/403
P18:278/278
P19:231/231
P20:185/185
P21:154/154
P22:186/186
P23:253/253
P24:238/238
P25:191/191
P26:232/232
P27:294/294
P28:176/176
P29:284/284
P30:126/126
P31:278/278
P32:234/234
P33:246/246
P34:156/156
P35:175/175
P36:204/204
P37:196/196
P38:261/261
P39:431/431
P40:284/284

英粒子

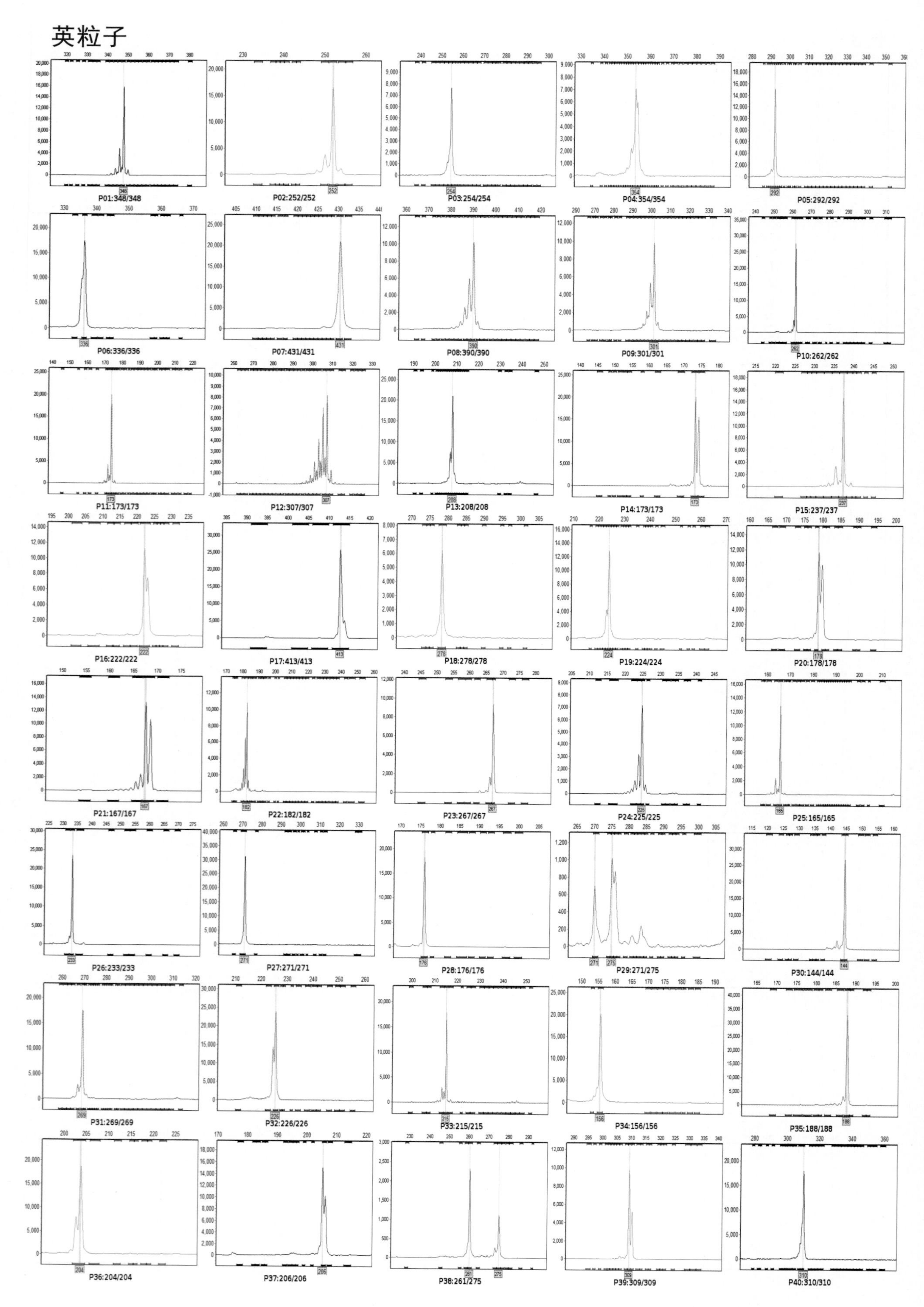
P01:348/348
P02:252/252
P03:254/254
P04:354/354
P05:292/292
P06:336/336
P07:431/431
P08:390/390
P09:301/301
P10:262/262
P11:173/173
P12:307/307
P13:208/208
P14:173/173
P15:237/237
P16:222/222
P17:413/413
P18:278/278
P19:224/224
P20:178/178
P21:167/167
P22:182/182
P23:267/267
P24:225/225
P25:165/165
P26:233/233
P27:271/271
P28:176/176
P29:271/275
P30:144/144
P31:269/269
P32:226/226
P33:215/215
P34:156/156
P35:188/188
P36:204/204
P37:206/206
P38:261/275
P39:309/309
P40:310/310

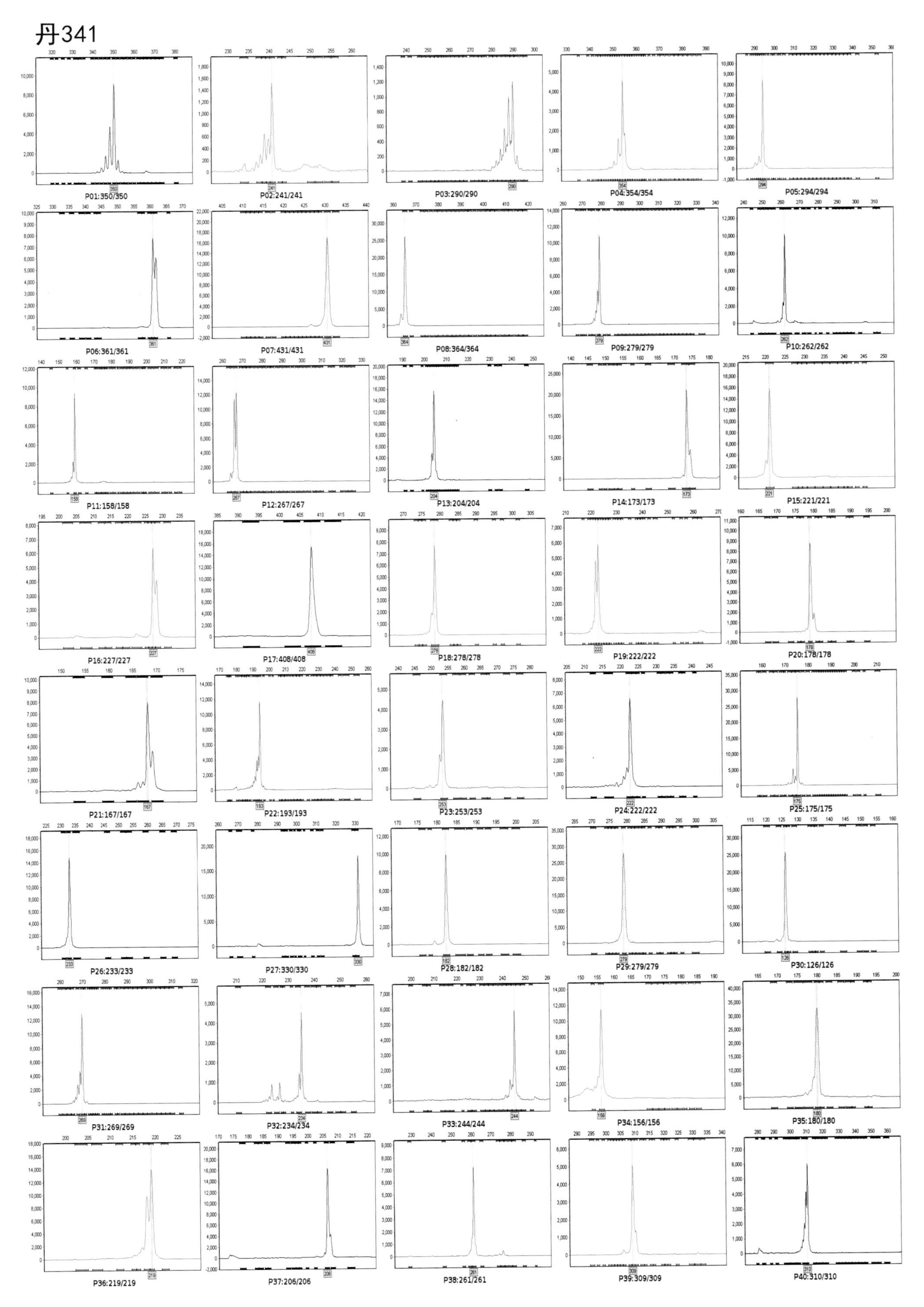
丹341
P01:350/350
P02:241/241
P03:290/290
P04:354/354
P05:294/294
P06:361/361
P07:431/431
P08:364/364
P09:279/279
P10:262/262
P11:158/158
P12:267/267
P13:204/204
P14:173/173
P15:221/221
P16:227/227
P17:408/408
P18:278/278
P19:222/222
P20:178/178
P21:167/167
P22:193/193
P23:253/253
P24:222/222
P25:175/175
P26:233/233
P27:330/330
P28:182/182
P29:279/279
P30:126/126
P31:269/269
P32:234/234
P33:244/244
P34:156/156
P35:180/180
P36:219/219
P37:206/206
P38:261/261
P39:309/309
P40:310/310

鲁原92

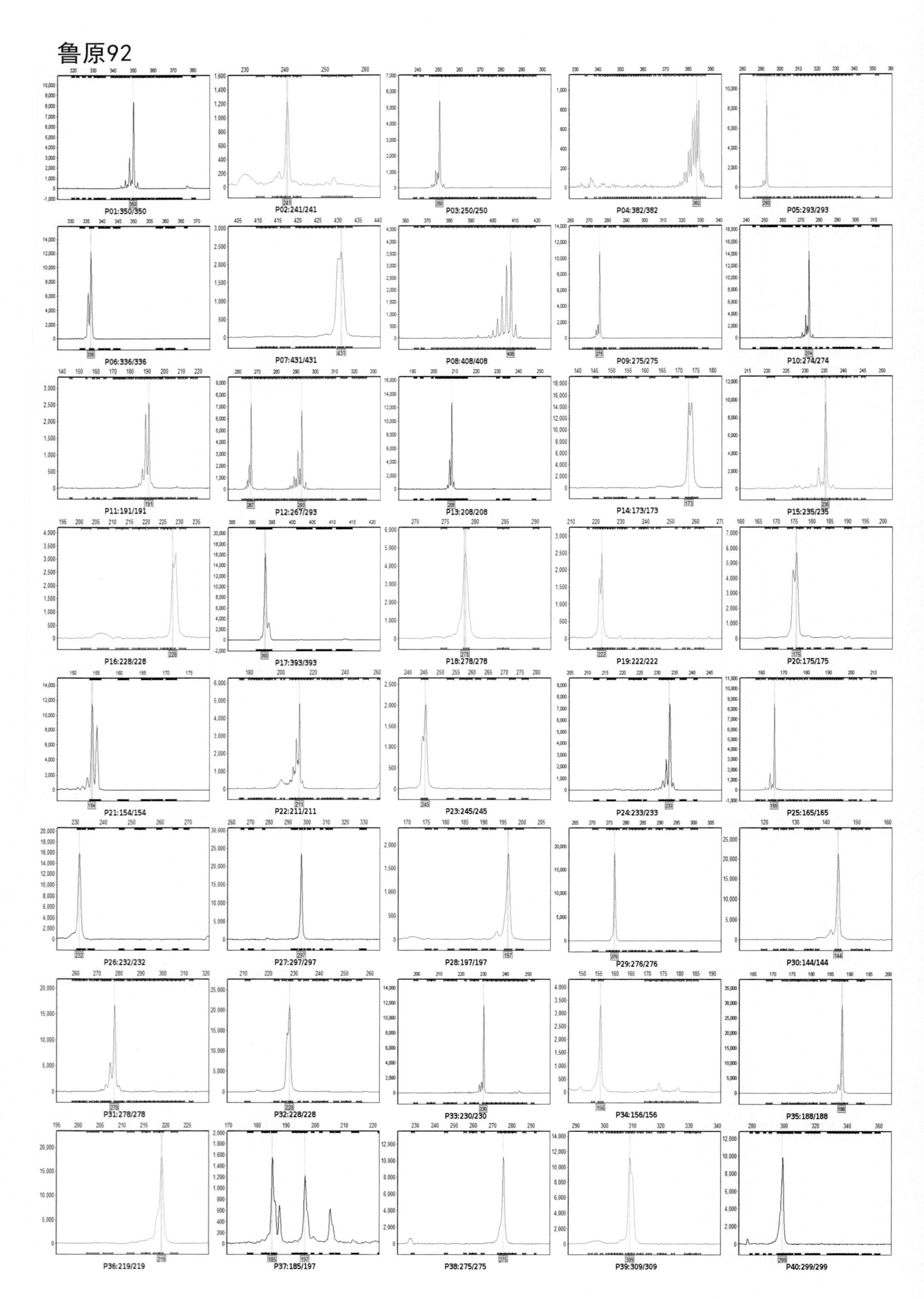
P01:350/350
P02:241/241
P03:250/250
P04:382/382
P05:293/293
P06:336/336
P07:431/431
P08:408/408
P09:275/275
P10:274/274
P11:191/191
P12:267/293
P13:208/208
P14:173/173
P15:235/235
P16:228/228
P17:393/393
P18:278/278
P19:222/222
P20:175/175
P21:154/154
P22:211/211
P23:245/245
P24:233/233
P25:165/165
P26:232/232
P27:297/297
P28:197/197
P29:276/276
P30:144/144
P31:278/278
P32:228/228
P33:230/230
P34:156/156
P35:188/188
P36:219/219
P37:185/197
P38:275/275
P39:309/309
P40:299/299

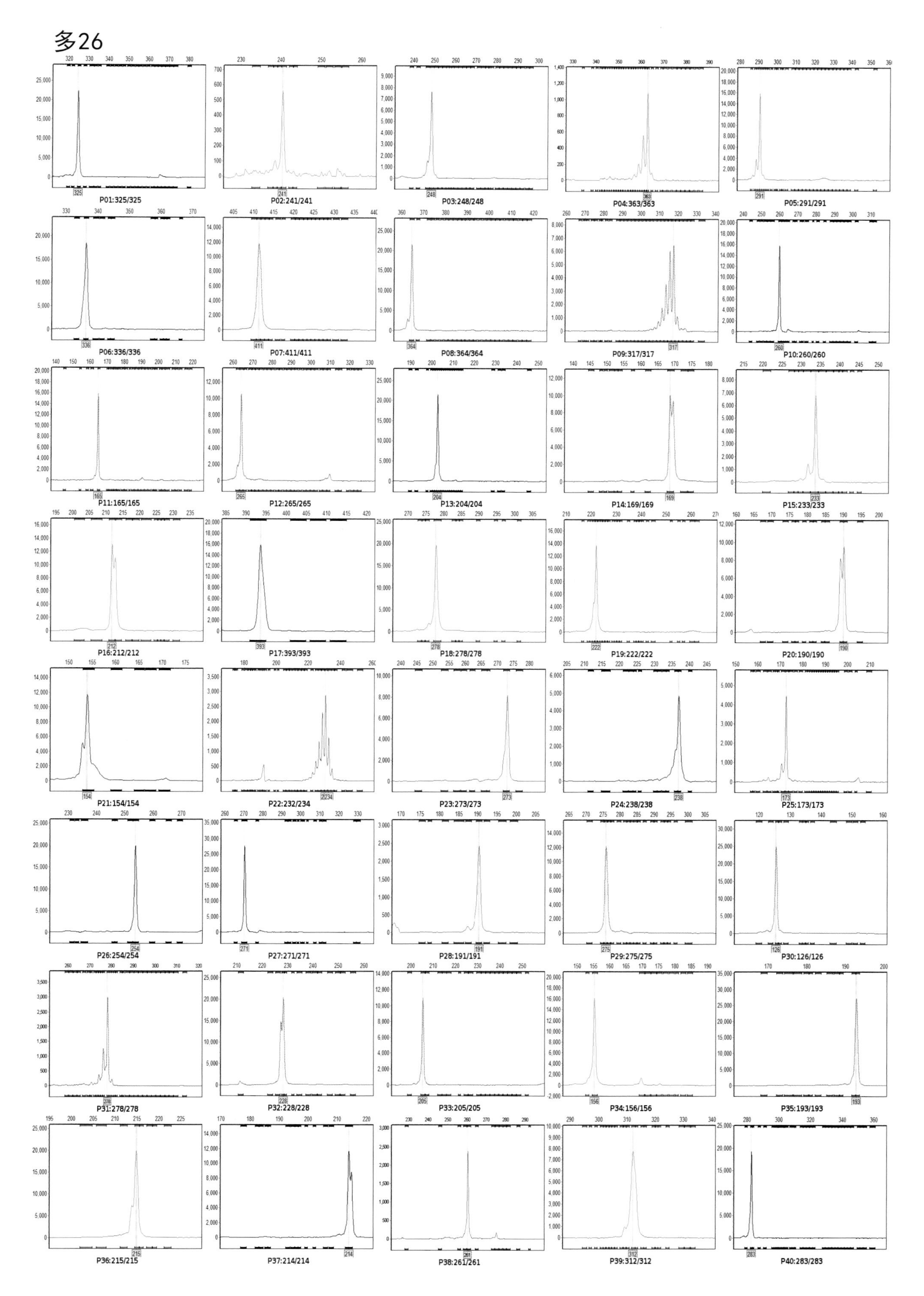
多26
P01:325/325
P02:241/241
P03:248/248
P04:363/363
P05:291/291
P06:336/336
P07:411/411
P08:364/364
P09:317/317
P10:260/260
P11:165/165
P12:265/265
P13:204/204
P14:169/169
P15:233/233
P16:212/212
P17:393/393
P18:278/278
P19:222/222
P20:190/190
P21:154/154
P22:232/234
P23:273/273
P24:238/238
P25:173/173
P26:254/254
P27:271/271
P28:191/191
P29:275/275
P30:126/126
P31:278/278
P32:228/228
P33:205/205
P34:156/156
P35:193/193
P36:215/215
P37:214/214
P38:261/261
P39:312/312
P40:283/283

凤白29B

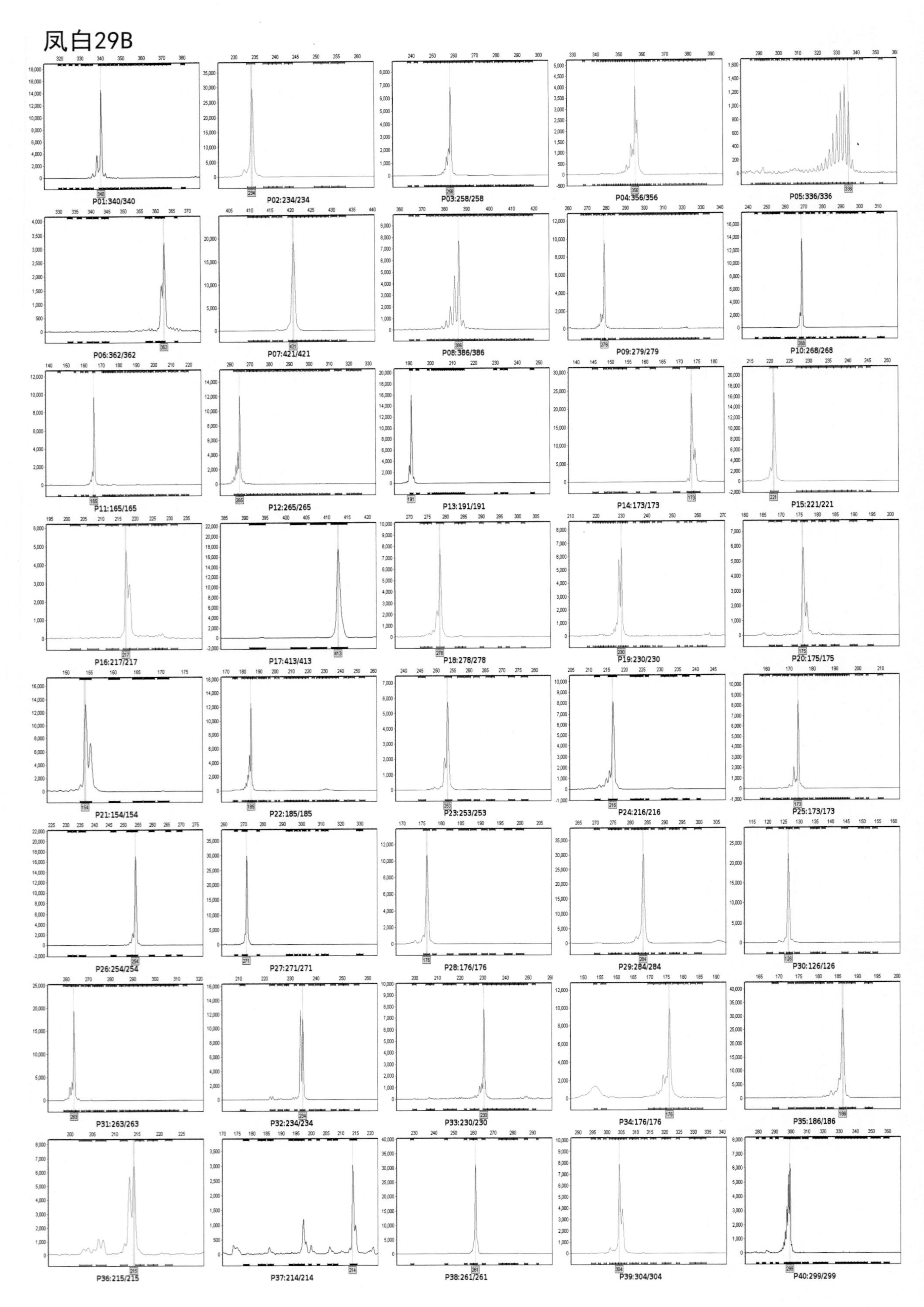
P01:340/340
P02:234/234
P03:258/258
P04:356/356
P05:336/336
P06:362/362
P07:421/421
P08:386/386
P09:279/279
P10:268/268
P11:165/165
P12:265/265
P13:191/191
P14:173/173
P15:221/221
P16:217/217
P17:413/413
P18:278/278
P19:230/230
P20:175/175
P21:154/154
P22:185/185
P23:253/253
P24:216/216
P25:173/173
P26:254/254
P27:271/271
P28:176/176
P29:284/284
P30:126/126
P31:263/263
P32:234/234
P33:230/230
P34:176/176
P35:186/186
P36:215/215
P37:214/214
P38:261/261
P39:304/304
P40:299/299

兴旺2

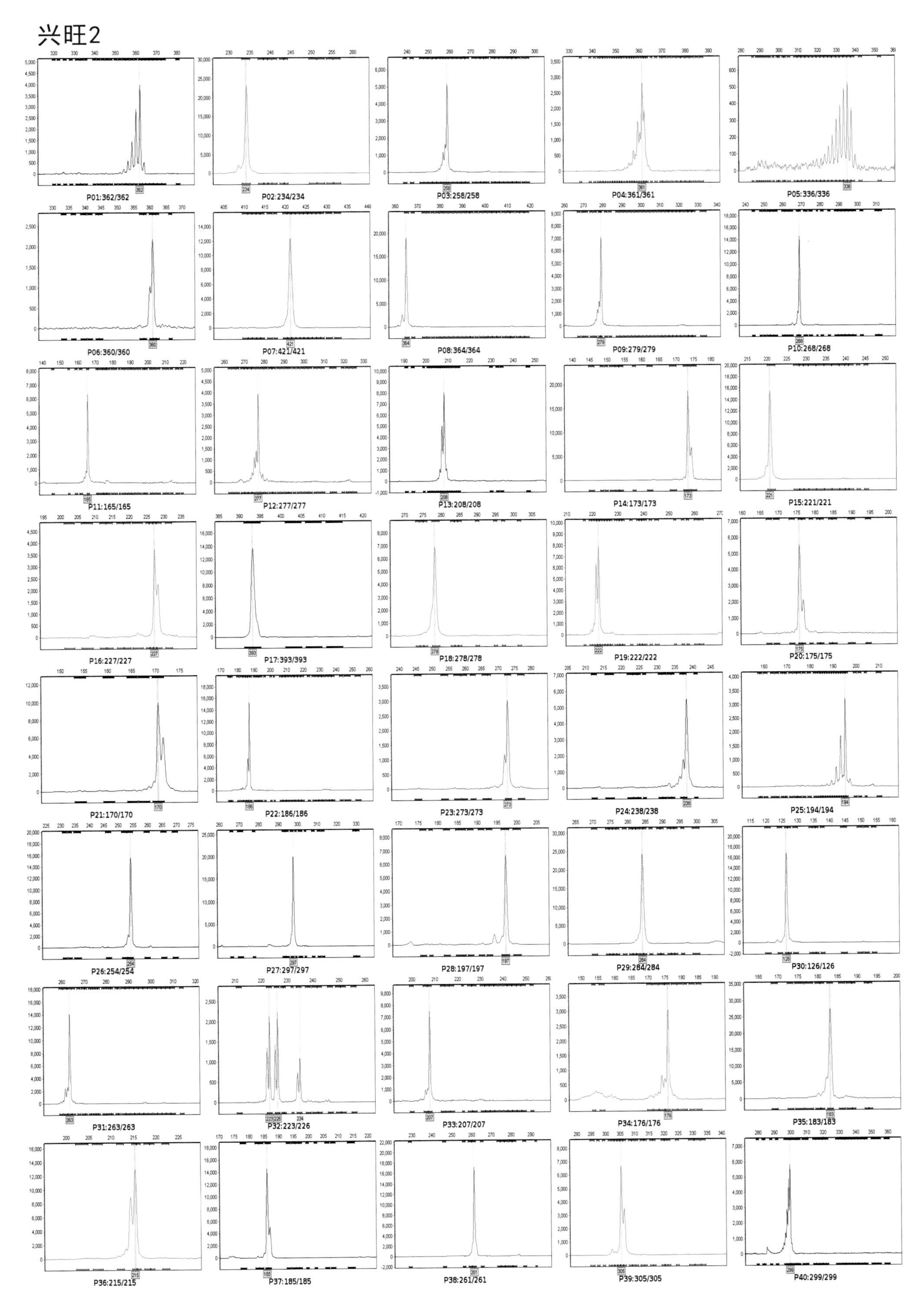

P01:362/362
P02:234/234
P03:258/258
P04:361/361
P05:336/336
P06:360/360
P07:421/421
P08:364/364
P09:279/279
P10:268/268
P11:165/165
P12:277/277
P13:208/208
P14:173/173
P15:221/221
P16:227/227
P17:393/393
P18:278/278
P19:222/222
P20:175/175
P21:170/170
P22:186/186
P23:273/273
P24:238/238
P25:194/194
P26:254/254
P27:297/297
P28:197/197
P29:284/284
P30:126/126
P31:263/263
P32:223/226
P33:207/207
P34:176/176
P35:183/183
P36:215/215
P37:185/185
P38:261/261
P39:305/305
P40:299/299

早矮粗

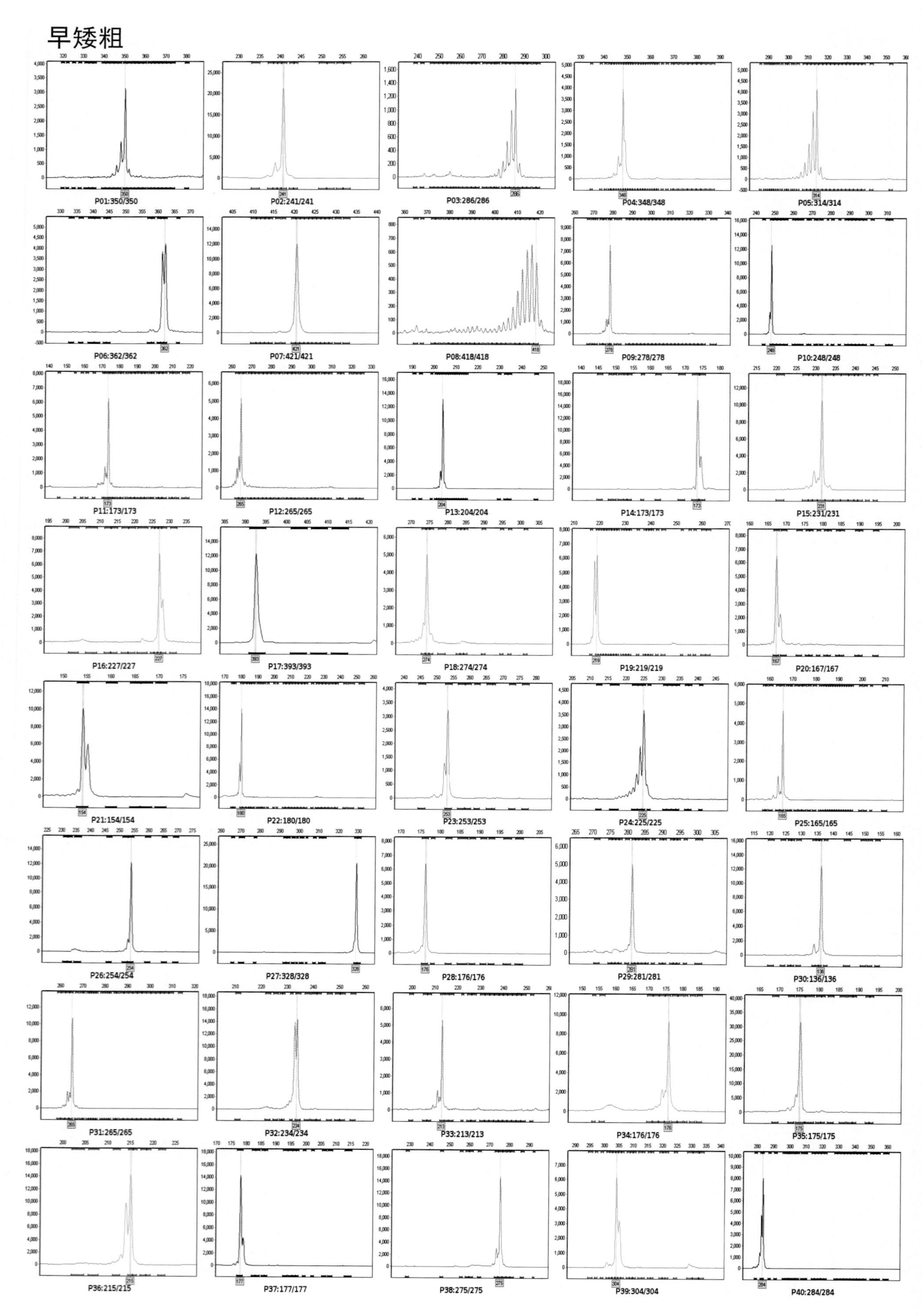
P01:350/350
P02:241/241
P03:286/286
P04:348/348
P05:314/314
P06:362/362
P07:421/421
P08:418/418
P09:278/278
P10:248/248
P11:173/173
P12:265/265
P13:204/204
P14:173/173
P15:231/231
P16:227/227
P17:393/393
P18:274/274
P19:219/219
P20:167/167
P21:154/154
P22:180/180
P23:253/253
P24:225/225
P25:165/165
P26:254/254
P27:328/328
P28:176/176
P29:281/281
P30:136/136
P31:265/265
P32:234/234
P33:213/213
P34:176/176
P35:175/175
P36:215/215
P37:177/177
P38:275/275
P39:304/304
P40:284/284

直100

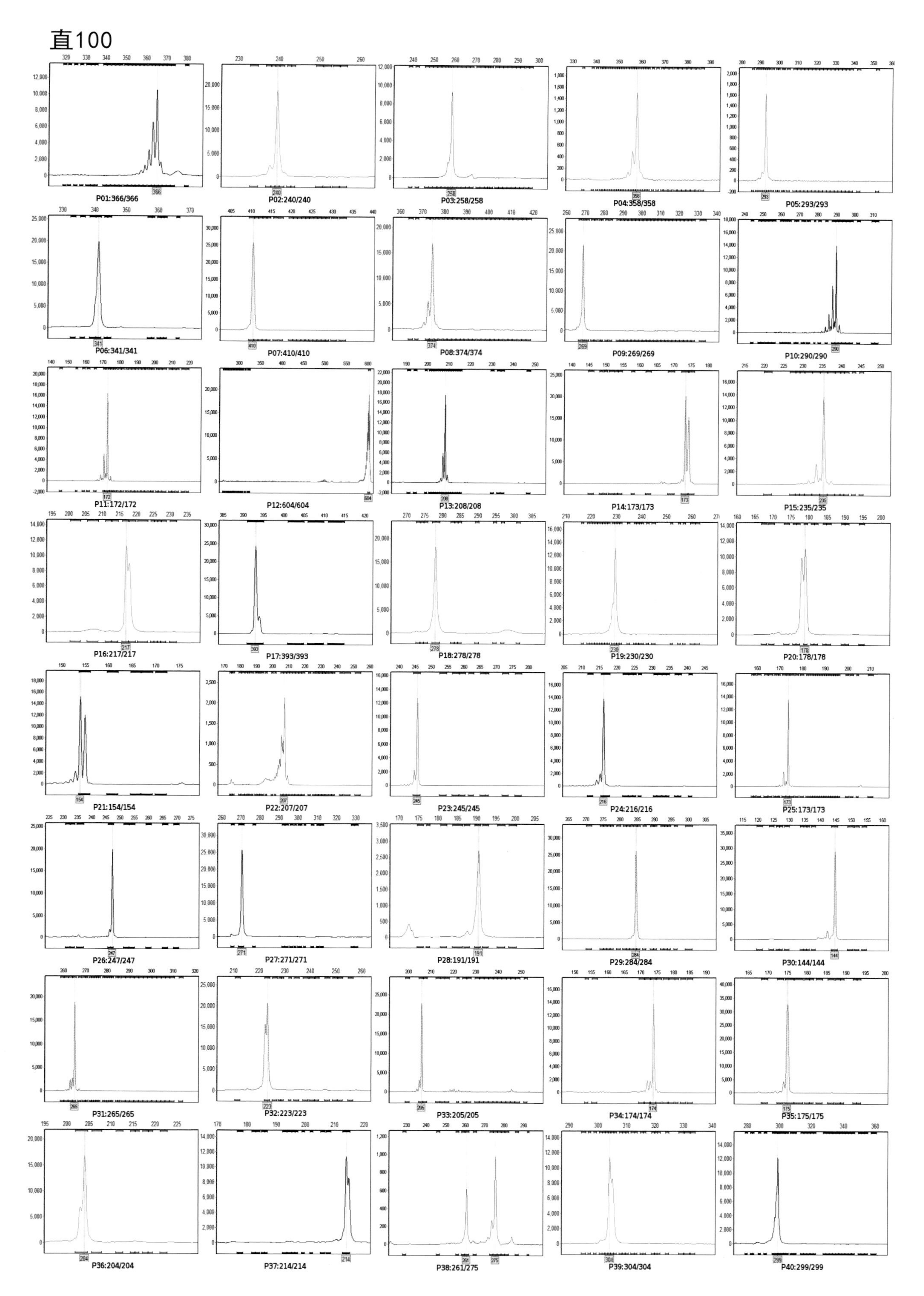

P01:366/366
P02:240/240
P03:258/258
P04:358/358
P05:293/293
P06:341/341
P07:410/410
P08:374/374
P09:269/269
P10:290/290
P11:172/172
P12:604/604
P13:208/208
P14:173/173
P15:235/235
P16:217/217
P17:393/393
P18:278/278
P19:230/230
P20:178/178
P21:154/154
P22:207/207
P23:245/245
P24:216/216
P25:173/173
P26:247/247
P27:271/271
P28:191/191
P29:284/284
P30:144/144
P31:265/265
P32:223/223
P33:205/205
P34:174/174
P35:175/175
P36:204/204
P37:214/214
P38:261/275
P39:304/304
P40:299/299

直25

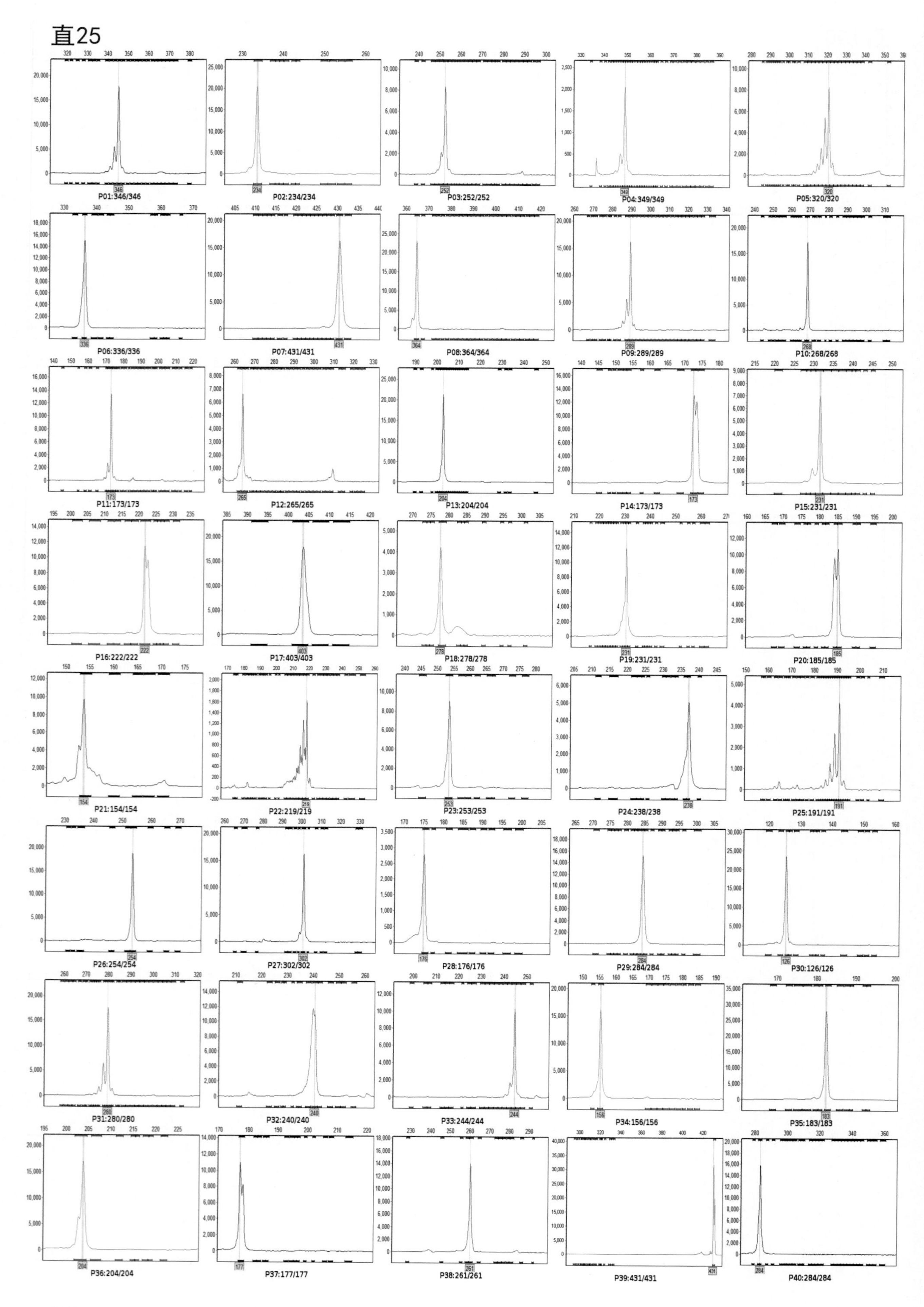
P01:346/346
P02:234/234
P03:252/252
P04:349/349
P05:320/320
P06:336/336
P07:431/431
P08:364/364
P09:289/289
P10:268/268
P11:173/173
P12:265/265
P13:204/204
P14:173/173
P15:231/231
P16:222/222
P17:403/403
P18:278/278
P19:231/231
P20:185/185
P21:154/154
P22:219/219
P23:253/253
P24:238/238
P25:191/191
P26:254/254
P27:302/302
P28:176/176
P29:284/284
P30:126/126
P31:280/280
P32:240/240
P33:244/244
P34:156/156
P35:183/183
P36:204/204
P37:177/177
P38:261/261
P39:431/431
P40:284/284

直Y478

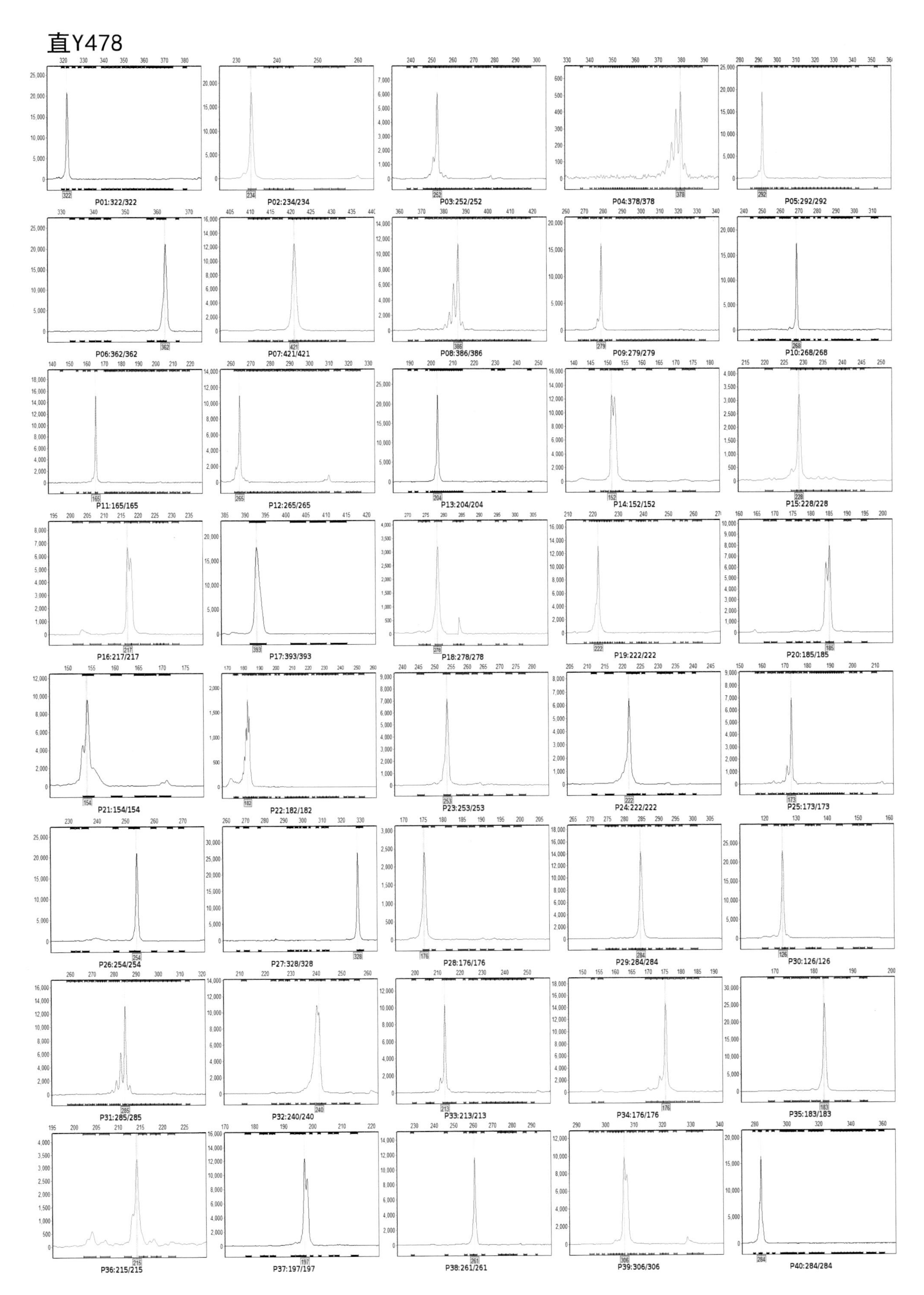
P01:322/322
P02:234/234
P03:252/252
P04:378/378
P05:292/292
P06:362/362
P07:421/421
P08:386/386
P09:279/279
P10:268/268
P11:165/165
P12:265/265
P13:204/204
P14:152/152
P15:228/228
P16:217/217
P17:393/393
P18:278/278
P19:222/222
P20:185/185
P21:154/154
P22:182/182
P23:253/253
P24:222/222
P25:173/173
P26:254/254
P27:328/328
P28:176/176
P29:284/284
P30:126/126
P31:285/285
P32:240/240
P33:213/213
P34:176/176
P35:183/183
P36:215/215
P37:197/197
P38:261/261
P39:306/306
P40:284/284

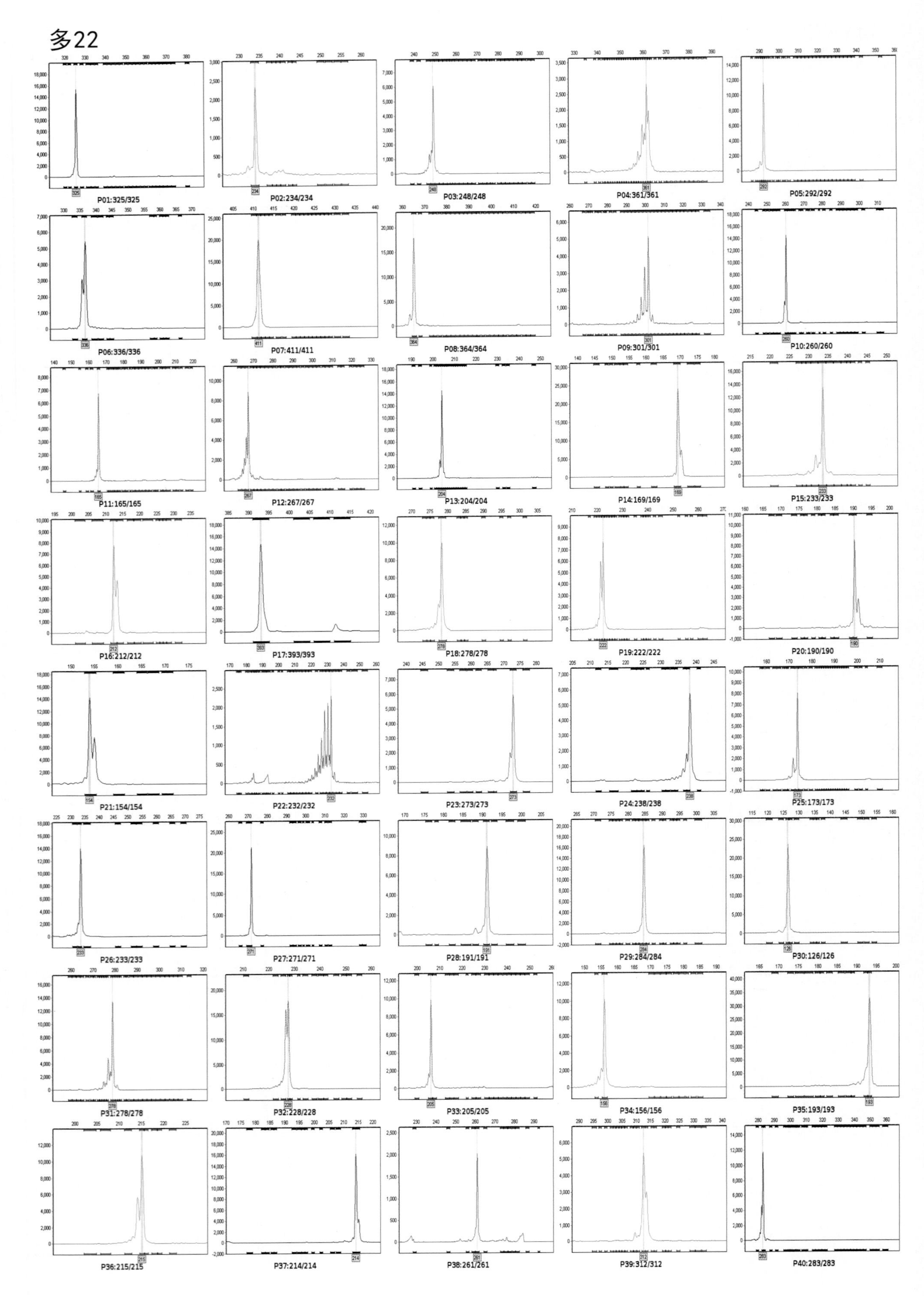
多22
P01:325/325
P02:234/234
P03:248/248
P04:361/361
P05:292/292
P06:336/336
P07:411/411
P08:364/364
P09:301/301
P10:260/260
P11:165/165
P12:267/267
P13:204/204
P14:169/169
P15:233/233
P16:212/212
P17:393/393
P18:278/278
P19:222/222
P20:190/190
P21:154/154
P22:232/232
P23:273/273
P24:238/238
P25:173/173
P26:233/233
P27:271/271
P28:191/191
P29:284/284
P30:126/126
P31:278/278
P32:228/228
P33:205/205
P34:156/156
P35:193/193
P36:215/215
P37:214/214
P38:261/261
P39:312/312
P40:283/283

直16

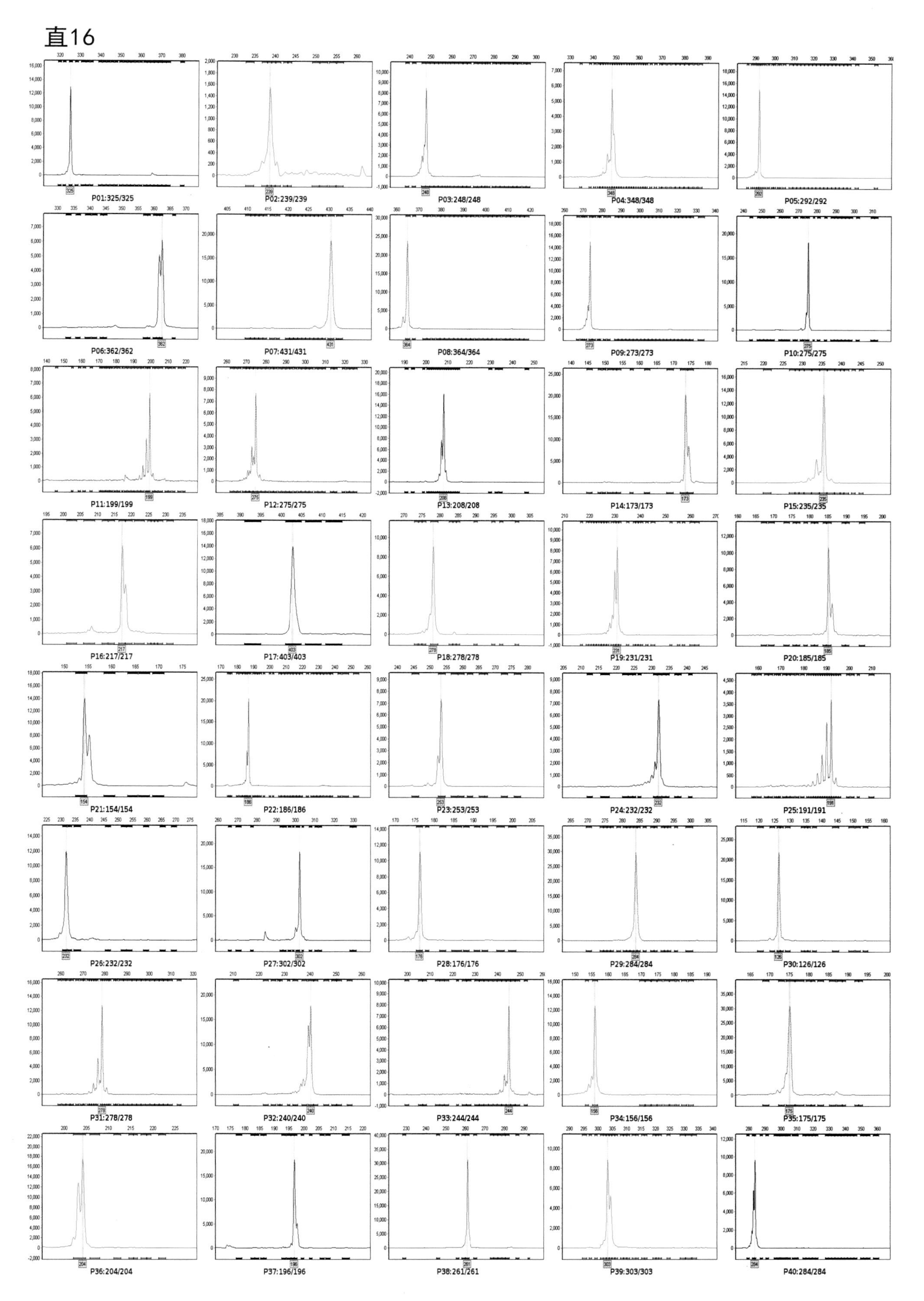

P01:325/325
P02:239/239
P03:248/248
P04:348/348
P05:292/292
P06:362/362
P07:431/431
P08:364/364
P09:273/273
P10:275/275
P11:199/199
P12:275/275
P13:208/208
P14:173/173
P15:235/235
P16:217/217
P17:403/403
P18:278/278
P19:231/231
P20:185/185
P21:154/154
P22:186/186
P23:253/253
P24:232/232
P25:191/191
P26:232/232
P27:302/302
P28:176/176
P29:284/284
P30:126/126
P31:278/278
P32:240/240
P33:244/244
P34:156/156
P35:175/175
P36:204/204
P37:196/196
P38:261/261
P39:303/303
P40:284/284

中5493

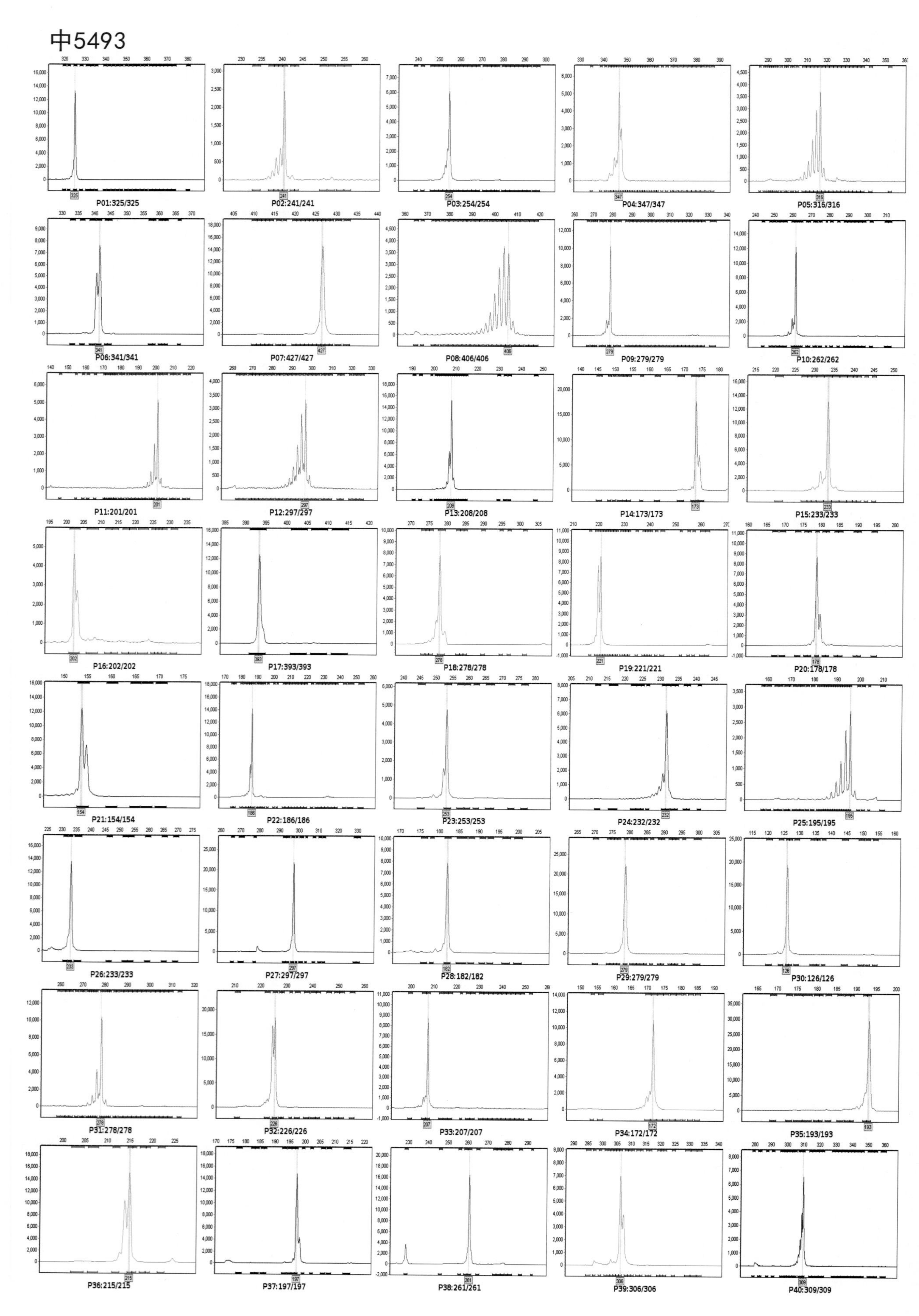
P01:325/325
P02:241/241
P03:254/254
P04:347/347
P05:316/316
P06:341/341
P07:427/427
P08:406/406
P09:279/279
P10:262/262
P11:201/201
P12:297/297
P13:208/208
P14:173/173
P15:233/233
P16:202/202
P17:393/393
P18:278/278
P19:221/221
P20:178/178
P21:154/154
P22:186/186
P23:253/253
P24:232/232
P25:195/195
P26:233/233
P27:297/297
P28:182/182
P29:279/279
P30:126/126
P31:278/278
P32:226/226
P33:207/207
P34:172/172
P35:193/193
P36:215/215
P37:197/197
P38:261/261
P39:306/306
P40:309/309

邢K36

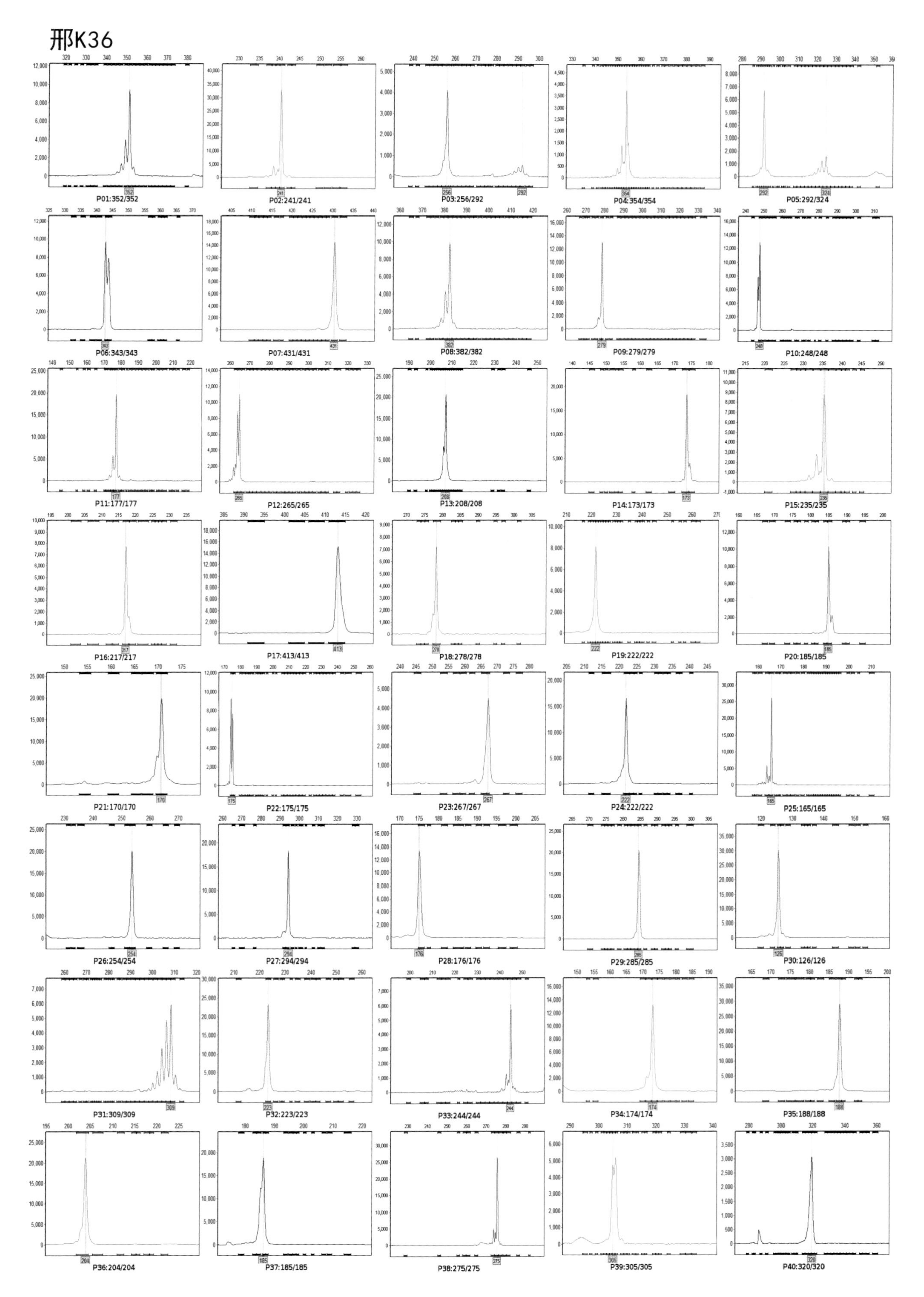
P01:352/352
P02:241/241
P03:256/292
P04:354/354
P05:292/324
P06:343/343
P07:431/431
P08:382/382
P09:279/279
P10:248/248
P11:177/177
P12:265/265
P13:208/208
P14:173/173
P15:235/235
P16:217/217
P17:413/413
P18:278/278
P19:222/222
P20:185/185
P21:170/170
P22:175/175
P23:267/267
P24:222/222
P25:165/165
P26:254/254
P27:294/294
P28:176/176
P29:285/285
P30:126/126
P31:309/309
P32:223/223
P33:244/244
P34:174/174
P35:188/188
P36:204/204
P37:185/185
P38:275/275
P39:305/305
P40:320/320

中长7

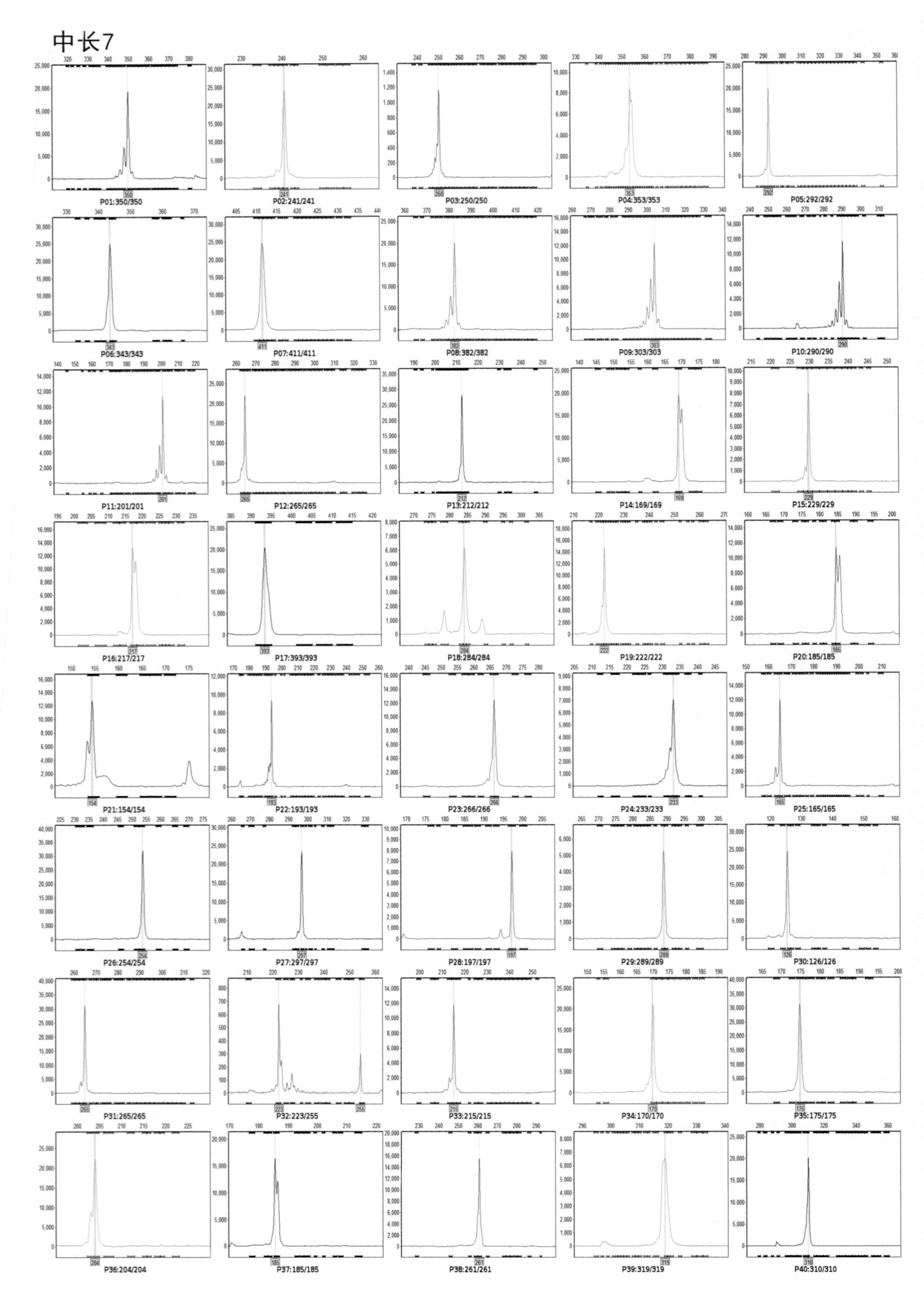

P01:350/350
P02:241/241
P03:250/250
P04:353/353
P05:292/292
P06:343/343
P07:411/411
P08:382/382
P09:303/303
P10:290/290
P11:201/201
P12:265/265
P13:212/212
P14:169/169
P15:229/229
P16:217/217
P17:393/393
P18:284/284
P19:222/222
P20:185/185
P21:154/154
P22:193/193
P23:266/266
P24:233/233
P25:165/165
P26:254/254
P27:297/297
P28:197/197
P29:289/289
P30:126/126
P31:265/265
P32:223/255
P33:215/215
P34:170/170
P35:175/175
P36:204/204
P37:185/185
P38:261/261
P39:319/319
P40:310/310

Z069

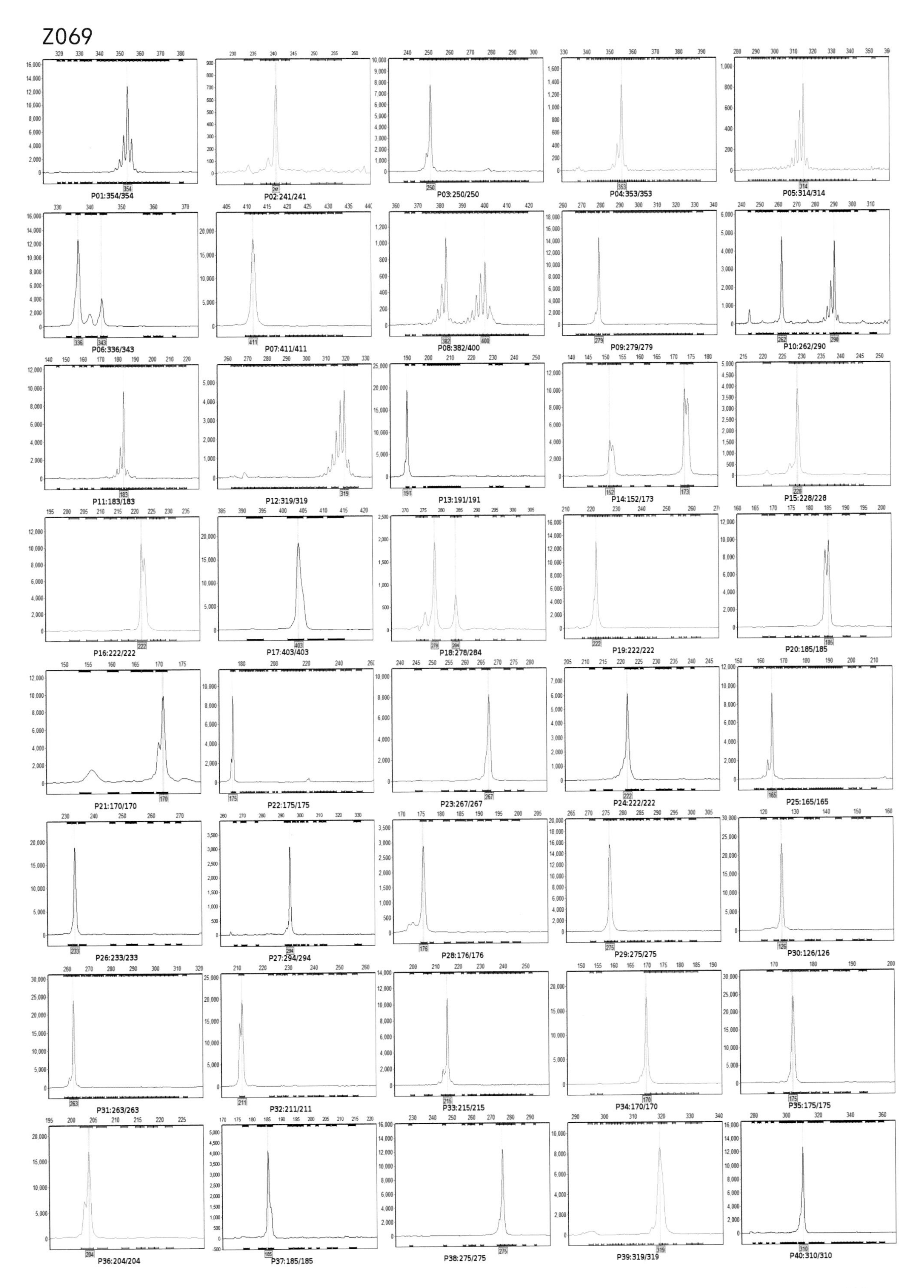
P01:354/354
P02:241/241
P03:250/250
P04:353/353
P05:314/314
P06:336/343
P07:411/411
P08:382/400
P09:279/279
P10:262/290
P11:183/183
P12:319/319
P13:191/191
P14:152/173
P15:228/228
P16:222/222
P17:403/403
P18:278/284
P19:222/222
P20:185/185
P21:170/170
P22:175/175
P23:267/267
P24:222/222
P25:165/165
P26:233/233
P27:294/294
P28:176/176
P29:275/275
P30:126/126
P31:263/263
P32:211/211
P33:215/215
P34:170/170
P35:175/175
P36:204/204
P37:185/185
P38:275/275
P39:319/319
P40:310/310

HZ85

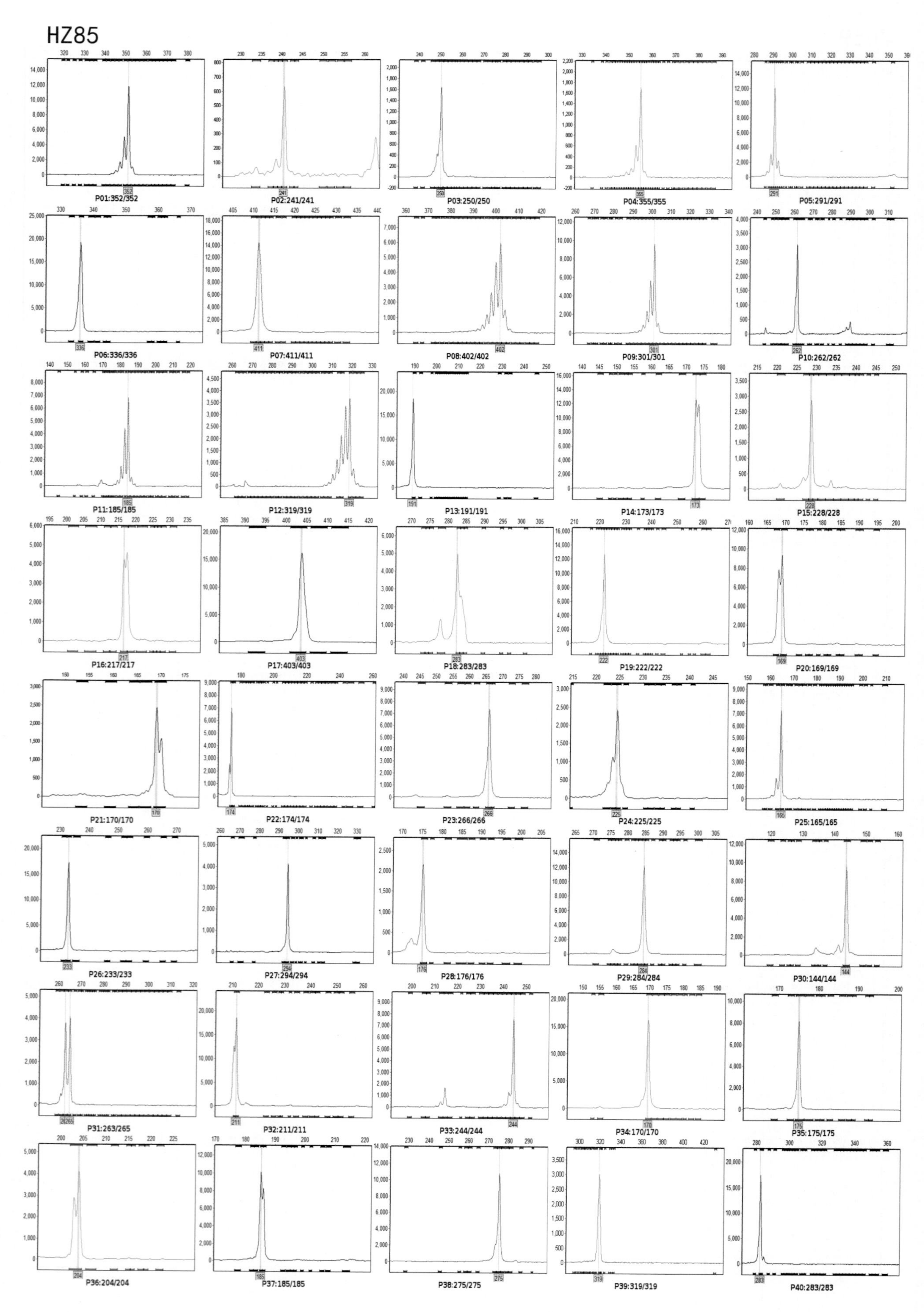
P01:352/352
P02:241/241
P03:250/250
P04:355/355
P05:291/291
P06:336/336
P07:411/411
P08:402/402
P09:301/301
P10:262/262
P11:185/185
P12:319/319
P13:191/191
P14:173/173
P15:228/228
P16:217/217
P17:403/403
P18:283/283
P19:222/222
P20:169/169
P21:170/170
P22:174/174
P23:266/266
P24:225/225
P25:165/165
P26:233/233
P27:294/294
P28:176/176
P29:284/284
P30:144/144
P31:263/265
P32:211/211
P33:244/244
P34:170/170
P35:175/175
P36:204/204
P37:185/185
P38:275/275
P39:319/319
P40:283/283

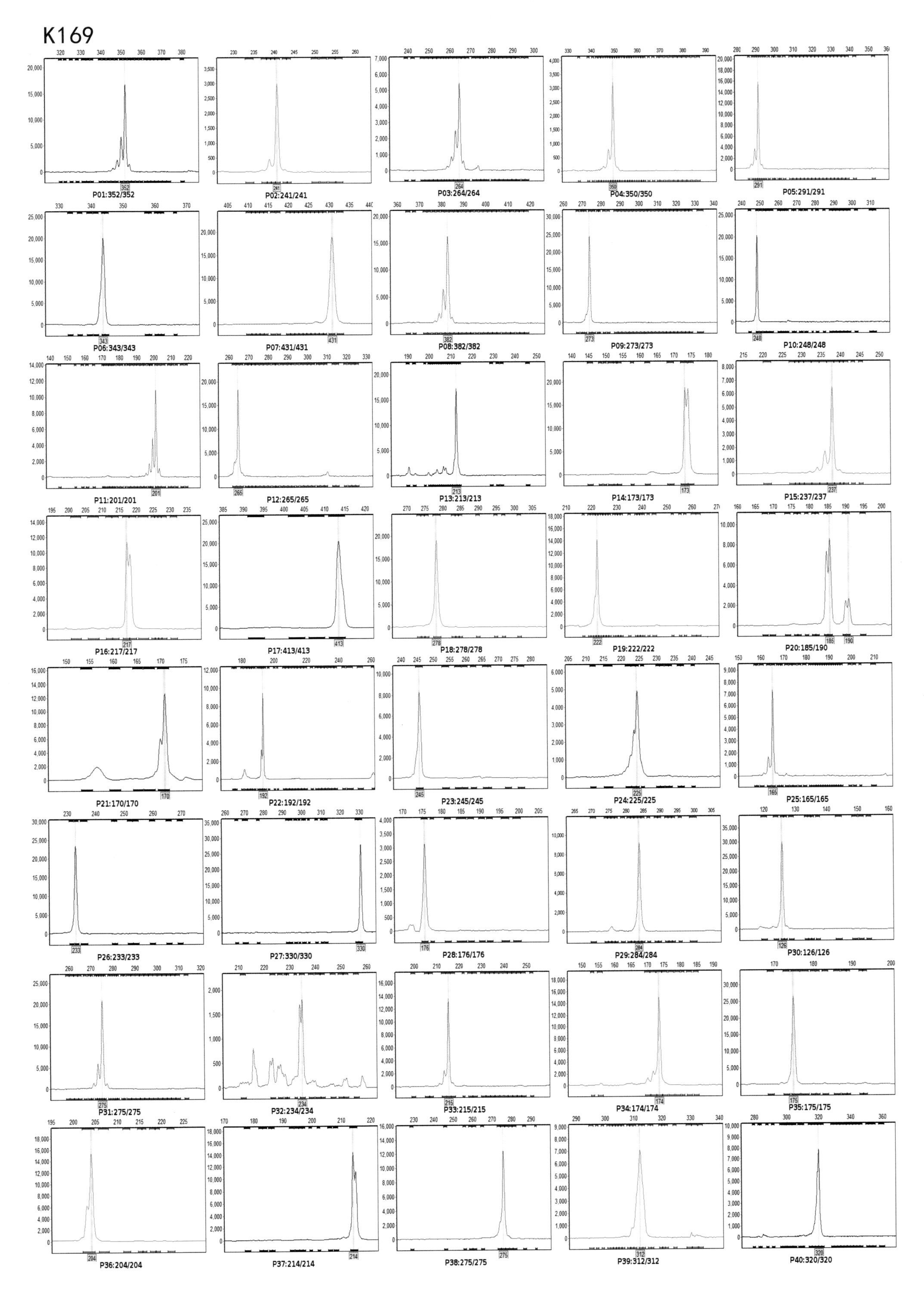
K169
P01:352/352
P02:241/241
P03:264/264
P04:350/350
P05:291/291
P06:343/343
P07:431/431
P08:382/382
P09:273/273
P10:248/248
P11:201/201
P12:265/265
P13:213/213
P14:173/173
P15:237/237
P16:217/217
P17:413/413
P18:278/278
P19:222/222
P20:185/190
P21:170/170
P22:192/192
P23:245/245
P24:225/225
P25:165/165
P26:233/233
P27:330/330
P28:176/176
P29:284/284
P30:126/126
P31:275/275
P32:234/234
P33:215/215
P34:174/174
P35:175/175
P36:204/204
P37:214/214
P38:275/275
P39:312/312
P40:320/320

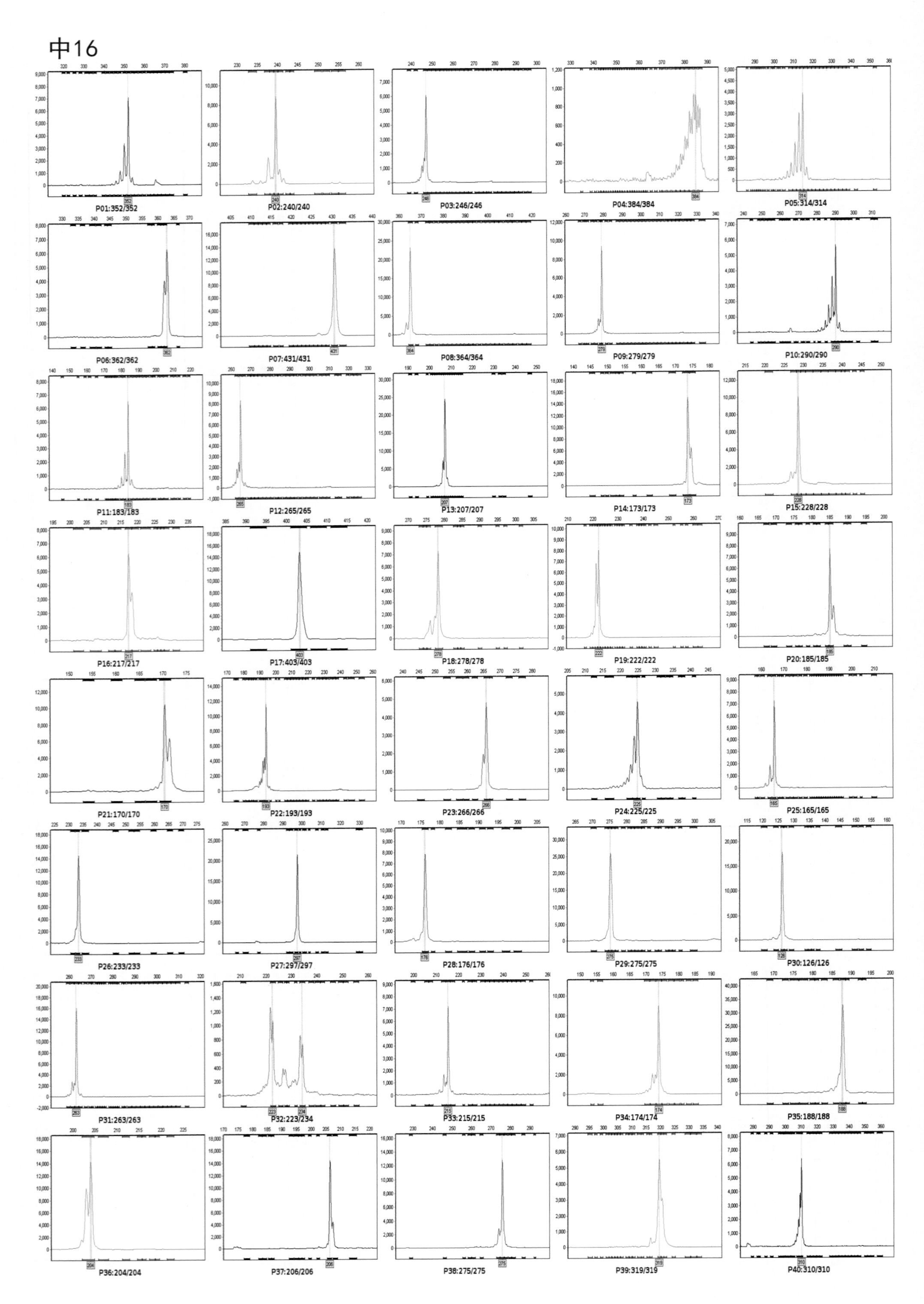
中16
P01:352/352
P02:240/240
P03:246/246
P04:384/384
P05:314/314
P06:362/362
P07:431/431
P08:364/364
P09:279/279
P10:290/290
P11:183/183
P12:265/265
P13:207/207
P14:173/173
P15:228/228
P16:217/217
P17:403/403
P18:278/278
P19:222/222
P20:185/185
P21:170/170
P22:193/193
P23:266/266
P24:225/225
P25:165/165
P26:233/233
P27:297/297
P28:176/176
P29:275/275
P30:126/126
P31:263/263
P32:223/234
P33:215/215
P34:174/174
P35:188/188
P36:204/204
P37:206/206
P38:275/275
P39:319/319
P40:310/310

中71

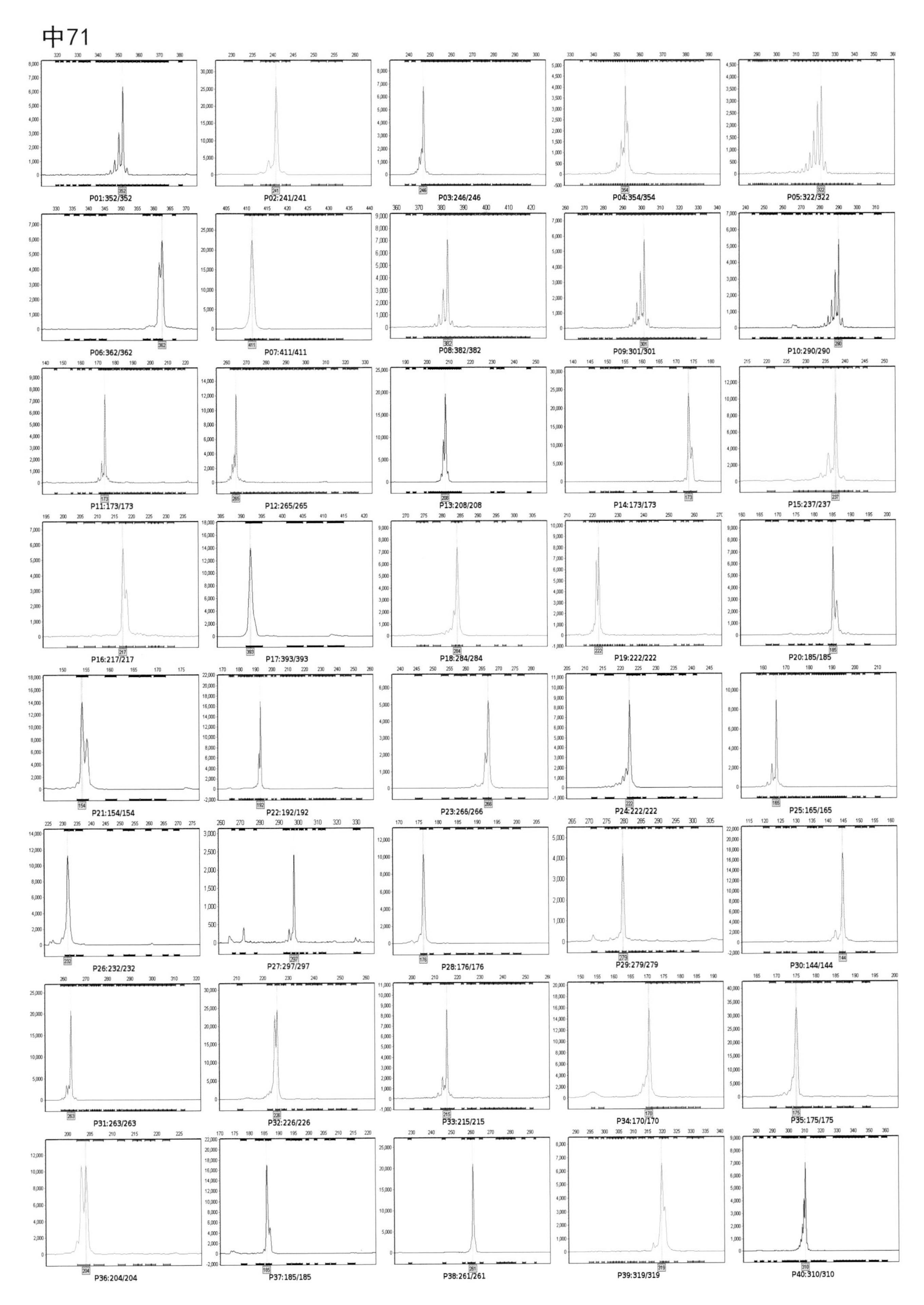
P01:352/352
P02:241/241
P03:246/246
P04:354/354
P05:322/322
P06:362/362
P07:411/411
P08:382/382
P09:301/301
P10:290/290
P11:173/173
P12:265/265
P13:208/208
P14:173/173
P15:237/237
P16:217/217
P17:393/393
P18:284/284
P19:222/222
P20:185/185
P21:154/154
P22:192/192
P23:266/266
P24:222/222
P25:165/165
P26:232/232
P27:297/297
P28:176/176
P29:279/279
P30:144/144
P31:263/263
P32:226/226
P33:215/215
P34:170/170
P35:175/175
P36:204/204
P37:185/185
P38:261/261
P39:319/319
P40:310/310

双105

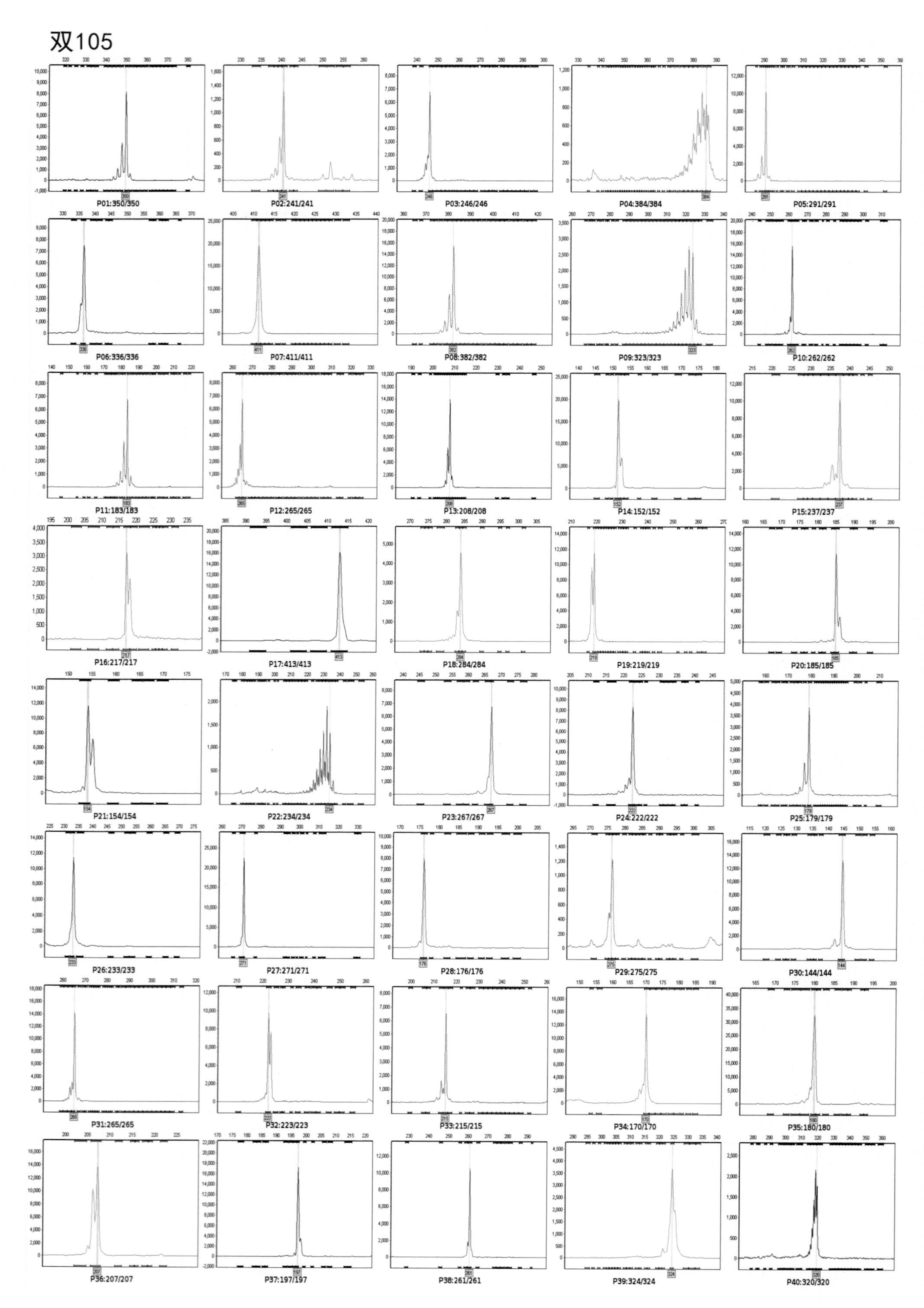
P01:350/350
P02:241/241
P03:246/246
P04:384/384
P05:291/291
P06:336/336
P07:411/411
P08:382/382
P09:323/323
P10:262/262
P11:183/183
P12:265/265
P13:208/208
P14:152/152
P15:237/237
P16:217/217
P17:413/413
P18:284/284
P19:219/219
P20:185/185
P21:154/154
P22:234/234
P23:267/267
P24:222/222
P25:179/179
P26:233/233
P27:271/271
P28:176/176
P29:275/275
P30:144/144
P31:265/265
P32:223/223
P33:215/215
P34:170/170
P35:180/180
P36:207/207
P37:197/197
P38:261/261
P39:324/324
P40:320/320

京724

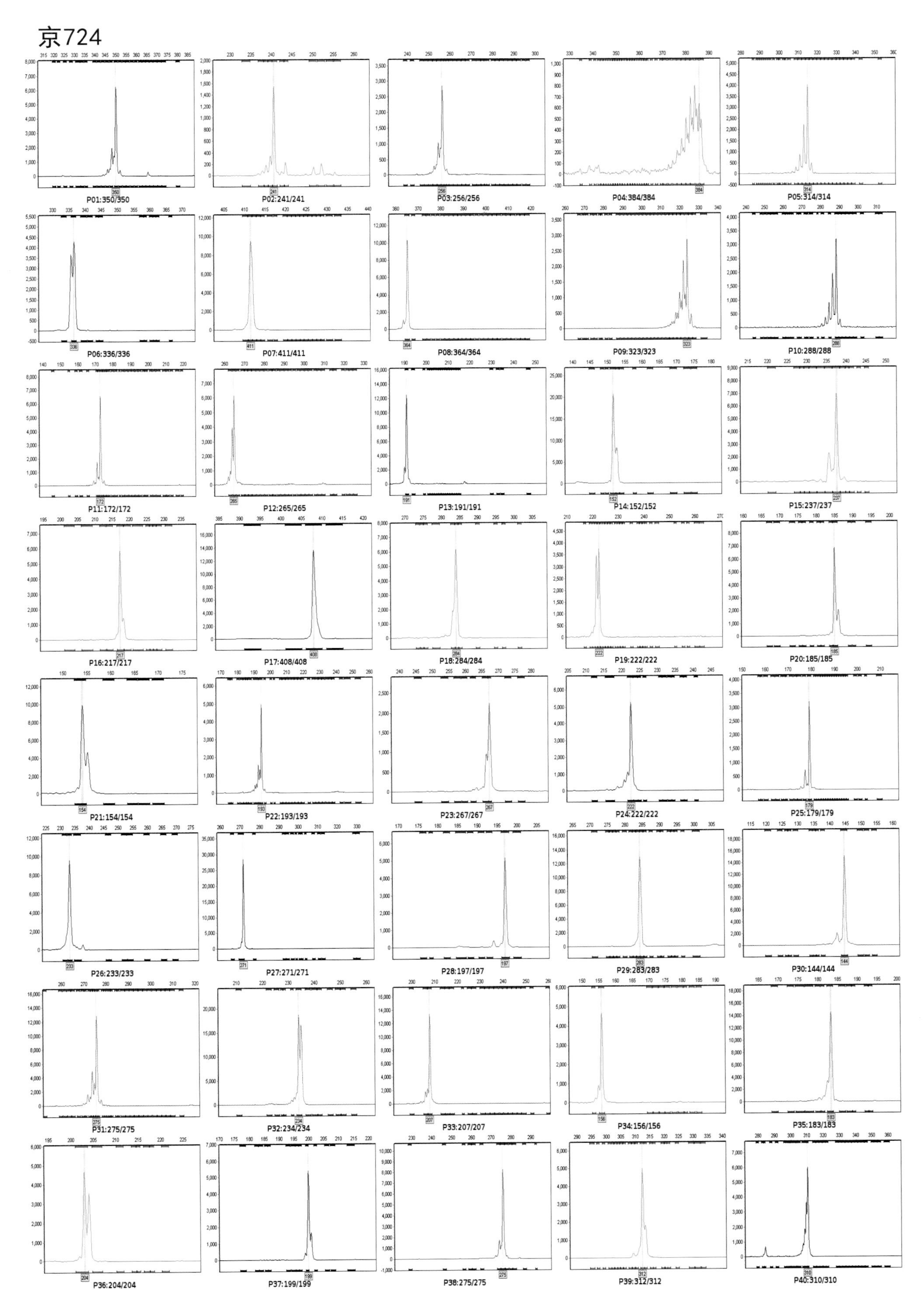

P01:350/350
P02:241/241
P03:256/256
P04:384/384
P05:314/314
P06:336/336
P07:411/411
P08:364/364
P09:323/323
P10:288/288
P11:172/172
P12:265/265
P13:191/191
P14:152/152
P15:237/237
P16:217/217
P17:408/408
P18:284/284
P19:222/222
P20:185/185
P21:154/154
P22:193/193
P23:267/267
P24:222/222
P25:179/179
P26:233/233
P27:271/271
P28:197/197
P29:283/283
P30:144/144
P31:275/275
P32:234/234
P33:207/207
P34:156/156
P35:183/183
P36:204/204
P37:199/199
P38:275/275
P39:312/312
P40:310/310

京725

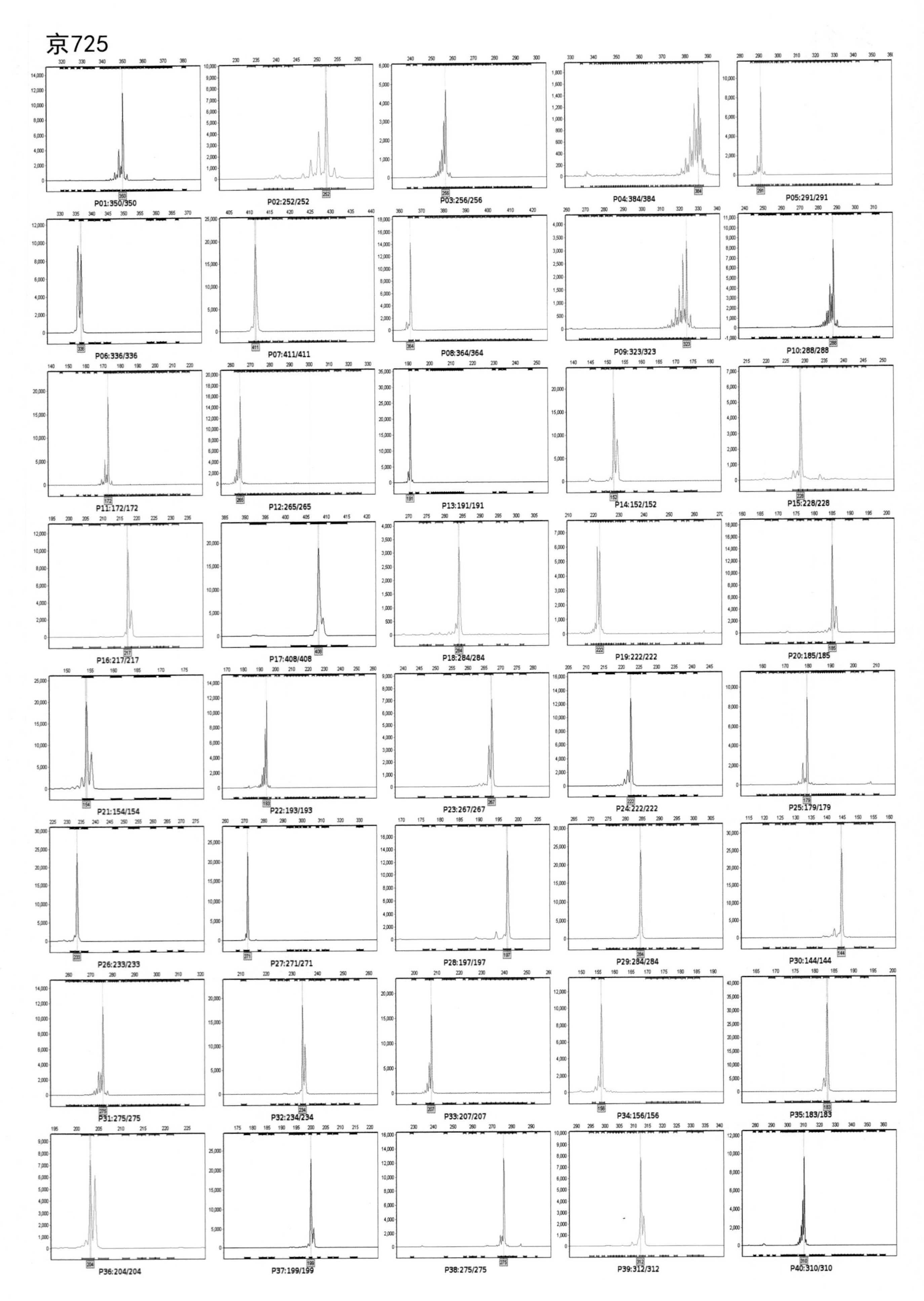

P01:350/350
P02:252/252
P03:256/256
P04:384/384
P05:291/291
P06:336/336
P07:411/411
P08:364/364
P09:323/323
P10:288/288
P11:172/172
P12:265/265
P13:191/191
P14:152/152
P15:228/228
P16:217/217
P17:408/408
P18:284/284
P19:222/222
P20:185/185
P21:154/154
P22:193/193
P23:267/267
P24:222/222
P25:179/179
P26:233/233
P27:271/271
P28:197/197
P29:284/284
P30:144/144
P31:275/275
P32:234/234
P33:207/207
P34:156/156
P35:183/183
P36:204/204
P37:199/199
P38:275/275
P39:312/312
P40:310/310

京MC01

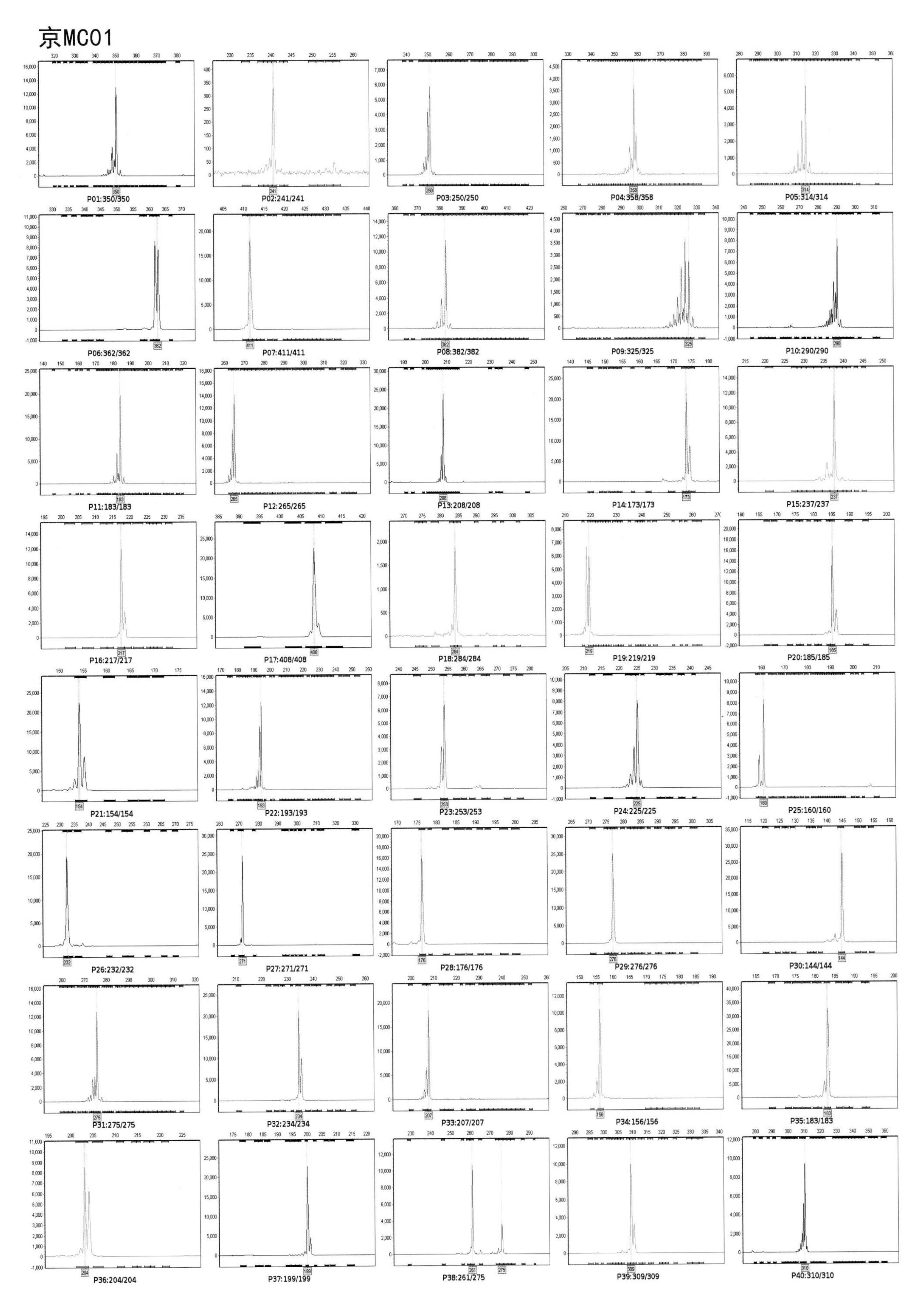

P01:350/350
P02:241/241
P03:250/250
P04:358/358
P05:314/314
P06:362/362
P07:411/411
P08:382/382
P09:325/325
P10:290/290
P11:183/183
P12:265/265
P13:208/208
P14:173/173
P15:237/237
P16:217/217
P17:408/408
P18:284/284
P19:219/219
P20:185/185
P21:154/154
P22:193/193
P23:253/253
P24:225/225
P25:160/160
P26:232/232
P27:271/271
P28:176/176
P29:276/276
P30:144/144
P31:275/275
P32:234/234
P33:207/207
P34:156/156
P35:183/183
P36:204/204
P37:199/199
P38:261/275
P39:309/309
P40:310/310

京4055

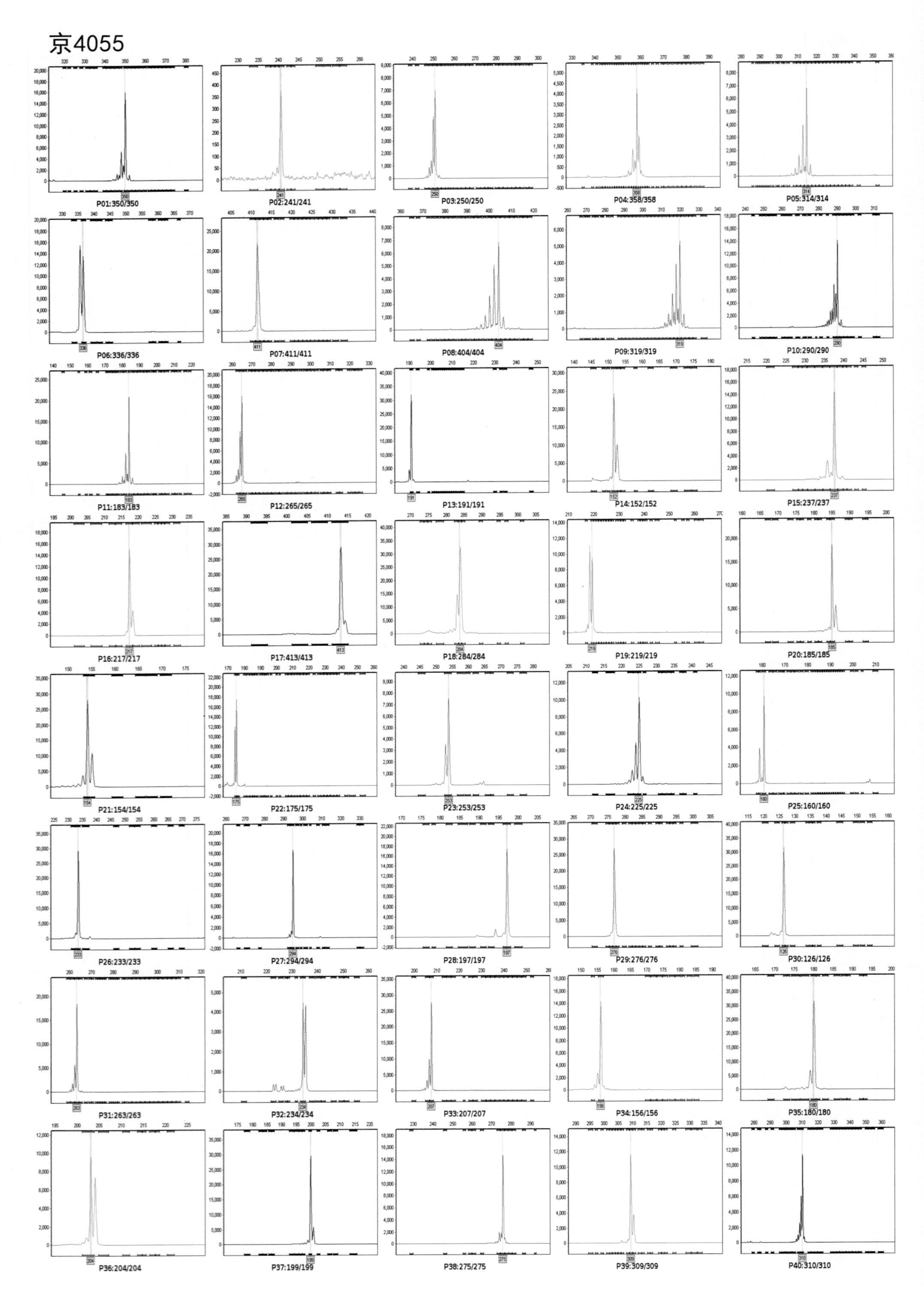
P01:350/350
P02:241/241
P03:250/250
P04:358/358
P05:314/314
P06:336/336
P07:411/411
P08:404/404
P09:319/319
P10:290/290
P11:183/183
P12:265/265
P13:191/191
P14:152/152
P15:237/237
P16:217/217
P17:413/413
P18:284/284
P19:219/219
P20:185/185
P21:154/154
P22:175/175
P23:253/253
P24:225/225
P25:160/160
P26:233/233
P27:294/294
P28:197/197
P29:276/276
P30:126/126
P31:263/263
P32:234/234
P33:207/207
P34:156/156
P35:180/180
P36:204/204
P37:199/199
P38:275/275
P39:309/309
P40:310/310

京D9H

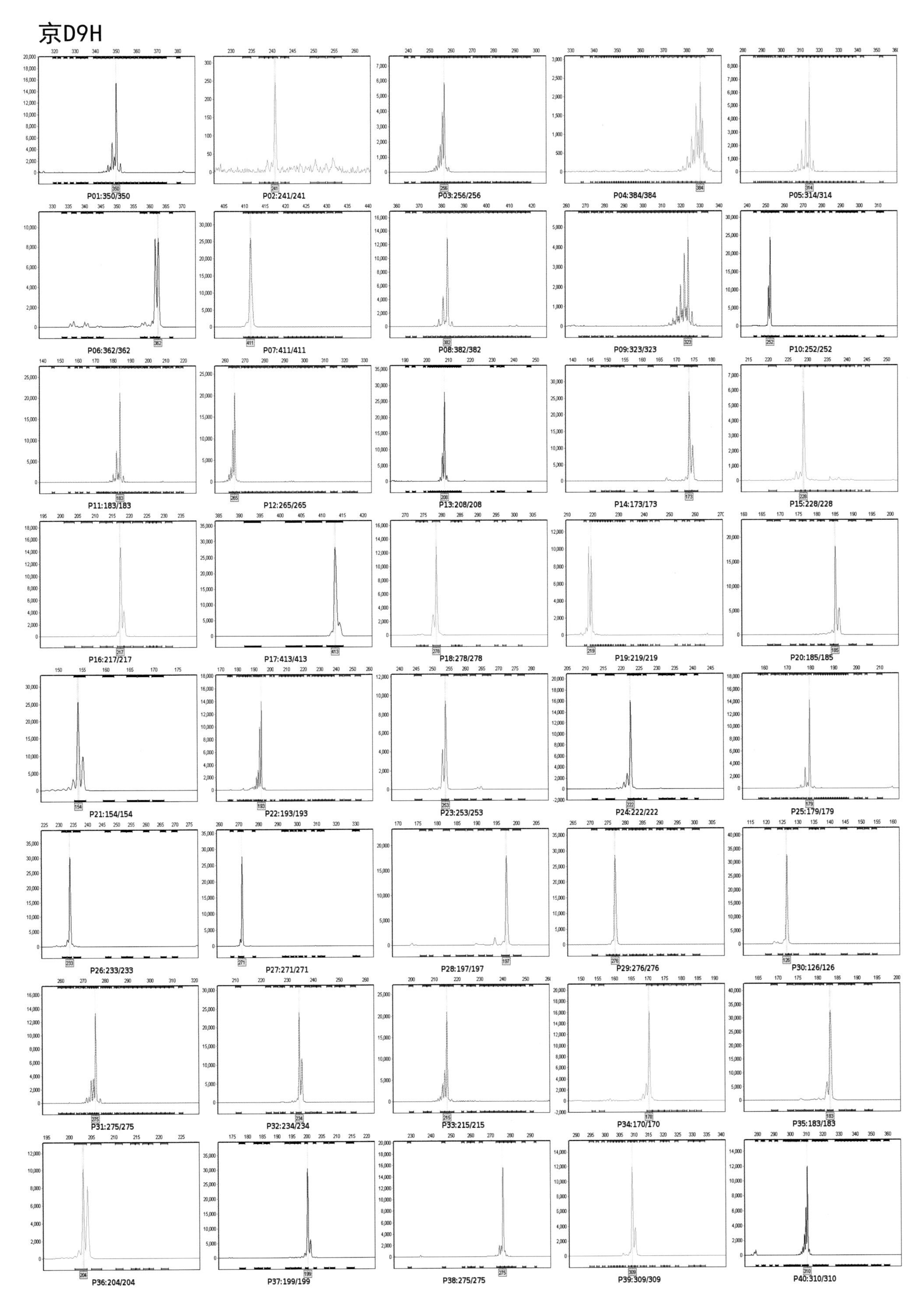

P01:350/350
P02:241/241
P03:256/256
P04:384/384
P05:314/314
P06:362/362
P07:411/411
P08:382/382
P09:323/323
P10:252/252
P11:183/183
P12:265/265
P13:208/208
P14:173/173
P15:228/228
P16:217/217
P17:413/413
P18:278/278
P19:219/219
P20:185/185
P21:154/154
P22:193/193
P23:253/253
P24:222/222
P25:179/179
P26:233/233
P27:271/271
P28:197/197
P29:276/276
P30:126/126
P31:275/275
P32:234/234
P33:215/215
P34:170/170
P35:183/183
P36:204/204
P37:199/199
P38:275/275
P39:309/309
P40:310/310

京17

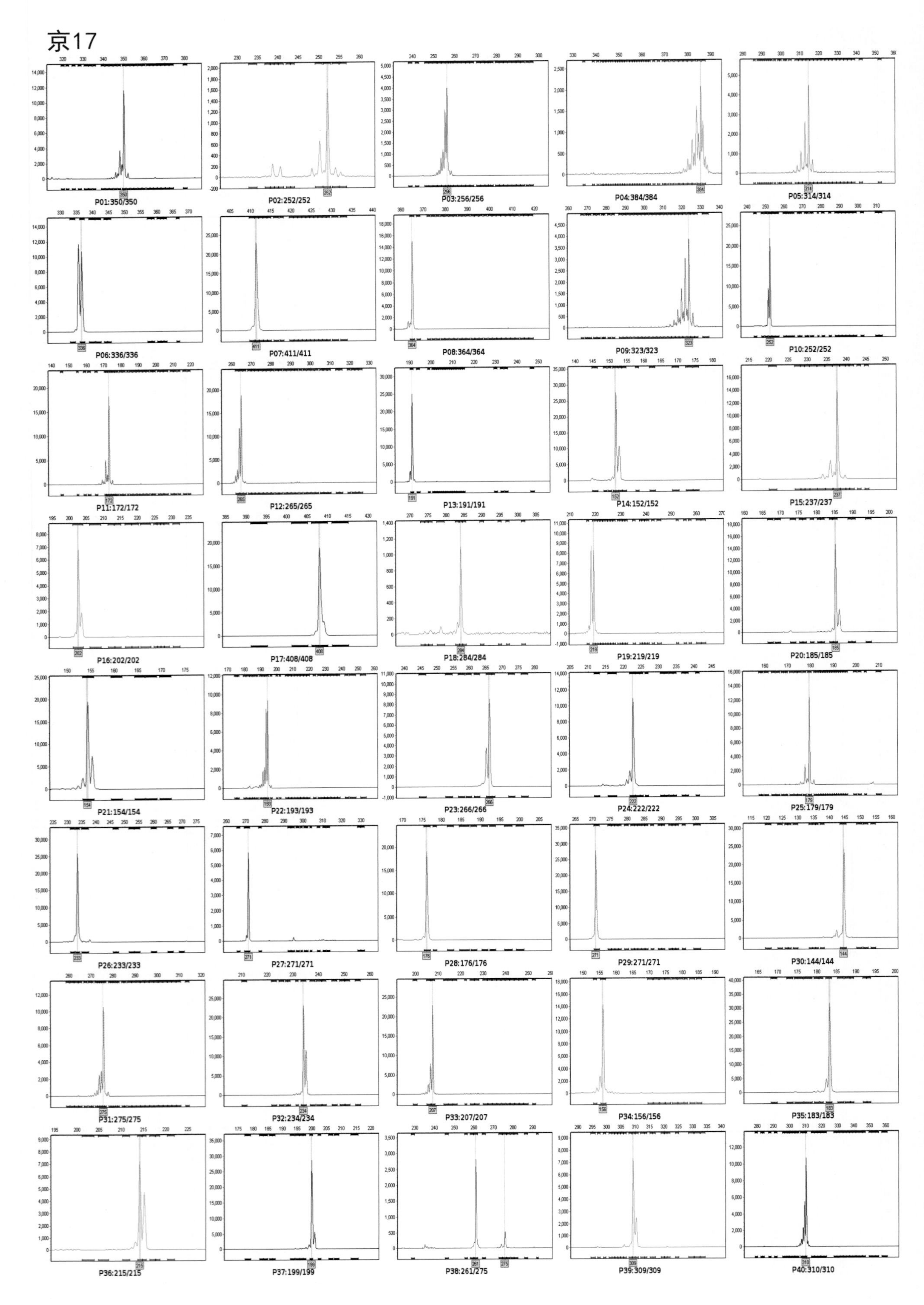
P01:350/350
P02:252/252
P03:256/256
P04:384/384
P05:314/314
P06:336/336
P07:411/411
P08:364/364
P09:323/323
P10:252/252
P11:172/172
P12:265/265
P13:191/191
P14:152/152
P15:237/237
P16:202/202
P17:408/408
P18:284/284
P19:219/219
P20:185/185
P21:154/154
P22:193/193
P23:266/266
P24:222/222
P25:179/179
P26:233/233
P27:271/271
P28:176/176
P29:271/271
P30:144/144
P31:275/275
P32:234/234
P33:207/207
P34:156/156
P35:183/183
P36:215/215
P37:199/199
P38:261/275
P39:309/309
P40:310/310

京B547

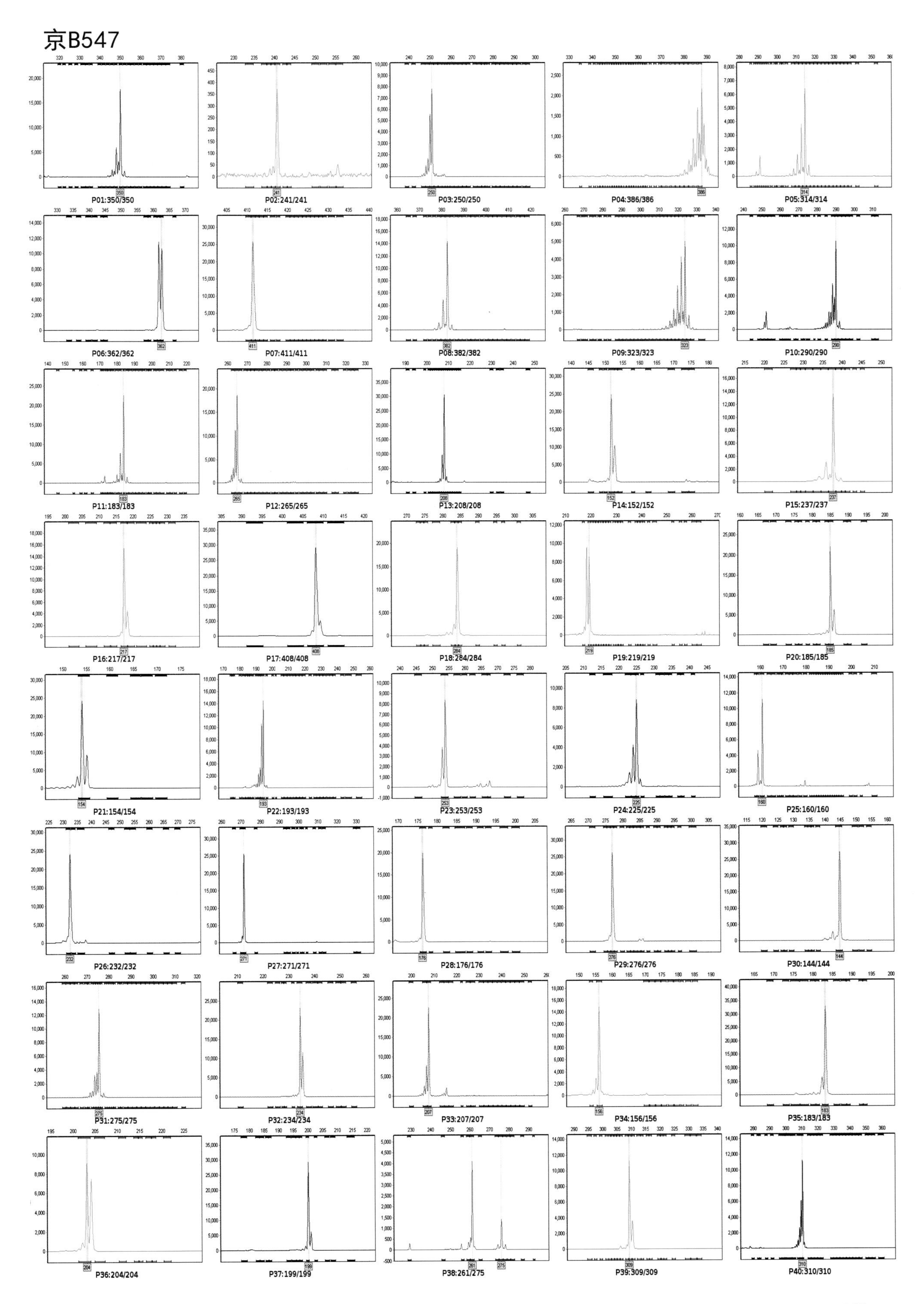
P01:350/350
P02:241/241
P03:250/250
P04:386/386
P05:314/314
P06:362/362
P07:411/411
P08:382/382
P09:323/323
P10:290/290
P11:183/183
P12:265/265
P13:208/208
P14:152/152
P15:237/237
P16:217/217
P17:408/408
P18:284/284
P19:219/219
P20:185/185
P21:154/154
P22:193/193
P23:253/253
P24:225/225
P25:160/160
P26:232/232
P27:271/271
P28:176/176
P29:276/276
P30:144/144
P31:275/275
P32:234/234
P33:207/207
P34:156/156
P35:183/183
P36:204/204
P37:199/199
P38:261/275
P39:309/309
P40:310/310

京88

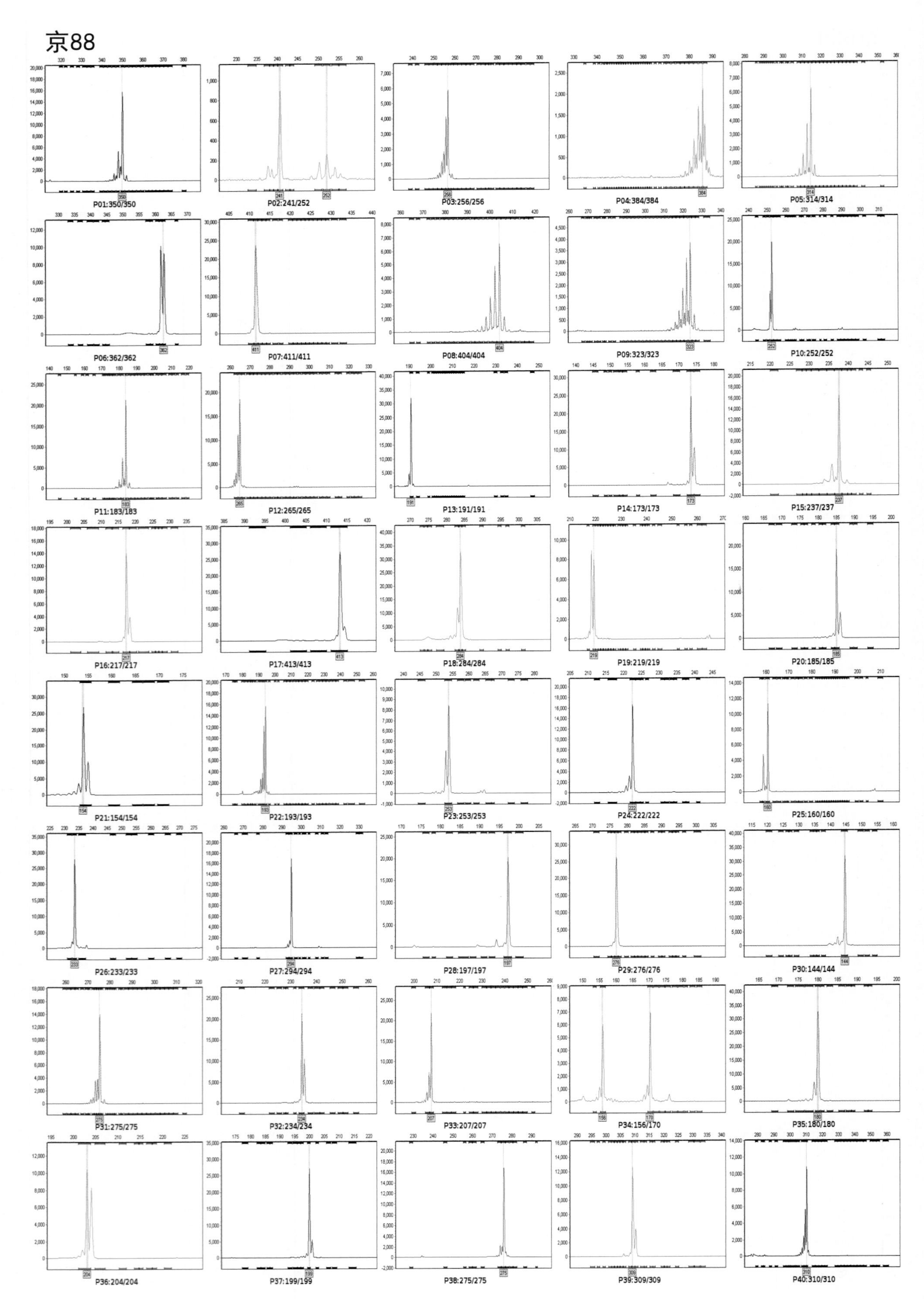
P01:350/350
P02:241/252
P03:256/256
P04:384/384
P05:314/314
P06:362/362
P07:411/411
P08:404/404
P09:323/323
P10:252/252
P11:183/183
P12:265/265
P13:191/191
P14:173/173
P15:237/237
P16:217/217
P17:413/413
P18:284/284
P19:219/219
P20:185/185
P21:154/154
P22:193/193
P23:253/253
P24:222/222
P25:160/160
P26:233/233
P27:294/294
P28:197/197
P29:276/276
P30:144/144
P31:275/275
P32:234/234
P33:207/207
P34:156/170
P35:180/180
P36:204/204
P37:199/199
P38:275/275
P39:309/309
P40:310/310

京72464

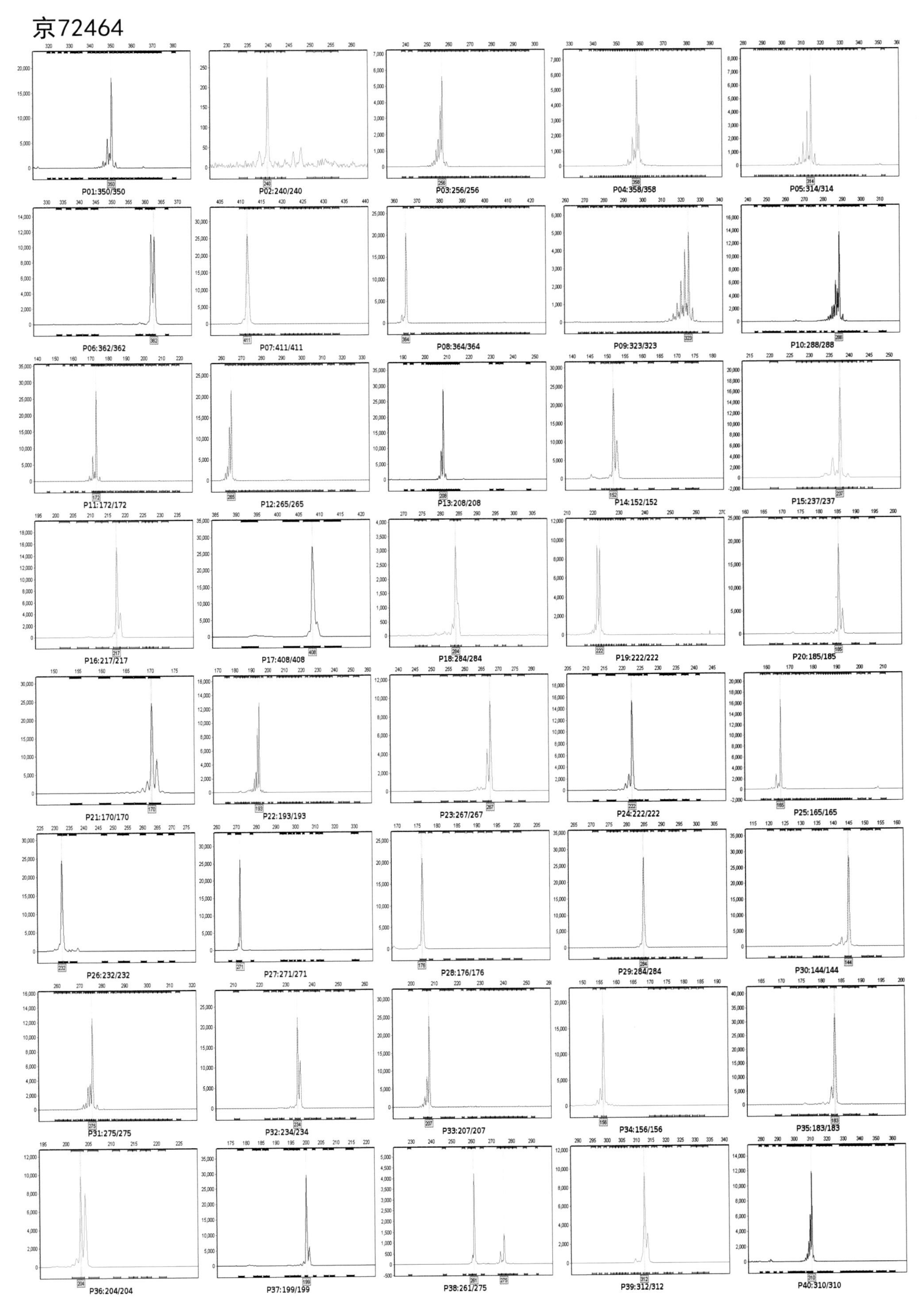
P01:350/350
P02:240/240
P03:256/256
P04:358/358
P05:314/314
P06:362/362
P07:411/411
P08:364/364
P09:323/323
P10:288/288
P11:172/172
P12:265/265
P13:208/208
P14:152/152
P15:237/237
P16:217/217
P17:408/408
P18:284/284
P19:222/222
P20:185/185
P21:170/170
P22:193/193
P23:267/267
P24:222/222
P25:165/165
P26:232/232
P27:271/271
P28:176/176
P29:284/284
P30:144/144
P31:275/275
P32:234/234
P33:207/207
P34:156/156
P35:183/183
P36:204/204
P37:199/199
P38:261/275
P39:312/312
P40:310/310

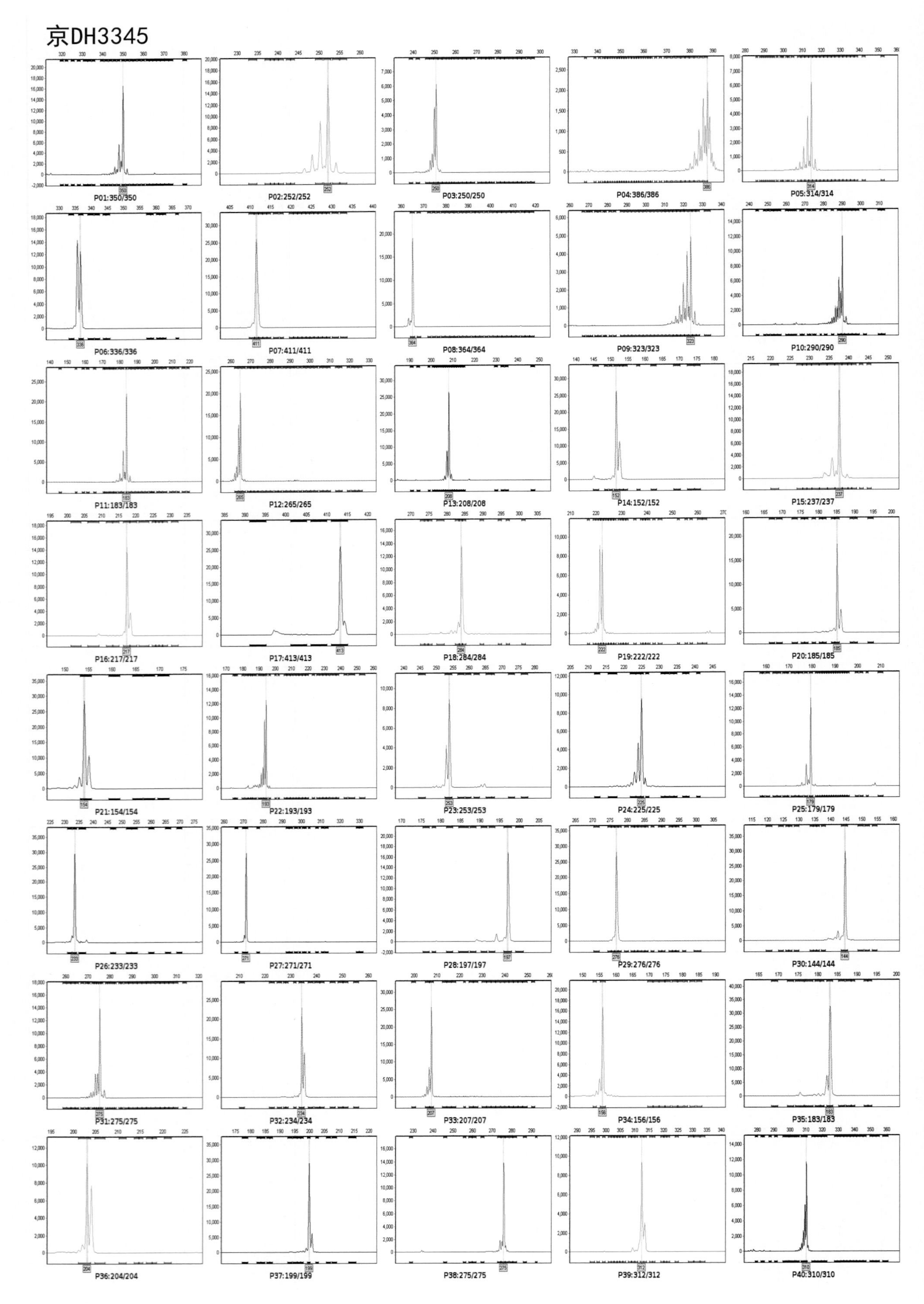
京DH3345
P01:350/350
P02:252/252
P03:250/250
P04:386/386
P05:314/314
P06:336/336
P07:411/411
P08:364/364
P09:323/323
P10:290/290
P11:183/183
P12:265/265
P13:208/208
P14:152/152
P15:237/237
P16:217/217
P17:413/413
P18:284/284
P19:222/222
P20:185/185
P21:154/154
P22:193/193
P23:253/253
P24:225/225
P25:179/179
P26:233/233
P27:271/271
P28:197/197
P29:276/276
P30:144/144
P31:275/275
P32:234/234
P33:207/207
P34:156/156
P35:183/183
P36:204/204
P37:199/199
P38:275/275
P39:312/312
P40:310/310

第二部分 附 录

附录一　40 对核心引物名单及序列表

编号	引物名称	染色体位置	引物序列
P01	bnlg439w1	1. 03	上游：AGTTGACATCGCCATCTTGGTGAC 下游：GAACAAGCCCTTAGCGGGTTGTC
P02	umc1335y5	1. 06	上游：CCTCGTTACGGTTACGCTGCTG 下游：GATGACCCCGCTTACTTCGTTTATG
P03	umc2007y4	2. 04	上游：TTACACAACGCAACACGAGGC 下游：GCTATAGGCCGTAGCTTGGTAGACAC
P04	bnlg1940k7	2. 08	上游：CGTTTAAGAACGGTTGATTGCATTCC 下游：GCCTTTATTTCTCCCTTGCTTGCC
P05	umc2105k3	3. 00	上游：GAAGGGCAATGAATAGAGCCATGAG 下游：ATGGACTCTGTGCGACTTGTACCG
P06	phi053k2	3. 05	上游：CCCTGCCTCTCAGATTCAGAGATTG 下游：TAGGCTGGCTGGAAGTTTGTTGC
P07	phi072k4	4. 01	上游：GCTCGTCTCCTCCAGGTCAGG 下游：CGTTGCCCATACATCATGCCTC
P08	bnlg2291k4	4. 06	上游：GCACACCCGTAGTAGCTGAGACTTG 下游：CATAACCTTGCCTCCCAAACCC
P09	umc1705w1	5. 03	上游：GGAGGTCGTCAGATGGAGTTCG 下游：CACGTACGGCAATGCAGACAAG
P10	bnlg2305k4	5. 07	上游：CCCCTCTTCCTCAGCACCTTG 下游：CGTCTTGTCTCCGTCCGTGTG
P11	bnlg161k8	6. 00	上游：TCTCAGCTCCTGCTTATTGCTTTCG 下游：GATGGATGGAGCATGAGCTTGC
P12	bnlg1702k1	6. 05	上游：GATCCGCATTGTCAAATGACCAC 下游：AGGACACGCCATCGTCATCA
P13	umc1545y2	7. 00	上游：AATGCCGTTATCATGCGATGC 下游：GCTTGCTGCTTCTTGAATTGCGT
P14	umc1125y3	7. 04	上游：GGATGATGGCGAGGATGATGTC 下游：CCACCAACCCATACCCATACCAG
P15	bnlg240k1	8. 06	上游：GCAGGTGTCGGGGATTTTCTC 下游：GGAACTGAAGAACAGAAGGCATTGATAC
P16	phi080k15	8. 08	上游：TGAACCACCCGATGCAACTTG 下游：TTGATGGGCACGATCTCGTAGTC
P17	phi065k9	9. 03	上游：CGCCTTCAAGAATATCCTTGTGCC 下游：GGACCCAGACCAGGTTCCACC
P18	umc1492y13	9. 04	上游：GCGGAAGAGTAGTCGTAGGGCTAGTGTAG 下游：AACCAAGTTCTTCAGACGCTTCAGG
P19	umc1432y6	10. 02	上游：GAGAAATCAAGAGGTGCGAGCATC 下游：GGCCATGATACAGCAAGAAATGATAAGC
P20	umc1506k12	10. 05	上游：GAGGAATGATGTCCGCGAAGAAG 下游：TTCAGTCGAGCGCCCAACAC

（续表）

编号	引物名称	染色体位置	引物序列
P21	umc1147y4	1. 07	上游：AAGAACAGGACTACATGAGGTGCGATAC 下游：GTTTCCTATGGTACAGTTCTCCCTCGC
P22	bnlg1671y17	1. 10	上游：CCCGACACCTGAGTTGACCTG 下游：CTGGAGGGTGAAACAAGAGCAATG
P23	phi96100y1	2. 00	上游：TTTGCACGAGCCATCGTATAACG 下游：CCATCTGCTGATCCGAATACCC
P24	umc1536k9	2. 07	上游：TGATAGGTAGTTAGCATATCCCTGGTATCG 下游：GAGCATAGAAAAAGTTGAGGTTAATATGGAGC
P25	bnlg1520K1	2. 09	上游：CACTCTCCCTCTAAAATATCAGACAACACC 下游：GCTTCTGCTGCTGTTTTGTTCTTG
P26	umc1489y3	3. 07	上游：GCTACCCGCAACCAAGAACTCTTC 下游：GCCTACTCTTGCCGTTTTACTCCTGT
P27	bnlg490y4	4. 04	上游：GGTGTTGGAGTCGCTGGGAAAG 下游：TTCTCAGCCAGTGCCAGCTCTTATTA
P28	umc1999y3	4. 09	上游：GGCCACGTTATTGCTCATTTGC 下游：GCAACAACAAATGGGATCTCCG
P29	umc2115k3	5. 02	上游：GCACTGGCAACTGTACCCATCG 下游：GGGTTTCACCAACGGGGATAGG
P30	umc1429y7	5. 03	上游：CTTCTCCTCGGCATCATCCAAAC 下游：GGTGGCCCTGTTAATCCTCATCTG
P31	bnlg249k2	6. 01	上游：GGCAACGGCAATAATCCACAAG 下游：CATCGGCGTTGATTTCGTCAG
P32	phi299852y2	6. 07	上游：AGCAAGCAGTAGGTGGAGGAAGG 下游：AGCTGTTGTGGCTCTTTGCCTGT
P33	umc2160k3	7. 01	上游：TCATTCCCAGAGTGCCTTAACACTG 下游：CTGTGCTCGTGCTTCTCTCTGAGTATT
P34	umc1936k4	7. 03	上游：GCTTGAGGCGGTTGAGGTATGAG 下游：TGCACAGAATAAACATAGGTAGGTCAGGTC
P35	bnlg2235y5	8. 02	上游：CGCACGGCACGATAGAGGTG 下游：AACTGCTTGCCACTGGTACGGTCT
P36	phi233376y1	8. 09	上游：CCGGCAGTCGATTACTCCACG 下游：CAGTAGCCCCTCAAGCAAAACATTC
P37	umc2084w2	9. 01	上游：ACTGATCGCGACGAGTTAATTCAAAC 下游：TACCGAAGAACAACGTCATTTCAGC
P38	umc1231k4	9. 05	上游：ACAGAGGAACGACGGGACCAAT 下游：GGCACTCAGCAAAGAGCCAAATTC
P39	phi041y6	10. 00	上游：CAGCGCCGCAAACTTGGTT 下游：TGGACGCGAACCAGAAACAGAC
P40	umc2163w3	10. 04	上游：CAAGCGGGAATCTGAATCTTTGTTC 下游：CTTCGTACCATCTTCCCTACTTCATTGC

附录二　Panel 组合信息表

Panel 编号	荧光类型	引物编号（等位变异范围，bp）		
		1	2	3
Q1	FAM	P20（166~196）	P03（238~298）	
	VIC	P11（144~220）	P09（266~335）	P08（364~420）
	NED	P13（190~248）	P01（319~382）	P17（391~415）
	PET	P16（200~233）	P05（287~354）	
Q2	FAM	P25（157~211）	P23（244~278）	
	VIC	P33（198~254）	P12（263~327）	P07（409~434）
	NED	P10（243~314）	P06（332~367）	
	PET	P34（153~186）	P19（216~264）	P04（334~388）
Q3	FAM	P22（173~255）		
	VIC	P30（119~155）	P35（168~194）	P31（260~314）
	NED	P21（152~172）	P24（212~242）	P27（265~332）
	PET	P36（202~223）	P02（232~257）	P39（294~333）
Q4	FAM	P28（175~201）	P38（227~293）	
	VIC	P14（144~174）	P32（209~256）	P29（270~302）
	NED	P37（176~216）	P26（230~271）	P40（278~361）
	PET	P15（220~246）	P18（272~302）	

注：以上为本书图谱采纳的 40 个玉米 SSR 引物的十重电泳 Panel 组合。其中自交系 JN22、M28、P78、白糯 6、紫糯 3、335 图谱中的引物 P28 采用 PET 荧光类型。

附录三　品种名称索引表

（续表）

品种名称	图谱页码	系谱信息
成 698-3	77	不详
承 18	154	顶上玉米×(公 70×60-22)
冲 72	116	3147×B37Ht
大八趟	128	中国地方品种
丹 340	172	白骨旅 9×有稃玉米
丹 341	203	5003×561-1・332-2・门・B・330
丹 598	182	(((OH43Ht3×丹 340)×丹黄 02)×丹黄 11)×78599
丹 599	62	选自 78599
丹 717	119	不详
丹 9046	110	铁 7922×沈 5003
丹 988	78	不详
丹黄 17	120	不详
丹黄 25	51	选自 78599
墩白	23	中国地方品种
多 22	212	不详
多 26	205	不详
多 29	52	选自 78599
繁荣 2	105	不详
凤白 29B	206	不详
辐 80	160	旅 9×有稃玉米
高八	157	不详
合 344	140	白头霜×Mo17
衡白 522	103	不详
黄 C	108	((黄小 162×自 330)×O2)×墨白 1 号
黄辐早	32	不详
黄野四	4	(野鸡红×黄早四)×墩子黄
黄早四	3	选自塘四平头
获 107	167	不详
获白	166	不详
获唐黄	143	获白×唐 203
吉 1037	144	(Mo17×Suwan1)×Mo17
吉 7162	115	不详
吉 842	145	吉 63×Mo17
吉 846	146	吉 63×Mo17
吉 853	11	黄早四×自 330
吉 856	194	不详
冀 15-22	185	不详
冀 35	168	不详
冀 53	159	冀群 2Co-2
金 96	174	不详
京 02	39	早熟 302×黄野四
京 17	228	选自 X1132x
京 186	9	四自×京单 841
京 24	6	早熟 302×黄野四
京 2416	17	京 24×5237
京 2418A	18	京 2416×京 24KC72
京 404	8	(黄早四×墨白 02)×黄早四
京 4055	226	选自 X1132x
京 501	79	选自 SR 群 CO
京 5237	7	黄早四×丹 340
京 594	10	黄早四×P78599
京 724	223	选自 X1132x
京 72464	231	京 724×京 464
京 725	224	选自 X1132x
京 88	230	京 4055×京 D9H
京 89	113	掖 478×78599
京 92	16	(京 24×昌 7-2)×LX9801
京 946	91	不详
京 B547	229	京 MC01×京 4055
京 D9H	227	选自 X1132x
京 DH3345	232	((京 724×京 4055)×京 4055)×京 B547
京 MC01	225	选自 X1132x
京科诱 044	104	MT005×MTEMK
京糯 6	93	选自中糯 1 号
廊系-1	118	不详
连 87	173	不详
辽白	195	不详
辽轮 10732	150	不详
龙抗 11	155	Mo17×自 330
鲁原 92	204	原齐 122×1137
罗 4	33	不详
美扬	135	不详
南昌四	75	选自 78599
牛 2-1	106	不详
农系 531	50	引自河北农业大学
齐 318	59	选自 78599
齐 319	54	选自 78599
前进	124	不详
沈 137	46	选自 6JK111
沈 5003	109	选自 3147
沈农 92-67	198	引自沈阳农业大学的爆裂玉米自交系
双 105	222	不详
双 741	141	不详
双金-11	152	选自日本杂交种金银穗
四自四	34	不详
苏 80-1	161	金黄 55×原武 02
太 113-1	44	不详
太 411	169	不详
泰 039	61	不详
泰 3841	31	不详

（续表）

品种名称	图谱页码	系谱信息	品种名称	图谱页码	系谱信息
铁 7922	187	选自 3382	直 25	210	不详
铁 9010	181	丹抗 1×丹 340	直 29	165	不详
武 314	89	（黄早四×武 302D）×黄爆裂	直 29321	164	丹 340×掖 478
香糯 8	94	不详	直 32	43	不详
新 04	170	不详	直 52	85	不详
新冲 72	122	5003×U8112	直 Y478	211	不详
兴旺 2	207	不详	中 106	196	也门矮玉米×综合种
邢 K36	215	冀库 6 号定向选择抗虫自交系	中 134	179	不详
掖 107	197	从 Dekalb 杂交种 XL80 中分离选系	中 16	220	不详
掖 478	111	U8112×沈 5003	中 451	66	不详
掖 502	13	丹 340×黄早四	中 5493	214	不详
掖 515	183	（华风 100×矮 C103）×黄早四	中 71	221	不详
英粒子	202	引自欧洲	中 85	153	不详
原辐黄	21	选自黄早四	中白 11	142	不详
原黄 81	35	不详	中长 7	216	不详
杂 G546	139	不详	中黄 64	83	不详
早 673	53	不详	中黄 69	90	不详
早 709	107	不详	中自 01	67	不详
早矮粗	208	不详	种苗 928	41	不详
兆育	40	不详	种苗 929	63	不详
哲 446	24	不详	紫糯 3	97	选自紫糯 3 号
哲 773-2	37	吉 63×黄早四	紫糯 5B	95	不详
郑 58	112	选自掖 478	紫玉-3	99	不详
直 100	209	不详	自 330	175	Oh43×可利 67
直 16	213	不详	综 31	178	选自自 330